通风与空调工程施工技术实例

中国安装协会通风空调分会　编写

中国建筑工业出版社

图书在版编目(CIP)数据

通风与空调工程施工技术实例/中国安装协会通风空调分会编写. —北京：中国建筑工业出版社，2014.9
ISBN 978-7-112-16885-9

Ⅰ.①通… Ⅱ.①中… Ⅲ.①通风设备-建筑安装工程-工程施工②空气调节设备-建筑安装工程-工程施工 Ⅳ.①TU83

中国版本图书馆 CIP 数据核字(2014)第 103382 号

本书汇集了近年来中国安装协会通风空调分会会员单位在施工实践中所取得的成就，本书内容共包括深化设计、工艺技术、洁净空调、减震降噪、节能减排和检测调试等六章。每篇文章的内容事例，是在施工实践中辛勤耕作干出来的成功实例。它是根据施工图纸，在实践中严格执行国家现行的规程、规范和标准，应用新技术、选用新工艺、使用新材料、采用新设备，从科学技术的观点和客观现实的理念出发，完成工程项目的成功经验的总结。它具有针对性、可读性和实用性的特点，为施工技术和工程管理人员、实际操作人员、设计人员、大中专院校师生，提供了一本比较实用的参考书。

* * *

责任编辑：刘 江 张 磊
责任设计：李志立
责任校对：张 颖 关 健

通风与空调工程施工技术实例
中国安装协会通风空调分会 编写
*
中国建筑工业出版社出版、发行(北京西郊百万庄)
各地新华书店、建筑书店经销
北京红光制版公司制版
北京盈盛恒通印刷有限公司印刷
*
开本：787×1092 毫米 1/16 印张：20½ 字数：512 千字
2014 年 8 月第一版 2014 年 8 月第一次印刷
定价：**48.00** 元
ISBN 978-7-112-16885-9
(25651)

本书编委会

主　　任：陈日辉

副 主 任：于　翊　王　栋　李智明　刘　江

主　　审：陈兴质　何广钊　张学助

主　　编：何伟斌　陈晓进

副 主 编：吴少石　温卫兵　李洁萍

校　　核：李伟明

主编单位：中国安装协会通风空调分会

参编单位：广州市机电安装有限公司

中国江苏国际经济技术合作集团有限公司

青岛安装建设股份有限公司

北京城建安装集团有限公司

江苏扬安集团有限公司

南通四建集团有限公司

前　言

这些年来，我国的经济建设蓬勃发展，各类工业和公共建筑工程的建设取得了辉煌成就，机电安装行业得到了长足的发展和可喜的进步，通风空调工程被广泛应用于工程建设项目中，对改善工作条件及人居环境发挥了重大作用，我们的梦想还在路上，成功就在前方，展望安装行业的未来更辉煌。

通风空调战线的广大同行，在社会主义事业的建设中，发挥了聪明才智，勤劳勇敢，夜以继日地奋战在安装一线的工地上，有付出的骄傲和收获的欢乐，积累了丰硕的经验和成功的结晶，创造了通风空调专业安装的辉煌历史，写下了令人敬佩的豪迈篇章。

通风空调分会在中国安装协会的领导和关心下，为了让辉煌的历史延续，不断传承豪迈的篇章，于2013年同中国建筑工业出版社共同研究决定，聘请分会专家委员会部分资深专家，将分会近年来已经出版的六集文选共200余篇文章中，选择有代表性的61篇，编辑一本《通风与空调工程施工技术实例》的科技书籍，由中国建筑工业出版社出版全国发行。

本书汇集了近年来中国安装协会通风空调分会会员单位在施工实践中所取得的成果，内容体现在深化设计、工艺技术、洁净空调、减震降噪、节能减排和检测调试等六个方面。每篇文章的内容，都洒下了我们机电安装行业劳动者的汗水，是施工实践中辛勤耕作干出来的成功实例。它不同于课本上的教材，亦非理论上的论证，它是根据施工图纸，在实践中严格执行国家现行的规程、规范和标准，应用新技术、选用新工艺、使用新材料、采用新设备，以科学技术的观点和客观现实的理念出发，完成工程项目的成功经验的总结。它具有针对性、可读性和实用性的特点，为施工技术和工程管理人员、实际操作人员、设计人员、大中专院校师生，提供了一本比较实用的参考书。

由于篇幅所限，因此本书在编审过程中，对入选文章的绪言、文章摘要、关键词和参考文献等作了删除，若需查询，可在作者的原作中查阅。对入选文章个别章节的内容和措辞、名词术语、计量单位和图表等方面，作了一些调整、统一、修改和补充，敬请文章的作者能充分理解和支持。

对本书的主审、主编及成书过程中付出辛勤劳动和贡献的有关人员以及广州市机电安装有限公司、中国江苏国际经济技术合作集团有限公司、青岛安装建设股份有限公司、北京城建安装集团有限公司、江苏扬安集团有限公司以及南通四建集团有限公司等单位给予的大力支持，表示衷心的感谢！

本书编辑时间匆促以及编审人员的水平有限，难免存在缺陷和不足，敬请读者批评、指教。

中国安装协会通风空调分会

2014年3月

目　录

第1章　深　化　设　计

1-1　三维制图在综合管线施工设计中的应用

何　京

（北京城建安装集团有限公司）

广州国际体育演艺中心工程总建筑面积为121371.1m²。机电安装工程包含了通风空调、给水排水、建筑电气专业，其中包括了空调风系统、消防通风系统、空调水系统、生活给水系统、生活热水系统、生活污水系统、变配电及应急电源系统、动力配电系统、照明系统、智能照明控制系统、综合布线系统、广播电视布线系统、BAS楼宇自控系统、风机盘管控制系统、扩声系统、有线电视系统等35个系统的施工。系统管线非常复杂，对综合管线布置的合理性要求很高。

1. 综合管线三维展示平台

借助设计院所出施工图纸和MagiCAD软件制作场馆内工程管线信息应用平台。为了达到预期的效果，每一个专业的管线都必须根据设计图纸执行制图，这样就可以清楚地知道哪里有交叉、哪里有碰撞，更系统地展示了平面图纸与实际施工之间的问题。

我们将平台分为四个模块，即智能建筑设计模块、通风设计模块、采暖/给水排水设计模块及电气设计模块。各模块绘制完成后，再加载到平台中，形成一个模拟的施工现场。之后，利用碰撞检测功能，甚至连管道的保温层都被包含在计算范围之内，这样就可以发现管道碰撞交叉、需要调整的地方。再有，模型可以生成综合剖面图，并结合Navigator和Premiere Pro软件，通过PDF数据或动画的输出方式，可以很方便地将施工后的效果展现给监理、设计及甲方，便于进行沟通和调整。

1.1　模型主要特点

1.1.1　采用三维建模技术对建筑物内的工程管线及设备建立三维图像，在三维场景中行走有种身临其境的感觉。

1.1.2　通过三维MagiCAD软件在Navigator环境中的快速定位、旋转、飞行，以及虚拟环境动态观察等功能。

1.1.3　二维地图与三维图像的空间和属性信息是完全对应的，两者之间具有信息同步更新、互动的特点。

1.1.4　对管线进行剖面分析。

1.2　系统主要功能构成

1.2.1　管线断面管理

提供管线的剖面图自动生成，通过剖面图可以观察管线间的空间关系和走向。

1.2.2　场馆虚拟现实

该模型展示了场馆工程管线及机房内设备三维信息。在该系统中，可以在场景中进行手动、自动漫游。可以查看管线所具有的部件特性，在三维中双击选中一根管道后，其信息就会列在属性表中，如规格、保温厚度、标高、所属系统、管道内流动介质等。

2. 三维制图在地下一层综合管线布置中的应用

广州国际体育演艺中心地下一层有一个冷冻机房、八个空调机房。设备种类繁多、管道错综复杂，工程管线的合理布置就成为一大难题。我们用 MagiCAD 软件建立了模拟的施工现场，发现有碰撞问题后，对管道位置进行调整。所以在实际安装过程中，节约了大量时间和材料。

2.1　机房部分

2.1.1　冷冻机房

冷冻机房是整个暖通空调系统的核心，其工程管线布置是否合理、美观，不仅体现了施工单位的安装施工水平，同时也体现出施工单位技术人员对管线合理布局的水平。

冷冻机房中有设备：水冷离心式冷水机组 5 台、冷却水泵 5 台、冷冻水泵 5 台、供暖水泵 4 台、水处理设备 4 套、旁流过滤器 1 套、自动补水排气定压装置 3 套、水-水板式换热器 2 台。冷冻机房平面图见图 1-1-1：

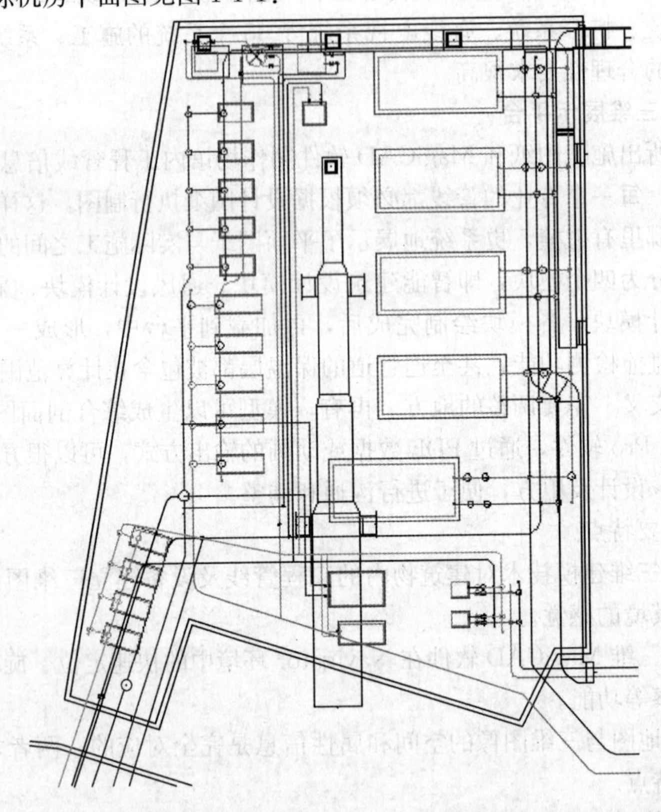

图 1-1-1　地下一层冷冻机房平面图

按照设计施工图纸完成三维图像的绘制后，发现生活热水回水管与空调热水回水管之间存在碰撞交叉（见图 1-1-2）。我们将生活热水回水管中心线水平向北移动 560mm 后，便成功解决了碰撞交叉问题（见图 1-1-3）。

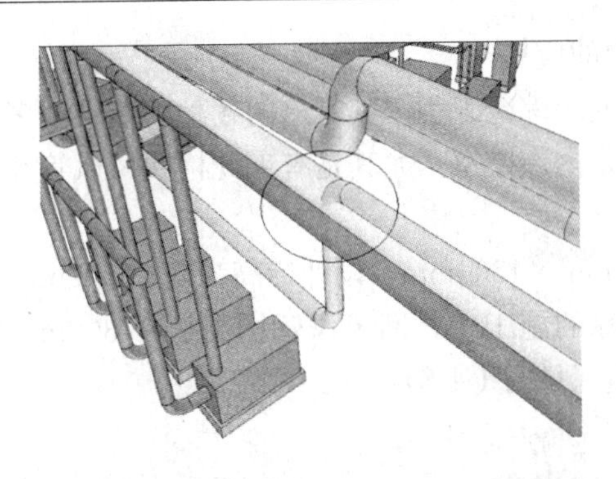

图 1-1-2　地下一层冷冻机房管线碰撞交叉图

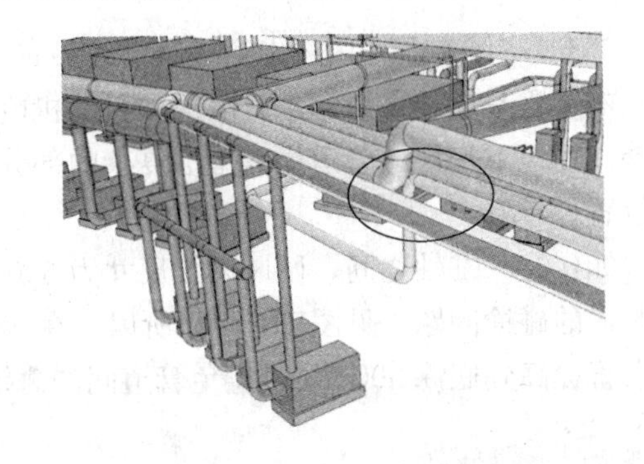

图 1-1-3　地下一层冷冻机房管线调整后效果图

2.1.2　空调机房

地下一层共有八个空调机房，空调机房中有空调机组及新风机组共 23 台。根据空调机组厂家提供的机组实际尺寸，发现机组之间空间比较狭小，对工程管线布置的合理性要求很高。以地下一层 A 区空调机房为例，其平面图、三维效果图分别见图 1-1-4、图1-1-5。

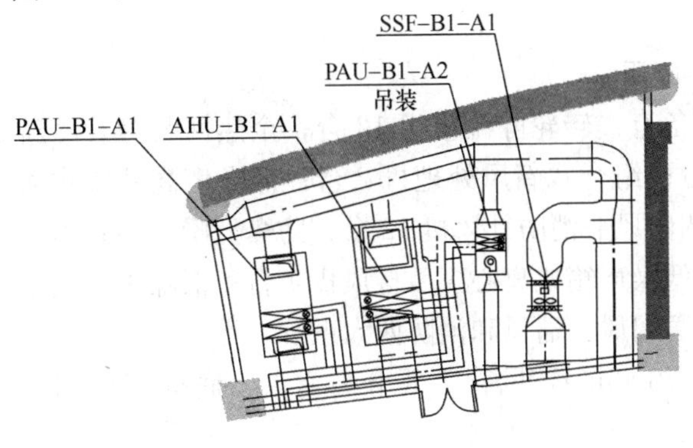

图 1-1-4　地下一层 A 区空调机房平面图

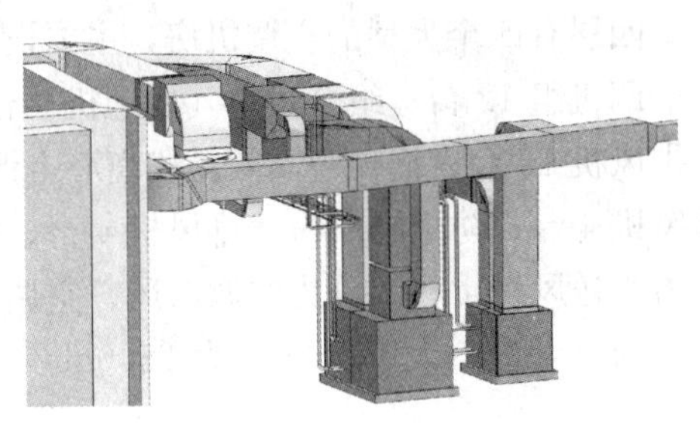

图 1-1-5　地下一层 A 区空调机房三维效果图

2.2　三维制图在样板段中的应用

地下一层 29～32/B～C 轴线走道作为机电安装综合管道布置的样板段。样板段各专业管道大致分为 3 层（见图 1-1-6）：

（1）最上层为电气线槽和给水排水管道，标高在 6.700m 以上；

（2）中间层为空调水管及排烟风管，标高为 5.200m；

（3）最底层为空调新风管、补风管和消防水管，标高为 4.300m。

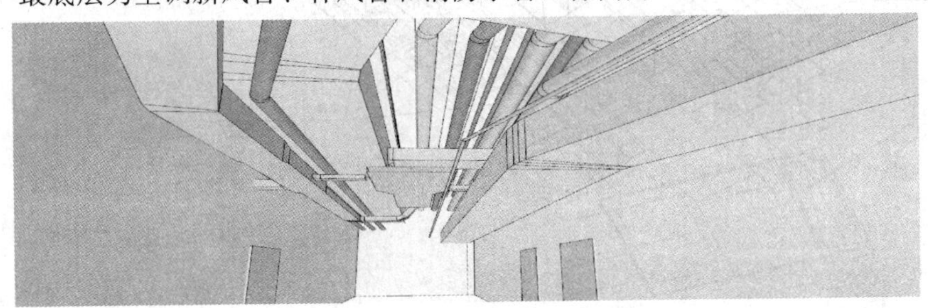

图 1-1-6　样板段走道内部局部

2.3　三维制图在内环走道综合管线布置中的应用

本工程是一项集风、水、电等项目的机电安装综合工程，其走道的各种功能管线多层叠装。而地下一层的管道最为错综复杂的部分是内环走道，尤其是有大规格回风风管经过的位置。

如：⑩～⑪轴之间，回风风管尺寸为3000mm×1300mm，设计标高为底5.300m，有很明显的碰撞问题（见图1-1-7）。所以，在实际的施工中，回风风管标高底4.300m，空调水管提高到底5.900m，以避免管道间的碰撞（见图1-1-8）：

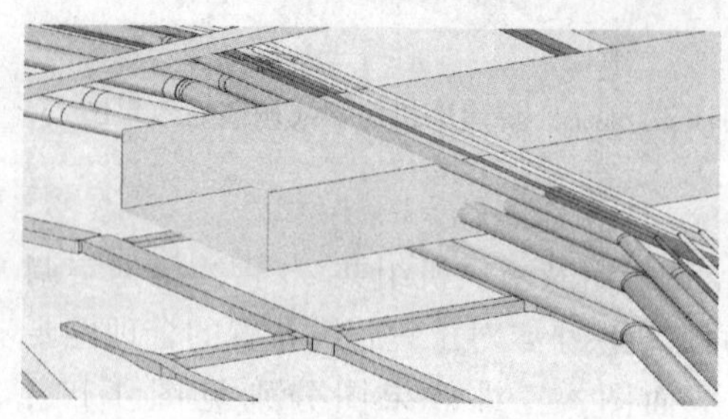

图1-1-7　⑩轴处大风管与水管碰撞图

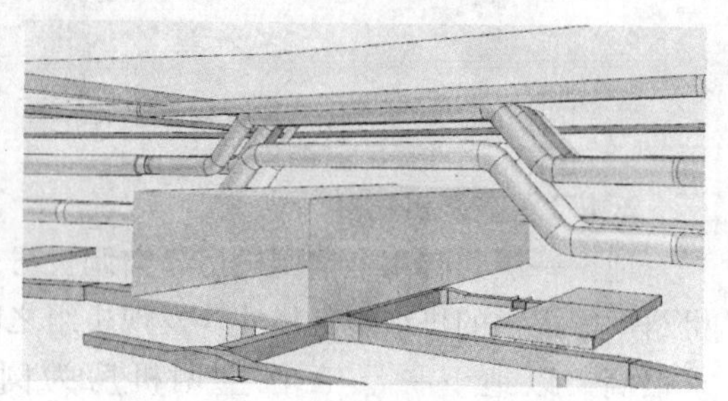

图1-1-8　⑩轴处大风管与水管调整图

3. 三维制图在四层综合管线布置中的应用

四层有四个大型的空调机房，主要设备有：转轮除湿机组12台；全热回收蒸发冷新风空调机组12台；组合式空气处理机9台；组合式新风处理机2台；低噪声高效箱式离心排风机12台；低噪声高效箱式离心空调回风兼消防补风机12台；防爆低噪声箱式离心排风机4台；防爆轴流事故排风机4台；低噪声箱式离心事后排风机1台；低噪声高效箱式离心送风机1台。分为空调新风、空调送回风、通风和消防四大系统。

四层风管中大部分规格为2500mm×2300mm，风管主要分为六层，底标高分别为

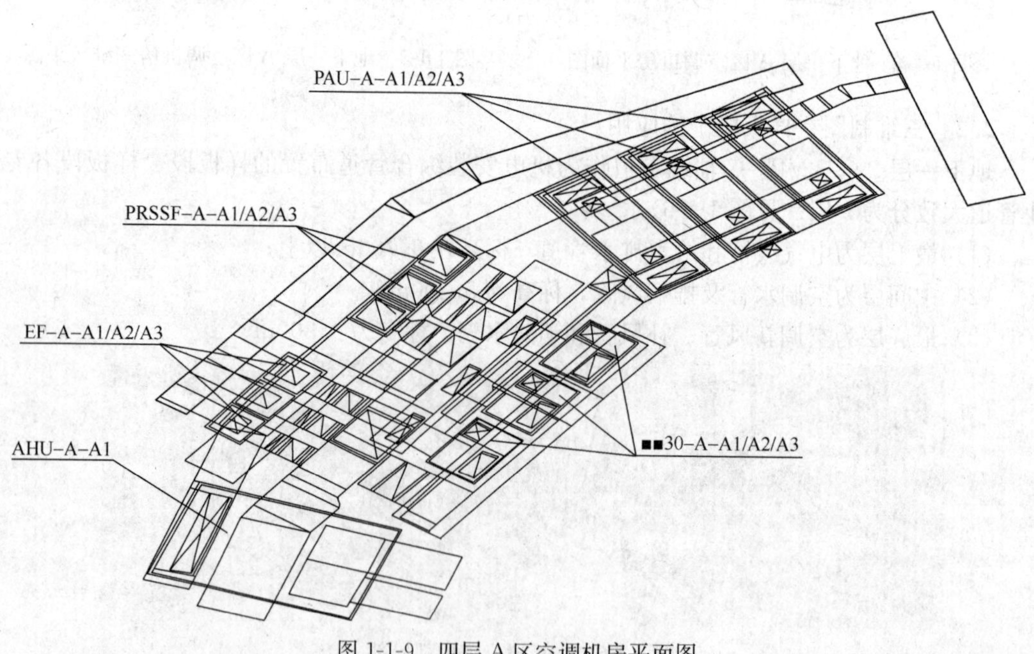

图1-1-9　四层A区空调机房平面图

10.5m、8.86m、8.36m、5.61m、4.4m、3.8m，风管排布相当密集。系统间管道连接十分复杂，仅看二维平面图很难对风管进行系统划分。然而，参考三维制图后，机组与风管的连接、风管间的连接一目了然，对实际施工带来很大的帮助。机房内机组布局基本相同，以A区空调机房为例（见图1-1-9）：

四层A区空调机房三维效果图见图1-1-10、图1-1-11和图1-1-12。

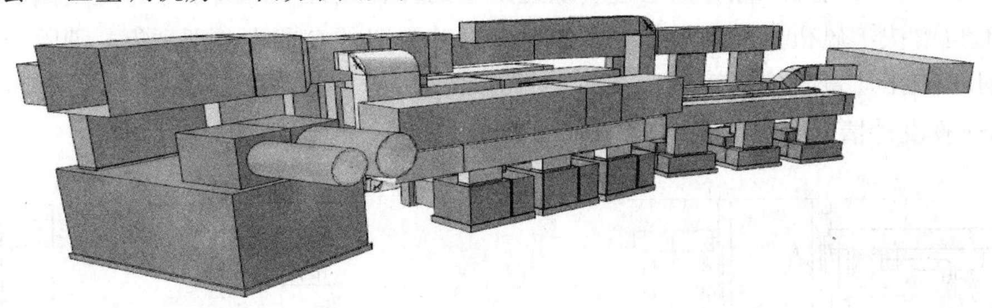

图1-1-10　四层A区空调机房三维效果图1

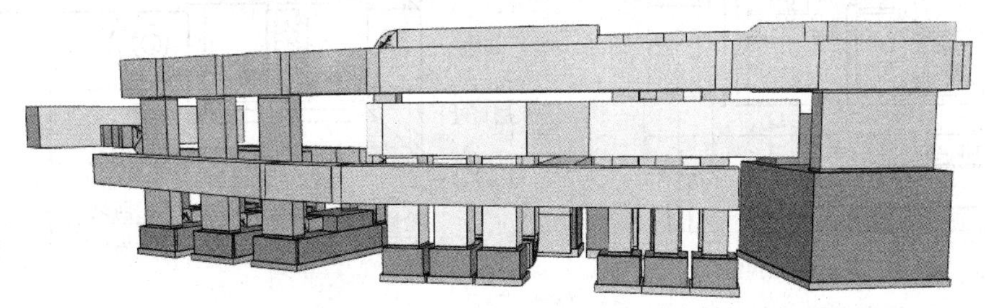

图1-1-11　四层A区空调机房三维效果图2

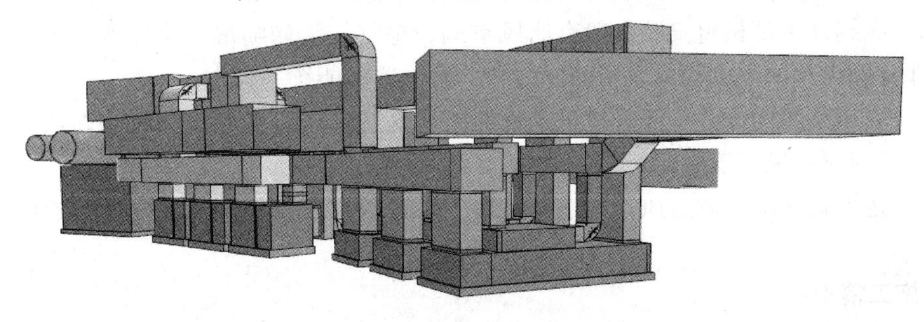

图1-1-12　四层A区空调机房三维效果图3

4. 结束语

该工程量大，系统管线错综复杂，综合管线施工设计中运用的三维制图这一新技术，在提高工作效率的同时，保证了工期，降低了成本，获得了良好的社会经济效益。

1-2　宾馆、医院空调工程施工的深化设计

秦贵平　孙建成

（青岛安装建设股份有限公司）

宾馆标准间、医院住院部病房内中央空调系统末端区域风机盘管及其他管线通常布置

在门厅上部吊顶内，该区域空间狭小，平面尺寸不大，但该空间布置的管线较多。通常有风机盘管进出连接风管、新风管道、空调供回水管、冷凝水管、风机盘管接线电线管以及其他专业的管线路，如：消防专业的喷淋管、喷淋头及烟感器、电气专业的照明线路及灯具，该区域管线集中，合理排布各类管线位置尤为重要。

针对多个工程的施工经验，通过对上述工程的深化设计，解决了各管线之间的交叉冲突，同时也解决了风机盘管出风管、新风管与百叶风口的布置不合理现象，消除了设计缺陷，保证了施工质量及使用效果。

1. 一般设计情况（见图 1-2-1、图 1-2-2）

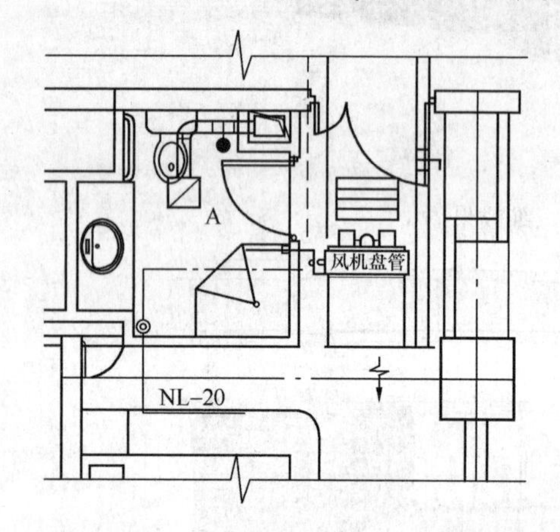

图 1-2-1 门厅空调平面布置示意

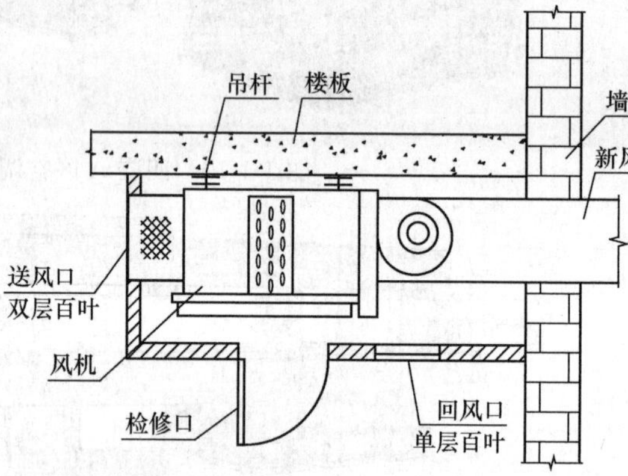

吊杆
楼板
墙体
新风管
送风口
双层百叶
风机
检修口
回风口
单层百叶

图 1-2-2 风盘侧出风安装示意

1.1 在门厅上部机电安装一般有通风空调、电气、消防喷淋三个专业，施工图是按三个专业分别设计的，管线及设备的标高和平面位置没能统一考虑。

1.2 通风空调的设计一般为风机盘管加新风系统，风机盘管出风管和新风管以两条独立的风管与百叶风口连接。

1.3 送风口一般为侧送风，为达到装饰效果，送风口的颈部尺寸与风管的断面尺寸不一致。

2. 施工情况

2.1 施工前由于通风空调、电气、消防喷淋、装饰四个专业施工单位没有统一协调和相互配合，所以，在施工过程中往往会出现各自抢先方便进行安装，导致各专业的管线相互冲突，造成返工、浪费、甚至误工。

2.2 风机盘管出风管和新风管单独与送风口连接，由于风管侧筋的影响和风口颈部尺寸与风管断面尺寸不匹配造成无法严密连接，施工中往往放弃风口与风管的连接，使风口与风管之间形成了一定的距离，导致漏风严重，直接影响使用效果。

2.3 事前不对风机盘管的位置和盘管送风管长度进行测量，分别安装盘管和制作风管，使风管吊装后盘管与风管之间的软接过长或过短，不能满足规范的要求。

2.4 与装饰施工配合不好，预留的检修口上不去人，使检修非常困难。

鉴于以上施工中容易出现的问题，在施工前必须对该部位的机电安装进行深化设计，方能得到理想的施工效果。

3. 深化设计方案

为便于施工作业顺利进行，保证各专业管线路的合理、科学、错落有致的排布，需对末端风机盘管周边区域（门厅上部）进行深化设计。因空调系统在该区域中占用空间最大，与装修专业衔接紧密，首先需考虑该部分占用的位置。深化设计原则如下：

3.1　电气线管应布置在梁底，且敷设在风机盘管接线端侧，各种电线管并排敷设。

3.2　消防喷淋管应设在风机盘管无接线端侧，沿梁底且靠墙边敷设，下返喷淋头。当风机盘管无回风管时，喷淋头应设在盘管的回风端，但应避开检修口。

3.3　将风机盘管送风管和新风管合并制作成类似于小型静压箱式的混合风箱，该风箱宽度＝风机盘管出风口的宽度（接口 1）＋新风管的宽度（接口 2）＋W，其中 W 大于等于新风管与风机盘管出风口之间的净间距，新风管与风机盘管出风口在施工过程中应尽量靠近以减小前端连接管的宽度，高度大于等于风机盘管出风口以及新风管的高度。与送风口连接端的尺寸应与送风口的颈部尺寸相匹配，一般风管的尺寸比风口的颈部尺寸大 3～5mm。见图 1-2-3、图 1-2-4。

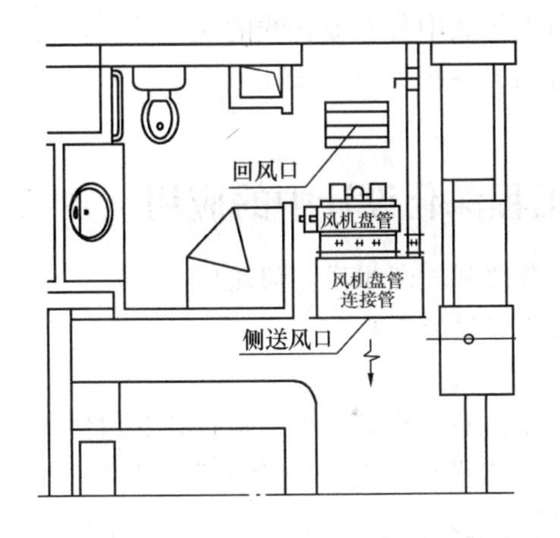

图 1-2-3　空调深化设计后平面布置示意

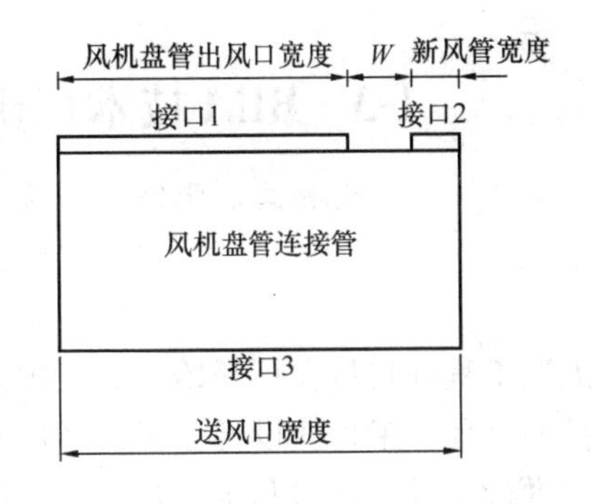

图 1-2-4　混合风箱示意

3.4　接口 1 与风机盘管出风口之间、接口 2 与新风管之间通过不燃型加筋保温软管进行软连接，接口 3 与侧送风口之间采用承插连接，为配合后期装修，考虑到装饰板厚度等因素，承插部分尺寸应等于侧送风口颈部高度减去 10mm，两者之间加密封条，插接后使用自攻螺丝紧固。见图 1-2-5。

例：风机盘管出风口尺寸为 665mm×130mm，新风管尺寸为 120mm×120mm，W＝80mm，侧送风口尺寸为 860mm×125mm。

则对应的接口 1 尺寸＝风机盘管出风口尺寸＝665mm×130mm，接口 2 尺寸＝新风管尺寸＝120mm×120mm，接口 3 的尺寸宽＝（665＋120＋80）＝865mm，高＝130mm。当送风口的颈部尺寸改变时接口 3 的断面尺寸应随之改变。

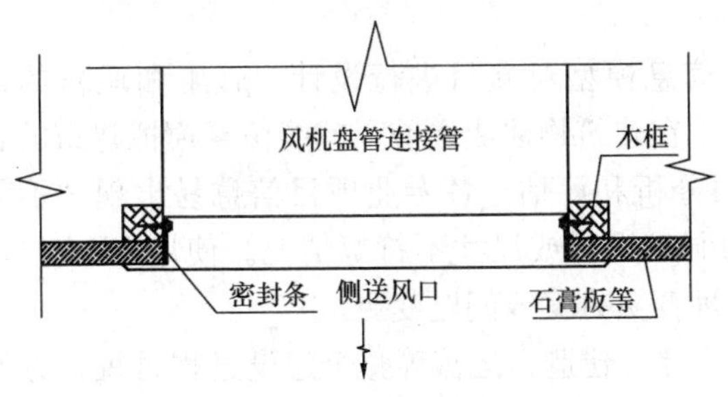

图 1-2-5　风口与风管连接示意

3.5　新风管应布置在风机盘管无供、回水接管的一侧。

3.6 检修口的中心位置应错开盘管阀门位置500～700mm，其上方不能有任何管线妨碍检修，保证检修人员正常工作。

3.7 安装时风机盘管前端混合风箱中心线与房间走廊中心线基本重合，便于与送风口的连接，据此确定风机盘管的安装位置。

3.8 空调水管的供回水标高及水平位置应在公共走廊中调整好，进入门厅后尽量不做调整，以保持管线的平整、美观。凝结水管靠近厕所的一侧引出，保持排水畅通。

4. 小结

通过对宾馆客房、医院病房门厅上部空调末端区域风机盘管周边施工的深化设计，规范了该区域的施工工艺，解决了原设计图纸与实际施工脱节的问题，有效保证了该区域中央空调系统的施工质量及使用效果。

通过对风机盘管连接管的深化设计，完美地解决了通常按照设计图纸做法所产生的一系列弊病，风口安装后整齐美观、连接严密、无卫生死角，且保证了冷热风及新风的顺畅送入。

对相关各专业施工协调的确认，避免了施工作业中各专业管线的交叉冲突，使各专业施工顺畅进行，减少了返工，缩短了工期，得到了各相关单位的认可。

1-3 BIM技术在机电工程深化设计中的应用

赵艳文 张晓烽 黄抗抗 符德剑 郑州城 谢建国
（广东省工业设备安装公司）

大型工程项目从立项开始，历经规划、设计、工程施工、竣工验收到交付使用，是一个漫长的过程。工程建设行业正在经历从传统二维设计向建筑信息模型（BIM）的变革，对项目进行设计、建造和运营管理，将各种建筑信息组织成一个整体，贯穿于建筑全寿命周期过程，使得整个工程的质量和管理效率得到显著提高。

近十年来，BIM技术在国外的建筑工程领域得到广泛的应用并取得了大量的应用成果。而国内BIM技术起步比较晚，在机电工程深化设计和项目实施中，主要用于管线碰撞检测、管线综合、剖面图生成、系统平衡校核、预制件加工、工程量统计、施工模拟等方面。

1. BIM技术的技术创新点

BIM是继CAD（Computer Aided Design，计算机辅助设计）之后的新生技术，具有如下创新意义：

1.1 协调性。BIM技术就是利用数字信息模型对项目进行设计、施工和运营的过程，让项目参建各方在这个平台上协同工作，在建筑物建成之前，就能仿真模拟建筑的真实情况，对整个工程项目的成败作出完整的分析和评估。各专业项目信息易出现“不兼容”现象，如：管道与结构冲突，应预留的洞口没留或尺寸不符等情况。使用BIM技术可有效协调流程，进行综合协调，减少不合理变更方案或问题变更。

1.2 可视化。利用BIM技术，使项目设计、建造、运营等整个建设过程可视，方便进行更好的沟通、讨论与决策。将建筑物及施工现场3D模型与施工进度相链接，并与施工资源和场地布置信息集成一体，建立4D施工信息模型。实现建设项目施工阶段工程进度、人力、材料、设备、成本和场地布置的动态集成管理及施工过程的可视化管理。

1.3 模拟性。包括3D画面的模拟，能效、紧急疏散、日照、热能传导等的模拟，性能化分析模拟，施工进度的模拟，造价控制上的模拟，对地震时人员逃生及消防人员疏散等日常紧急情况的处理方式的模拟。实现虚拟施工。在计算机上执行建造过程，虚拟模型可在实际建造之前对工程项目的功能及可建造性等潜在问题进行预测，包括施工方法检验、施工过程模拟及施工方案优化等。

1.4 优化性。BIM技术在建筑物建成之前，就能仿真模拟建筑的真实情况，对整个工程项目的成败作出完整的分析和评估，进行节能分析、可视化项目决策、策划、费用管理、进度管理、质量控制，及时进行性能化分析和可行性研究，进行项目方案的优化。

1.5 可出图性。通过碰撞检测后对碰撞的管道进行调整，完善全方位的BIM模型后可自动生成管线平、剖面图、综合管线图、综合结构留洞图、碰撞检查侦错报告和建议改进方案等实用的施工图纸，减少重复出图的工作量。

2. BIM技术在机电工程深化设计中的应用

2.1 碰撞检测。二维图纸不能全面反映各专业、各系统之间碰撞的可能；同时由于二维设计离散行为的不可预见性，也使设计人员很可能疏漏掉一些管线碰撞的问题。利用BIM可视化功能进行管线碰撞检测，在施工之前尽量减少现场的管线碰撞，以最实际的方式减少返工，降本增效，践行低碳施工的理念。如果全面施行项目BIM设计，那么我们的施工图深化设计则可在模型碰撞检验通过以后，再用模型导出施工图，完全避免了现场管线的碰撞。

2.2 管线综合。建筑机电工程系统多，而目前一般由建筑设计院水、电、空调等各专业设计人员各自布置管线和出图，各类设备及管线会在平面、立面位置上发生相互交叉冲突，施工单位在施工前对管线进行深化设计，绘制管线综合图，但由于土建、装修情况不断变化，综合管线图往往需要反复变更，给安装单位造成很大压力，而且工作的不断重复会拖延施工进度，延误工期。采用BIM设计可在项目开始阶段，实时地与土建、装修专业进行配合，合理地利用安装空间，进行机电专业的深化设计，在综合过程中满足国家规范要求，并且可以随着土建、装修的修改随时更新和修改，满足系统使用要求，尽量避免多余管件，减小系统阻力，考虑预留足够的检修空间，考虑实际管件的采购及制作，考虑支吊架的制作及安装。

2.3 系统平衡校核。作为业主方，关心使用效果是否能够达到设计标准，与此相关的便是系统安装完成后如何调试？原有设计选择的产品参数是否能够满足要求？

通过BIM模型对真实系统在电脑中的虚拟反映，管道、设备、部件均包含完整的数据信息，可进行系统数据校核：原始设计所选设备的参数是否满足使用要求、系统最不利环路、计算阀门开度等。

2.4 预制件加工。BIM模型可以多次使用及反复修改，机电专业的各类配件模型描述准确，因此我们可以利用模型来做预制加工，提高工作效率，也方便日后业主的维护，从而起到数据信息共享的作用。

2.5 工程量统计。BIM模型中机电设备及管道部件都是来源于真实厂家产品数据库，通过BIM模型快速统计项目工程量信息，业主和施工管理人员可以对变更引起的成本变化进行快速、准确的评估，避免人工统计带来的误差和争议。

2.6 生成剖面分析。二维图形与三维图像的空间和属性信息是完全对应的，两者之间具有信息同步更新、互动的特点。通过碰撞检测后对碰撞的管道进行调整，完善全方位的BIM模型后可自动生成管线平、剖面图，用真实反应现场情况的剖面图去指导施工，可有效保证施工完成面高度并避免返工。

2.7 情景漫游、录制动画。采用三维建模技术对建筑物内的工程管线及设备建立三维图像，在三维场景中行走有种身临其境的感觉。通过三维MagiCAD软件，可在Navigator环境中快速定位、旋转、飞行，以及虚拟环境动态观察等。可以直观的进行施工方案论证、优化、展示和技术交底；消除现场施工过程干扰或施工工艺冲突；可以更有效的对施工场地进行科学布置；有助于构配件的预制生产、加工及安装，有效缩短工期。

经应用及调查表明：应用BIM可以提高总承包管理和分包管理协调工作效率5%～10%；可以降低施工成本2%～10%；可以缩短工期10%～20%，可有效提高天花装修高度5～10cm。

3. BIM技术在机电工程深化设计中的应用实例

3.1 工程概况

白天鹅宾馆为五星级酒店，总建筑面积约105414m²，建筑高度98.35m。地上31层，建筑面积约103196m²；地下1层，建筑面积约2218m²。其中，东边为主楼（含裙楼、塔楼），首层至4层为裙楼，主要功能为：酒店大堂、餐饮、商店、办公、会议；5～30层为客房层，2夹层和27夹层为设备管道层。西边为副楼，建筑面积约7804m²，包括：花园公寓、西区设备用房及行政楼。

3.2 在综合管廊部分的碰撞检测

3.2.1 碰撞调整前（见图1-3-1）：排布调整前管线综合碰撞点2169处，其中管线与结构碰撞点298处；桥架与风管碰撞759处；桥架与水管碰撞663处；风管与水管碰撞449处。

3.2.2 碰撞调整后（见图1-3-2）。

图1-3-1 管线排布调整前

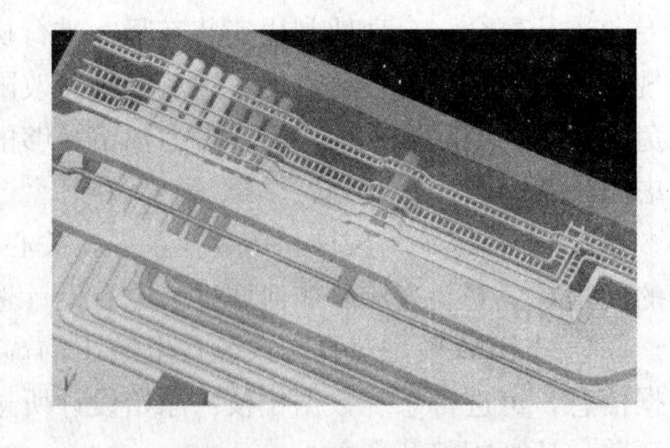

图1-3-2 管线排布调整后

从前后图对比中可以看出，通过碰撞检测，首先在图上显示所有的管道碰撞点，再根据系统提示，调整管道标高和位置，局部管线走向变更等，最后将所有管线碰撞点调整完毕，完全按照施工现场的实际情况出图指导施工，大大降低了返工概率，提高了施工效率，节约造价。

3.3 机房泵房管线综合

对于机电安装工程来说，制冷机房、水泵房和变配电房是项目的核心所在，我们利用BIM技术，对重点的机房进行了设备定位、管线综合平衡，并对管线的走向提前模拟，对于机房内的不合理排布及管道附件的添加和布置提前预处理，在施工之前考虑了各种不利因素，保证机房施工的顺利进行和最终的合理美观。

白天鹅宾馆制冷机房BIM模型（见图1-3-3）。

图1-3-3　制冷机房BIM模型图

3.4 在管道井中的应用

该工程管井非常狭窄且管道又集中，管井中的管道布置是工程的一大技术难点。因为管井内管道集中、大小不一、种类繁多、支管及附件复杂，造成专业交叉施工现象严重，所以管井内管线合理综合排布对管道的安全施工、降低成本、方便检修起决定性作用。按照原设计图纸给出的管井大样图进行绘制时，发现消防喷淋管与空调供回水管存在严重交叉现象，然后根据每根管道的所属系统用途、管道穿越的楼层及其支管的走向、管道的变径位置、管道的保温材料及厚度，结合管井尺寸进行调整及综合布置，经BIM深化设计后达到立管与各层水平进出管、支管无交叉，并保证了阀门及附件的安装与检修空间。

3.4.1 碰撞调整前，见图1-3-4。

3.4.2 碰撞调整后，见图1-3-5。

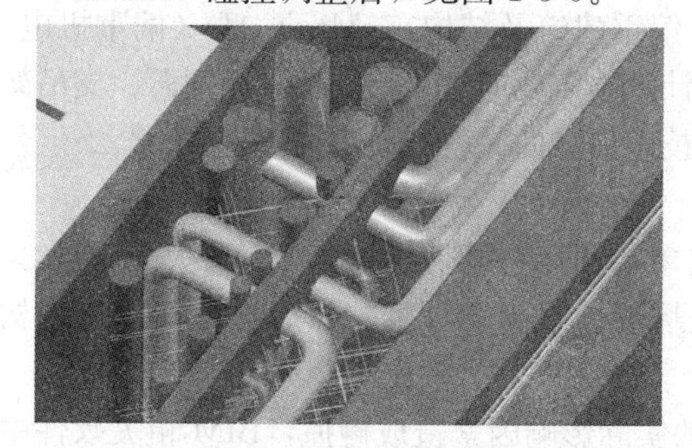

图1-3-4　管井碰撞调整前

图1-3-5　管井碰撞调整后

4. 结束语

BIM相对于传统的设计，从二维转向三维设计；从各工种单独完成项目转向各工种协同完成项目；从离散的分步设计转向基于同一模型的全过程整体设计；从单一设计交付转向建筑全寿命周期支持。BIM带来的是激动人心的技术冲击，大大提高工程的质量和管理效率。

1-4 BIM技术中机电工程综合支吊架研究与应用分析

黄都育 王 颖

（北京市设备安装工程集团有限公司）

1. 概述

机电工程综合管道支吊架一直以来都是建筑安装行业的技术攻关点，随着BIM技术的不断发展，我们尝试用BIM技术来攻克这一难点。通过两年的深入研究，研发了适用于机电管道支吊架设计的应用软件。通过该软件可对BIM机电管道模型进行支吊架选型和计算，使机电管道综合排布进行碰撞检测时包含了支吊架的空间碰撞情况，调整后可达到符合实际需求的零碰撞；可对支吊架的选型进行力学计算，保证其安全性和提高经济性，为长期以来凭经验进行选型的施工技术人员提供科学依据；使机电工程安装、BIM技术的实际应用的科学化和完整性有了进一步提升。

2. 研究背景

2.1 国内外支吊架技术发展现状

国外工程对于支吊架采用标准配置成套成品安装（如喜利得），支吊架型式通过组合可方便地进行标准化设计和安装。这些标准支吊架为定型产品，由厂商给出了参数范围，直接选用安装即可，保险系数大。

国内大型工程支吊架大部分仍采用参考相关图集结合经验"设计"安装，成本相对低，但缺少科学性和理论性。部分工程会要求提供支吊架计算书才可安装（如我司承接的世贸环球中心、京东方等项目）。

2.2 现有BIM软件情况

目前BIM软件主要有AutoCAD、Revit（偏重建筑及结构）、MagiCAD（偏重机电）等。软件发展速度虽快，但软件中较细节的设计基本需要通过人工处理（如剖面、支吊架等）建立族或块完成，无专业软件，不能保证技术信息的完整和通用性。

2.3 目前支吊架技术存在问题

2.3.1 目前支吊架标准图集只局限在单专业、小管径系统，涉及大管径（>300mm）支吊架和综合支吊架，需施工人员现场经验设计，计算校核后送设计单位结构工程师审核确定。

2.3.2 二维综合图、BIM未考虑支吊架的实际影响因素造成碰撞，BIM相关软件中没有支吊架信息模型，不能满足综合机电三维图及碰撞检测的需求。

2.3.3 建筑工程机电专业二维、三维（BIM）相关软件均无支吊架设计计算，无法进行分析设计及稳定性等验算，无相关数据接口。三维图中未涉及支吊架的模型、模块及特性参数，不能进行工料选择和施工管理。

3. 研究内容及成果

由于以上分析的研究背景和行业需求，促使我司决定开发一款 BIM 技术支吊架应用软件。结合国家标准图集、设计、施工经验等因素确定综合支吊架的基本型式，生成基本模型，并预留接口可扩充模型，使软件能做到真正的实用应用型软件。把现有靠经验对支吊架选型的模式变革成靠电脑进行先进的、准确的、有科学依据的选型设计模式；建立非标准化的设计理念；完善综合支吊架数据库，与国家、地方相关支吊架标准图集有机对接；建立三维综合支吊架的数据库，在 BIM 技术中形成实用型插件；建立标准化的接口，扩大 BIM 专项技术的应用范围。

3.1 软件研发的基本原则

通过两年的研究确定了软件研发的基本原则：

3.1.1 支撑环境为 AutoCAD 绘图平台 \ MagiCAD 三维软件，可生成三维支吊架模型和相关数据。

3.1.2 技术路线——结构计算、校核公式的确定按照《建筑结构荷载规范》GB 50009－2012 确定支吊架计算荷载；支吊架计算的重点是刚性连接或铰性连接体系结构计算，内力计算方法采用矩阵位移法。

3.1.3 与设计、施工相结合的应用。

目前主要研究对接建筑工程机电专业中暖通、给水排水、电气专业，可预留接口扩展至工业等领域。为达到施工数字化管理、工厂数字化加工应用。通过对程序的设定，提供支吊架的编码和材料清单，进一步提高流水作业效率和工厂预制能力，基于 BIM 技术的本程序开发，为后期的工厂化预制、数字化建造提供数据基础。

3.1.4 支吊架的选择、确定

经过调研、讨论，总结工程经验，确定了八种最基本的综合支吊架型式（见表 1-4-1），主要考虑承受垂直荷载。对于需考虑承受水平荷载的支吊架，其受力大小的确定和结构型式按照国家相应规范图集的规定处理。

八种综合支吊架型式　　表 1-4-1

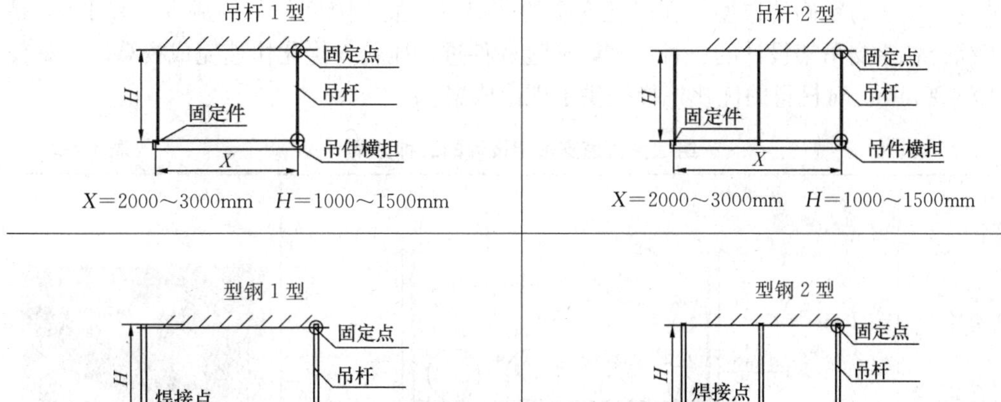

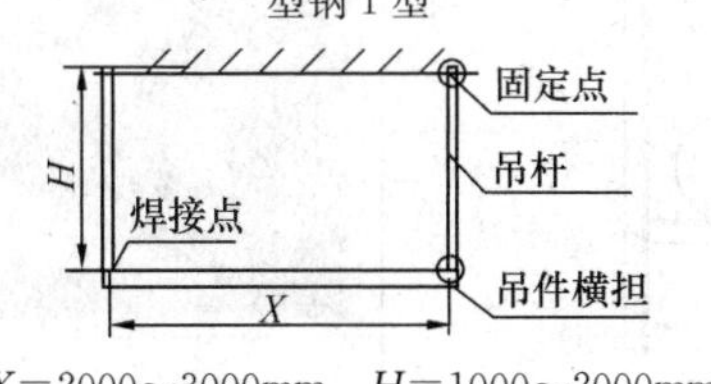

型钢 2 型

固定点　吊杆　焊接点　吊件横担　H　X

X=2000～3000mm　H=1000～2000mm

续表

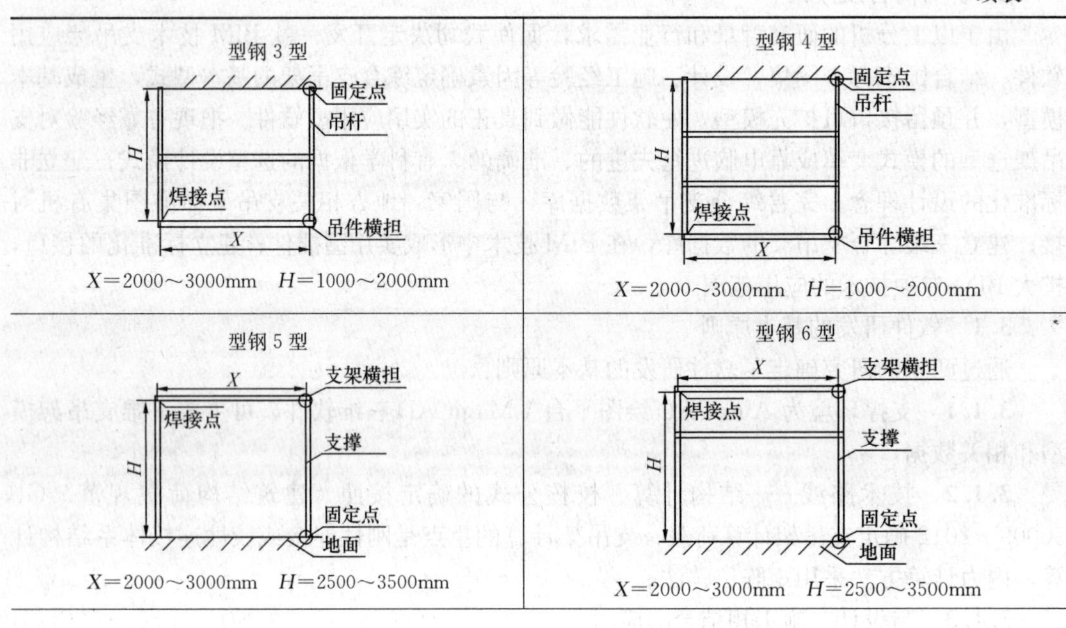

备注：固定点方式

吊杆型材材质、类型、尺寸

吊件横担材质、类型、尺寸

焊接点焊接方式

荷载为输送液体或气体的钢管或风管

结合以上八种支吊架基本型式，在软件开发过程中衍生了 21 种支吊架，并加以研究。

3.2 研究案例

支吊架设计严格按照《建筑结构荷载规范》GB 50009—2012 等国家现行相关专业规范的要求，通过多个项目中测试应用，保证了设计质量，其可视化的特点提高了深化设计能力和三维碰撞检测能力，显著减少了项目中的返工现象。经过精准的支吊架设计，将原本粗放的选型变为精确的选型，在保证安全的前提下，最大限度的节约成本。表 1-4-2 是为一组综合管道支吊架设计的三种方案，通过软件进行比较、优化快速完成校算、选型仅需要 10～30min。对材料的优化选择提供了理论依据。

一组综合管道支吊架设计的三种方案　　表 1-4-2

方案一

一组综合支吊架

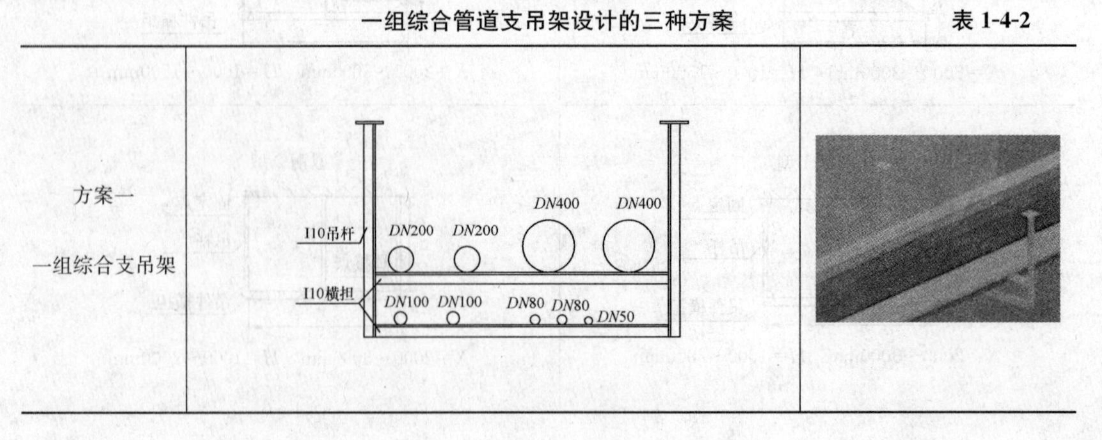

续表

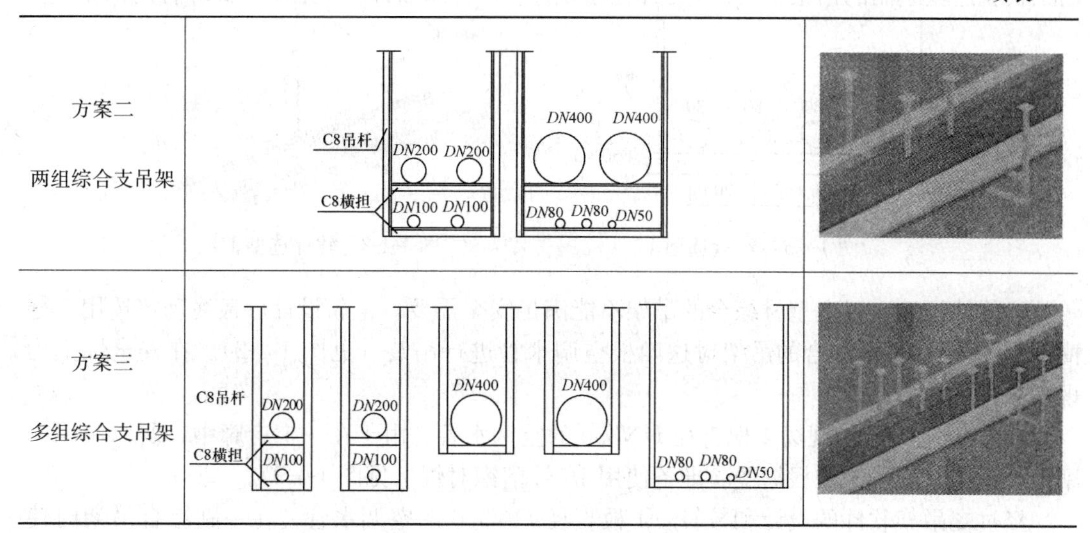

三种方案的材料统计表　　　　**表 1-4-3**

支吊架用量计算					
	横担型号	吊杆型号	支架间距（m）	支架长度（m）	支架重量（kg）
方案一	I10	I10	4	7.94	136.6
方案二	C8	C8	4	5.30	90.1
	C8	C8	4	5.90	
方案三	C8	C8	4	4.30	137.4
	C8	C8	4	4.40	
	C5	C5	4	3.04	
	C5	C5	4	3.04	
	C5	C5	4	4.47	

通过表 1-4-3 的对比，可以很直观地看出选择方案二可节省型材约 30%。

3.3　研究成果

通过两年的研究，我司成功研发出了基于 BIM 技术的管道支吊架软件。该软件《管道支吊架设计软件》（CMSH-V1.0）获得了中华人民共和国国家版权局计算机软件著作权。

我们通过具体案例对软件的计算精确度进行测算。通过《管道支吊架设计软件》（CMSH-V1.0）计算结果经与现行两款结构有限元计算软件（Midas、SAP2000）验算平均值结果对比分析，得出结论为本软件误差很小，完全能够应用于机电工程综合支吊架的设计。

4. 实际项目应用案例

4.1　软件选型计算与经验选型的比较

下面以大厂喜来登酒店机电工程现场两个实例来进行论证。

4.1.1　案例 1：现场 4 根直径 *DN*80 的空调水管，使用一副综合支架。图 1-4-1 为现场工长凭经验绘制的吊架选型图，工长预选用∠50×5 角钢和 $\phi6$ 钢筋吊杆综合的吊架。

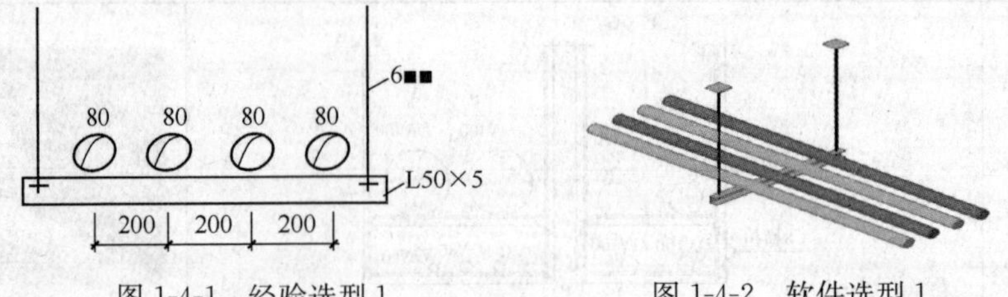

图 1-4-1　经验选型 1　　　　图 1-4-2　软件选型 1

经软件校算，以上型材综合的吊架不能满足安全需要。重新设计后最终确定选用 5 号槽钢和 $\phi8$ 钢筋吊杆综合的吊架对这四根空调水管进行吊装（见图 1-4-2）。在安全性上为现场进行了把关。

4.1.2　案例 2：现场 4 根直径 *DN*350 的空调水管，由于在一个走廊中，所以使用一副综合吊架。现场工长根据经验准备使用 16 号槽钢对焊（见图 1-4-3）。

经过支吊架软件的设计和校算，4 根直径 *DN*350 的空调水管，在一副综合吊架时使用 14 号槽钢就可以满足要求（见图 1-4-4）。

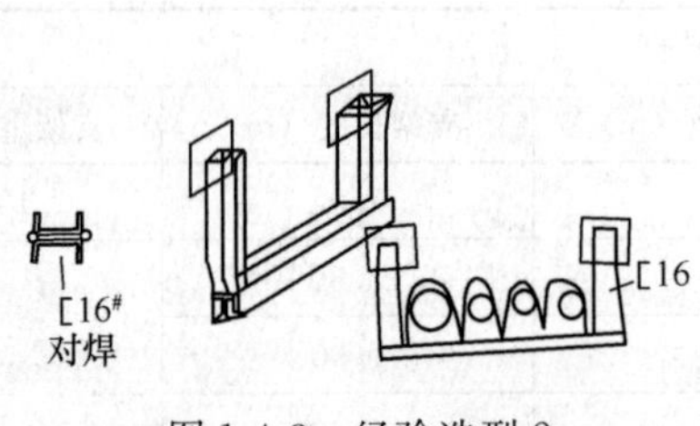

图 1-4-3　经验选型 2

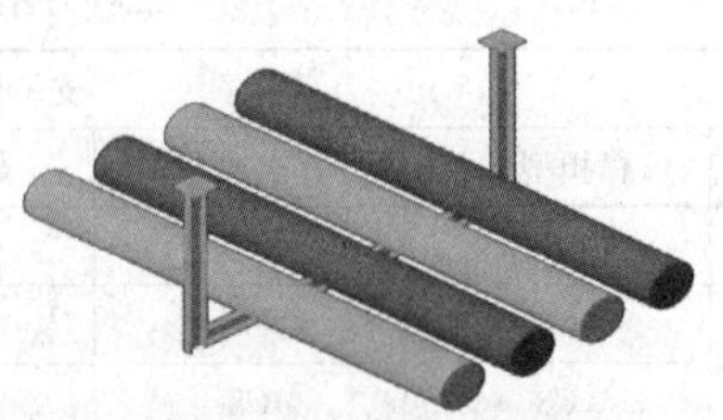

图 1-4-4　软件选型 2

4.2　软件选型与人工计算选型的比较

案例 3：我公司承接的北京京东方显示技术有限公司第 8 代薄膜晶体管液晶显示器件项目中由于 3 号建筑（模块厂房）内机电管线密集，因此建筑内多处采用了综合支吊架。由于甲方聘用的韩籍空间管理顾问要求我方必须出具支吊架计算书，因此我司花费 20 万聘请专业结构人员对综合支吊架进行了详细计算。下面以其中一个为例（见图 1-4-5 和图 1-4-6）与软件进行对比。

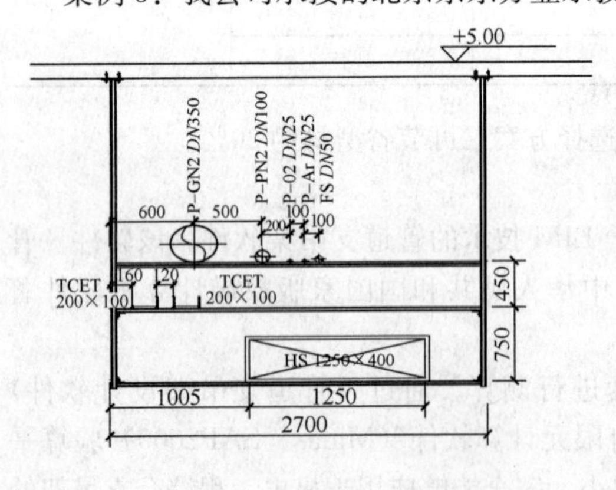

图 1-4-5　综合支吊架设计图

4.2.1　原结构设计人员出具的该综合吊架计算书

（1）荷载分析

L_1：*DN*350 水管（1 根）：191.4kg/m；

*DN*100 水管（1 根）：21.3kg/m；

*DN*50 水管（1 根）：8.19kg/m；

*DN*25 水管（2 根）：3.5×2=7kg/m。

$\sum_{ql}=227.89$kg/m

L_2：桥架200×100(2个)：10×2=20kg/m　　$\sum_{q2}=20$kg/m

L_3：HS1250×400：100kg/m　　$\sum_{q3}=100$kg/m

结论：梁上折算均布线荷载设计值：

L_1：q=228×10×3.75/(2.7×1000)=3.1kN/m；L_2：取2kN/m；L_3：取3.5kN/m。

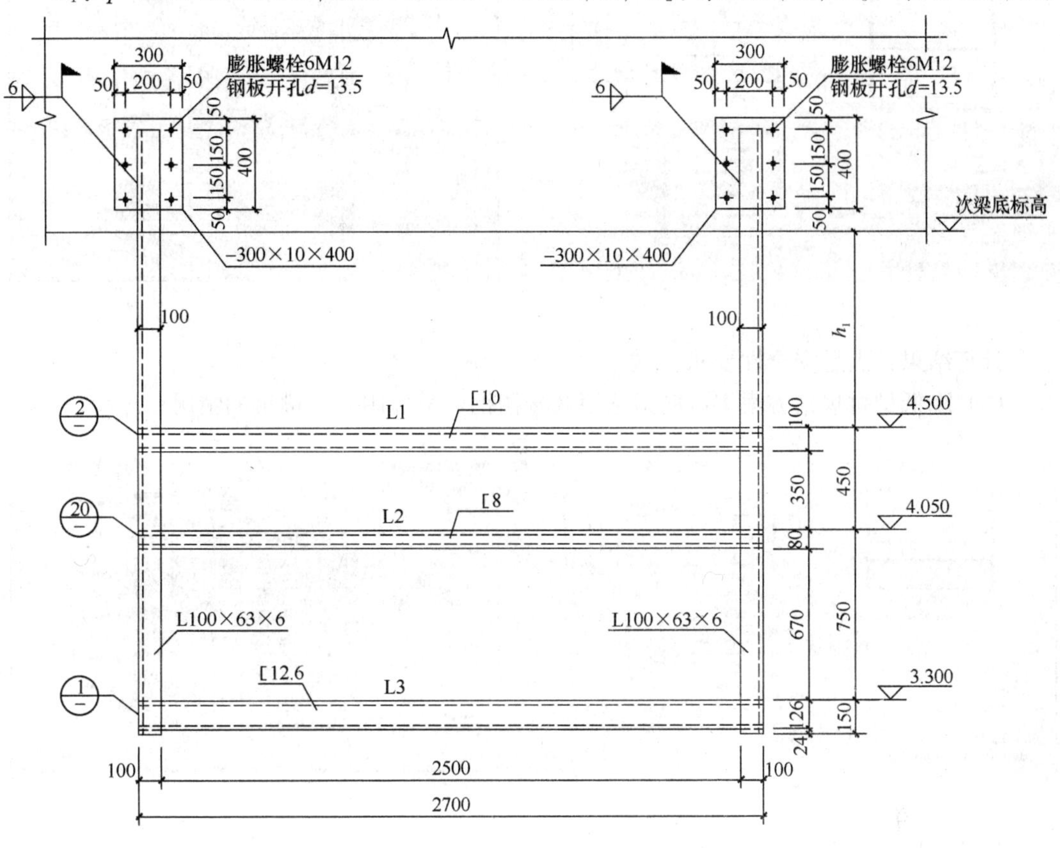

图1-4-6　综合支吊架设计计算图

(2) 吊架设计书（略）

4.2.2　运用BIM支吊架软件进行设计计算（多方案选择）

(1) 对以上手工计算进行复核。综合吊架横担用10号槽钢，吊杆用∠100×63×6角钢。

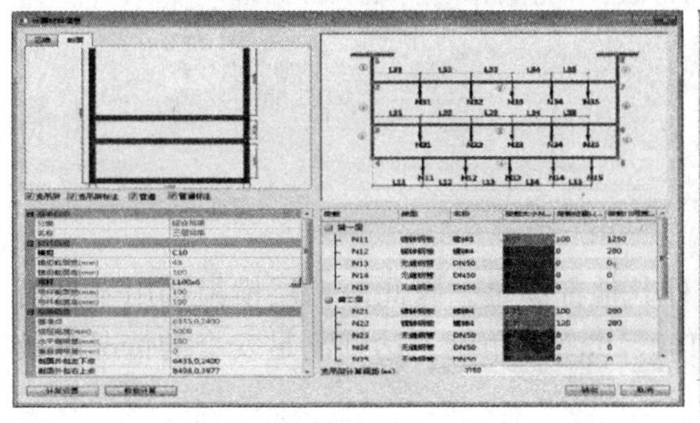

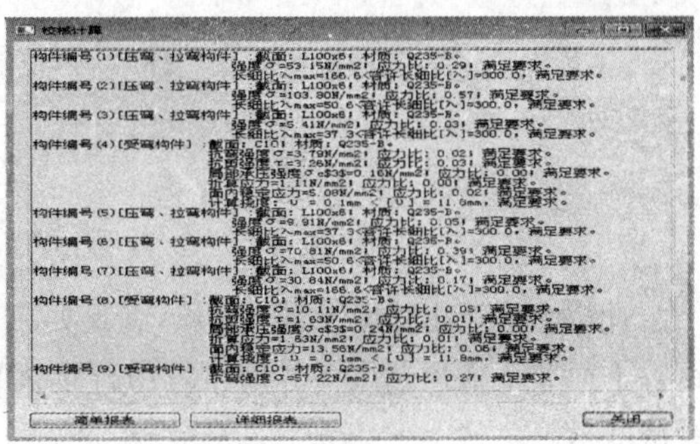

计算结果：满足安全要求。

（2）降低型材规格方案 A：横担选用 8 号槽钢，吊杆用∠100×63×6 角钢的情况。

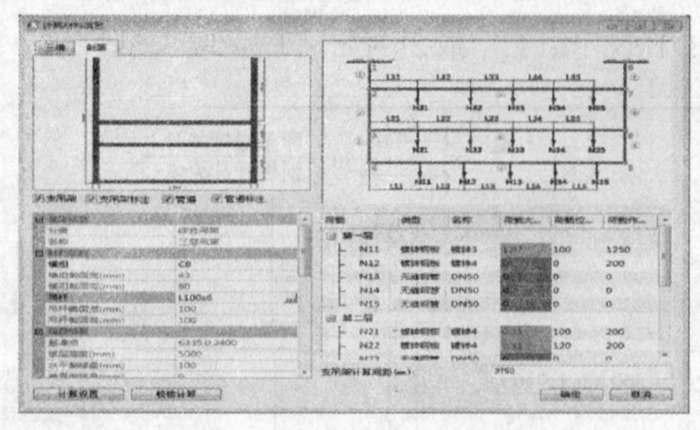

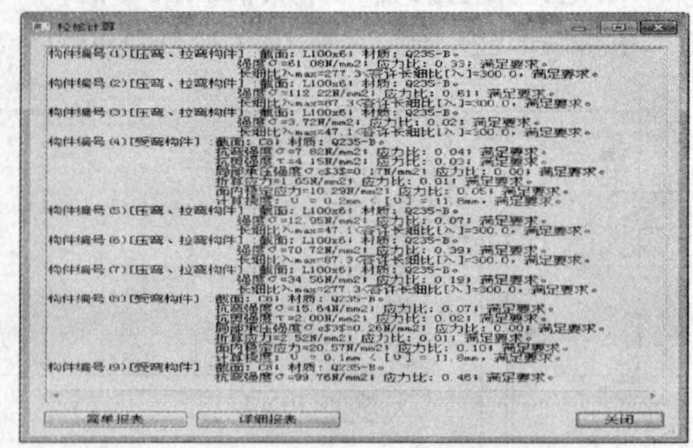

计算结果：满足安全性要求。

（3）降低型材规格方案 B：横担选用 8 号槽钢，吊杆用 8 号槽钢的情况。

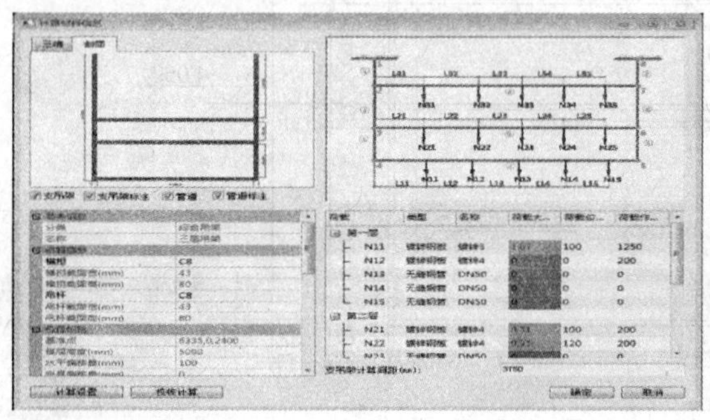

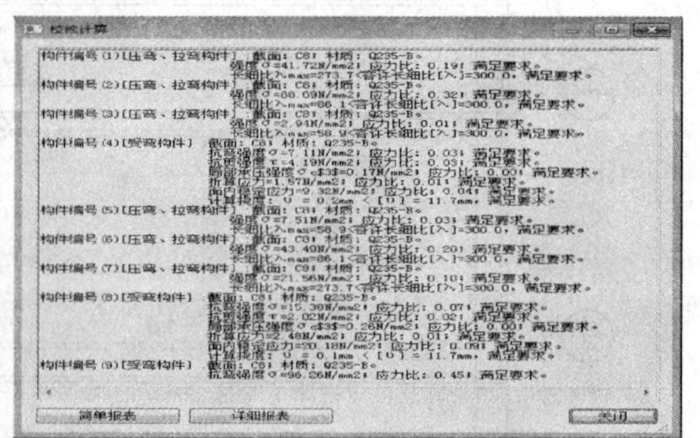

计算结果：计算满足安全性要求。

（4）降低型材规格方案 C：横担选用 5 号槽钢，吊杆用∠100×63×6 角钢的情况。

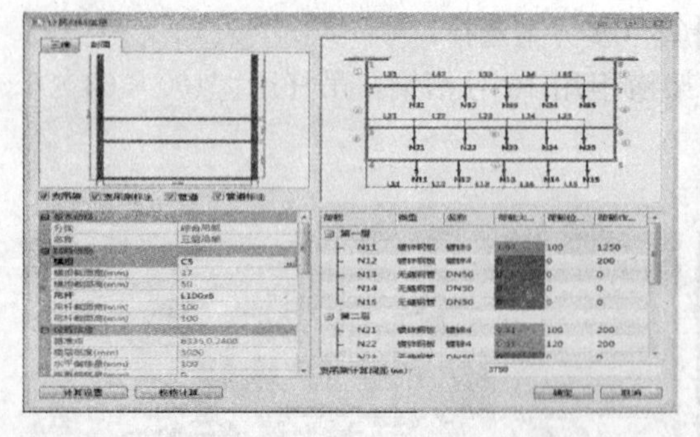

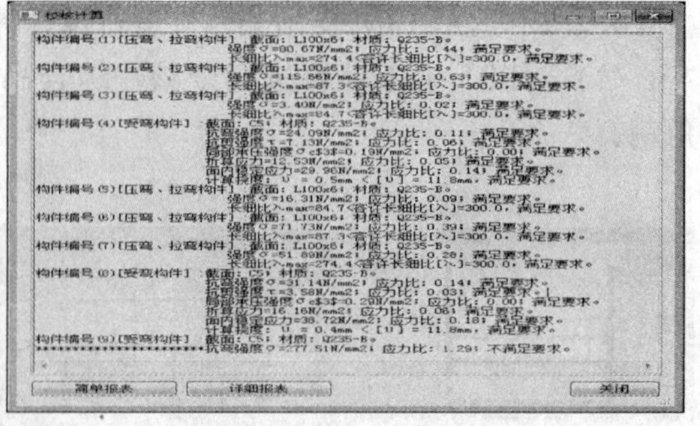

计算中可看出除第一层横担不满足要求外其他都满足。因此第一层横担选用 8 号槽钢，下面 2 个横担选用 5 号槽钢，吊杆选∠100×63×6 角钢。达到满足安全的情况下最经济效果。

以上选型计算过程仅需要10～30min。降低了计算时间和人工成本。

(5) 软件可根据要求生成简化版和详细版两种计算书（如图1-4-7）。与手工计算相比计算书简明扼要，各节点都有验算依据和图形文件，非专业人员易理解。

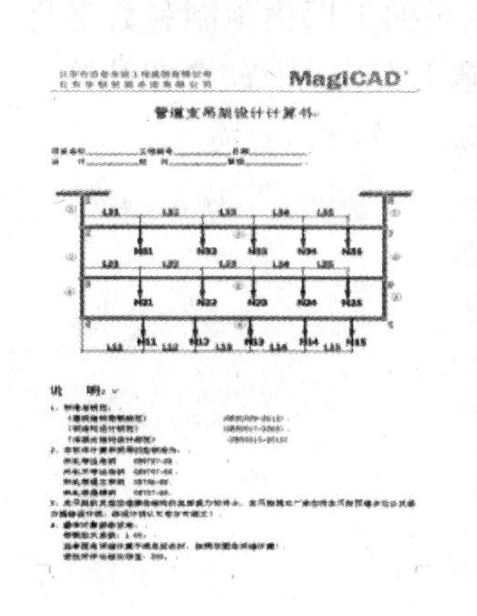

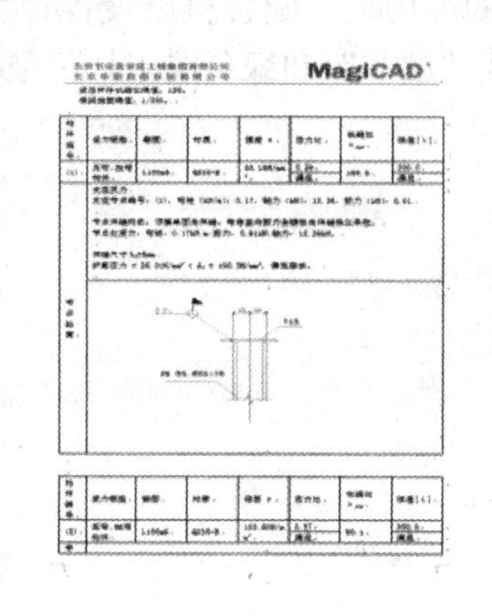

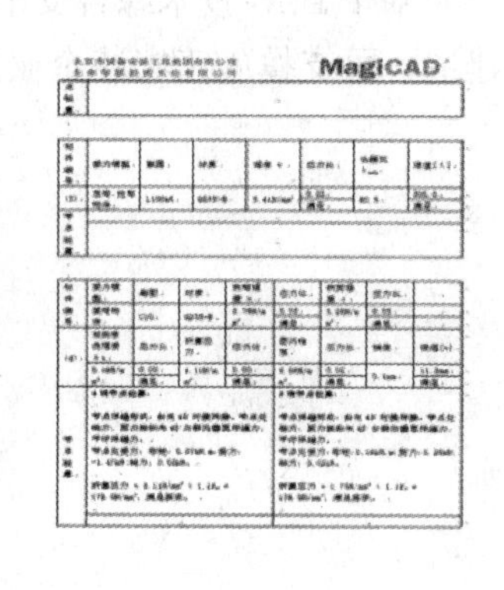

图1-4-7　软件生成的计算书

5. 研究应用结果

5.1　技术效益

5.1.1　安全性的保障

可通过软件计算发现支吊架型材规格选择的问题，对于选小的型材，提前发现、提前解决、避免了不安全因素的产生。

5.1.2　实现综合管线零碰撞

解决了由于现有的机电综合图无法通过软件考虑综合支吊架对综合管线的影响而造成支吊架无法安装或影响操作空间，或只能安装单一吊架不能综合考虑，造成材料的浪费这一施工中普遍问题。使机电管道综合排布能达到具有实际意义的零碰撞，能更有效地指导施工，减少返工现象。

5.1.3　应用拓展

对于二维图的计算应用可通过建立简单三维图形运用该软件计算，也可达到需要效果。

5.2　经济效益

5.2.1　节省设计费和设计时间

以京东方项目为例支吊架的选型设计如由设计院专业工程师计算设计费用为20万元左右，如采用软件计算则可节省这笔费用，软件计算生成专业计算书同样满足业主要求，有计算依据，节约设计成本。

5.2.2　节省型材和安装成本

通过软件计算发现支吊架型材规格选择的问题，对于型材选大的，可以避免浪费，同时为施工技术人员提供可靠的选型。支吊架型号缩小之后，涉及的加工费用，工人安装费用等都会减少，降低人工成本。

以喜来登酒店项目为例，实际应用时考虑到现场实际情况等其他因素的影响，最终经计算实际支吊架的耗钢量比现场经验型支吊架节省钢材约30%。

5.3 社会效益

通过BIM支吊架软件的推广应用，可助力机电安装企业快速实现BIM应用带来的效益，提升整个行业的整体盈利能力。

基于BIM技术综合支吊架的应用，可配合机电设备管线系统的工厂化预制和数字化建造，可支撑施工安装企业实现“四节”和绿色施工，可推动施工安装企业的产业升级。

第2章　工　艺　技　术

2-1　通风空调工程金属矩形风管的制作和安装

林伟鹏

（广州市机电安装有限公司）

1. 中央空调系统概况

广州市某中央空调工程，建筑总面积为34万m^2，地上高度为380m，地上68层，地下2层。该工程是由一幢68层的主楼和两幢36层的公寓楼及6层裙楼连接组成的商厦。这座商厦的通风空调采用集中控制和独立控制两种空调方式：主楼和裙楼各为一个集中控制的空调系统，公寓楼则采用窗台机和分体机独立控制的空调方式。

通风空调风管的总面积约为15万m^2，全部采用厚度为0.5～1.2mm的镀锌钢板制作，空调风管的保温材料采用铝箔玻璃棉毡，保温面积约为8万m^2。本工程纯属舒适性空调，全部为低压风管。

2. 风管的制作和管段间的连接

2.1　风管半成品的加工与拼装

风管的制作大部分是工厂化用自动或半自动生产线加工制作，零、部件和异形风管加工用单体设备制作。为便于运输和减少成本起见，矩形风管在加工时制成两块"L"形的半成品，然后编号、捆扎再运至施工现场，点交给安装单位，安装单位根据施工进度的先后顺序，将两块"L"形的半成品采用复合式的连接方法拼装成矩形风管。

2.2　管段之间的连接

两节风管之间的连接方法有：无法兰连接、共板法兰连接、薄钢板插接法兰连接及角钢法兰连接等。本工程根据风管截面积的大小，按照国家标准《通风空调工程施工质量验收规范》GB 50243（以下简称《规范》）的要求，上述几种连接方法都应用于工程中。

2.2.1　无法兰连接

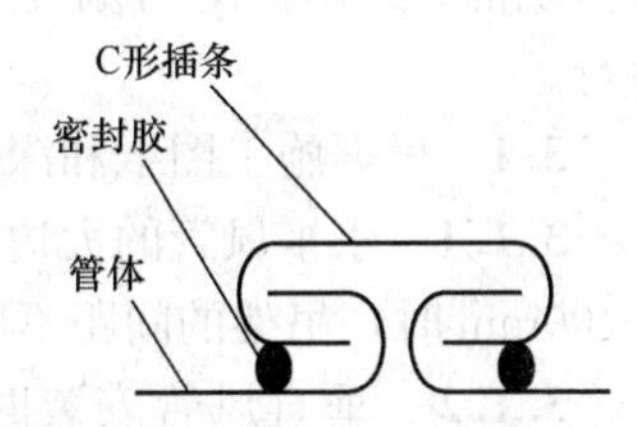

图2-1-1　C形插条连接剖视图

根据《规范》要求，矩形风管的大边长度≤630mm的可采用无法兰连接中的C形插条连接或S形插条连接。本工程是采用C形插条连接的（如图2-1-1），以C形插条连接两段风管时，从安装工艺角度出发，应先连接风管上、下水平的C形插条，再连接风管两侧垂直的C形插条；上下水平插条的长度等于风管水平面的宽度，两侧垂直插条的长度等于风管两侧面的高度再加上、下两段不小于20mm的延长量，垂直插条插入连接两段风管后，延长量折弯成90°角，紧贴压倒在上、下水平C形插条的端部，再在缝隙处涂以密封胶，保证风管有更好的严密性。

2.2.2 共板法兰连接

矩形风管的大边长度在630～1250mm范围时，我们采用共板法兰的连接方式（如图2-1-2）。它是风管本身两端扳边自成法兰，然后在风管的四个角装上法兰角，并在两个法兰面的四周均匀地填充密封胶，再用法兰夹将两段风管扣接起来，锁紧风管四个角的螺栓，最后用手虎钳将法兰夹连同两个法兰一齐钳紧。

2.2.3 薄钢板插接法兰（法兰条）连接

矩形风管的大边长度在1250～2000mm范围时，则采用薄钢板插接法兰的连接方式（如图2-1-3）。根据管口四条边的长度，分别配制四根法兰条，插入管口的四边，调校法兰口的平正直，再用拉铆钉或冲压的方法将风管的四边与法兰条铆固（拉铆钉或冲压点的间距，按《规范》的要求而定），两节风管的法兰面均匀地涂上密封胶，用法兰夹扣接两段风管，锁紧风管接头四个角的螺栓，最后用手虎钳将法兰夹连同两个法兰一齐钳紧。根据不同情况，有时不使用法兰夹，而使用顶丝卡来锁紧两段风管。

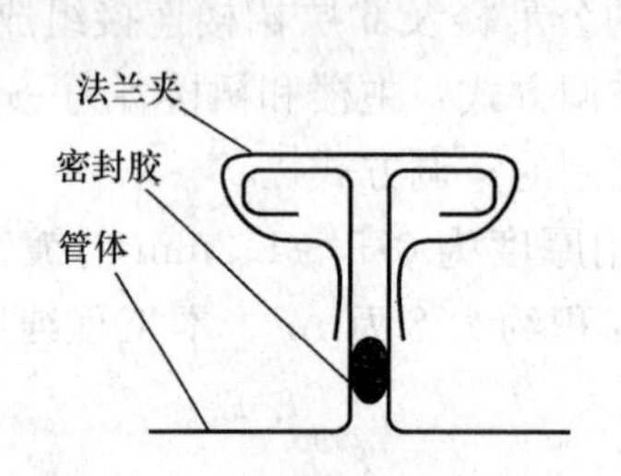

图2-1-2 共板法兰连接剖视图

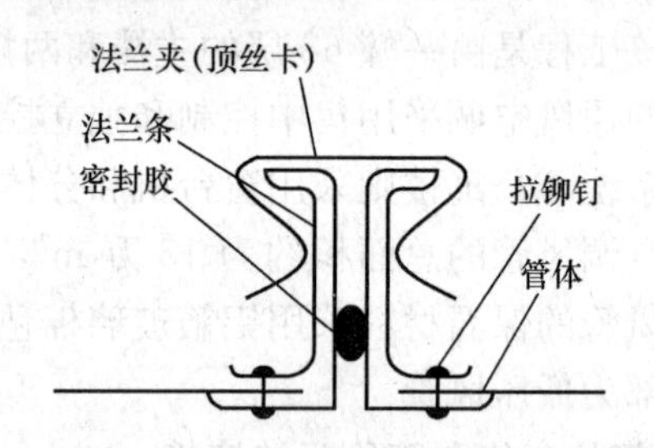

图2-1-3 薄钢板插接法兰连接剖视图

2.2.4 角钢法兰连接

矩形风管的大边长度大于2000mm和防排烟风管，采用角钢法兰用六角螺栓进行连接，角钢的型号、规格和连接螺栓孔的大小与孔距，按《规范》的要求而定。角钢法兰与风管的连接，采用铆钉铆固，铆钉的间距，按《规范》的要求而定。然后进行管口翻边，翻边的宽度保持一致，不应小于6mm。法兰角钢应平直，不得扭曲，法兰的焊缝熔合应良好，无假焊和孔洞，法兰的平面度控制在2mm之间。

3. 风管支、吊架的安装

风管支、吊架形式和规格的选用，直接影响系统的运行和使用寿命。严格按国标图集和《规范》选用强度与刚度相适应的支、吊架形式、规格，本工程在施工过程中严格执行。

3.1 根据施工图纸和深化设计，按风管的走向，对支、吊架的设置与标高进行定位。

3.1.1 水平风管的大边长度≤400mm，吊架的间距不应大于4m；风管的大边长度＞400mm时，吊架的间距不应大于3m。

3.1.2 垂直风管安装时，其支架的间距不应大于4m；单根直管至少应有2个固定点。

3.1.3 对风管的大边长度大于2500mm的超宽、超重等特殊风管的支、吊架按设计规定施工。

3.2 为了操作和检修的方便起见，支、吊架不宜设置在风口、阀门、检修门及自控机构处，应距上述部位 200mm 以上。

3.3　为了避免系统运行时风管的摆动，影响风管系统的使用寿命或造成不可预见的事故，所以，水平悬吊的主、干风管，若长度超过 20m，应设置防止摆动的固定点，每个风管系统不得少于 1 个。

4. 风管系统安装

本工程通风空调风管的安装，大致分为三部分：主楼标准层和裙楼的新风、送回风系统为第一部分；主楼标准层公共通道的送排风、排烟系统为第二部分；裙楼和地下室的送排风、排烟系统为第三部分。

4.1　根据工程的实际情况，先进行主楼标准层 3～66 层的新风管和末端设备送回风管的安装。在安装标准层风管的同时，末端设备的风机盘管机组也安装好，而风机盘管机组前后的送回风风管则采取分段组装后整体吊装。

4.2　在施工现场许可和有劳动力的情况下，展开对立管的安装，然后安装标准层公共通道和电梯前室等的送排风、排烟系统的风管，再接通立管和风机。

4.3　最后对裙楼和地下室的送排风、排烟系统的风管与风机，按施工现场具备的条件，见缝插针地进行安装。

5. 风管系统安装过程中的一些体会

5.1　标准层风管系统的安装

标准层风管图纸的尺寸与施工现场的实际情况往往不符，出现偏差是经常发生，不能以图纸的尺寸作为加工制作风管的依据，所以在标准层进行风管加工制作和风管安装前，根据施工图纸与施工现场的实际情况，进行风管系统的深化设计，再进行风管的加工制作，然后先做样板层。

根据样板层风管的实际走向和各种异形管件的实际尺寸，进行加工尺寸的必要修正。样板层的风管系统安装完毕后，报告甲方和监理单位认可，再进行标准层其余楼层的全面施工。

5.2　非标层和设备层风管的安装

特点是设备集中、异形管件多且管径大，若按照图纸尺寸进行加工风管，很容易出现接驳口对不上的矛盾，所以正常的安装顺序是先装设备，而后装风管，风管与设备的连接必须按照实际度量的尺寸进行加工制作，才能准确地接通系统风管。

5.3　容易出现漏风的几个关键部位，必须严格把关。

风管的漏风势必降低风管内部的风压，使空调效果达不到设计要求，所以，在整个风管系统的安装中必须处理好几个关键部位。

5.3.1　风管与风管之间的连接处，是漏风的主要部位，不论是无法兰连接还是有法兰连接，密封胶的填充必须均匀全面到位。

5.3.2　共板法兰连接和薄钢板插接法兰连接的四个法兰角，必须平整紧贴。

5.3.3　支管与主管的连接处，接合要紧密并填充密封胶。

5.3.4　风管与设备的连接，注意法兰或插口连接的可靠性，以防设备在运行中的震动而造成连接处松动或震裂。

5.3.5　风口与风管引下管的连接，要求风口颈部与引下管的接合要紧密。

5.4　解决好风管保温中可能出现的几个主要问题：

风管的保温质量有时容易被疏忽，由此产生的后果，可能会带来一系列的麻烦。由于漏保温或保温质量不好，在系统运行后风管易产生结露，温差越大，结露越严重，最后形成冷凝水滴落，污染天花板和室内的陈设，同时还耗能和影响空调的效果，因此，保温的施工必须引起足够的重视，注意保温工序容易被疏忽的问题。

5.4.1 本工程是采用铝箔玻璃棉毡保温的。风管表面在粘贴保温钉之前，必须处理干净，使保温钉牢固地粘贴在风管上，如果保温钉粘贴不牢而脱落，会造成铝箔玻璃棉毡与风管之间的空腹现象，影响空调效果。

5.4.2 保温钉的布置和数量，严格按照《规范》的要求粘贴。

5.4.3 铝箔玻璃棉毡的接缝处，保持严密，并用铝箔胶带封闭。

5.4.4 风管法兰连接处的保温材料，必须紧贴，不得有缝隙。

5.4.5 风管与设备相连接的部位，若保温不妥，极易产生冷凝水，在保温时必须特别注意保温材料的到位和紧贴。

5.4.6 交叉作业施工中，被损坏的保温层，一定要修补好。

6. 风管系统漏风量的测试

首先将测试段的风管两端用盲板封闭起来，然后采用 Q89 型风管漏风测试仪进行测试。将测试用的风机送风软管和风管测试段连接起来，再在风管测试段引出一条小软管与测试仪上的倾斜压力计相连接，然后启动测试仪的风机，使无级调速风机的转速由慢至快，风管测试段的压力也随之升高，当压力升高至测试所需的压力 500Pa 时，使之稳定，这时测试段的漏风量等于风机的补充风量，在倾斜压力计上直接显示负压的读数。

测试段的漏风量：$$Q=F\cdot a\cdot\sqrt{e\cdot\Delta P}$$ 式（2-1-1）

式中 Q——测试段的漏风量（m^3/h）；

F——风机送风管的截面积（m^2）；

a——流量系数（取 0.97～0.98）；

e——空气密度，常温取 $e=1.2kg/m^3$；

ΔP——倾斜压力计显示的负压数（mmH_2O）。

再根据测试段风管的表面积，计算出单位面积的漏风量。

单位面积的漏风量：$$q=\frac{Q}{f}\ [m^3/(h\cdot m^2)]$$ 式（2-1-2）

本工程属舒适性低压空调，根据测试结果的数据表明，漏风量均小于《通风与空调工程施工质量验收规范》GB 50243 的要求，即漏风量在 $6m^3/(h\cdot m^2)$ 以下，完全合格。

2-2 超宽钢板风管施工技术

秦贵平 姚建伟

（青岛安装建设股份有限公司）

青岛流亭机场扩建工程，风管截面尺寸为 7000mm×1000mm，钢板厚度 3mm，如此超宽的风管是少见的，绘制作安装中带来一系列问题，怎样控制组装、焊接变形；怎样利用吊顶内有限的空间进行吊装，本文针对上述问题在施工过程中采取的施工方法进行论述。

1. 预制前变形控制

1.1 现场实测与放线，定尺采购

现场测绘制图并在电脑上排版，确定每一张钢板的尺寸，然后根据这个尺寸组织采购，尽可能减少焊缝数量，减少焊接变形。该工程超宽风管的规格是7000mm×1000mm，钢板的订货尺寸确定为幅宽1260mm、板长7000mm和幅宽1000mm、板长7500mm两种规格。

1.2 设置加强筋

根据钢板的厚度，加强筋的圆弧半径确定为$R=10$mm，根据风管排版图和板幅，压筋长度为7000mm，一次压制两条筋。

1.2.1 油压机压力选择

压制凸筋所需压力的近似计算式：$P=L\cdot\delta\cdot\sigma\cdot K$（kg） 式（2-2-1）

式中 L——凸筋长度（mm）

δ——材料厚度（mm）

σ——材料抗拉强度（kg/mm²）

K——与筋的宽度及深度等因素有关的系数，一般取$K=0.7\sim1$

经在油压机上压制试验，选用350t的压力就可以满足要求。

1.2.2 钢板压筋

钢板在压制加强筋前先喷砂喷漆，待油漆干燥后，再排板进行标识。

在加强筋压制过程中必须对每张板的板幅进行检验，其断面半圆弧的高度为10mm误差±0.1mm，宽为20mm，加强筋与板面应吻合过渡，压制完后板面应平整，局部平整度误差应小于2mm，否则应对压筋模具的精度进行加工。压筋模具如图2-2-1所示。

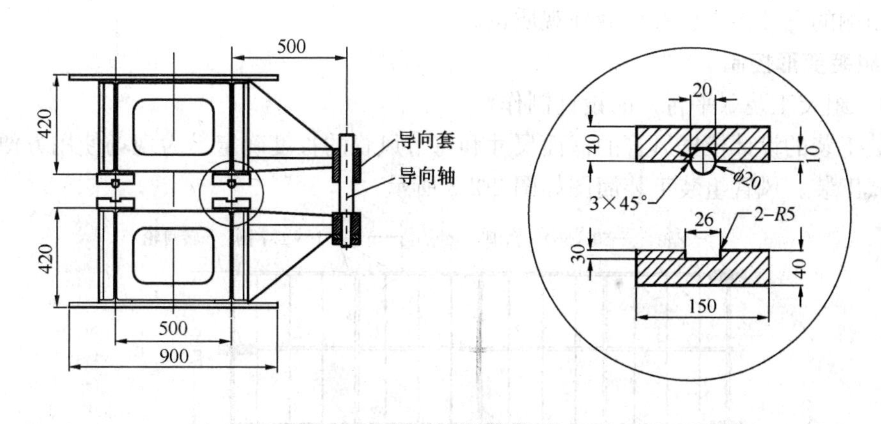

图2-2-1 压筋模具图

2. 焊接变形控制

2.1 焊接方法及焊接参数

采用二氧化碳气体保护焊，其焊接参数见表2-2-1。

焊接参数 表 2-2-1

焊接厚度(mm)	焊接方法	焊接接头形式	焊层	填充材料		焊接电流		电弧电压(V)	焊接速度(m/h)	焊丝伸出长度(mm)	气体流量(L/min)
				牌号	直径(mm)	极性	电流(A)				
3	CO_2 气体保护焊	3 1±1	1	H08MnSi	1.0	反接	5～100	18～20	25	10～12	8

先采用定位焊接，其焊接工艺参数与表 2-2-1 相同，再进行正式焊接。为减少焊接过程中产生变形，焊接时应按事先编制的焊接顺序进行，每条焊缝从中间同时向两边施焊，焊接顺序如图 2-2-2 所示。

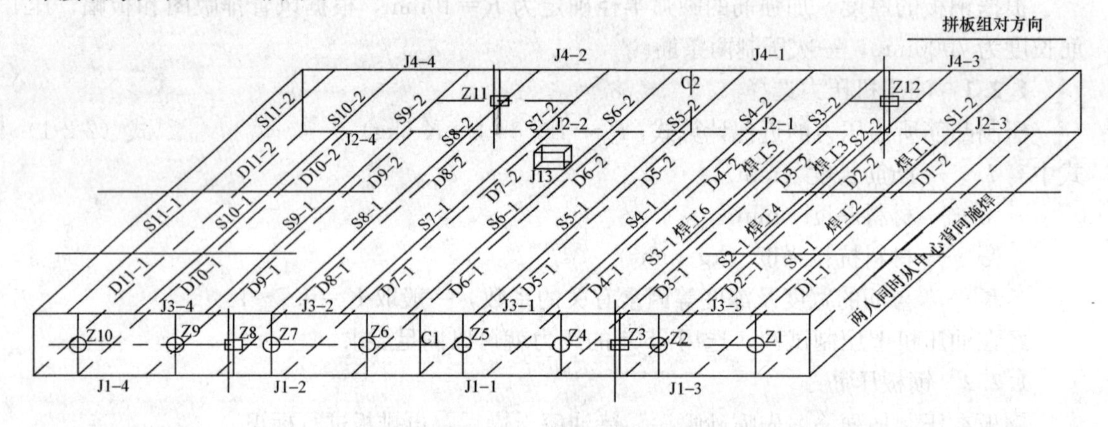

图 2-2-2 焊接顺序图

2.2 焊接注意事项

施焊前，焊工应复查焊件接头质量和焊区的处理情况，不合格的需修整合格后方可施焊。焊接时，不得使用生锈的焊丝，CO_2 气体的纯度应符合要求。焊接完毕，焊工应清理焊缝两侧的飞溅物，检查焊缝外观质量。

3. 组装变形控制

3.1 组装工装（平台）的设计制作

组装工装的设计依据风管的截面尺寸和每节风管的长度确定。为现场使用方便，设计成移动式工装。风管组装工装简图如图 2-2-3 所示。

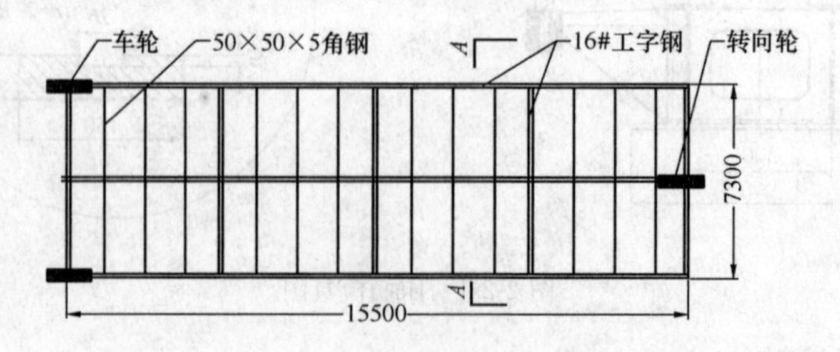

图 2-2-3 风管组装工装简图

3.2 底板的拼接与整平

找准组装焊接平台的位置，使其处在风管的安装位置。将压型板每 2 块一组，在地面厚钢板上（δ=12mm 以上）进行拼接，并在底板两端与立板拼接处的加强筋圆弧上切割斜口。用火焰收口找平后焊接。拼接后的整平，一般采用钢平头锤用手工锤击的方法进行矫正，根据板料不平的情况，找出弯曲特征，对翘曲或凹凸不平部分进行整平。经检查合格后再进行下一组的拼接，以此类推。底板的整平应在整平垫板上进行，底板拼接如图 2-2-4所示。

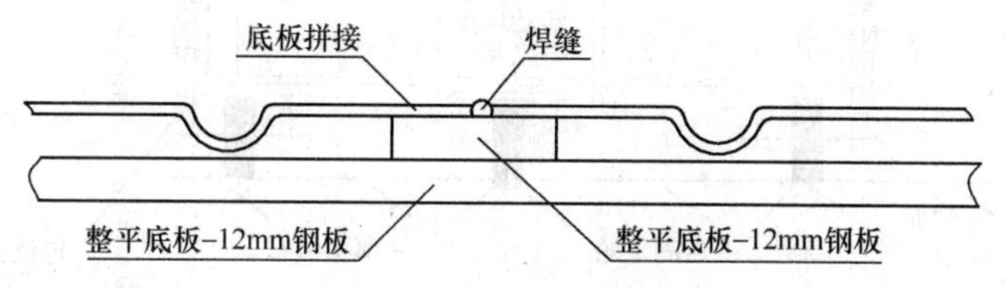

图 2-2-4　底板拼接图

3.3　底板在活动工装上的整体焊接

将钻孔的吊杆横梁（8 号槽钢）按吊点位置摆在组装平台上面。将拼接好的底板从一端沿地面与组装平台之间的坡道拖到组装平台上，依次进行拼接，15m 长风管共分 6 组，12 张。风管装配如图 2-2-5 所示。

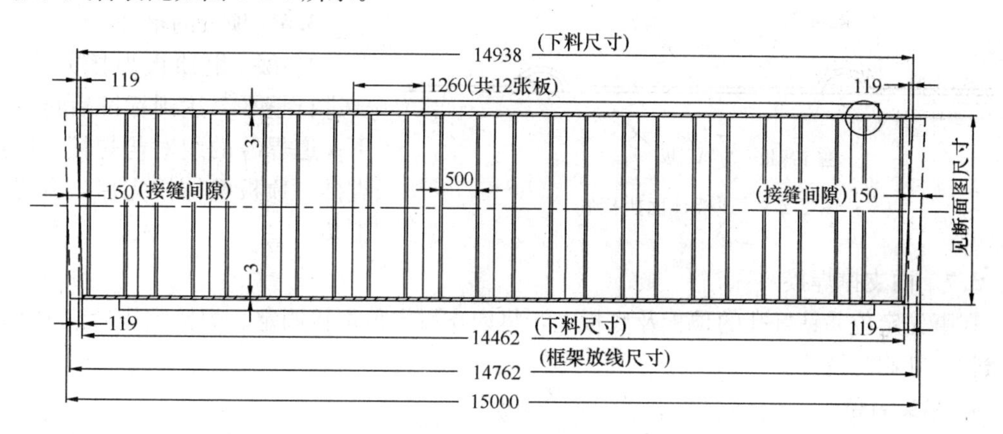

图 2-2-5　风管装配图

每一组板拼接完后检查板面平整度，整平方法同上。用 1m 长的直尺或塞尺检查局部凹凸度不大于 2mm。直至整体底板拼接完成。

3.4　两侧立板组对

在拼好的底板上组装内部工装（可拆卸移动），然后将两侧立板组对点焊固定，两端加临时支撑固定。内部工装如图 2-2-6 所示。

顶板的地面拼接与整平，顶板的地面拼接方法与底板相同。2 块为 1 组。顶板地面拼接如图 2-2-7 所示。

3.5　顶板的组对点焊

在地面与内部工装之间用槽钢设坡道，将拼接好的顶板从地面上拖到内部工装上，进行组对点焊。

顶板焊接时焊接工艺与顺序同底板，每条焊缝边组对边焊接。同时将点焊好的底板与立板，顶板与立板的两条角焊缝也随后焊好。

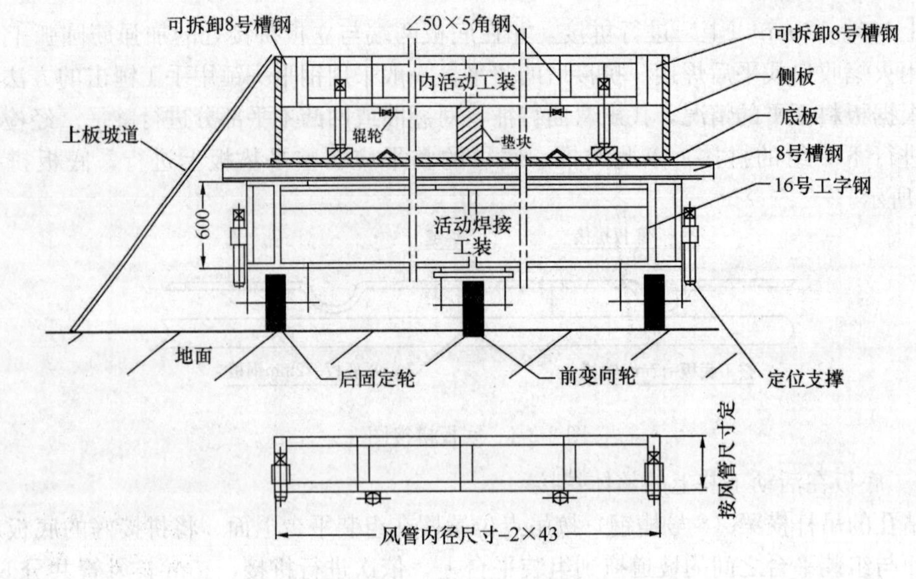

图 2-2-6 内工装简图

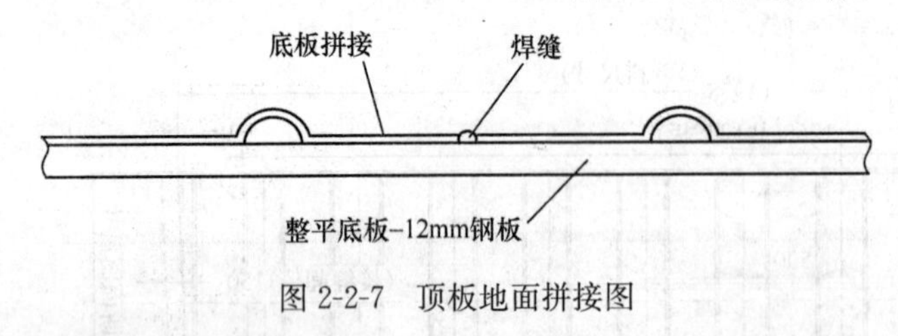

图 2-2-7 顶板地面拼接图

3.6 顶板的整平

当第一组顶板焊接完成后，要进行整平，达到标准后再进行下一道焊缝的组对与焊接，以此类推。顶板整体拼完后，撤出内工装。

3.7 内支撑焊接

在事先定位并钻好孔的顶板及底板上，将内支撑定位焊接固定。焊接完毕后清理干净飞溅物，补刷防锈漆。

4. 吊装就位

风管制作完毕后进行各项制作检验，合格后再进行保温吊装。将组装平台上的已经焊接完毕的风管，连带组装平台一起进一步检验风管安装所在位置，先做好风管顶面的保温，要处理好吊杆穿过保温材料位置的保温。检查龙门架、倒链是否已设置好，是否牢固可靠，无问题后，将倒链链子与吊杆上的吊扣拴紧。倒链链子事先统一用不同颜色的胶带每隔 100mm 做上标记，由专业起重人员统一指挥，现场所有倒链操作人员服从起重指挥的命令，一起拉动倒链，缓慢起吊，要根据链子上的标记尽量做到同步起吊。离开组装平台后，在第一道标记高度停下，应再一次检查吊装工具是否牢固安全，待确定无误后，才能撤走组装平台，正式起吊。在这个过程中，指挥人员要注意观察风管有无扭曲、变形现象，指挥操作人员同步起吊。

风管吊装到设计高度后，进行找平，测量位置无误后，先安装 $\delta=3$mm 厚套管底板，再向套管内浇注细石混凝土，捣实后安装 $\delta=12$mm 顶板，按交叉对角式将吊杆圆钢煨弯后进行焊接，依次类推，直至吊杆全部焊接完毕，如图 2-2-8 所示。

5. 风管连接及密封

风管段与段之间采用软连接，先将风管段与段之间连接处的大梁底做好保温（梁底已

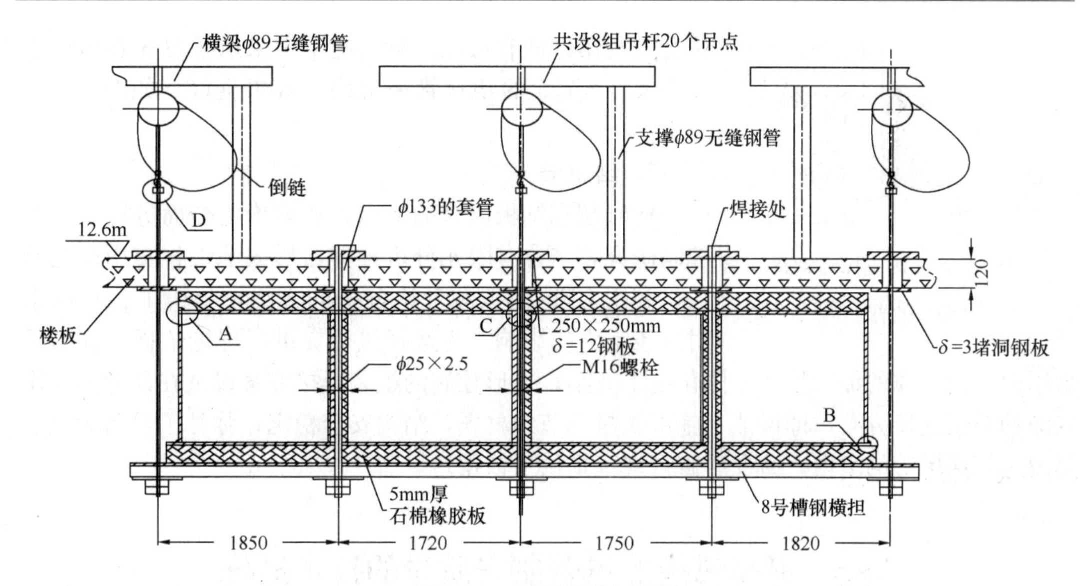

图 2-2-8　风管吊装剖面图

经预留好顶压板和螺杆)，在风管内外各用一块厚 5mm×宽 500mm 的钢板将两段风管上端部夹紧，用螺母固定。钢板与风管壁之间用 5mm 厚软橡胶板粘接，以起到密封及风管伸缩时耐摩擦的作用。另外三面连接处沿风管内外用两块 5mm×500mm 钢板螺栓夹紧，中间用 5mm 厚软橡胶板作为密封材料，既能起到密封作用，又能达到强度要求。

风管分段连接方法如图 2-2-9 所示。

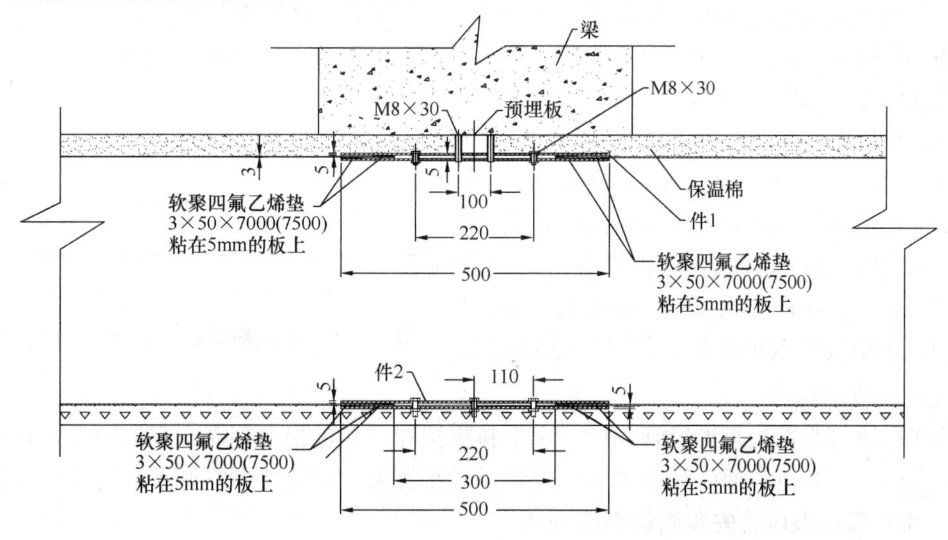

图 2-2-9　风管分段连接示意图

6. 防结露措施

采用厚度 50mm 玻璃丝棉板进行风管保温，能够满足风管的保温要求。但是由于内支撑套管及其吊杆的设置，有可能形成穿透冷桥，并在吊杆暴露在外部空气的部位产生结露。

由于套管内径为 20mm，吊杆直径为 16mm，二者之间间隙实际上只有 2mm。稍有错

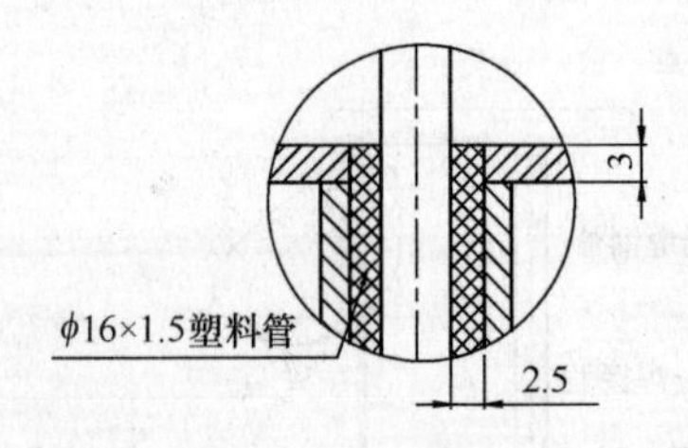

图 2-2-10　内支撑套管及吊杆之间的密封

位套管与吊杆便有可能接触，施工中采取了事先在吊杆上套一 $\phi16\times1.5$ 的塑料管来解决，效果良好。如图 2-2-10 所示。

7. 结束语

针对超宽钢板风管的特点，从理论上全面进行了变形控制研究，结合有限元分析计算，形成了工程实用简化算法；利用 CFD 模拟和理论分析的方法，分析了各种因素对送风阻力的影响，为选择风机提供了理论依据；提出了采用套管内支撑的加固吊装一体化施工方案；变形控制的组装焊接方案以及在顶部无操作空间的对接连接方案，即保证了施工质量，节约材料，结构安全稳定，弥补了目前规范中对超宽钢板风管的空白，为今后修订规范提供了依据。

2-3　提高弧线形风管制安质量的技术措施

梁　董　吴睿力
（广东省工业设备安装公司）

1. 概况

科尔海悦酒店是广州科达饮食管理有限公司按五星级标准兴建的豪华商务型酒店，酒店由三个单体组成：宾馆楼、综合楼、连接楼。连接楼是连接宾馆楼和综合楼两栋建筑的弧形楼，连接楼有 9 层并且整个连接楼呈长弧线形，总跨度约为 52m，角度为 35°，长弧线形风管到达的跨度为 46m（见图 2-3-1）。

连接楼所有区域的空调均采用风机盘管加新风的空调形式，新风主管由各层独立的机房内引出，在走廊吊顶内沿客房两侧墙体呈弧形安装；支管由主管侧引出送入各个客房风机盘管回风箱，新风主管大边尺寸最大不超过 450mm，采用镀锌钢板制作，设计要求连接形式采用 C 形插条连接。

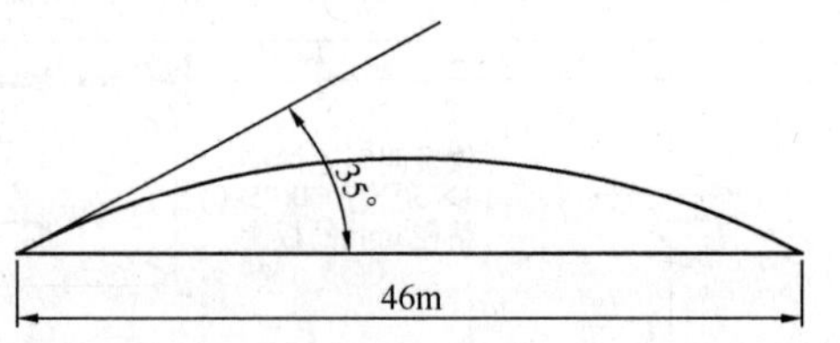

图 2-3-1　连接楼弧线形风管跨度和角度

弧线形风管与直板矩形风管相比，在下料拼接和安装过程中存在一定的困难，是风管制作安装的一个难点。而弧线形风管的安装质量直接影响以后整个空调系统的使用效果。

2. 影响弧线型风管安装质量原因分析

为了确保本工程弧线形风管安装质量，项目部技术人员结合以往类似工程的调查数据，并对其进行整理记录，共找出了 5 个影响弧线形风管制安质量的因素，并做了统计如表 2-3-1。

影响弧线形风管安装质量的因素统计表　　**表 2-3-1**

序号	影响弧线形风管安装质量的因素	频数	累计频数	累计频率（%）
1	接口不严密	62	62	75

续表

序号	影响弧线形风管安装质量的因素	频数	累计频数	累计频率（%）
2	对角线偏差	10	72	87
3	风管表面缺陷	6	78	94
4	支架间距过大	4	82	99
5	其他	1	83	100

通过统计表可以看出，“接口不严密”是造成弧线形风管安装合格率低的主要因素。找到主要因素之后，集思广益，分析出造成弧线形风管接口不严密的末端因素如下（见图 2-3-2）。

共找出了 12 个末端因素，通过对末端因素的逐条分析，共得出了三个主因；

（1）缺乏弧线形风管制安的专项培训；

（2）加工风管的咬口机齿轮咬合偏差过大；

（3）弧线形风管插条两端翻边量过短。

3. 提高弧线形风管制安质量的技术措施

为确保弧线形风管制安质量，针对上述主因，分别制定了以下措施：

3.1　对施工人员进行专项的培训和详尽的技术交底，解决缺乏专项培训的问题

3.1.1　具体安排如下：

（1）制定专项的书面技术交底；

（2）邀请技师进行理论讲解；

（3）组织工人观看操作录像；

（4）邀请生产标兵做现场演示；

（5）对班组工人进行实操考核。

3.1.2　具体实施如下：

（1）查阅并收集了弧线形风管制安的相关技术资料以及施工标准等，根据收集到的资料并结合现场的实际情况，有针对性的制定了弧线形风管制安的专项施工技术交底书，内容包括：

1）不同弧度的板料放样；

2）确定内弧和外弧的圆心点；

3）连续弧形连接点的定位；

4）板材弧位的剪裁；

5）如何进行弧形风管的连接安装等。

（2）组织施工班组工人开会，并把专项施工技术交底书分发给工人，同时邀请了公司暖通专业的高级技师到现场对施工班组全体工人进行系统的理论讲解，从交底内容出发，结合现场实际情况，逐条进行数据分析，特别把工序中的控制要点作了充分的介绍。在讲解过程中采用了边讲解边提问的方式，施工班组的工人讨论热烈，为了更好地解答工人们提出的疑问，让工人们理解通透，重点对提出的问题进行详细的解说和画图示范，并在图示中把点、线、数据和注意事项等要点做充分的分析。

（3）为了增强工人的对弧形风管制安的理解，充分吸收讲解的理论知识，使理论知识

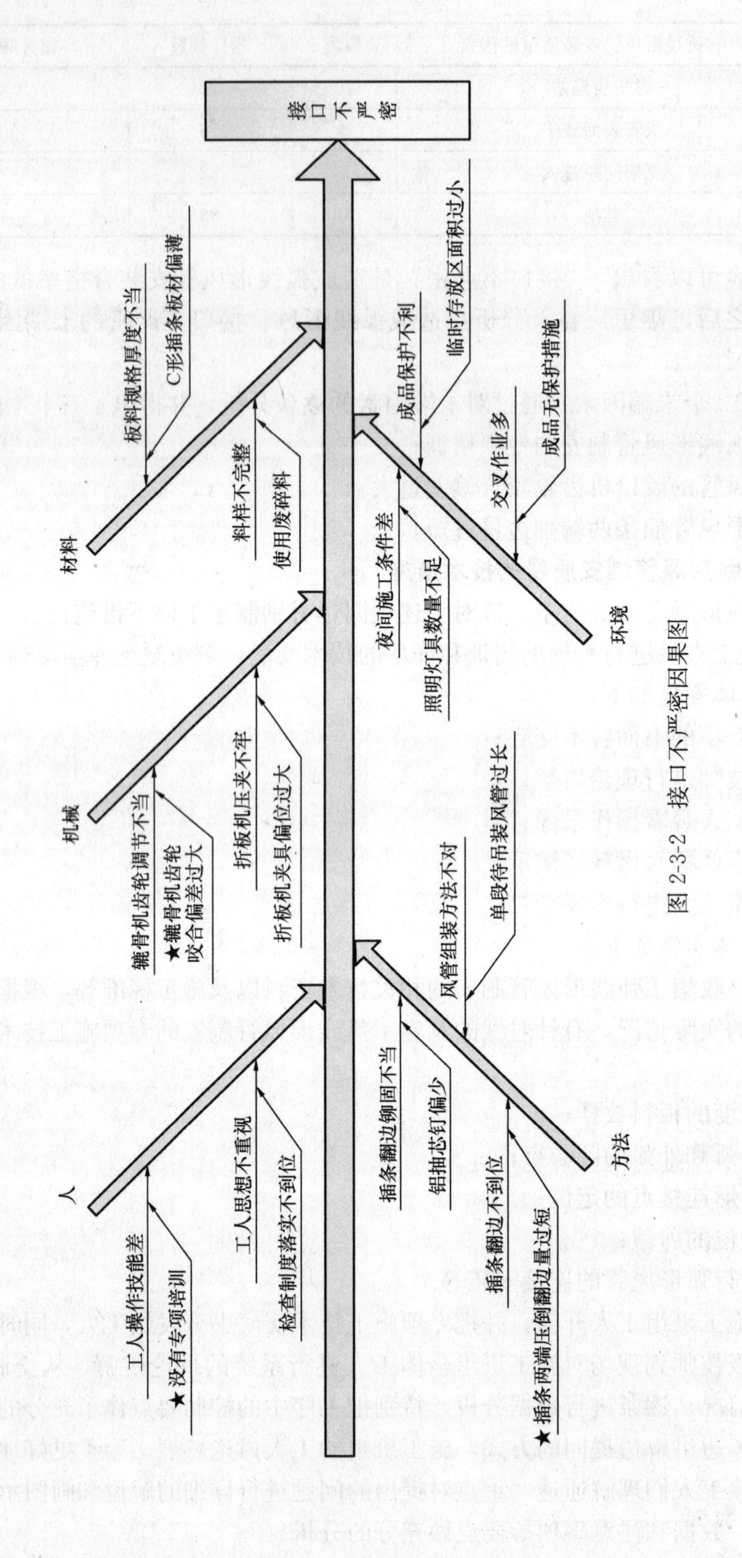

图 2-3-2 接口不严密因果图

更加充分地体现在实际施工当中，在讲解完成后，立即组织工人观看弧形风管制作安装的专题VCD影碟，使大多数工人的印象更加深刻，理解更加透彻。

(4) 为了提高施工人员的实际操作水平，在现场选取了裙楼B1～C1轴间的管段作为样板，邀请公司铆工生产标兵进行样板的制作安装演示，采用边操作边讲解的方式使操作和讲解更加紧凑，同时要求所有工人到场观看。

(5) 完成以上操作之后，立即组织工人进行实操考核，把工人分为三组，并抽取了现场的一批板料作为考核用料，要求每人制作2段跨度为2.4m，弧度为35度的风管，以检验专项培训的效果。

通过本次专项培训的考核，实操考核的合格率达100%，而且优良率达67.7%，达到了预期的效果。

3.2 调整设备状况，解决咬口机齿轮咬合偏差过大问题

具体实施如下：

3.2.1 针对出现的问题，进行了详细的检查，首先检查机器旁是否按要求张贴使用操作规程和是否按要求操作。经过检查，最终确认生产工人用料正确，每次进料都是单板过机，不存在双块或多块料板同时过机的情况，对机器操作正确，其次检查从剪板机出来的料板，切口平整且表面均无凸起物和毛刺，齿轮没问题；最终，我们把问题归结为机器内部运行故障。原因确认表如下（见表2-3-2）。

影响齿轮咬合间距过大的因素确认表 **表2-3-2**

序号	可能造成影响的原因	确定情况
1	工人用料不当或操作机器不当，使用双块板料或多块板料同时过机（即不符合机器使用说明书中的必须单板进料）	排除
2	板料表面不清洁或有毛刺和凸起边角	排除
3	机器内部运行故障	确定

3.2.2 找到原因后立即查找了咬口机的故障与维护保养指导书，通过仔细地研究了现场咬口机的技术资料和机器内部结构，认为新型咬口机内部结构复杂，决定对机器进行全面的空载试运转，并运用光束测试法检查齿轮间隙透光情况。齿轮空载运行时，在机器的一侧用黑色挡板遮挡，另一侧使用集中光源，观察发现光束时有时无从齿轮间隙穿过，说明齿轮旋转的半径不统一；板料经过齿轮轨道时上下颠簸的情况严重，且随着齿轮的咬进程度，板料会逐渐向外偏离；再运用塞尺测量齿轮间距值，发现上下齿轮的间距值超标，无法夹紧板料，造成板料偏移，最终确定是由于上下齿轮的限位装置和螺母锁紧松动所致。

3.2.3 查到症结后，对咬口机进行校正（见图2-3-3）。具体如下：先把齿轮外罩拆除，使其处于敞开状态，再运用咬口机配套的专用旋钮扳手旋动咬口机齿轮的纵向机械限位装置，使其离开齿轮槽以便操作，再分别运用左向内卡和右向外卡棘轮扳手调节上下层轴向齿轮的咬合间距，每完成一对齿轮的调整就用塞尺测量间距值，符合要求后紧固齿轮的内置锁定卡扣，全部完成后再将纵向机械限位装置旋下并固定，盖好齿轮外罩。机器完成校正后剪裁了样料进行过机咬口试验，共抽查26根插条，试验表明，机器经过调校后所压出的C形插条总宽度可控制在23～25mm，槽间宽度可控制在4～6mm，两个C形槽

宽度可控制在8～10mm，抽检100％符合插接质量要求，调校和测量检查结果如表2-3-3。

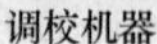
调校机器

测量插条

图2-3-3　咬口机校正图

插条测量表　　表2-3-3

检查项目	C形槽宽度		
实测宽度	8mm	9mm	10mm
数量（根）	7	11	8

3.3　严格施工现场监控，解决插条两端压倒翻边量过短的问题

具体实施如下：

3.3.1　通过深入现场调查，了解实际操作情况，发现施工过程中没有考虑到插条上下两端压倒的弧位还占据了一定的长度，工人在裁减插条的时候只是量取了风管的高度作为插条插接的长度，因此造成压倒后翻边量过短。

3.3.2　根据得出的结论展开对各种规格风管插条弧位半径的测量，并根据$1/2\times2\pi R$进行理论计算，得出需要增加的长度，最后根据公式：风管高度＋最少翻边量＋弧位长度$=H+2L+2D$换算成插条总长如表2-3-4。

插条长度计算表　　表2-3-4

风管高度（mm）	320	250	200	150
弧位半径（mm）	7.6	5.7	4.5	3.2
计算式（$1/2\times2\pi R$）	3.14×7.6	3.14×5.7	3.14×4.5	3.14×3.2
弧位长度（mm）	24	18	14	10
插条的长度（mm）$H+2L+2D$	320＋20×2＋24×2＝408	250＋20×2＋18×2＝326	200＋20×2＋14×2＝268	150＋20×2＋10×2＝210

3.3.3　根据计算得出的数据，将插条长度的标准值下发给各个班组，并要求施工班组按照此数据实施到现场的安装中。但是，从现场反馈回来的信息是，施工中随时用到不同长度规格插条，工人根据计算确定的标准值再按照风管规格剪裁插条进行插接，工效不高。

3.3.4　根据反馈回来的信息进行了讨论，并提出了设想：如果有一个标准的，并且便于在施工现场灵活使用的裁剪设备，那么工人的工效就会大大提高，根据这个设想，小组提出了2个方案：

（1）购买目前市场上裁剪模具；

（2）现场制作便携式插条裁剪模具。

在定出方案后，小组进行了可行性对比分析，见表 2-3-5。

方案对比分析表　　　　**表 2-3-5**

对比项目	方案一	方案二
供货情况	无现货，需定做	有充分的仓存材料
供货时间	货期长	现场制作，立即可以投入使用
费用对比	678 元/个	426 元/个
使用情况	笨重	便携

3.3.5　确定方案后，先由技术人员画出了裁料模具的大样图，再根据大样图制作了插条的裁料模具。制作后由项目部组织模具的试验和验收，为了确保施工班组按要求使用，对施工班组提出了如下要求：

（1）制作裁剪好的插条不得立刻进行插接；

（2）每个施工班组必须按生产批次提前一天报质量检验人员验收；

（3）经验收合格后才允许在现场进行风管插接。

3.3.6　同时还制定了评比奖罚制度，在班组内进行竞赛，以此增强施工班组的质量意识和约束施工的随意性。

执行以上措施后，工人的质量意识得到提高，插条翻边量足够，包边严实，问题得到解决。

通过以上各项措施的实施，最终本项目施工完成的弧线形风管质量得到确保，合格率达到了 94.5%，比原来提高了 10.5 个百分点，各方面的效益都有很好的体现。完成本工程后，节约费用 12538×10.5%×（22＋40）＝81622 元，扣除实施各项措施所花费用：购买电视机 2500 元，专项培训 VCD 影碟一套 120 元，模具材料费 426×6 个＝2556 元，其他费用 3218 元，因此，创造经济效益为 81622－2500－120－3218－2556＝73228 元。同时，也提高了工人的制作安装水平，弧线形风管制安的各个环节都得到了有效的控制，减少了因为接口不严密而造成风管漏风发生结露的概率，确保了酒店空调系统的正常使用，也得到了监理和业主的肯定。

另外，在重新总结了以上各项措施和获取实施有效数据后，通过汇总整理后编制了长弧线形风管制安的操作手册，并归入分公司的专业系列工艺标准，为今后类似的工程施工提供了宝贵的经验和操作依据。

2-4　高大工业厂房钢丝绳悬吊安装风管施工技术

何伟斌　黄志明　李伟明

（广州市机电安装有限公司）

1. 项目简介

广州某食品工厂位于广州市经济技术开发区，生产厂房采用钢结构，建筑面积 35 万

m^2，净空高度15m。

厂房空调风管的设计安装高度在8.5～12.5m，风管安装位置高度不一、大小不同、重叠交错。如采用传统方法即用圆钢作为吊杆，由于钢结构不允许直接焊接其他受力构件，若采用抱箍支架加吊杆方式安装风管，则工效低，耗材多；若采用专用钢结构夹具加吊杆方式安装风管，则成本较高。因此采用钢丝绳悬吊方式安装风管，既可以避开焊接的问题，而且安装灵活方便，附件便宜，工效也能得到大幅提升。

2. 适用范围

钢丝绳悬吊安装风管技术特别适用于高大空间，且屋顶有密集梁及檩条的钢结构建筑，如厂房、仓库、体育场馆。

3. 工艺

根据所吊风管重量及钢丝绳的破断拉力选用直径合适的盘卷包塑钢丝绳及配件，钢丝绳一端约400mm打弯后用钢丝绳夹锁紧，另一端绕过钢结构梁或檩条标记位置后穿过弯口完成梁端的固定。另一端通过自制的吊环并用钢丝绳夹锁紧固定，吊环通过螺母紧固连接横担完成悬吊支架安装，最后根据风管的安装高度进行统一调节，使风管安装达到“横平”的效果。

4. 技术创新点

4.1　钢丝绳直接捆绑在钢结构的横梁及檩条上，代替圆钢作为支架吊杆，避免了在钢结构上用焊接的连接方式或者采用专用钢结构夹具方式安装吊杆，施工方便快捷。

4.2　通过自制的吊环，能方便地调节横担高度，从而快捷地调整水平风管系统安装高度。

4.3　由于钢丝绳悬吊为柔性连接，对于空调通风系统运行产生的噪声、振动共鸣等有较好的隔断作用。

5. 工艺流程及操作要点

5.1　工艺流程（见图2-4-1）

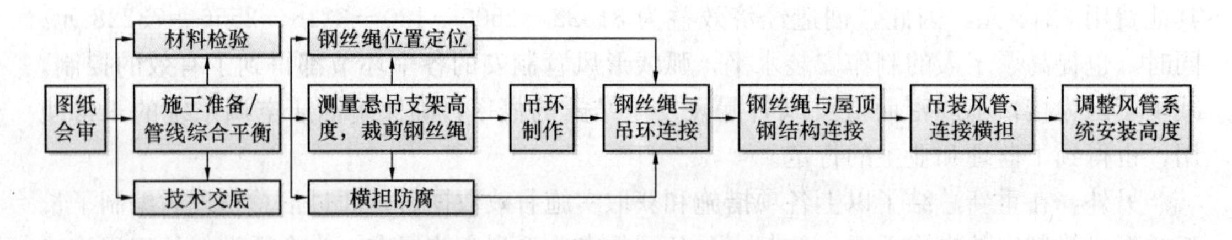

图2-4-1　钢丝绳悬吊安装风管流程图

5.2　操作要点

5.2.1　施工准备

熟悉施工图，制作加工前必须到现场实测有关尺寸，并核对图纸中的相关内容后对各规格型号风管及配件进行汇总记录，以便加工需要。

5.2.2　吊架横担选用

（1）根据风管安装的部位、风管截面大小及具体情况，按标准图集与规范选用强度和刚度相适应的形式和规格的吊架横担，并按图加工制作。

（2）矩形金属水平风管在最大允许安装距离的范围内，吊架的最小规格应符合《通风管道技术规程》JGJ 141—2004 中表 4.2.3-1 的规定。

(3) 其他规格应按吊架载荷分布图 2-4-2 进行吊架挠度验算。挠度不应大于 9mm。挠度校验计算公式应符合《通风管道技术规程》JGJ 141—2004 式 4.2.3。

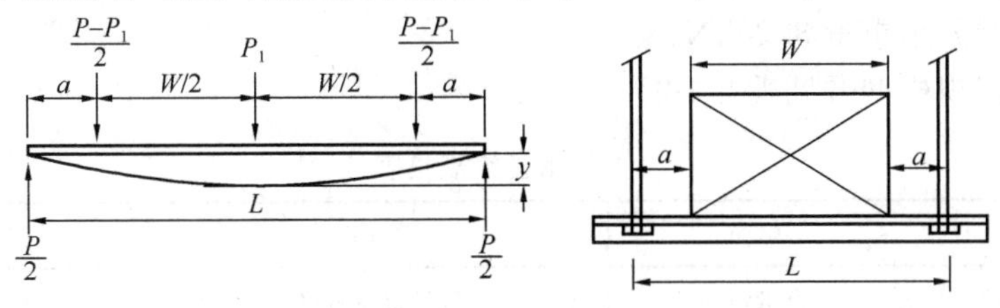

图 2-4-2 吊架载荷分布图

5.2.3 钢丝绳选用及核验

钢丝绳按所受最大工作静拉力计算选用，要满足承载能力和寿命要求。

(1) 钢丝绳承重计算

经过核对施工图纸，以风管最大截面为 2500mm×2000mm，按支吊架间距不大于 3000mm，风管镀锌钢板厚度为 1.2mm，保温层厚度为 25mm 及 1mm 铝壳保护的风管段重量，以及横担采用∠50×5 角钢和连接件、加固件、钢丝绳自重等重量进行计算，得到重量如表 2-4-1。

风管重量计算表 **表 2-4-1**

序号	材质	截面周长 L (m)	材质壁厚 δ (m)	材质长度 l (m)	材质密度 ρ (kg/m³)	计算公式	重量 Q (kg)
1	镀锌钢板	9	1.2×10^{-3}	3	7.85×10^{3}	$Q=L\cdot\delta\cdot l\cdot\rho$	254.34
2	薄钢板法兰	9	1.2×10^{-3}	0.04×2×3	7.85×10^{3}		20.35
3	橡塑保温	9.2	25×10^{-3}	3	90		62.1
4	铝板保护壳	9.28	1.0×10^{-3}	3	2.71×10^{3}		75.45
5	横担（∠50×5 角钢）			2.6	3.77 (kg/m)	$Q=l\cdot\rho$	9.8
6	其他（连接件、加固件、钢丝绳自重等）					估算	20

钢丝绳总载荷：$Q_{总}=Q_1+Q_2+Q_3+Q_4+Q_5+Q_6$

$=254.34+20.35+62.1+75.45+9.8+20$

$=442.04$ (kg)

$=4.34$ (kN) 式 (2-4-1)

式中 Q_1——镀锌钢板风管重量；

Q_2——薄钢板法兰重量；

Q_3——橡塑保温重量；

Q_4——铝板保护壳重量；

Q_5——横担重量；

Q_6——其他（连接件、加固件、钢丝绳自重等重量）。

(2) 选用钢丝绳规格

每根钢丝绳悬挂重量：$Q = KQ_{总}/2 = 1.5\times4.34/2 = 3.26$ (kN)　　　式 (2-4-2)

式中　K——不平衡系数（取 $K=1.5$）。

每根钢丝绳悬吊重量 3.26kN。

选用钢丝绳规格型号见表 2-4-2。

选用钢丝绳规格表　　　表 2-4-2

规格	φ8mm	结构	6×12+7FC
钢丝公称直径	0.38mm	公称抗拉强度	1570N/mm²
捻法	ZS	用途	一般
重量	16.1kg/100m	实测钢丝破断拉力总和	13.1kN

(3) 对选择后的钢丝绳进行验算

$$S \leqslant F/n \qquad \text{式 (2-4-3)}$$

$$3.26 \leqslant 13.1/4 = 3.275$$

所选钢丝绳符合安全规定。

式中　S——钢丝绳最大工作静拉力；

F——所选钢丝绳最小的破断拉力；

n——钢丝绳的安全系数（静态张拉钢丝绳和钢绞线 $n=4$）。

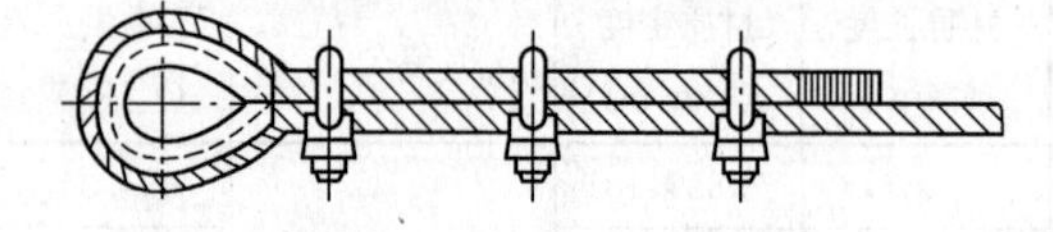

图 2-4-3　钢丝绳夹布置图

5.2.4　钢丝绳夹固定注意事项

(1) U 形螺栓应置于钢丝绳较短部分（尾段），见图 2-4-3，钢丝绳夹不得在钢丝绳上交替布置。

(2) 钢丝绳直径≤19mm 时，钢丝绳夹不少于 3 个。

(3) 钢丝绳夹间的距离应为 6～7 倍钢丝绳直径。

(4) 钢丝绳夹紧固时，以短头绳压扁约 1/3 为宜。

(5) 离套环最远处的钢丝绳夹不得首先单独紧固。

5.2.5　吊环加工

将 φ22 不锈钢螺帽与 φ8×200mm 不锈钢通牙以亚弧焊焊接成吊环，能方便地调节横担的高度，如图 2-4-4 所示。

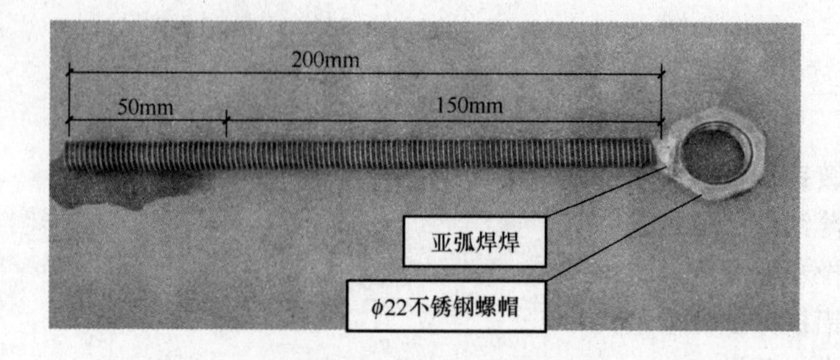

图 2-4-4　自制吊环实物图

5.2.6　吊架安装

（1）钢丝绳固定位置定位：吊架安装前应根据施工图纸位置要求及风管宽度采用2台激光投线仪定位，并在屋顶钢梁或檩条按间距不大于3000mm的钢丝绳捆绑位置标记，以保证风管位置的准确性。

（2）测量及裁剪钢绳：根据风管的安装高度预留钢丝绳长度，预留长度按下式求取。

$$L = [L_1 + (L_2 - 150) + 400 \times 2] = L_1 + L_2 + 650 \text{ (mm)} \qquad 式（2\text{-}4\text{-}4）$$

式中　L——钢丝绳裁剪长度，mm；

L_1——钢丝绳捆绑钢梁或檩条的周长，mm；

L_2——风管底部离钢梁或檩条底部的高度，mm。

钢丝绳两头尾端预留长度，400mm。

（3）钢丝绳一端约400mm打弯后用钢丝绳夹锁紧，另一端绕过钢结构梁或檩条标记位置后穿过弯口完成梁端的固定，见图2-4-5。

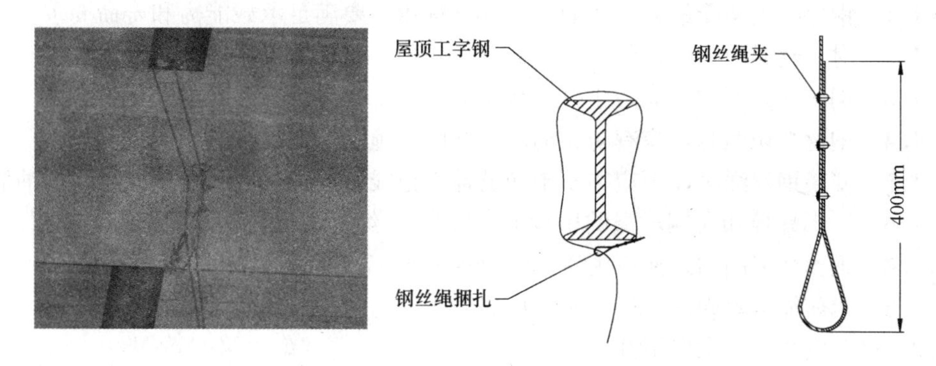

图2-4-5　钢丝绳捆梁安装图及示意图

（4）将钢丝绳另一端穿过自制吊环，在钢丝绳端约400mm对叠打弯，用钢丝绳夹固定，用螺母固定吊架横担，完成钢丝绳与吊架横担连接，见图2-4-6。

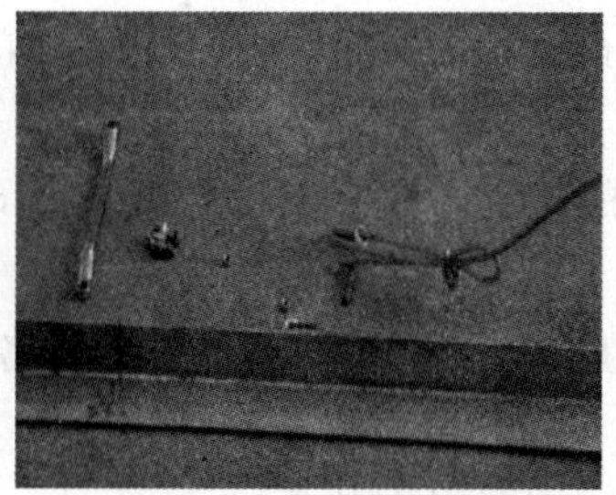
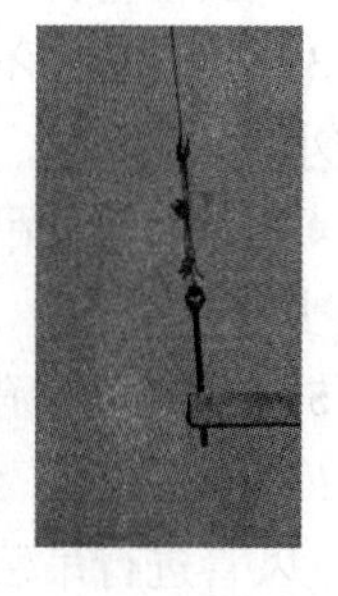

图2-4-6　横担端绳头制作及连接安装

5.2.7　提升风管、连接横担

为减少高空作业的次数，风管在地面完成组对安装，连接长度应根据施工现场的情况进行确定，连接长度一般3～12m为宜。

当连接长度为5m以下时，可采用垂直升降车进行提升，将完成组对安装的风管放在2台垂直升降车上，起升到安装位置后连接横担，收紧螺栓等工作。

当连接长度超过5m时，可采用手动葫芦进行吊装。风管每隔3m采用一只2t的手动葫芦捆扎，将手动葫芦固定在钢结构顶梁，所有的手动葫芦同时进行吊装，起升到安装位置后连接横担，收紧螺母等工作。

5.2.8 调整

一段风管安装完后用水平仪测量风管段的水平度和标高，在安装高度与标高相差不超出50～150mm的情况下，利用吊环螺杆进行调整。如超出此范围，则调整吊环处钢丝绳端部的长度，调至合适张紧，再利用吊环螺杆进行微调，使每一个管段都符合要求。

6. 材料与设备

钢丝绳悬吊安装风管主要有以下材料及设备：盘卷包塑钢丝绳、钢丝绳夹、自制吊环、横担、测量定位工具、垂直升降车、2t手动葫芦、台钻、切割机、照明灯具及手动工具等。

7. 质量控制

7.1 钢丝绳加工时应注意以下几点：

7.1.1 钢丝绳按所受最大工作静拉力计算选用，要满足承载能力和寿命要求。

7.1.2 对钢丝绳应防止损伤，腐蚀或其他物理、化学造成的性能降低。

7.1.3 钢丝绳开卷时，应防止打结或扭曲。

7.1.4 钢丝绳切断时，应有防止绳股散开的措施。

7.1.5 安装钢丝绳时，不应在不干净的地方拖线，保持外套胶管前钢丝绳的油润。

7.1.6 U形螺栓扣在钢丝绳的尾段上（短头），绳卡不得在钢丝绳上交替布置。

7.1.7 钢丝绳卡间的距离应为钢丝绳直径的6～7倍。

7.1.8 钢丝绳卡紧固时，以短头绳压扁约1/3为宜。

7.2 吊架安装应注意以下几点：

7.2.1 风管水平安装，直径或长边尺寸小于或等于400mm，间距不应大于4m；直径或长度尺寸大于400mm时，间距不应大于3m。对于镀锌薄钢板法兰风管，其支、吊架间距不应大于3m。

7.2.2 风管垂直安装，间距不应大于4m，单根直管至少应有2个固定点。

7.2.3 支、吊架不宜设置在风口、阀门、检查门及自控机构处，离风口或插接管的距离不宜小于200mm。

7.2.4 当水平悬吊的主、干风管长度超过20m时，应设置防止摆动的固定点，每个系统不应少于1个。

7.2.5 横担的螺孔应采用机械加工。安装后各副支、吊架的受力应均匀，无明显变形。

7.3 风管进行吊装应注意以下几点：

7.3.1 风管安装前，应清除内、外杂物，并做好清洁和保护工作。

7.3.2 风管安装的位置、标高、走向，应符合设计要求。

7.3.3 风管的连接处，应完整无缺损、表面应平整，无明显扭曲。

7.3.4 薄钢板法兰形式风管的连接，弹性插条、弹簧夹或紧固螺栓的间隔不应大于150mm，且分布均匀，无松动现象。

7.3.5 插条连接的矩形风管，连接后的板面应平整、无明显弯曲。

7.3.6　风管的连接应平直、不扭曲。明装风管水平安装，水平度的允许偏差为3/1000，总偏差不应大于20mm。明装风管垂直安装，垂直度的允许偏差为2/1000，总偏差不应大于20mm。暗装风管的位置，应正确、无明显偏差。

7.3.7　风管在地面进行组对连接时，需在地面铺设保护膜。

7.3.8　风管安装完成需注意产品保护，在开口端包上薄膜，防止灰尘等污染风管内部。

2-5　大口径涂塑钢管的施工

蒋小飞

（上海市安装工程集团有限公司）

1. 引言

世博洲际酒店是一幢五星级酒店，楼高97.5m，地下2层，地上26层，建筑面积7万m^2。空调制冷系统主要设备包括3台制冷机组、14台水泵、3台开式冷却塔等。制冷机组位于地下一层冷冻机房内，开式冷却塔位于26层屋面。

空调系统冷却循环水管自地下一层至26层屋面共计340m，两根*DN*500立管位于建筑东立墙面，每根长度为100m，设计方考虑到管道施工寿命，及降低管道污垢对设备的影响，要求采用涂塑钢管，预制管件，机械沟槽连接。

2. 涂塑钢管常规连接方式存在的问题及分析

根据施工惯例，钢管的连接方式一般采用丝扣连接，沟槽连接、焊接连接及法兰连接。本工程由于冷却循环水管道口径较大，无法采用丝扣连接方式。如果采用焊接连接，由于钢管内壁涂塑，焊接施工时产生的高温会直接破坏涂塑管的涂塑层，因此焊接连接在涂塑管上是不允许的。

显然，对于较大口径涂塑管的连接方式不能用常规方式，初期考虑到保护涂塑层，想采用沟槽连接方式。但在咨询了几家沟槽供应商关于大口径沟槽连接的要求发现，采用沟槽连接的方式困难重重：第一，沟槽连接对无缝钢管的质量要求相当高，接头对口误差需要控制在2～3mm之内，对于ϕ530的无缝钢管非常苛刻，施工过程中控制如此精度的误差难度不言而喻；其次，如果采用沟槽连接方式，设置支架存在较大困难，因为管径越大，沟槽连接的接头就相对脆弱，合理的沟槽支架设计要求沟槽连接处前后500mm处需要设定固定支架。

沟槽连接无法满足施工要求，法兰连接似乎是唯一的选择。但是，事实上经过多次讨论，法兰连接仍然有诸多缺陷。其中主要的两个问题是：

（1）考虑到保护涂塑层，法兰必须在管道涂塑前就焊接好，也就是说管道必须在工厂预制时将法兰焊接好，这就要求厂家在加工管道时法兰安装达到很高的精度，不能有丝毫的偏差，因为螺栓和法兰孔的间隙小于2mm，极小的法兰安装偏差都会导致螺栓无法安装。

（2）法兰连接的泄露问题，冷却水管最低处的压力超过1.0MPa，虽然冷却水管承受的温差不大，但是其细微热胀冷缩是存在的，这就使得法兰连接处存在较大的漏水隐患，另外，法兰连接处的螺栓紧固肯定存在受力不均，加剧了漏水的可能。由于冷却水管安装的位置特殊，一旦发生漏水，维修将非常困难，甚至于无法进行。

综合多方面因素后，只能考虑采用焊接连接，于是问题又回到起点，关键是如何在焊接时保护管道的涂塑层？如果能采用一种其他材料进行管道内壁保护，并能承受焊接时产生的高温，问题就迎刃而解了，经过一段时间的思考并与涂塑管厂家多次沟通后，决定采用一种非常规的施工方式，即在焊缝处采用不锈钢带代替涂塑层，既能够达到保护管道内壁的要求，又能够承受焊接时产生的高温的双金属连接方式，焊缝连接的处理见图 2-5-1。

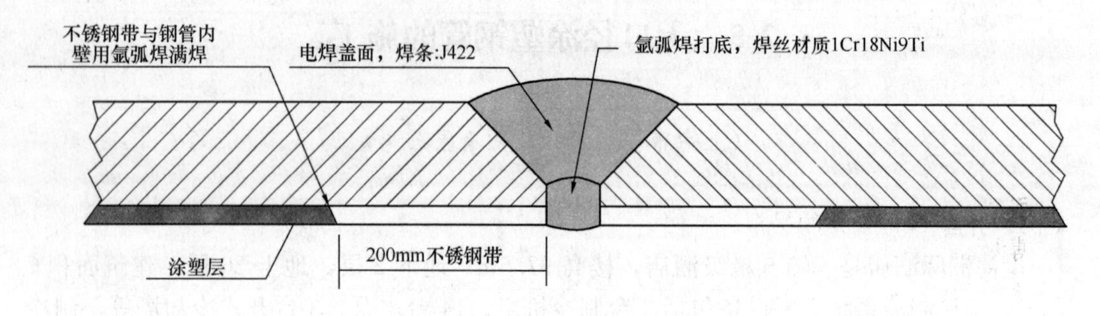

图 2-5-1 双金属连接焊缝详图

结合各种连接方式的特点，通过简单的对比计算，可以发现双金属连接方式比其他连接方式更加优越，我们对施工难度及产生问题按 5 级计算，1 级表示最高难度或最高要求，各连接方式总分最高优先考虑。见表 2-5-1。

连接方式对比评分表 **表 2-5-1**

连接方式	对材料要求	施工难度	热膨胀影响	维修难度	总分
沟槽连接	1	2	4	1	8
法兰连接	3	2	2	1	8
双金属连接	3	4	2	5	14

结论：显然，双金属连接比其他两种连接方式更加合适。

3. 涂塑钢管的双金属连接施工

3.1 固定支架设置（重点：预埋，加固）

因为管线位置比较特殊，位于建筑东墙面，支架设置的空间比较局促，且管径较大，采用常规的膨胀螺栓固定无法有效地保证支架强度。与设计院多次沟通后，同意将此处楼层管道安装位置的结构梁增大，在管线贴近的梁侧面预埋钢板。根据这一方案，设计了支架制作图，预埋在梁侧面的钢板采用厚 14mm 钢板，钢板背面用 ϕ16mm 钢筋与梁上钢筋固定，确保牢固，正面与固定支架满焊，固定支架做法见图 2-5-2。

采用 18a 槽钢制作固定支架，底部用 10mm 厚的钢板做成牛腿增加强度，钢板与槽钢之间满焊固定。（该支架现场预制）

3.2 管道预制（重点：制作简单，安装方便）

双金属焊接涂塑管，其主要施工工艺是在管口焊接处衬上 200mm 宽的不锈钢带，不锈钢带厚度为 1mm，用氩弧焊与管道内壁满焊，形成 200mm 宽度的温度缓冲带，待不锈钢带焊接完成后再进行涂塑加工。不锈钢带能有效保证管道焊接时的高温不会烧坏管道涂

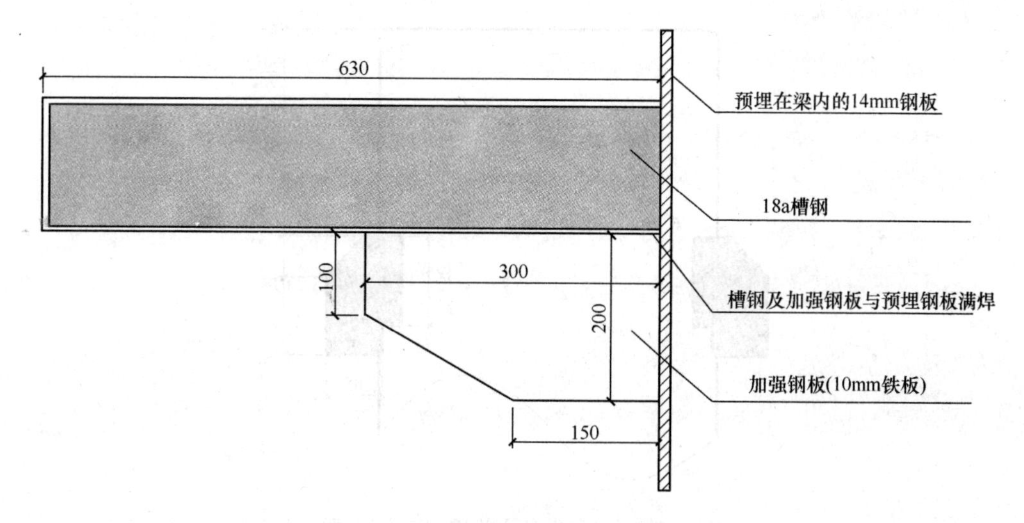

图 2-5-2 冷却循环水立管固定支架加工图

塑层。为了安装方便，我们要求厂家按照下面的要求加工管道：

（1）长度要求（结合楼层实际高度确定）见表 2-5-2。

管道长度与楼层关系表 表 2-5-2

楼层	长度（m）	重量（kg）	数量（支）
B1	3	384.6	2
1F	5.7	730.7	2
2F～4F	4.8	615.4	6
5F～26F	7	897.4	22

考虑到焊接过程焊缝处的收缩，每根管道在坡口均留 2～3mm 的间隙。管道口用 200mm 宽，1mm 厚的不锈钢薄板衬好，不锈钢薄板与管道用氩弧焊满焊。

（2）管道支架要求

为了尽量保证管道施工便捷，同时保证在管道安装时不再对管道进行焊接，要求厂家在管道上预制好所用的牛腿支架，见图 2-5-3 和图 2-5-4。

管道上用弧形钢板作支架的加强板满焊连接，弧形板取材于 ϕ500 无缝钢管，弧形板

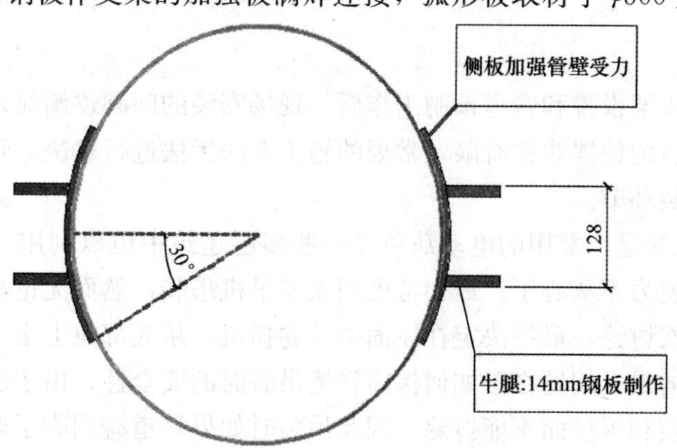

图 2-5-3 冷却循环水管道支架俯视图

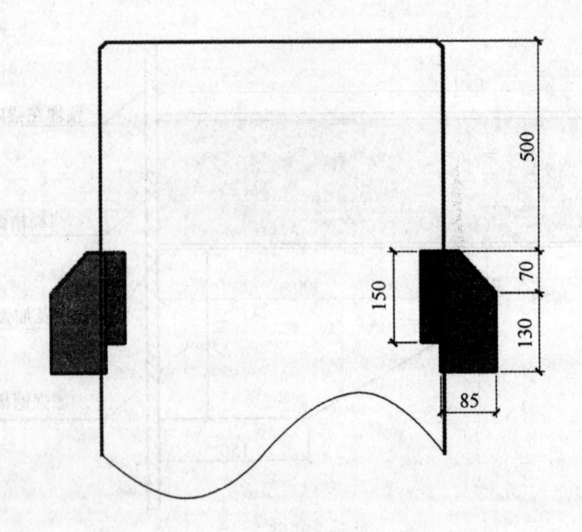

图 2-5-4 冷却循环水管道支架主视图

外面再焊接 10mm 钢板牛腿，与固定支架连接。注意牛腿下部需要预留约 100mm 长度，用于调节因固定支架焊接产生的误差。（牛腿及弧形板由厂家预制好）安装后如图 2-5-5。

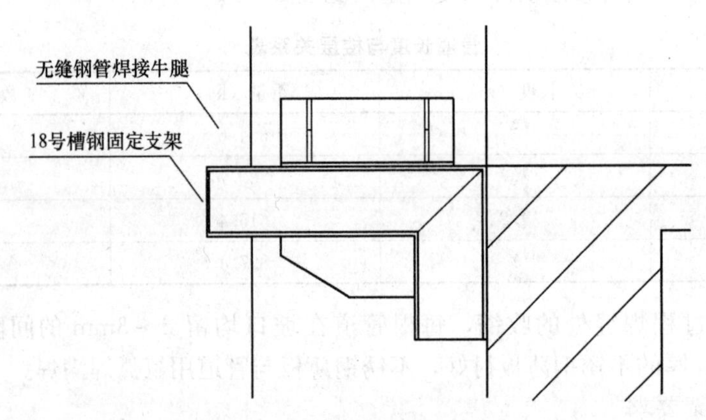

图 2-5-5 管道与支架固定图

固定支架与预埋梁内的钢板焊接，管道上的牛腿与固定支架间用一块 80×8 的扁钢垫好。

4. 管道安装

在确定了管道支架设置和管道预制工作后，现场安装的问题逐渐显现。由于管道安装位置特殊，现场预留的位置非常有限，常规的施工方法无法进行解决，管道安装的关键问题显然在管道的吊装环节。

对于 ϕ530 以上管道，常用的电动葫芦在一些多层建筑中可以利用，但是用在这一百多米高的建筑物上就力不从心了。最初考虑用大型吊机吊装，然而无论是成本和现场条件均不可行。经过多次讨论，最终决定在屋面架设卷扬机，从底部拉上去，由上而下进行管道安装。这个方案的最大问题在于如何保障管道吊装时的安全性，由于建筑东立面的脚手架需要用于管道安装和焊接而不能拆除，因此吊装时如果管道碰到脚手架或者楼板均可能发生事故。为控制管道吊装的安全风险，实施过程中，我们要求吊装绳一主一副，确保绳索安全，屋顶卷扬机提升速度小于 0.2m/s，在管道口经过每层楼板处时卷扬机提升速度小于 0.1m/s，并且在每层楼均配备专业吊装人员监控，发现问题立即通过对讲机报告卷扬机操作员。由于前期准备工作充分，各类风险均有相对措施控制，因此该管道安装工作仅用 10 天时间就完成，有力地保证了项目的施工进度。

5. 结束语

现场施工各种不可预见性的问题层出不穷，世博洲际酒店的冷却水管的施工也不例外，比如在确定管道支架制作方案时，先后数十次到涂塑管生产厂商讨，最终方确定了上述做法；在确定双金属连接时，因为此工艺在之前工程中并无先例，没有任何可借鉴的经验，为了确定双金属焊接带宽度，所以用于测试的焊接短管就多达十几个。现场施工不是简单的模仿，很多工作需要我们技术人员发挥主观能动性和创新精神。在笔者所在项目部的共同努力下，世博洲际酒店获得了全国建筑行业工程质量的最高荣誉奖“鲁班奖”，为世博会的成功召开贡献了自己的一份力量。

2-6　螺旋椭圆风管在工程中的应用

程右铭

（上海市安装工程集团有限公司）

1. 工程概况

陆家嘴金融中心二期——浦江双辉大厦项目位于陆家嘴金融中心区，用地北至黄浦江、西至浦东南路、南至银城中路。本工程总建筑面积 291410m^2，由两栋 49 层超高层办公楼、3 层裙房和 4 层地下室组成（建筑面积为 91344m^2），地下室主要为停车库和设备机房；地上 49 层主要用于办公，其中 16 层和 33 层为避难层兼设备转换层。建筑主体高度 218.6m。其中空调面积约 25 万 m^{2}左右，空调总冷负荷为 32500kW，热负荷 8800kW。空调通风工程由空调风管系统、防排烟系统、送排风系统组成。

办公区均采用变风量空调系统，分内外区。内区采用单风道变风量系统，外区采用串联风机动力型变风量系统。每层内外区分别设一个送风环管。送风环管采用螺旋椭圆风管。螺旋椭圆风管约 7 万 m^2。

椭圆风管的直管部分由于体积大，运输成本高，我们在现场加工制作，配件部分在车间制作完毕后运输至现场进行安装。现场安装后见图 2-6-1。

图 2-6-1　风管安装后效果图

2. 椭圆风管的制作

2.1 椭圆风管表示法

螺旋椭圆风管用 $A\times\phi B$ 格式来表示它的规格。A 表示长边，B 表示椭圆风管的高度，亦即圆弧的直径。

目前尚无法查到椭圆风管尺寸标注的相关规定，参考相关厂商的企业标准，按下述方法标注见图 2-6-2。

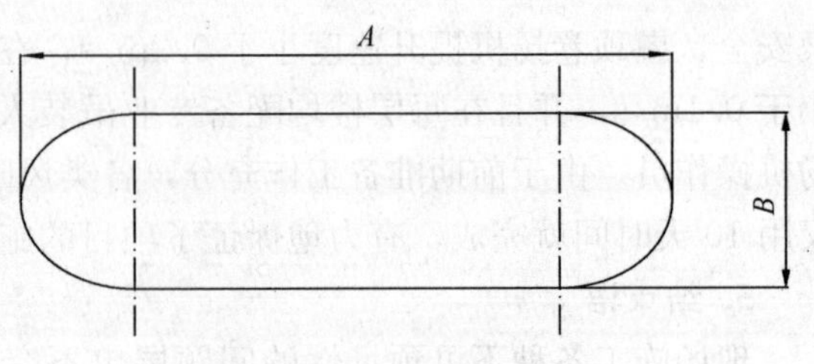

图 2-6-2 椭圆风管尺寸标准

注：A 为风管总宽（其包括直线部分长度加两端的两个半径长度）

2.2 材料选择

采用材料为：镀锌钢带（宽度：100mm），根据设计要求，见表 2-6-1。

螺旋风管板材厚度 **表 2-6-1**

序 号	椭圆风管直径 D（mm）	材料厚度（mm）
1	$630<D(b)\leqslant1000$	0.75
2	$1000<D(b)\leqslant1250$	1.0
3	$1250<D(b)\leqslant2000$	1.2

注：D 为与椭圆风管同周长的圆形风管的直径。

2.3 椭圆风管直管制作

2.3.1 螺旋椭圆风管是在螺旋圆风管的基础上经过二次成型而成。第一步，在螺旋圆风管成型机上制成与椭圆风管同周长的螺旋圆风管，按液压椭圆成型机的有效长度截成定长。第二步，将定长的螺旋圆风管放在液压椭圆成型机胀拉成型。

2.3.2 由于液压椭圆成型和现场施工运输时受到人货梯高度的限制，本项目椭圆螺旋风管直管长度为 2.4m。

2.3.3 螺旋椭圆风管前期制作要点：

（1）按照椭圆风管长度要求将螺旋风管截成定长。

（2）螺旋圆风管两端面必须切割平整，端面咬口必须焊接，以免拉伸时跑口。

（3）如遇钢带接缝，则接缝处需焊接，以防拉伸时崩裂。

2.3.4 椭圆风管拉伸阶段注意要点：

（1）将螺旋圆风管固定在椭圆成型模上后，需先进行预拉伸，以便对应力进行分布。

（2）调整压力缸压力值，根据不同厚度，不同规格设定不同的拉伸压力值。

（3）需考虑拉伸后的回缩部分长度。

（4）不可突破钢材拉伸极限，从而造成风管材料变薄变脆。

2.4 椭圆风管配件制作

2.4.1 所有配件均由电脑放样，由电脑自动下料，以保证圆弧周长过渡平滑，提高生产效率。

2.4.2 弯头、三通等所有圆周搭接，采用点焊，每点间距<100mm。

2.4.3 所有弯头除设计说明外，均按标准曲率半径制作。

2.5 椭圆风管加固

当风管宽度平面段长度较长时，需作加固处理。（$A-B$）>800mm，风管长度>

1250mm 或风管单边平面面积>1.0m^2均应采取加固措施。

本工程对尺寸 1100mm×350mm～1300mm×350mm 的直管做一个加固框，对尺寸 1400mm×350mm 和 1500mm×350mm 的直管做两个加固框。

加固框材料采用 20mm×20mm×1.5mm 的镀锌方钢。加固框与管体间采用自攻螺栓固定。加固框固定方向与风管轴线平行，离连接芯管端口不小于 500mm。

3. 连接方法

为保证办公楼净空，本工程螺旋椭圆风管连接方法为芯管连接。见图 2-6-3。

3.1 要求

3.1.1 连接芯管规格为$(A-3)\times\phi(B-3)$，外壁加敷"U"形密封圈，以确保风管与连接件间密封，无明显风量泄漏。

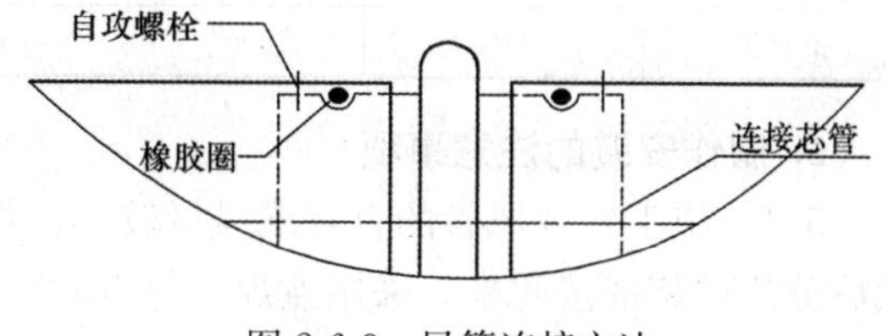

图 2-6-3 风管连接方法

3.1.2 芯管连接件需在距离端口 100mm 处压制一道加强筋，以利风管之间连接的稳定性。

3.1.3 芯管连接件应完整无缺损，表面平整，无明显扭曲，以减少风的摩擦和阻力。

3.2 风管支吊架的安装

3.2.1 支吊架型式同矩形风管，采用丝杆和 C 型钢作为支吊架。

3.2.2 风管水平安装，支架间距不大于 4m，一般情况为 3m。

3.2.3 支吊架的选择避开在阀门、检查门、风口或插接管处。

3.3 风管安装

3.3.1 椭圆风管各风口端面必须保持水平。

3.3.2 风管接口的连接应严密牢固，内敷密封垫。

3.3.3 由于本工程空调系统为中压风管系统，因此在芯管连接两端接缝处涂上密封胶，宽度为 1cm，以确保该处没有漏风。

4. 椭圆风管的检测验收

对于风管验收通常采用的方法是漏光和漏风量测试。本工程应业主和监理的要求对风管需进行漏风量测试。

漏风量的计算和测试：

矩形中压风管的允许漏风量如下式：

$$Q_m = 0.0352P^{0.65} \quad \text{式 (2-6-1)}$$

式中 Q_m——中压矩形风管在一定压力下的允许漏风量[$m^3/(h\cdot m^2)$]；

P——管内工作压力 (Pa)。

螺旋圆风管的漏风量是矩形风管的 50%，而其结构形式与螺旋圆风管基本一致，形状在矩形与圆形风管之间，对椭圆形风管的漏风量按中压系统矩形风管的 50%执行。测试压力为 1500Pa。经计算，该压力下，螺旋椭圆风管允许漏风量为 $Q_m\leqslant 2.04$ [$m^3/(h\cdot m^2)$]。

由于现场测试装置风机压头的原因，不能将风压升至 1500Pa。实测螺旋椭圆风管表面积 181m^2，管内静压 1200Pa 时，漏风量为 226.8m^3/h，单位面积漏风量在 1200Pa 时为 1.25 [$m^3/(h\cdot m^2)$]，推算到管内静压 1500Pa 时，按 $Q=K\cdot P^{0.65}$ 函数公式得出单位面积漏风量为 1.45 [$m^3/(h\cdot m^2)$]。由于螺旋风管在 1500Pa 时的允许漏风量为 2.04 [$m^3/(h\cdot m^2)$]，

按 $Q_m=0.0325P^{0.65}$ 公式推算出管内静压在1200Pa时的允许漏风量为1.77［$m^3/(h \cdot m^2)$］，符合设计及规范要求（详见表2-6-2）。

螺旋椭圆风管漏风测试表 **表2-6-2**

内容	椭圆风管面积（m^2）	工作压力（Pa）	单位表面积实测漏风量［$m^3/(h \cdot m^2)$］	矩形风管允许漏风量［$m^3/(h \cdot m^2)$］	椭圆螺旋风管允许漏风量［$m^3/(h \cdot m^2)$］	测试结果
整改后重测	181	1200	1.25	3.54	1.77	满足
推算值	181	1500	1.45	4.08	2.04	满足

5. 制作安装的注意事项

5.1 施工发现风管的直管漏风量较小，管配件漏风量较大。由于弯头等由电脑放样，然后分片拼装搭接起来，采用点焊，每点间距不大于50mm，但是搭接部位处的处理如不到位，咬缝处缝隙大，会造成漏风量较大。

5.2 芯管与直管连接时的配合较易存在问题，直管从螺旋圆管拉伸成椭圆风管时，风管宽度尺寸无法保证，会存在一定的误差。这是由于钢材本身存在一定的延展性与伸缩性，顶管尺寸与时间对其有着相当大的影响，这是造成平配合间隙的主要原因。因此，在椭圆风管拉伸阶段要注意：

5.2.1 将螺旋圆风管固定在椭圆成型模上后，需先进行预拉伸，以便对应力进行分布。

5.2.2 调整压力缸压力值，根据不同厚度，不同规格通过2～3次预拉伸确定不同的拉伸压力值。

5.2.3 需通过2～3次预拉伸确定拉伸后的回缩部分长度。

5.2.4 对于不同尺寸的椭圆风管采用不同的顶管时间。

6. 椭圆风管优缺点分析

6.1 椭圆风管主要优点

6.1.1 全自动机械化工厂生产，尺寸准确，生产效率高。

6.1.2 锁缝严密，管内锁缝隙平滑且无泄露；锁缝具有加强筋的作用。

6.1.3 结构强度高、刚性好、降低二次噪声。

6.1.4 有较长的连续长度，风管尺寸一致性好，安装简便。

6.2 椭圆风管主要缺点

6.2.1 在风管及配件制作过程中需要相对较严格的控制体系，否则风管与配件配合会出现问题。

6.2.2 对安装施工人员的技术要求较高，必须对安装工艺熟悉。

6.2.3 本工程采用芯管连接方式，与薄壁连体法兰风管相比，安装时所花的人工相对较多。

6.2.4 相对于矩形风管，螺旋椭圆风管的市场价格较高。

7. 总结

综合上述分析，螺旋椭圆风管具有隔声好、漏风量小、高效、美观等优点且组装便捷，需密封的连接点少，节省安装空间，工效高，使用寿命长。它将随着不断完善和进一步的提高，以其独特的性能，在未来的市场竞争中显示出巨大的优势，尤其在空间紧张、噪声控制较严格的场所，其优势更加突出。但从经济角度来看，椭圆螺旋风管的市场价格却要高出矩形风管许多，在一定程度上提高了建筑成本，这是阻碍其推广发展的根本因素。究其原因，主要是由于该风管制作的机械化程度高，而国内的加工制造业机械化程度不高，劳动力成本低，这也是我国制造业的一个显著特征，造成了机械化程度高的螺旋椭圆风管的成本居高不下，市场价格相对一般风管要高，因此市场推广存在一定难度。而放眼全球，此类风管在国外的普及程度很广，原因就是国外劳动力成本很高，高效的机械化取代了高成本的劳动力，让性能优越，美观大方的螺旋椭圆风管得到了广泛的推广和运用。因此，随着我国市场的不断发展，价格机制和市场结构机制的不断完善，在不久的将来，螺旋椭圆风管在国内也会有一个更广阔的市场。

2-7 大口径双层螺旋保温风管的施工

许光明

（上海市安装工程集团有限公司）

1. 引言

螺旋风管又称螺旋咬缝薄壁管，具有无焊接、不漏气、噪声低、刚度大、通风阻力小、造价低、坚固、美观等特性，西方一些国家首先将其应用于军工业，如军舰、轮船上的排(送)风系统，后来用于火车、地铁、矿山等民用设施。螺旋风管在我国通风空调工程上的应用是从改革开放以后开始的。随着我国经济的腾飞及集中空调的使用逐年增多，螺旋风管得到了越来越广泛的应用。

双层螺旋保温风管是近年来出现的一种新型风管，它是一种在同心的内、外螺旋风管间充填一定厚度的保温材料的螺旋风管，特别适用于大空间、无吊顶的场所。

世博中国馆由国家馆、地区馆两个部分组成，是世博园区核心建筑物之一。本工程的双层螺旋保温风管主要分布在地区馆 1 层，国家馆 36.5m 层、46.8m 层以及 54.9m 层，风管面积共计约 64000m^2，风管内径尺寸为 ϕ200～ϕ1800mm。

目前螺旋风管最大口径一般只做到 ϕ1500mm，而中国馆使用的螺旋风管最大内径尺寸达到 ϕ1800mm，这给风管的制作及施工带来了一定的难度。本文所指的大口径螺旋风管是指内径尺寸大于等于 ϕ1000mm 的螺旋风管。

本文主要以施工难度较高的地区馆的总管安装为例，介绍大口径双层螺旋保温风管的风管制作、连接形式、加固形式、吊架形式及吊装方法。

2. 施工准备

对施工图纸进行深化设计，合理考虑支管的位置、风口的布置等，绘制综合管线布置图及单线加工图，进行系统编号，并对管道、管件进行编排。

3. 风管制作

3.1 双层螺旋保温风管制作工艺流程，见图 2-7-1。

图 2-7-1 中阴影区域为内芯螺旋风管和外套螺旋风管成型过程。内芯螺旋风管制作完成并经过加固后再上保温机。

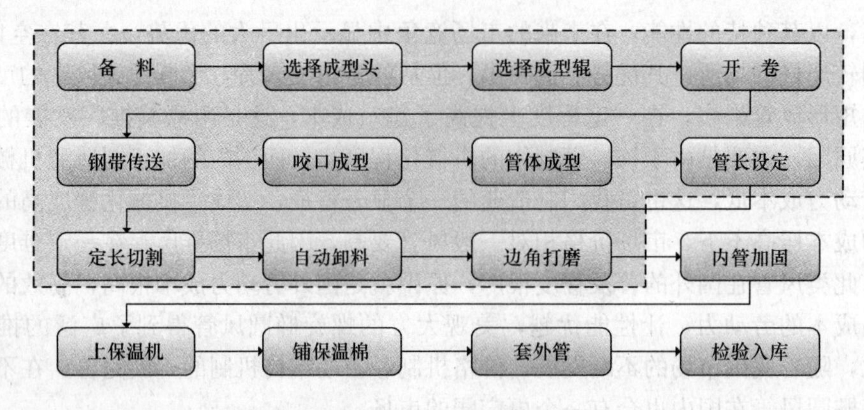

图 2-7-1 双层螺旋保温风管制作工艺流程图

3.2 材料要求

双层螺旋保温风管内外管材料品种、规格、性能与厚度等应符合设计和现行国家产品标准的规定。当设计无规定时，应按照《通风与空调工程施工质量验收规范》GB 50243—2002 执行。

3.3 直管制作

3.3.1 风管加工要求

(1) 每批原材料都必须进行配料试验，合格后方可使用。

(2) 应严格按图纸尺寸进行加工，模具制作应规范准确。

(3) 直管在制作时要严格控制其内径尺寸：当小于或等于 300mm 时，允许偏差±2mm；当大于 300mm 时，允许偏差±3mm。管口切割平齐。连接芯管插入内管的长度需大于等于 20mm，同时需有密封要求。

(4) 在制作外套螺旋风管时，需边制作边用碎布擦拭干净，用保鲜膜包裹，在切割后再用气泡膜缠绕。

(5) 经规格尺寸、外观质量、密度、强度检验合格后，方可发送至现场。

3.3.2 保温措施

(1) 保温前需把保温机、保温棉、保温绳、方木、打包机等工具材料准备好。

(2) 先把保温机支撑内芯螺旋管的支架上缠绕一定量的碎布，以保护内芯螺旋管管壁不被损坏。

(3) 内芯螺旋风管装上保温机后，先根据内管周长尺寸切割保温棉，均匀铺在内芯螺旋管上，保温棉需超出内管两端各 50mm，在套装外套螺旋管前用铁皮把预留的 50mm 保温棉卡在内芯螺旋风管管壁上。

(4) 在管口两端需用 30mm×30mm（同保温层厚度）、长 300mm 左右的方木（涂防火涂料）插入，方木间距不大于 350mm（圆弧长度），单个管口不少于 6 根。方木插入后与管口齐平，用自攻螺丝把方木与内管固定，每根方木上需均匀固定 2 颗。这样就解决了内外螺旋管由于自身重力作用无法保持同心的问题，同时也为螺旋风管的支架设置提供了支撑点。

(5) 在套装外套螺旋管时，需特别注意外观不可磨损，在搬运中使用宽 30～40mm 的绷带，当绷带受损时需用气泡膜或碎布缠绕。

3.4 管件的制作

3.4.1 圆形变径管的制作

圆形变径管可分为正心圆形变径管和偏心圆形变径管，均可采用放射线法展开制作。

3.4.2 圆形弯头的制作

圆形弯头根据使用的位置不同，有 90°、60°、45°、30°四种，其曲率半径 $R=(1\sim1.5)D$（其中 D 为螺旋风管直径）。弯头的节数根据管径确定。圆形弯头采用平行线法展开，根据已知的弯头直径、弯曲角度及确定的曲率半径和节数，先画出主视图，然后进行展开。

3.4.3 圆形来回弯的制作

圆形来回弯实际可看成是由 2 个弯曲角度小于 90°的弯头转向组成。展开时应根据来回弯的长度 L 和偏心距 h，按加工弯头的方法，对来回弯进行分节，展开和加工成型。

3.4.4 三通的制作

主管和支管边缘之间的距离应能保证安装连接芯管，并应便于上固定螺丝。加工制作三通时，先画好展开图，根据连接的方法留出连接余量。三通的接合部相贯线的连接形式应根据板材的材质、板厚来决定。镀锌薄钢板和一般钢板，厚度小于 1.2mm 时可采用咬口连接；厚度大于 1.2mm 的镀锌薄钢板可采用铆接；厚度大于 1.2mm 的一般钢板可采用焊接。

3.5 大口径双层螺旋保温风管的加固

对大口径双层螺旋保温风管本体的加固是本施工工艺的一大难点。由于一般项目中遇到的螺旋风管直径都不是很大，基本在 1m 以内，同时以单层的居多，因此国内相关的通风空调技术规范中没有螺旋风管加固的相应规定。

世博会中国馆空调系统大量采用了大口径的双层螺旋保温风管。由于直径比常规的螺旋风管大很多，造成风管自身的质量很大。在不进行加固的情况下，双层螺旋风管在其自重的影响下，无法保持其正圆形态，会给接下来的吊装、管道连接等造成很大的困难。

为了解决大口径双层螺旋保温风管的加固问题，采用了如下的内加固方法：根据螺旋风管的口径，用镀锌扁铁圈制成一个圆环，中间用电焊烧制六根薄壁金属管相互支撑，就像自行车轮子一样。在外力的挤压下，这六根薄壁金属管与镀锌扁钢外圈利用相互间的拉力，始终保持螺旋风管的正圆形态，起到了加固的作用。如图 2-7-2 和图 2-7-3 所示。

图 2-7-2 大口径双层螺旋保温风管的加固照片

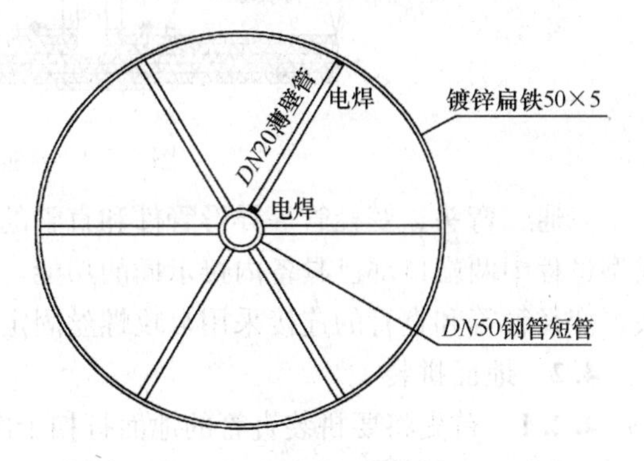

图 2-7-3 ϕ1800mm 螺旋风管加固示意图

大口径螺旋风管的加固尺寸见表 2-7-1。

大口径螺旋风管的加固尺寸 **表 2-7-1**

螺旋风管直径（mm）	镀锌扁钢规格（mm）	薄壁内撑管规格（mm）	推荐管段长度（m）
1000～1400	40×4	*DN*15	3～4
1400～1800	50×5	*DN*20	2～3

这种内加固方式具有一定的独创性，既解决了大口径螺旋风管的加固问题，观感上也相当美观。随着建筑安装工艺的日新月异及大口径螺旋风管的普遍应用，这种加固方式具有一定的推广价值。

4. 风管连接方式

大口径双层螺旋保温风管通常有两种连接方式——承插式（连接芯管）连接和法兰式连接，两种连接方式的优缺点如表 2-7-2 所示。

大口径双层螺旋保温风管两种连接方式的比较 **表 2-7-2**

	优　点	缺　点
承插式连接	外观较好，严密性好，省工时	连接强度稍差
法兰式连接	连接强度较高	外观较差，成本高，费工时

通过两种连接方式优缺点的比较，考虑到中国馆争创“鲁班奖”的质量目标，本工程采用了承插式连接方式，通过合理布置吊架位置及采取在双层螺旋保温风管内管增设加固环的方式解决了风管的连接强度问题。

4.1 承插式连接

本工程直管设定长度 $L=3000$mm，直管之间采用芯管连接，芯管宽度 $W=150$～200mm，芯管的中间及两边分别用模具压制加强筋和皮条筋，以增强其牢固性和密封性。承插式连接示意见图 2-7-4。

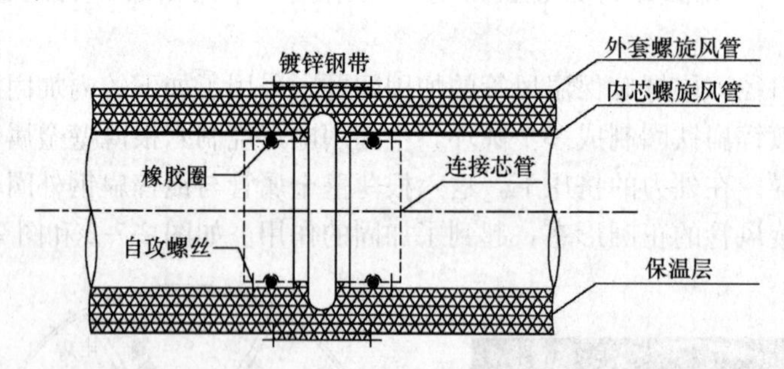

图 2-7-4 承插式连接示意

三通、弯头、变径管等异形管件和直管的连接同样采用承插式连接，这些管件在制作成型过程中两端口部已具备内接承插的功能，直接把其插入直管中即可。芯管、三通、弯头、变径管等和直管的连接采用自攻螺丝固定。

4.2 地面拼装

4.2.1 首先将要拼装直管的地面打扫干净，地面用彩条布铺盖。

4.2.2 安装前先检查连接芯管和圆管口部是否变形，若变形需先调整圆度后再进行安装。安装时先将连接芯管插入直管一端，因连接芯管口径与直管口径相差较小，在插入时需缓慢地一次少量插入，当四周均有部分插入后，再用橡皮锤均匀敲打，直到插入至加强筋位置。

4.2.3 完全插好后，用 5×19 型自攻螺丝从内向外把内接芯管与内芯螺旋管固定，在用自攻螺丝固定内接芯管时，自攻螺丝需固定在离管口边 25mm 处，自攻螺丝间距 130mm，在实际操作中需用制作的工具控制以上尺寸（如制作宽 25mm，长 130mm 的铁皮）。在用手电钻打自攻螺丝进行固定时，严禁用力过大，以免产生滑丝、皮套脱离等缺陷。

4.2.4 单边内接芯管装完后，需在直管下离管口 200mm 处铺垫约 100mm 的方木，以利于直管与直管对接，直管在对接时先将不带连接芯管的直管略抬起，让连接芯管先部分插入，然后把直管另一端缓慢抬起向前推动，让连接芯管完全插入其中，均匀推进，当完全插入即到加强筋位置后，用自攻螺丝固定。

4.2.5 连接芯管完全固定后，放下两端方木，先用 50mm 宽保温棉铺在接口处，再用外接镀锌钢带固定，用绷带绷紧，然后用自攻螺丝在距离外接边口 10mm 处以 250mm 的间距均匀固定一周。固定好后松开绷带，外表擦拭干净。

5. 风管吊架设置

本工程大口径双层螺旋保温风管的吊架由吊杆和抱箍组成。抱箍根据风管外径尺寸用扁钢制作，为了便于安装，抱箍做成两个半圈，并在下半圈的抱箍内侧贴上橡皮，以起到防振、防滑的效果。为避免抱箍压瘪外层螺旋风管，抱箍应设在靠近方木的位置。吊杆采用镀锌全丝牙螺杆，采用双吊杆固定，抱箍上用于穿吊杆的螺孔距离应比风管稍宽 40～50mm。为便于调节风管的标高，吊杆适当放长。在不损坏原结构受力分布的原则下，吊杆用膨胀螺栓固定在楼板上。

采用吊架的主、干风管长度超过 20m 时，应设置防止摆动的固定点，每个系统不应少于 1 个。

本工程大口径双层螺旋保温风管由于采用承插式连接，其连接强度要比法兰连接稍差，因此必须严格控制吊架的设置位置及吊架间距。吊架间距按表 2-7-3 执行。

大口径双层螺旋保温风管吊架间距 **表 2-7-3**

大口径双层螺旋保温风管直径（mm）	水平风管间距（m）	竖直风管间距（m）	最少吊架数（付）
≤400mm	不大于 4	不大于 4	2
≤1000mm	不大于 3	不大于 3.5	2
>1000mm	不大于 2	不大于 2	2

6. 风管吊装

大空间建筑大口径双层螺旋保温风管的施工，因层高高、质量大而具有较大的难度。在风管的高空施工中，主要需要解决两点：人员操作平台的选择及风管吊装机具的选用。

6.1 操作平台的选择

在大空间高空安装作业中，常用的人员操作平台有移动脚手平台和液压升降机，这两种设施各有优缺点。移动脚手平台承重性好，稳定性较高，但灵活性较差，移动不方便；液压升降机可随意调节高度，移动方便，但承重性较差，高空作业时有晃动。

本工程由于工期相当紧，为了节省工期，在确保各项安全措施有效实施的情况下，采用了液压升降机作业。

6.2 风管吊装机具的选用

风管吊装机具主要包括起重机、电动葫芦、卷扬机、手动葫芦等，它们的特点如表2-7-4所示。

常用吊装机具的比较 **表2-7-4**

吊装机具	优点	缺点
起重机	移动方便，起吊速度快	费用高，高空调整风管不方便，受空间限制多
电动葫芦	高空调整风管方便	吊装点移动不方便
卷扬机	起吊速度快	高空调整风管不方便
手动葫芦	高空调整风管方便	起吊速度慢

为提高吊装的效率，本工程根据层高及桁架特点，结合吊装机具的使用特性，选用了单轨手推式行车配合电动葫芦进行风管吊装。

在实际操作过程中，需解决的最主要难题是电动葫芦如何固定在钢架下。如果采用传统的膨胀螺丝固定，则吊装点移动十分不方便，根据中国馆钢结构的特点，以主钢架为轨道，应用单轨手推式行车固定电动葫芦的方式，成功解决了这一难题。

6.3 风管的吊装

将风管、管件分系统运到施工现场，在安装地点先把单轨手推式行车和电动葫芦固定在桁架支点上，用绑带将风管绑扎牢靠，用电动葫芦将风管按编号顺序吊装到吊架上，连接一段，再吊装另一段，风管安装时可用吊架上的调节螺母和在托架上加垫的方法找正找平。水平干管找正找平后就可进行支、立管的安装。风管安装后可用拉线和吊线的方法进行检查。水平风管安装的允许偏差为水平度不大于3mm/m，总偏差不大于20mm。竖直风管安装的允许偏差为竖直度不大于2mm/m，总偏差不大于20mm。按规范要求将测量风量、风压及温度的测量孔开好，避免在高空作业时打孔，使风管凹陷不易修整。

7. 结语

中国馆为世博会主展馆，施工质量直接关乎中国的形象。为给全国人民、全世界人民带来世博会的美好体验，展现中国的大国形象，笔者所在单位集最优势的资源，奋力拼搏，作出了应有的贡献。

中国馆已获得上海市建筑行业工程质量的最高荣誉奖“白玉兰奖”，现正申报全国建筑行业工程质量的最高荣誉奖“鲁班奖”。

2-8 地下工程通风管道施工新技术

董书亮
（解放军96542部队）

地下工程构筑物因特殊需要顶部大都为拱形结构，为节省空间，工程中90%以上通风管道采用圆形风管。地下工程独特的结构形式对通风空调系统的要求很高，通风管道数量多、规格大、分布密集、管件加工安装量大，大部分通风管道敷设在高空，安装难度较大。传统的圆形风管加工安装技术已经明显落后于地下工程中给水排水和电气等专业，不能满足地下工程建设的需要。针对这种情况，施工单位多方考察研究，2001 年从瑞士引进了螺旋风管自动生产线，陆续购置开发了各类先进的圆形风管管件加工设备和通风管道施工安装机械，主持制定了螺旋风管的相关标准，研制出了配套的螺旋风管连接技术，探索了一套适合地下工程通风管道特点，成熟高效的圆形风管安装新技术。

1. 通风管道综合布置新技术开发

1.1　通风管道综合布置的必要性

地下工程部分通道上方拱顶附近有庞大的圆形风管群，支吊架设置困难，操作空间极小。功能大厅内既有通过的各类主风管又有大厅用的通风、排烟和空调送回风支风管，风管基本布满了整个顶部和两侧墙壁，同时又有给水排水、消防、电气等专业管线。由于通道—大厅、大厅—通道断面变化很大，反差强烈，使得螺旋风管敷设格局由密集的立体分布急剧变为沿拱顶和墙体的面分布。这些都给通风管道的安装施工造成了很大的困难，只有深化设计做好通风管道的综合布置才能保证在有限的空间内顺利施工。

1.2　通风管道综合布置技术开发

1.2.1　加强绘制断面图

要求每当管线有标高、大小和数量等变化时就必须绘制一幅断面图，并在图中详细标明每个通风管道的定位尺寸，支架形式和参数以及相关说明。工程师现场交底，使班组了解通风管道布置的基本思路，并优化断面图，较好地完成了方案制定和技术交底工作。把断面图制成图板挂到每一个断面，作为班组的施工依据，增强管线综合布置指导施工的效果。

1.2.2　综合运用多种技术

为了进一步降低施工人员对风管布置理解的难度，我们在绘制断面图基础上，用 3ds max 对管线复杂的部位建立直观的立体模型。立体模型依据断面图调整，断面图通过立体模型发现问题，两者相互促动，最终达到合理一致。把不同角度的系统立体效果图和各个断面的断面图制成图版挂在施工现场，使得所有施工人员都能通过效果图对管线布置有直观的认识，依据断面图展开施工，极大提升了技术交底的质量和效率以及指导施工的效果，真正做到了施工的事前控制，全面释放了施工力量。

1.2.3　不断开发新技术

为进一步做好管线综合布置和指导施工，施工单位初步开发了地下工程虚拟安装系统，在有条件的工程项目中，虚拟安装整个机电系统，对风管做初步的综合布置。在开工前让施工人员通过虚拟系统漫游对通风系统有一个整体认识，提高他们安装施工的全局观念。

2. 圆形风管及管件生产方式比较

2.1　传统圆形风管及管件生产方式

传统圆形风管采用 2000×1000 或 2000×1200 的板材卷圆，单平咬口合缝。风管和管件加工下料、合缝都是手工完成，效率低下，耗费大量的人力。受板材尺寸限制每节风管加工长度≤2m，大风管长度≤1.2m。加工质量受作业人员技术水平影响大，加工难度较大的管件容易出现残、废品。

2.2 新型圆形风管及管件生产方式

新型圆形风管采用瑞士 TORMEC 螺旋风管自动生产线生产的螺旋风管，长度可以根据安装的需要进行生产，最长可达 10m 以上，速度快质量好，能用不锈钢带、镀锌钢带和铝带生产圆形风管。弯头、三通等各类管件采用等离子切割机下料，精确快速切割出管件展开板料。缀缝焊机闭合板料和拼接各类金属板材，特别是在拼接镀锌板材时不破坏镀锌层，接口平整适合各类翻边加工。圆弯头成形机自动进行弯头咬口合缝，速度快，合缝密实平滑。全部风管和管件的生产基本实现了机械化自动化，生产效率高，质量过硬，外观好看，节省了大量人力和材料。

3. 通风管道施工新技术介绍

3.1 圆形风管连接方式对比

3.1.1 外抱箍连接方式

圆形风管外抱箍连接是普通圆形风管连接的最佳方式，加工方便，节省材料，连接工序少，空间要求小，对两节风管的对口要求低，不受风管变形影响，在风管基本对好口后可以自动调整风管口的位置和形状，只要把外抱箍搭在两节风管端部，上紧抱箍螺栓即可保证强度。事先在外抱箍筋槽内抹满桐油腻子或密封胶，上紧外抱箍即可保证密封性的要求。外抱箍连接方式对风管加工偏差要求不严，只要风管外周长偏差在 5mm 以内就不影响连接强度和密封性。但是一般圆形风管加工速度慢，加工长度太短，增加了连接工作量和漏风量超标的可能性。由于螺旋风管外壁布满螺旋筋，因此壁厚≥0.75mm 就无法压外抱箍筋，壁厚≤0.6mm 的可以压外抱箍筋，但压筋难度较大，外壁平整度太差，密封难度较大，这些因素导致外抱箍连接方式不适合螺旋风管。

3.1.2 普通芯管连接方式

把芯管作为中间连接件（芯管直径略小于风管），两头分别插入两根风管，然后用拉铆钉或自攻螺钉将芯管和风管连接端固定，并用密封胶将接缝封堵严密。这种连接方式一般用在圆形风管和椭圆形风管上。由于没有胀紧的功能，只能靠密封胶或密封垫进行密封，成本高，工序复杂，安装效率较低，连接强度较低，漏风量容易超标。

3.1.3 单筋无密封垫内胀芯管连接方式

根据多年在地下工程使用圆形风管外抱箍连接技术的经验，结合国际通用的螺旋风管芯管连接技术，开发出螺旋风管内胀芯管连接工艺。该工艺在大量的工程实践中不断改进，最终形成了漏风量合格，连接牢固，操作简便，施工快速的螺旋风管单筋无密封垫内胀芯管连接工艺，如图 2-8-1 所示。

单筋无密封垫内胀芯管加工方式与单筋外抱箍加工方式基本相同，只是连接鼻子的位置和螺栓紧固方式不同，一种是拉紧另一种是胀紧。取长度为风管周长＋70mm，宽度为 80mm，与风管壁厚相同的板材在卷圆机上卷圆，在压筋机上压单筋后，在板材外弧线距离板材一端（称为 a 端）10mm 处的楞筋上焊上一个连接鼻子，在距离另一端（称为 b 端）70mm 处的楞筋上焊上一个连接鼻子，芯管就制作完毕，如果板材为碳钢材质还需对焊点进行防腐处理。连接鼻子可以是螺母，也可以是壁厚≥2mm 与螺母相同内径的短管，连接鼻子必须和板材同材质。风管安装时，拧上两个螺母，长度适当的全丝螺杆两端分别穿过两个连接鼻子，使两个螺母在两个连接鼻子中间，连接鼻子及全丝螺杆规格见表 2-8-1。

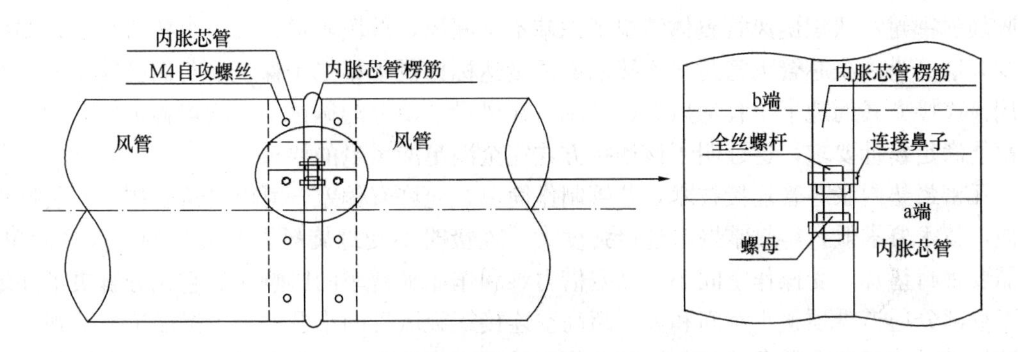

图 2-8-1　螺旋风管单筋无密封垫芯管连接方式

连接鼻子及全丝螺栓规格　　**表 2-8-1**

螺旋风管规格	连接鼻子规格	全丝螺杆及螺母规格
$D \leqslant 630$	$\phi 10$	M8
$D \geqslant 800$	$\phi 12$	M10

这时 a 端压贴在 b 端上面使芯管闭合，芯管闭合后的最小周长比风管周长小 10mm，两端搭接 60mm。把芯管插入螺旋风管一端，向相反方向分别拧动螺母撑大两个连接鼻子的距离，使芯管周长变大而向外胀起紧贴螺旋风管内壁，调整芯管使螺旋风管端部与芯管楞筋边缘贴紧。每节螺旋风管都在一端预装芯管。安装螺旋风管时，把风管的扁钢管卡的位置适当调偏，使得待安装螺旋风管挂到空中时的吊筋变斜，倾斜吊筋的拉力使得待安装螺旋风管无芯管的一端紧顶已安装螺旋风管有芯管的一端。调整待安装螺旋风管，使得已安装螺旋风管的端部芯管部分插入待安装螺旋风管内部，如图 2-8-2 所示。

用平口螺丝刀插入芯管外壁和待安装螺旋风管内壁之间，从芯管插入待安装风管的部位向未插入部位滑动，使所滑到位置的芯管半径暂时小于螺旋风管半径。滑动的同时用橡皮锤敲震，在倾斜吊架的水平拉力作用下，螺旋风管便自动套在芯管上面。调整螺旋风管使得风管端部紧贴芯管楞筋边缘，再拧动胀紧螺母把芯管胀到最紧，然后在芯管楞筋两侧距离芯管楞筋 15mm 处的风管上拧上 M4 的自攻螺丝固定，自攻螺丝间距不大于 150mm。自攻螺丝上完后可以卸下全丝螺杆和两个螺母，在下一个风管连接工作中使用。由于内胀芯管预先安装在螺旋风管上时，已经基本胀紧，并且芯管楞筋挡在已安装风管端部，所以在风管连接时待安装风管的推力不会把芯管推到已安装风管中。芯管两端都套好螺旋风管并胀到足够紧时，芯管和两端风管都最圆且全面紧贴，芯管外壁和螺旋风管内壁都足够平整光滑，所以不用再加密封垫和密封胶就可以保证漏风量满足要求，只需要在 a 端搭接处的极小缝隙塞抹密

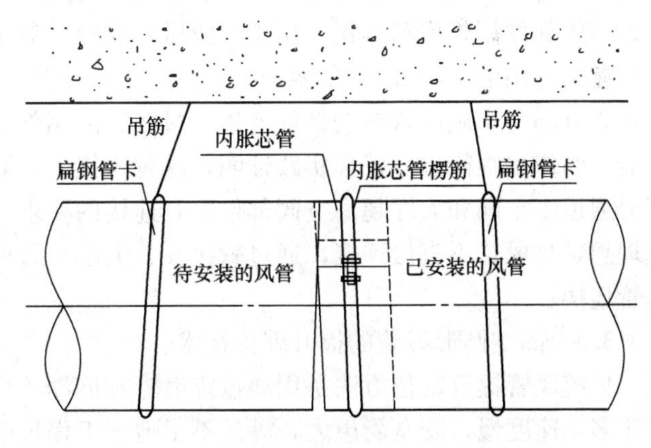

图 2-8-2　螺旋风管连接示意图

封胶加强密封。从螺旋风管整体情况考虑基本不漏风，单段管道很长，总接口很少，漏风点少，这又为内胀芯管无密封垫连接的漏风量达标提供了第二个保证。我们已安装的所有采用该连接方式的地下工程通风空调系统，在风量平衡分配调试中，测得各个房间的送风量都能满足设计要求，这证明了该连接方式完全满足漏风量的要求。

无密封垫内胀芯管连接技术，芯管制作简单，允许有偏差，可以批量制作；安装操作简便，技术要求低，容易掌握，连接强度大。连接时不受螺旋风管变形影响，工具简单，不需要密封垫片，受操作空间小、高空借力难和作业平台小的影响小。它充分解决了在地下工程部分通道拱顶狭小空间和大厅超高空连接螺旋风管的难题。为了保证工艺美观，在安装风管时一般把连接鼻子放在风管顶部不易看到的地方，如果在机房立管上不好隐蔽连接鼻子，可以用磨光机从根部把连接鼻子磨下来，如板材为碳钢材质需要把磨损处防腐并刷银粉面漆。无密封垫内胀芯管连接技术要求加工同一规格螺旋风管必须用同一固定模具，并尽量按国家给定的圆形风管标准系列选用，不允许用可调模具，以免不同批加工的螺旋风管直径有偏差，使得内胀芯管只能胀紧一端的螺旋风管而另一端不能胀紧产生漏风。

3.1.4 对比结果

从以上分析中可以看出，无密封垫内胀芯管连接技术兼有外抱箍连接技术和普通芯管连接技术的优点，很好地弥补了这两种连接方式的缺点和局限，是先进的风管连接新技术。

3.2 圆形风管与阀部件和设备的连接技术

在订货时要求调节阀、防火阀等各类阀件和消声器等各类部件的接口做成与风管同规格的圆形接口，并要求阀部件接口按外抱箍连接标准压筋或并排环焊上两根 8 号铁丝作为楞筋，为与风管的外抱箍连接创造条件。对于壁厚≤0.6mm 的螺旋风管就直接在端部压筋，与阀部件用外抱箍连接，用密封胶做好密封。对于壁厚≥0.75mm 的螺旋风管则取加工螺旋风管用的 137mm 宽的板材，制作一端内胀另一端外抱箍连接的芯管——外抱箍过渡管，分别与螺旋风管和阀部件连接。过渡管的制作就是把内胀芯管长出来的部分压外抱箍筋，制作也很简单。工程实践证明，这种连接方式高效节省材料，便于拆卸，同样满足部分通道小空间和大厅超高空阀部件安装连接的要求。设备一般在机房，安装操作空间较为理想，与风管不直接连接，通过软接头、大小头管件等由法兰连接过渡到外抱箍或内胀芯管连接。

3.3 高空圆形风管的提升就位技术

传统风管提升就位方法是用通过定滑轮和麻绳人力吊起风管，这种方法需要人力多，工序多，速度慢，安全隐患大，满足不了地下工程长期高空安装大量大口径圆形风管的需要。我们先后引进了风管抓举机、轮式升降平台、电动升降平台、手动升降平台以及叉车等配套齐全高度衔接的风管举升机械，代替了定滑轮人力吊升风管。风管抓举机能单独抓举起 8m 长 $D1400$ 的螺旋风管升到 13m 高空，并能在空中转动风管，调整风管安装角度，可遥控控制，动作灵活，使用方便。轮式升降平台移动方便，平台面积大，托举能力强。手动升降平台较为轻便，在风管抓举机、轮式升降平台等大型机械不能展开的小空间应用方便。手动升降平台还可以多台同时作业，托举起 10m 以上的超长风管。这些机械相互配合在超高空、小空间等各种情况下安装就位各类风管时安全快速。一般是以叉车、手动升降平台和风管抓举机托举风管，各类梯子、升降平台作为风管安装人员作业平台配合使用，机械使用范围见表 2-8-2。

风管就位机械使用范围　　表 2-8-2

机械名称	工作高度	机械用途
叉　车	$h \leqslant 4$m	托举风管
手动升降平台	2m$<h \leqslant$8m	托举风管，风管安装人员作业平台，在小空间作业
电动升降平台	2.5m$<h \leqslant$9.5m	风管安装人员作业平台
轮式升降平台	2.5m$<h \leqslant$9.5m	风管安装人员作业平台，在大空间辅助托举风管
风管抓举机	5m$<h \leqslant$13m	在大空间托举风管

4. 结束语

地下工程通风管道安装施工中，螺旋风管自动生产线、等离子切割机、圆弯头成形机、缀缝焊机等成套生产设备的成熟使用，使得圆形风管的生产从手工作业进入了机械化自动化作业。无密封垫内胀芯管连接和管线综合布置等配套施工技术的开发使用，风管提升就位机械的引进完善，使得圆形风管的安装施工效率成几倍提高。这些技术、设备全面提高了地下构筑物通风工程施工的质量、速度和外观工艺，推动了地下工程通风管道安装施工技术的整体发展。

2-9　橡塑保温材料施工技术

李如泉　吕　洋　郑　云
（重庆工业设备安装集团有限公司）

1. 工程概况

龙山压缩机生产基地 A 区一期工艺改造工程，是珠海格力电器股份有限公司投资建设改造的一个公用工程，该工程由壳电、装配、泵体等三个车间组成，总面积约 2 万 m^2。本工程由机械工业部第四设计研究院设计，厂房结构形式为单层门式轻钢结构。车间由动力用房、烘干线、焊接线、高速冲床等设备组成。为满足生产需要，在装配车间设计中央空调系统，泵体车间设计分体制冷空调。空调风管选用镀锌钢板，橡塑板外保温；空调冷冻循环水管道采用橡塑管材保温。空调风管约 3000m^2，冷冻循环水管约 2000m。

2. 橡塑保温材料的性能特点

橡塑是以天然或合成橡胶和其他有机高分子材料的共混体为基材，加各种添加剂如抗老化剂、阻燃剂、硫化促进剂等，经混炼、挤出、发泡和冷却定型加工而成的具有闭孔结构的柔性绝热制品，因空气的导热系数仅为 0.026W/(m·K)，故橡塑是靠闭泡内的空气实现保温隔热，同时闭泡结构又具有优异的抗水汽渗透能力，形成内置的隔汽屏障，使材料整体既是绝热层，又是隔汽层，两种功能合二为一。低吸收率和高湿阻因子是该产品的显著特点，其燃烧性能和降噪性能达到国家相应的规范要求。

3. 橡塑保温材料质量控制及要求

3.1 质量控制：橡塑保温材料包括板材和管材两种，在选用保温材料时应根据设计要求，参考橡塑产品说明书的技术参数。

在该工程中通风空调风管选用橡塑板材，空调冷冻循环管道采用橡塑管材。为保证保温材料质量，建立了从材料到施工全过程的质量控制网络，见图 2-9-1。

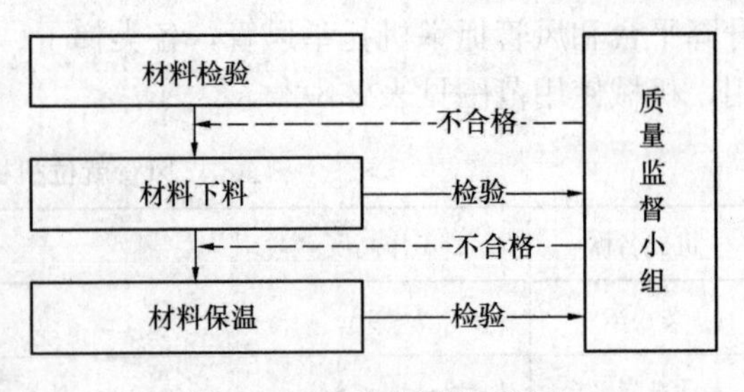

图 2-9-1 质量控制网络图

3.2 质量要求：一级橡塑管材质量要求见表 2-9-1。

一级橡塑管材质量表 **表 2-9-1**

项目		单位	性能指标	备注
表观密度		kg/m³	40～80	
导热系数		W/(m·K)	0.032(−20℃) 0.034(0℃) 0.140(37℃)	
十透湿性能	透湿系数	g/(m·s·Pa)	6×10^{11}	
	湿阻因子	—	μ=7500	
燃烧性能		—	难燃 B1 级	
降噪性能		dB(A)	≥30	
抗老化性			150h 轻微起皱，无裂纹，无针孔，不变形	
尺寸偏差		mm	±2.5	

3.3 橡塑板材质量要求见表 2-9-2。

橡塑板材质量表 **表 2-9-2**

项 目		单位	性能指标	备注
表观密度		kg/m³	40～60	
导热系数		W/(m·K)	≤0.036(20℃)	
十透湿性能	透湿系数	g/(m·s·Pa)	$\leqslant4.0\times10^{-11}$	
	湿阻因子	—	μ=4500	
燃烧性能		—	难燃 B1 级	
降噪性能		dB(A)	≥30	
抗老化性		—	150h 轻微起皱，无裂纹，无针孔，不变形	
尺寸偏差		mm	±4	

4. 橡塑保温施工技术

4.1 施工工艺流程（见图 2-9-2）：

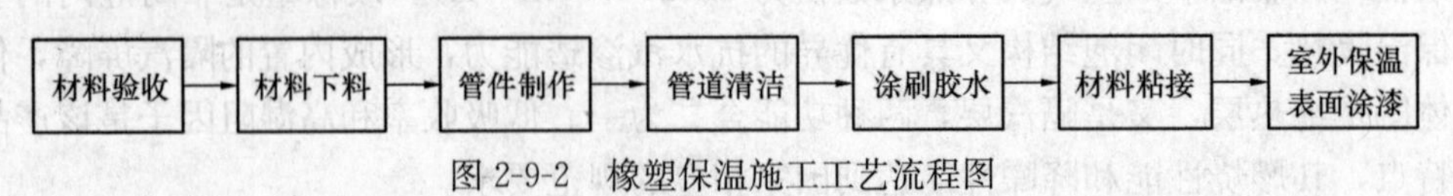

图 2-9-2 橡塑保温施工工艺流程图

4.2　施工工艺

根据橡塑产品安装手册要求，空调冷冻管道小于 *DN*l00 采用成型管材，大于等于 *DN*l00 管道选用橡塑板材进行保温；空调风管保温为橡塑板材。

4.2.1　板材下料

首先选用一条与保温厚度相同的橡塑细条来测量管道的周长，然后在板材上画出切割线，应特别注意，保温管道切割时必须多留 5mm 的余量，通风管道板材预留 10mm 的余量，保证接缝间隙。

4.2.2　管件制作

（1）大管径弯头板材的制作

1）量出弯头内半径 R_1（从两弯角处做管道垂直线，两垂线交点到管道面的长度，即内弯半径 R_1）；

2）在板材水平和垂直方向上预留 12mm 的修剪长度，并在直角上量出弯道内弯半径 R_1；

3）用等厚细绳量出管道周长，把管道周长分半且量在板材上，以两个长度 R_1，$R+L/2$ 为半径画两条弧；

4）沿两弧线记号切下第一个半弧面，以第一个半弧面为模切下第二个弯头弧面；

5）将两弯头弧面重叠在一起，并在大弧线上涂上胶水，干化后，先把弧面一角粘上一点，把弧面的另一端也粘上，分别由两边一次粘合 50～75mm 逐渐向中间粘合，最后压紧接口处；

6）把弯头口反过来，使材料的内壁也粘接牢固，这样整个弯头接缝厚度就能保证；

7）在弯头的内接口涂上胶水，然后将材料架在弯头上，等胶水干化后，粘合接口面，切掉弯头多余的倾斜部分，使弯头材料的接面为正圆面。

（2）管材弯头的制作

1）小于等于 *DN*50 保温管材弯头制作

a. 首先用角度模具在管材上切 45°角，然后颠倒管切面去接合另一面，把两部分粘接在一起就形成一个弯头；

b. 划开弯头材料的下弯口，在划口上涂上胶水，干化后，装在弯头上，从两边向中间接合弯头划口。

2）大于 *DN*50 的保温管材弯头制作

a. 在保温直管上画出切面记号，两切面记号间距为保温管直径长度，然后沿切线两边量出 5～7mm 的距离，用切割刀切割成型；

b. 将切割的中间圆缺转 180°，粘合形成一个圆缺弯头，划开弯头安装在管道上，从两端向中间粘合即成。

4.2.3　管道保温

（1）保温前的准备

1）在需要保温的管道上首先应清除干净管道表面的灰尘、铁锈等杂物；

2）需保温的管道已进行吹扫、试压验收合格。

（2）管道保温

1）将管材的接缝用硬质毛刷均匀涂刷专用胶水，等待胶水自然干化，用手指接触涂胶面，若无粘手指的感觉，即可进行粘接；

2）涂胶面的干化时间一般需 2～10min，应避免胶水干化时间超过 20min；

3）粘接时将粘接面对准紧压一会即可，不要拉伸材料，在室外粘接时，应避免接缝处受到阳光直射；

4）当粘接受压时，可以采用湿法粘接，无需等待胶水干化；

5）多层保温时，应在第一层粘接完成后进行，第二层的接缝应与第一层的接缝相互错开，并且第二层的内径与第一层的外径相同。

（3）风管保温

1）首先用指定的清洁剂清洁风管表面的油、污物等；

2）量出风管表面尺寸，预留 10mm 把板材切下，以使材料粘接时有挤压力；

3）先材料后金属表面上涂上一层薄薄的胶水，胶水干后，将板材压在金属面上，使其粘接良好；

4）当两对面都安装好后，量剩下两面的长度时需包括安装好的材料的厚度；

5）在材料之间的接口处加上湿胶水，材料会在自身的压力下粘合，而不会拉伸。

（4）室外橡塑保温材料刷油漆

1）当在室外保温完橡塑材料后，使用专用的防晒漆涂刷保护；

2）油漆应在保温后 36h 内进行，第一层刷时需保证所有外表都涂刷均匀；

3）第二次涂刷应在第一次干化后，大约需 2～12h，根据现场的空气温度、湿度确定，第二层油漆应覆盖第一层。

4.3 施工保证措施及应该注意的问题

4.3.1 保证措施

（1）材料的质量符合设计要求，进场材料必须有相关的质量证明和合格证；

（2）材料加工下料应按照产品说明的要求预留加工余量，并与保温的管道相匹配；

（3）保温材料的粘接是保温的关键环节，胶水的涂刷时间、涂刷厚度、粘接时间等都关系到保温的质量，施工时必须严格按照施工要求进行；

（4）对于室外的保温材料应进行油漆保护，保证保温材料的使用年限，因此保温材料外保护层的施工也是至关重要的工序。

4.3.2 应注意的事项

（1）需保温的管道必须清洁，不得有油污、铁锈等杂物；

（2）使用专用的保温胶水，胶水应在有效期内；

（3）粘接保温材料时，不得拉伸保温材料，接口应紧压，保证粘接紧密。

4.4 使用的机具和设备

4.4.1 不同尺寸的毛刷；

4.4.2 直角尺和钢板尺；

4.4.3 圆规、卡钳、剪刀、橡塑专用切割刀等。

5. 安全保证措施

5.1 在使用橡塑胶水、油漆时，应戴橡皮手套，并远离火源；

5.2 切割用的刀具应妥善保管；

5.3 需保温的管道、风管在 3m 以上的高空，施工时应拴好安全带；

5.4 保温操作平台应搭设牢固，楼梯应有专人看护；

5.5 高空操作时不得向上或向下抛工具、材料。

6. 对施工人员的培训

橡塑保温材料是一种新型保温材料，在进行保温前，施工人员必须了解产品的性能特点，熟悉其操作技能，因此，对施工人员进行培训是有必要的。

6.1 项目根据施工的要求，在进行保温前组织开展保温施工技术讲座，邀请厂家的专业技术人员进行技术培训；

6.2 项目技术负责人和专业技术人员共同策划、编写培训项目，针对施工过程中的技术难点，提出合理的处理措施；

6.3 保温过程中保温材料的下料是比较关键的工序，根据施工保温管道的规格需做出模板，以便施工时使用；

6.4 培训包括理论和实际操作技能两方面，通过理论知识的学习，全面了解保温材料的性能、特点和操作方法，而实际操作的学习使施工人员掌握保温技术和保温技巧。

7. 对职业健康安全措施

7.1 职业健康

7.1.1 对于施工垃圾在施工完成后及时清理，堆放在指定的位置；

7.1.2 施工人员操作时应戴防护手套和口罩，减少保温胶水对人体的伤害；

7.1.3 未使用完成的材料，应及时回收放在专用仓库；

7.1.4 施工场地应保持清洁，材料堆放整齐。

7.2 职业安全

7.2.1 使用保温切割刀具时，应小心使用；

7.2.2 施工现场不得吸烟、使用明火，防止保温胶水、油漆遇火燃烧；

7.2.3 高空进行保温时，必须扣好安全带；楼梯应有专人看护，防止滑倒伤人；

7.2.4 吊顶内保温应铺设木板，铺设的木板应绑扎牢固。

8. 认识和体会

通过该保温工程技术的运用，空调系统有好的使用效果，获得了业主的好评。我们掌握了新型橡塑保温材料的施工技术，对保温材料有了新的认识。同时使我们感到科技的迅速发展，给建筑安装行业带来技术进步，只有不断地学习才能跟上时代的步伐。另外，施工人员必须肩负施工技术的推广工作，使新材料、新技术、新工艺更好地运用在我们建筑安装企业中，为建筑安装企业的发展壮大作出应有的贡献。

2-10 风管保温钉焊接施工技术

王五奇 齐金辉

（中建七局安装工程有限公司）

1. 前言

随着国民经济和城镇居民生活水平的稳步提高，通风与空调工程在工业与民用建筑中的使用日益普及，近年来国家逐步加大了节能减排工作的力度，这就对做好通风与空调工程中风管系统尤其是大跨度、大面积风管的保温施工，提高风管保温质量和节能性能提出了更高的要求，也促使我们加强了新施工技术的研究与应用。

我司近几年来承建了五十多项通风空调工程，特别是大跨度、大面积风管的保温，由于风管系统施工面临厂房分区多、跨度大，施工作业高度平均在8m以上，工程施工工期紧，工程质量要求高等诸多难题。我司在分析了传统粘接保温钉固定保温板的风管保温方法存在浪费保温材料、保温钉易老化脱落，从而造成保温不严，浪费大量的冷量或热量的缺点后，经过与业主、监理、设计单位联合考察后决定采用新的保温钉焊接保温施工方法，经多项工程反复试验和实践，成功地解决了这一问题。

2. 工艺原理

本技术通过保温钉焊接机的控制，边铺装保温棉边焊接固定，不像粘接保温钉需要凝固时间，使保温钉穿透保温层接触风管的刹那，牢牢焊接在风管表面，之后对接缝及外形进行处理。与传统施工方法相比，因是焊接保温钉，所以对通风管道表面的清洁度无任何要求，免去了清洁工序，焊接施工速度快、效率高，能够大大缩短工期。一旦焊接完成，保温钉绝不会自然脱落，在任何形状的风管上施焊，都能保证施工质量，且无季节限制。由于采取的是边铺装边固定的一次性安装完成的施工方法，所以就减少了施工人员高空作业的时间和次数，使施工变得更加安全，更加快捷，能有效降低工程施工成本。成功解决了大面积风管保温易出现外形不平直、保温材料下垂，导致表面产生结露、滴水，造成保温效果不理想，能量损失增加等问题。

3. 施工工艺流程及操作要点

3.1 施工工艺流程见图2-10-1。

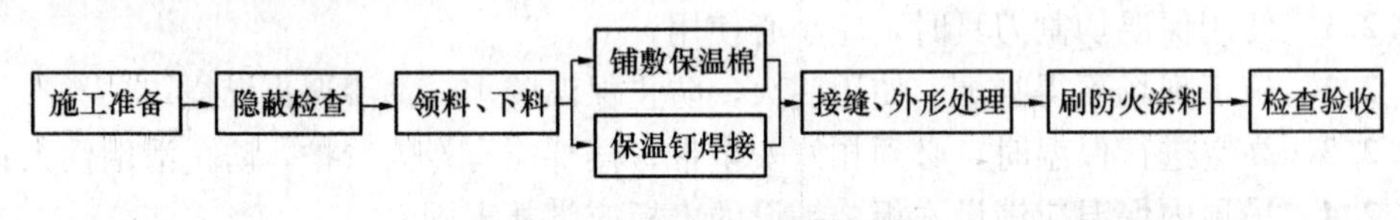

图2-10-1　施工工艺流程图

3.2 操作要点

3.2.1 施工准备

(1) 所用保温材料要具备出厂合格证明书并附有相关管理部门的认证及有关法定检测单位的证明。

(2) 使用的保温材料及附属材料应符合空调设计参数要求和消防防火规范要求。各项指标符合设计要求，经向监理报验合格，准许使用。

(3) 现场土建结构已完工，无大量施工用水情况发生。确认风管上方管道、电气、消防等专业施工基本结束，以免大量交叉作业破坏保温层。

(4) 风管、部件及设备保温工程施工应在风管系统漏风量试验合格及质量检验合格后，并会同建设单位、监理单位对隐蔽工程进行验收后进行。

(5) 对风管各部位灰尘及油污等进行清理，避免施工时产生扬尘。施工用的梯子、架子，照明灯具等经检查齐全可靠。

3.2.2 保温施工

（1）根据风管尺寸裁剪保温材料，裁剪时使用钢锯条。保温材料下料要准确，切割面要平齐，在裁料时要使水平、垂直面搭接处以短面两头顶在大面上，如图2-10-2所示：

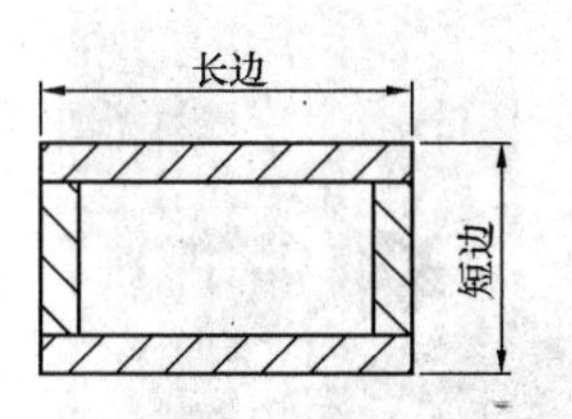

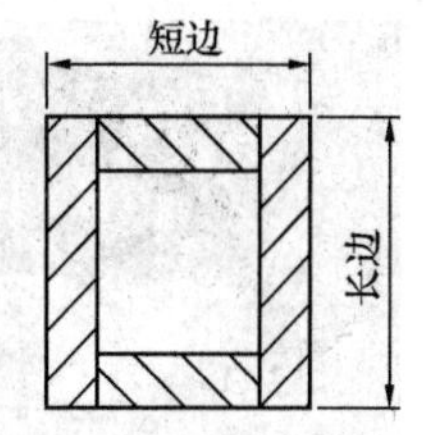

图 2-10-2　保温材料下料

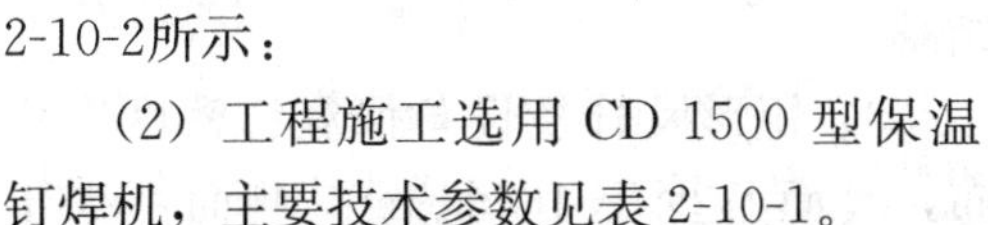

（2）工程施工选用 CD 1500 型保温钉焊机，主要技术参数见表 2-10-1。

CD 1500 型保温钉焊机主要技术参数表　　表 2-10-1

型号	CD1500	型号	CD1500
电流调节	无级调节	焊接电源	电容器
焊接范围	$\phi 2 \sim \phi 3$	绝缘等级	IP22
焊接材料	低碳钢，高合金钢，不锈钢	冷却方式	风冷
焊接时间	1～3ms/只	外形尺寸：$L \times B \times H$（mm）	380×180×250
焊接频率	12～40 只/min		
原边电源	220V，50Hz，10AT	重量	12kg

（3）CD 1500 型保温钉焊机如图 2-10-3 所示，将设备可靠接地，接通电源，调整电压。

（4）铺覆保温材料：

保温材料铺覆应使纵、横缝错开（见图 2-10-4），小块保温材料应尽量铺覆在上平面，不得使用过小的零碎板料拼接，尽量减少拼缝。

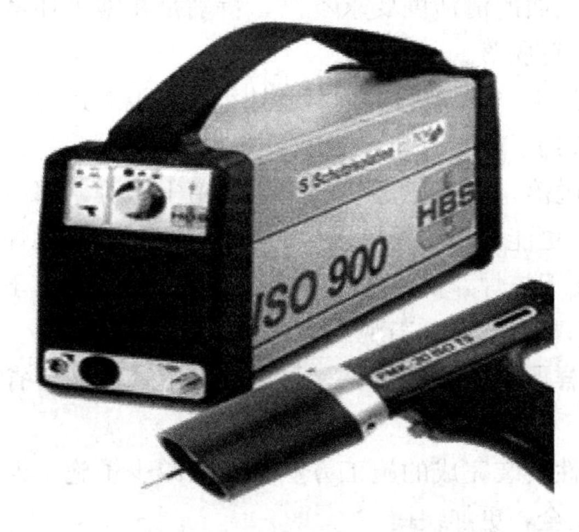

图 2-10-3　CD 1500 型保温钉焊机

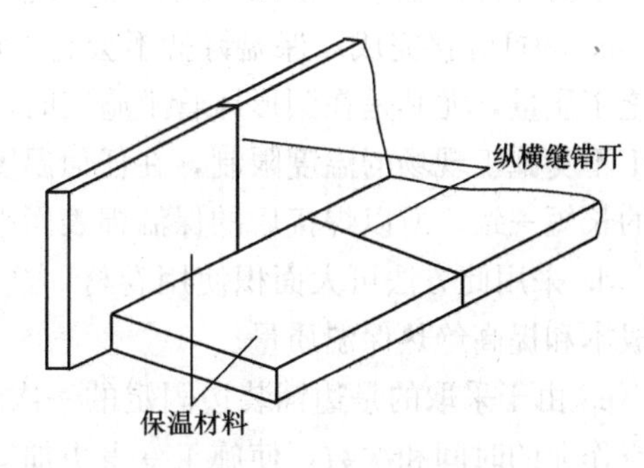

图 2-10-4　保温材料铺覆

（5）保温钉焊接：

1）将保温钉装在焊枪上，穿过保温棉至风管表面，待指示灯变为绿色时，可按动开关，焊接完成。为防止保温钉未充分接触风管表面，可将焊枪轻轻晃动，焊接完成后要将焊枪迅速从保温棉中抽出，以免破坏风管表面。保温钉焊接时应避免保温钉设在保温材料的对缝上（见图 2-10-5）。

图 2-10-5 保温钉焊接施工

2）为使保温棉拼接缝更加紧密，保温材料每块之间的搭头应采取对接下压的方式（图 2-10-6）防止保温面拼接缝间隙过大，避免造成运行过程中产生表面结露。

3）矩形风管及设备保温钉密度应均布，底面不少于 16 个/m^2，侧面不少于 10 个/m^2，顶面不少于 6 个/m^2。钉与钉间距不大于 450mm，首行保温钉至风管或保温材料边沿的距离应小于 120mm，保温钉的分布应根据风管的不同部位均匀布置。

4）保温钉焊接保温与传统的先采用粘接剂将保温钉粘至风管表面，风干后将保温板下料、推上，用保温钉固定，再使用压敏胶带粘接施工方法比较有着独特的优点：

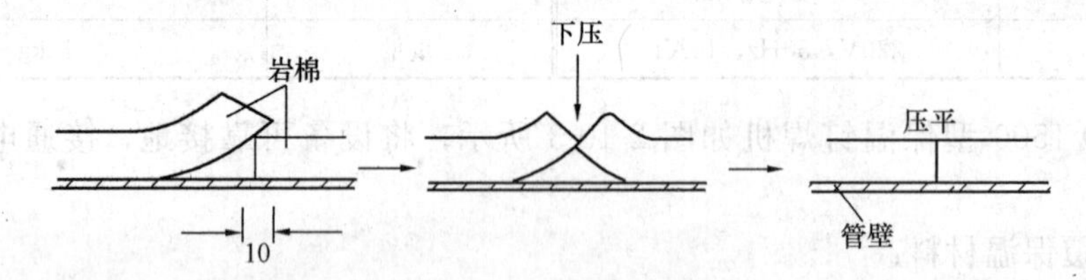

图 2-10-6 搭接处做法

a. 因是焊接保温钉，所以对通风管道表面的清洁度要求不高，特别是在施工环境比较恶劣的地方，此工艺能更有效的防止保温钉脱落。

b. 使用焊接保温钉方法每分钟最多可焊 40 个保温钉，而且是边铺装保温棉边焊接固定，不需等待保温钉的凝固时间，极大地节约了施工时间，缩短了施工工期。

c. 一旦焊接完成，保温钉就不会自然脱落，在任何形状的通风管道上施焊，都能保证施工质量，尤其是在圆形风管上施工时，更能体现出无可比拟的优越性。保温钉的焊接施工不受施工现场的温度限制，在任何温度下施焊，都不会对焊接质量产生影响。由于焊钉的长短一致，所以焊接后的保温棉表面平整、清洁、美观，外观效果良好。

d. 采用此方法可大面积使用卷材，这样既节省保温棉，又可减少接缝，从而节省施工成本和提高绝热保温质量。

e. 由于采取的是边铺装边固定的一次性安装完成的施工方法，所以减少了施工人员高空作业的时间和次数，使施工变得更加安全，更加快捷。

5）风管法兰不能外露，要单独进行可靠的保温，风管法兰部位的绝热层的厚度，不应低于风管绝热层的 0.8 倍。

（6）最后在玻璃丝布面刷防火漆两遍。刷漆时要顺玻璃丝布的缠绕方向涂刷，涂层应严密均匀，并注意采取必要防护措施，以免污染其他部位。

3.2.3 主要机具设备

保温钉焊接机、焊枪、橡皮锤、打包钳、电、气焊工具、磨光机、切割机、油漆刷、钢锯、钢卷尺等。

3.2.4 质量控制

（1）质量要求

1）保温材料的材质、规格及防火性能必须符合设计和防火要求。要查验材料的合格证明书。

2）风管与设备等的接头处以及易产生凝结水的部位，必须保温良好、严密、无缝隙。

3）玻璃棉板保温应紧贴风管表面、包扎牢固、松紧适度。

4）玻璃丝布保护层应松紧适度，搭接宽度均匀，平整美观。

5）风阀保温后要不妨碍操作，启闭标志明确、清晰。

6）允许偏差项目见表 2-10-2。

风管保温的允许偏差 **表 2-10-2**

项次	项目	允许偏差	检验方法
1	保温层平整度	5mm	用1m直尺和楔形塞尺检查
2	保温厚度	$+0.10\delta$ -0.05δ	用钢针刺入保温层和尺量检查

（2）质量控制措施及注意事项

1）在施工中，保温钉接触在铝箔上指示绿灯也会发亮，造成假象，故保温钉未焊接牢固，如有此现象发生，应将保温钉取出，重新进行焊接。

2）保温过程中应注意的质量问题见表 2-10-3：

应注意的质量问题 **表 2-10-3**

序号	常出现的质量问题	防治措施
1	保温外表不美观	保温材料裁剪要准确，四角要适当加铁皮包角，玻璃丝布缠绕松紧要适度
2	玻璃丝布松散	玻璃丝布甩头要卡牢或粘牢
3	系统保温有遗漏	隐蔽处、阀部件及末端装置连接部位均应严格保温

3）堆放保温材料的场地一定要采取可靠的措施，要放在室内并与地面架空。严禁在保温后的风管上走动。

4. 安全措施

4.1 各工段每周对所承担的施工范围进行一次安全检查，项目负责人每半月组织一次现场安全领导小组人员对该项目进行现场、仓库、生活区安全、防火检查。项目经理或主管生产经理组织各部门负责人，现场安全领导小组人员对该项目每月进行一次现场、仓库、生活区的文明生产和三防大检查。查出问题或隐患，由项目主管部门下整改通知单，限期整改。

4.2 电气维修人员，电焊工，配合电焊操作人员，必须按规定穿戴好防护用具和绝缘靴。

4.3 电、焊、起重、架子工必须持证上岗，严格遵守“建筑安装工人安全技术操作规程”有关条款及焊工十不烧，起重十不吊的有关规定。

4.4 人字梯，单梯不得缺档使用，不得两人同在一个梯子上作业。人字梯必须牢固，旋紧螺栓。单梯搭设60°为宜，并有防滑措施。

4.5 带电机械设备，必须按规定做好保护接地或接零后方可使用，并严格实行一机一闸一漏电保护。

5. 结语

大面积风管焊接保温施工技术是边铺装边固定，减少了粘接保温钉需要凝固的时间，效率更高，缩短了工期，节省了保温材料及辅料的用量。另外保温钉焊接不会产生任何粘接剂所带来的有毒气体及其他污染，不会在施工现场残留任何废弃物。

用焊接保温钉施工与粘接保温钉工艺比较，由于减少粘接钉及保温钉盖帽工序，同时减少保温棉铺设难度，因此经过现场反复测算，可以节省一半人工（即0.06个工日/m^2），极大地缩短了施工工期。同时减少了保温棉、粘接剂和铝箔胶带的用量，节约了工程资金投入。

我司在工程实践的基础上经过不断地研究和探索，形成了施工工艺合理、技术先进、高质量、高效率、降低工程施工成本明显的大跨度、大面积风管焊接保温施工技术，为同类工程的施工提供经验，促进大面积风管焊接保温施工工艺的推广应用，使施工工艺更加规范、成熟。

2-11 复合风管制作质量控制要点

何伟斌
（广州市机电安装有限公司）

1. 概述

复合风管是指以不燃烧材料做覆面层，用胶带或胶水等工艺密封复合于绝热材料板加固制成的风管。其在我国发展有二十年历史，目前国内常用的复合风管主要有聚氨酯铝箔复合风管、酚醛铝箔复合风管、玻纤复合风管、玻镁复合风管四种。其中前面三种又称铝箔复合风管。

复合风管具有重量轻、外形美观、施工方便效率高、不需要外保温、漏风小等优点。同时风管板材的制作均采用机械化生产工艺制成，生产效率高，板材质量能得到有效保证。因此应用越来越广泛，具有广阔的市场前景。随着《建筑业10项新技术（2010）》发布，“复合风管施工技术”已纳入新技术范围，从国家层面也加大对其推广力度。

目前，国内关于复合风管制作的主要规范有：《通风与空调工程施工质量验收规范》GB 50243—2002、《通风管道技术规程》JGJ 141—2004、《通风与空调工程施工规范》GB 50738—2011、《非金属及复合风管》JG/T 258—2009、《机制玻镁复合板与风管》JG/T301—2011、《复合玻纤板风管》JC/T 591—1995。其中GB 50243对复合风管施工质量验收内容不多，目前正在修订中；JGJ 141是国内第一部较为完整和系统规范铝箔复合风管制作安装的行业标准，距今有8年；GB 50738作为新标准对上述四种复合风管的制作工艺进行了更为具体的规定，可操作性强。

本文结合GB 50738，就复合风管的制作质量控制要点进行论述，以便更好推广应用。

2. 复合风管制作特点

2.1 风管的抗撞击、抗挤压和抗折弯能力较差。所以，管板或成品风管在运输、搬运、堆放时都要特别的注意和小心。

2.2 复合风管制作工序简捷，对施工人员素质要求不高。一般在现场制作，以避免损坏。

2.3 风管板材下料使用专用刀具，不需要大型机械设备，只需辅以一些简单的手动和电动工具。制作过程中基本无噪声。

2.4 风管板材切割时会产生粉尘或纤维飞扬，制作人员应戴口罩，制作场地应通风，防止切割时产生的粉尘吸入体内。

2.5 制作工序中会大量使用的粘接剂，具有易燃挥发的特点，因此应妥善存放，注意防火。操作现场不应使用明火，应配备灭火器材。

2.6 风管加固一般采用镀锌螺杆内支撑加固形式。

3. 聚氨酯与酚醛铝箔复合风管制作质量控制要点

此两种风管在制作工艺上没有明显的区别，故放在一起写。

3.1 风管材料进场检验

风管制作必须选用同一生产厂家生产或配套供应的管板、辅件、辅料和制作专用工具。管板、辅件和辅料应具有符合相应材质标准的出厂合格证和防火、保温性能合格的检测报告，以及成品风管的工艺性检测报告。

复合风管的材料品种、规格、性能等应符合设计和现行国家产品标准的规定。复合板材与内外覆面层应粘贴牢固，表面应平整无破损，内部绝热材料不得裸露在外。

复合风管材料的燃烧性能应不低于现行国家标准《建筑材料及制品燃烧性能分级》GB 8624—2012 中 B1 级（难燃）的规定，且覆面材料燃烧性能应不低于 GB 8624 中 A 级（不燃）的规定。铝箔热敏、压敏胶带和粘接剂的燃烧性能不低于 GB 8624 中 B1 级的规定。

复合风管粘接胶料应采用环保阻燃型粘接剂，适用温度范围应不小于 80℃，且无有害气体挥发，与风管材质应相匹配。使用时要注意粘接剂适用工作环境温度要求。

3.2 风管连接形式选用要符合规范适用范围规定

风管连接形式有三种：粘接、插接、法兰连接，最常用的是前两种。

不同的风管连接形式及其对应附件材料规格的不同，风管制作允许最大的长边尺寸也不同，制作时要注意根据 GB 50738 表 5.1.4 的规定选用。特别指出的是要严格控制风管直接对接粘接的超范围使用，这一方式既省料又方便快捷，但最易超范围使用。

3.3 制作场地

复合风管一般在现场制作，要求施工现场有较好的管板存放和风管制作加工的作业场地及符合要求的操作平台。这是保证风管制作质量的关键之一。由于施工现场符合作业条件的场地很难找，必须取得建设方和总承包方的配合和支持。

3.4 制作工人培训上岗

制作工人要经过严格的岗位培训，掌握风管制作全过程各工序制作工艺标准和安装要求。由厂家安装的，对其指派的施工队伍的技术素质和资质，也要进行必要的审核或考核。

3.5 大型风管板材拼接须使用专用连接件

当风管大边长 $b>1600\text{mm}$ 时，风管板材拼接必须采用专用连接件连接，不允许采用直接粘接。这主要是考虑风管板材强度不高的原因，可利用专用连接件（H 形 PVC 或铝合金加固条）起加固作用，以增强大型风管的整体强度和刚度。

3.6 风管内、外角缝、拼接缝处必须密封可靠

风管内、外角缝、拼接缝处密封是保证风管严密性的一个关键工序。包括：在风管所有内角接缝处必须满涂密封胶密封，以防止潮湿空气与复合板内夹层酚醛或聚氨酯发泡材料接触。在风管外角缝铝箔断开处应采用铝箔胶带封贴，封贴宽度每边不小于 20mm；在风管板材拼接缝粘贴铝箔胶带，以保护切口，防止保温层外露，增强密封，并使外表美观。

3.7 风管插接连接件安装四角必须加设直角垫片

由于作用于风管壁的内压力集中于风管四角转角处。因此，边长>320mm 的矩形风管安装插接连接件时，应在风管四角粘贴镀锌直角垫片（厚度不小于 0.75mm），以增加风管的整体强度和刚度。

3.8 风管内支撑加固要密封处理

由于风管板材本身强度较低，风管制作完成后必须按 GB 50738 有关加固规定要求进行风管加固。进行风管内支撑加固时，加固螺杆穿管板处如果不注意密封处理，就会形成风管系统运行中漏风的隐患。因此在风管管壁两侧加垫圈并进行密封处理（涂密封胶）这一工序就显得特别重要，这一工序也是施工时最容易被忽视或被偷工减料的地方。

4. 玻璃纤维复合风管制作质量控制要点

玻璃纤维复合风管制作工艺与聚氨酯（酚醛）铝箔复合风管相类似，但由于玻璃纤维复合板本身特性原因（如玻璃纤维对人刺激、管板强度极低、受潮绝热性能下降），故其质量控制要点除适用上述 3.1、3.3、3.4、3.6、3.8 条外，还应注意控制以下方面：

4.1 适用范围的限制

由于管板强度比聚氨酯（酚醛）铝箔复合板还要低及受潮绝热性能下降明显，玻璃纤维复合风管仅适用于工作压力≤1000Pa 的空调系统及潮湿环境，风速≤10m/s，长边尺寸≤2000mm 的空调系统。

4.2 防止管内纤维飞散

实践证明，接触一定量玻璃纤维确实会使一部分人的皮肤、眼睛或其他敏感的粘膜部分有过敏性反映。因此风管制作时要严格保证防止管内纤维可能飞散，包括：

4.2.1 管壁内表面有屏蔽纤维飞散的覆面材料须完整无缺。

4.2.2 使用的胶粘剂的粘结强度和抗老化年限符合要求。

4.2.3 管壁切割面均用涂满胶粘剂粘合或铝箔胶带覆盖，任何部位不得有纤维裸露。

4.2.4 风管所有结合缝粘合后用密封胶嵌缝，在管内工作压力下不开裂。

4.2.5 风管内支撑加固处要密封处理。

4.3 注意成品保护避免损坏表层

因内保温层玻璃棉为开孔材料，其防潮湿性能较差，因此在制作时应避免损坏表层。

若风管有破损处要及时修补。

4.4 大型风管增设金属槽形框外加固

风管一般采用镀锌螺杆内支撑加固形式。但由于风管板材本身强度较低，加固措施比聚氨酯（酚醛）铝箔复合风管要复杂：

4.4.1 内加固点数明显增多，相应加固用螺杆直径要求不小于6mm。

4.4.2 风管长边尺寸≥1000mm或系统设计工作压力＞500Pa时，应增设金属槽形框外加固，并应与内支撑固定牢固。

5. 玻镁复合风管制作质量控制要点

玻镁复合风管制作工艺与上述铝箔复合风管明显不同。它是将玻镁复合板切割成上、下、左、右四块单板，用专用无机胶粘剂组合粘接工艺制作成通风管道，再用错位式无法兰连接方式连接风管。其质量控制要点除适用上述3.1、3.3、3.4条外，还应注意控制以下方面：

5.1 板材切割要保证平直及切割面和板面垂直

风管板材的切割要保证平直及切割面和板面垂直，否则风管组合时会出现折角歪斜不美观，因此矩形风管板材切割时应采用平台式切割机。

切割风管侧板时，应同时切割出组合用的阶梯线，切割深度控制在不触及板材外覆面层，切割宽度控制在与风管板材厚度相等。切割出阶梯线后，要注意用工具刀刮去阶梯线外夹芯层。

矩形弯管是采用由若干块小板拼成折线的方法制成，故切割前要按弯头边长大小确定弯头曲率半径及分节数，在风管板上划出切割线，然后用手提式切割机切割。

切割后的风管板对角线长度偏差要控制在5mm内。

5.2 专用胶粘剂须按原厂说明书要求严格配制

专用胶由氯化镁、氧化镁粉剂与卤水液剂两部分组成。不同风管板材生产厂对专用胶的液剂、粉剂以及粉剂与液剂的重量配比均有所不同，故专用胶粘剂必须按原厂说明书要求严格配制，风管板材与专用胶粘剂不匹配将严重影响风管粘合强度。

此外要保证专用胶的均匀性，应采用电动搅拌机搅拌，不应手工搅拌配制。配置后的专用胶粘剂应保持流动性并及时使用，当发现胶粘剂变稠或硬化时，不应使用。

5.3 风管粘接组合成型要注意组合次序

为保证粘接强度，板材粘接前要清除粘接口处的油渍、水渍、灰尘及杂物等。粘接剂涂刷时应保证均匀、饱满，粘接面不得缺胶。

风管粘接要注意组合次序：首先将风管的底板放于组装垫块上，其次在风管左、右侧板的梯阶面上涂专用胶粘剂（左、右侧板错位处不涂胶），插在底板两侧，对口纵向粘接方向应与底板错位100mm；最后将顶板盖上，同样应与左、右侧板错位100mm，形成风管连接的错位接。

板材在粘接时，专用胶粘剂要被挤出来。挤出来的胶粘剂要立即用干净的抹布擦掉。尤其应注意及时对内壁余胶的清理。

5.4 风管固化养护时间必须充分

风管粘接组合成型完成后，应在组合好的风管两端扣上角钢制成的“Π”形箍，以便粘接剂固化定型。粘接后的风管应根据环境温度，按照规定的时间确保粘接剂固化。在此时间内不得搬移风管。专用胶固化后，拆除捆扎带，并再次修整粘接缝余胶（可用角磨机修平），填充空隙，然后在平整的场地进行养护。固化及养护时间必须保证，达到规定强度方可进行安装。

6. 结语

复合风管施工技术属于新技术、新材料、新工艺，与传统风管如薄钢板风管施工技术完全不同，特别是风管制作，前者是以专用的胶粘剂粘接，后者是以咬接或焊接。在推广应用同时必须掌握复合风管工艺质量控制要求，特别国家标准《通风与空调工程施工规范》GB 50738—2011 的实施，为我们提供了具体的、可操作的复合风管施工工艺规范，使复合风管制作工艺质量控制有章可循，有法可依。

2-12 无机玻璃钢保温风管承插连接和法兰连接施工技术

赵景宇
（北京城建安装集团有限公司）

现今高层及超高层建筑，均设置独立的设备层。每层空调系统的新风多通过在设备层的新风机组集中处理后经竖向新风管道向各层输送。以往竖向新风管道多采用土建的结构风道，为保证处理后的新风的品质，越来越多的竖向新风管道采用同空调风系统一致专业的通风管道。而为了便于各层的空调机房的布置，新风竖向管道往往设置在机房一角，使新风管道紧邻土建结构的墙壁。当新风管道的尺寸过大时，就给新风管道的施工带来了巨大的困难。本文通过介绍在银泰中心工程的施工方法，详细介绍了无机玻璃钢保温风管承插连接和法兰连接施工技术，解决了新风竖井管道因紧邻墙壁，施工空间小，无法操作问题。该技术对其他类似工程有一定的参考价值和指导意义。

1. 现场情况简介

银泰中心工程 B、C 塔楼竖向新风管道设置在空调机房内，自 B1 层至 L43 层，每层楼板预留风管洞口为 2300×1300。因此新风立管的相邻两面紧靠一次结构墙体，风管最大尺寸为 2100×1100。按常规镀锌钢板风管连接方式进行施工，由于施工空间狭小，安装及保温无法操作。经现场技术人员借鉴铸铁管的承插连接方式，大胆创新运用到保温玻璃钢风管上。经与业主、设计共同协商，采用无机玻璃钢保温风管，用法兰和承插连接方式进行施工。风管管径大于等于 1600×1000 的风管采用承插连接方式施工，小于 1600×1000 的风管采用法兰连接方式施工。在实际安装完成后，效果良好。

2. 无机玻璃钢保温风管的技术特性与结构及制作要点

无机玻璃钢复合保温风管是以改性氯氧镁水泥为胶结材料，以无碱玻璃纤维布为增强材料而加工制成的无机玻璃钢板作为内外层，中间层为防火聚苯乙烯泡沫板，该风管具有节能、耐腐蚀、防潮湿、遇火不燃、无味、无毒、强度高、使用寿命长、外形美观、安装方便等优点。

2.1 无机玻璃钢风管的主要技术参数见表 2-12-1。

无机玻璃钢保温风管主要技术参数　　表 2-12-1

检验项目	技术要求
表面密度（g/cm^3）	≤2.1
吸水率（%）	≤8
抗弯强度（MPa）	≥80
软化系数（≥0.80MPa）	≥0.80
管体抗柔性冲击	20kg 沙袋 1m 高，自由落下 15 次不变形、不破坏
法兰抗冲击强度（kJ/m^2）	≥25
燃烧性能	不燃材料 A 级

2.2　无机玻璃钢保温风管的结构

银泰中心工程采用的无机玻璃钢风管的结构为：内外面层厚度为 4mm 的无机玻璃钢表层，中间层为厚度 25mm 防火聚苯乙烯泡沫板，总壁厚度为 33m，见图 2-12-1。

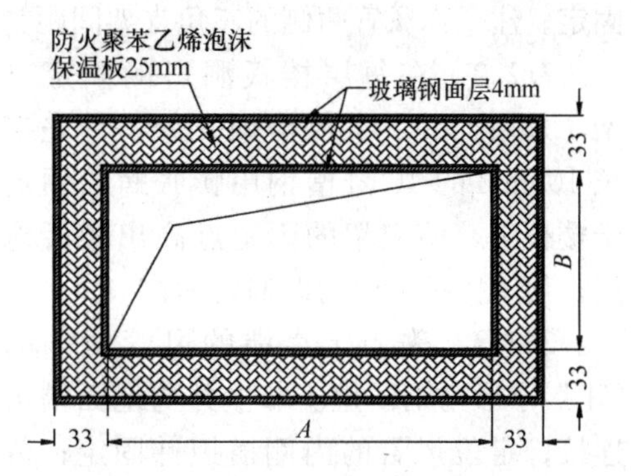

图 2-12-1　无机玻璃钢保温风管结构示意图

2.3　无机玻璃钢保温风管的制作要点

2.3.1　风管加工前，要根据图纸对现场进行实际测量，提前预留主风管的分支接口。

2.3.2　根据每层的高度和出风口的位置确定单节风管的长度尺寸，按照设计要求的风管截面尺寸加工，最大长度为 L＝2000mm。

2.3.3　根据现场空间，无机玻璃钢保温风管采用二种方式：管径大于等于 1600×1000 的风管采用承插口连接，1600×1000 及以下的采用外法兰连接，见图 2-12-2。

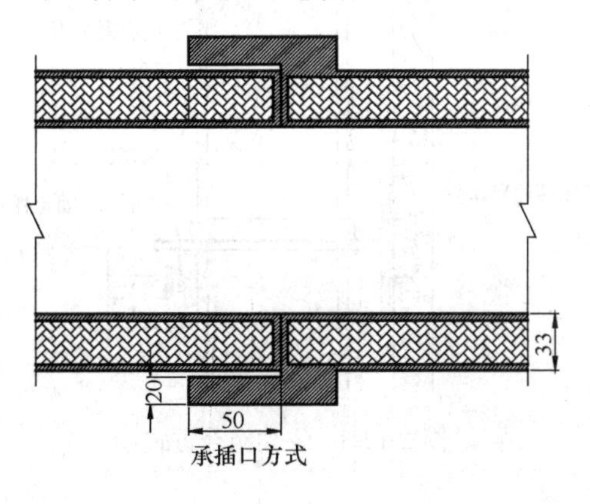

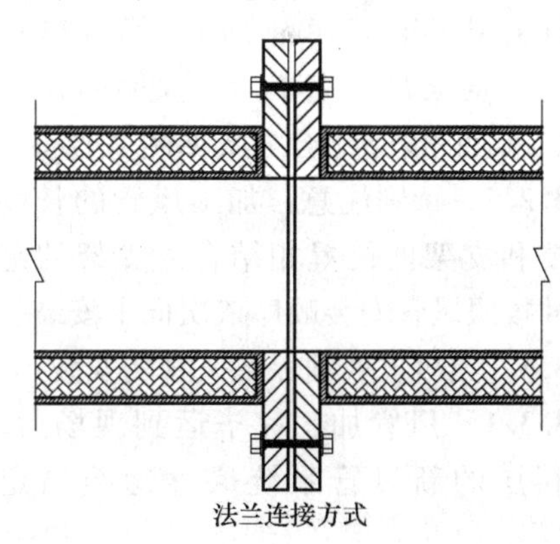

图 2-12-2　无机玻璃钢保温风管的连接方式

2.3.4　确定风管加工长度，要根据风管固定支架和楼板托架的位置，保证两节风管连接处在紧贴支架上方部位。

3. 无机玻璃钢保温风管承插连接和法兰连接施工工艺

3.1　风管定位

3.1.1　测量竖井洞口在每层楼板的位置及楼层之间的实际高度，并记录详细尺寸数据。安装顺序为从下至上。

3.1.2 然后根据楼层的高度和风口的定位尺寸，确定无机玻璃钢保温风管的加工长度尺寸及数量。

3.1.3 根据竖井洞口的尺寸和相应的通风管道截面，在混凝土体的相应位置，做出风管安装的中心垂直线，并标出风管固定支架的位置。

3.1.4 按照现场情况，垂直风管的固定支架按照2m的间距布置（必须与风管法兰或承插口位置对应），即与楼层中间和楼面各设一个。

3.2 风管支架

3.2.1 楼层之间的支架结构型式：采用膨胀螺栓把角钢三角支架固定于墙上，分别在风管的中心线两侧，用螺丝把内侧角钢固定于支架上，然后风管就位后，再用外侧角钢固定。注意：风管两侧的三角支架间距为风管的外径尺寸，内外角钢紧贴风管外侧。

3.2.2 在每层楼板洞口的固定支架，采用“井”字形槽钢支架。首先把长100mm的10号槽钢用膨胀螺栓固定于楼板上，使支架的固定点高出楼板地面，便于楼板地面的后期处理；

3.2.3 先固定靠墙的风管两侧的“丁”字形角钢横担于墙上并与地面槽钢连接；定位风管的内侧横担并固定；待风管就位后，再把外侧的角钢固定于两侧角钢横担上。

3.2.4 所有支架的制作尺寸根据风管的截面尺寸而定，三角支架和横向连接部件采用∠65×5角钢加工，膨胀螺栓为M12，支架加工完毕后，涂刷防锈漆二道。风管的支架组合方式如图2-12-3。

3.2.5 特别注意：加工风管的长度一定要和支架的位置相结合。支架的定位尺寸按照风管安装顺序依次向上安装。

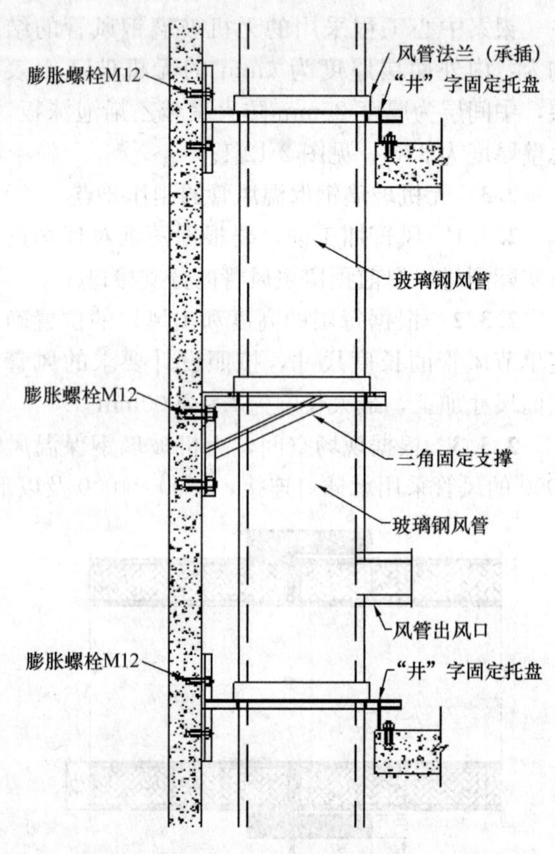

图2-12-3 支架组合方式

3.3 无机玻璃钢保温风管的安装

3.3.1 风管加工完毕运到现场后，按照楼层的新风管系统尺寸运至指定位置。

3.3.2 风管安装前，要对其外观进行质量检查，并清除内表面的粉尘及管内杂物。

3.3.3 风管安装时，按照由下而上的原则进行安装。

3.3.4 风管尺寸1600×1000以下的为法兰连接，法兰之间用8501阻燃密封条密封，连接螺栓孔距不大于120mm，采用M10的螺栓进行风管连接。

3.3.5 风管尺寸1600×1000以上的采用承插口连接，风管的雌、雄口之间的间隙为2～3mm；安装时，风管采用雌口朝上，逐一向上安装，雌、雄口对接前，首先在雌口处涂抹均匀无机玻璃钢胶凝材料后，再把第二节的雄口出入雌口内，待支架固定好后，再用玻璃钢密封胶填实四周的缝隙，保证连接密封严实不漏风。

3.3.6 在风管穿过每个楼层的洞口处，设“井”字形的固定托盘，安装时，首先用膨胀螺栓把加工好的托盘一侧固定于墙壁上，另一侧固定在楼板的平面上，支架和楼板之间用10号槽钢连接，待风管就位调整好后，把“井”字托架的活动角钢用螺栓固定，托架的位置必须在两节风管的接口处，以保证风管的垂直度符合规范要求，并具有分担整体风管的重量，避免风管的重量集中在一个点上的作用。

3.3.7 楼层之间垂直风管的中间，设角钢三角支架固定。三角支架采用∠65×5的角钢制作，用膨胀螺栓固定于混凝土体相应的部位，两侧的支架用圆钢连接成一体，保证风管的垂直度。

3.3.8 风管的吊装方法：

(1) 根据风管安装图的要求，把每个楼层所需的风管运至指定位置；

(2) 根据要求，把风管的支架加工好后放到指定位置；

(3) 风管的安装顺序：自下而上进行安装；由于风管自身重量较大，采取滑轮的吊装方式，在每隔三层在洞口上面设置一根12号的槽钢，一侧固定于墙面，另一侧固定在楼板上，槽钢中间部位焊接吊钩，用于放置滑轮组；加工一个活动的可拆卸的“井”型角钢抱箍，在两侧焊上吊环；用钢丝绳把风管挂在滑轮组的吊钩上进行吊装。

(4) 风管安装时，必须保证每层出风口的标高和位置，风管支架的固定和吊装的进度要同时进行，必须保证风管的承插口或法兰落在支架上，达到分散风管整体重量的目的。

4. 玻璃钢风管的漏风量测试

在无机玻璃钢保温风管安装完成后，分别对两种连接方式的风管各抽取一段（四节）进行漏风检测。检测时，玻璃钢风管开口处采用镀锌钢板临时密封。经检测，两种连接方式均符合规范要求。

5. 结论

经过以上的论述及现场实际施工的效果，可以得出在紧靠两面结构墙体的新风竖向管道施工中，采用无机玻璃钢保温风管承插连接的施工工艺是可行的。根据风管截面尺寸的大小及工人操作空间的大小，适当配合法兰连接施工工艺，解决了采用常规镀锌钢板风管外加保温无法施工的难题。同时也摆脱了常规利用土建结构竖井充当新风管道而降低新风品质的局面。无机玻璃钢保温风管由厂家现场测量后统一制作，解决了现场竖向预留洞的偏差，质量、进度均可以保证。在银泰中心竣工验收后，新风系统实际运行过程中，新风竖向管道运行良好。该施工技术对其他类似工程有一定的参考价值和指导意义。

2-13 防火板风管施工工艺

周庆昌

（北京城建安装集团有限公司）

1. 工程概况

亦庄线是连接北京市中心城和亦庄新城的轨道交通线路。全线共设车站13座，地下车站5座，高架车站8座，其中多处结构须设置防火板风管，如：公共区穿越设备管理用房的送、排、回风管；设备管理用房及走道排烟；土建风道内送、排风管等，因此，就防火板风管的施工及工艺做如下介绍。

2. 防火板施工工艺

2.1 防火板材料组成

防火板是由精选的石英粉、云母、珍珠岩和优质木纤维以及多种纤维辅以水泥及其他特殊材料组成，采用最先进的制板生产工艺，成型后经高温蒸压养护烘干而成的纤维增强硅酸盐板。其各项技术指标均符合 JC/T 564—2000 行业标准。

2.2 板材下料

2.2.1 下料

按照施工图纸和现场施工要求，考虑板材的厚度，应按照风管内径下料；弯头、变径、三通等处板材须特殊下料。为了避免风管强度的减小，制作时尽量减少风管长度方向的材料拼接（风管底面和顶面能用整板的尽量用整板），需要切割的，应尽量保留风管侧面或短边尺寸。

2.2.2 切割

板材的切割均在自制加工平台上完成。在一段风管的同一平面上尽量不拼接板材。

为了提高加工效率，风管下料和切割要成批制作，形成流水线作业，即同一规格的风管平面板材集中加工，以加强各切割后板材的互换性，这样既可以提高材料的利用率，也可以提高施工效率。

另外，板材下料和切割时，要注意板材的正反面，区别方法是：光滑面为正面，较粗糙面（有字面）为反面。

2.2.3 固定角龙骨的加工

在现场，每段风管顶面或底面与侧面的内外拼接缝处用轻钢角龙骨支撑加固，角龙骨与风管采用自攻螺钉固定。轻钢角龙骨可以用镀锌钢板的边角料制作，这样既可以控制成本，也可以达到设计的强度和规范的规定。

加工角龙骨前要预留拼装板的厚度，注意在 2 节风管拼接处应对角龙骨长度进行特别控制，以便于风管搭接牢固。控制原则如下：

根据风管强度的不同，其内外都可以加设龙骨。单节风管制作时内龙骨一端要伸出该管段 200～300mm，另一端要缩进该管段 200～300mm，以便在安装时与另一节风管拼接紧密，并加强拼接强度。而外龙骨恰与内龙骨相反，内龙骨伸出的一端外龙骨应缩进 50～100mm，内龙骨缩进的一端外龙骨应伸出 50～100mm，同样，这种做法也为了使风管连接紧密，增加强度。

完成板材与角龙骨的固定以后，就可以开始组装风管了。

2.3 风管施工

2.3.1 风管组装

（1）托架、吊杆准备

由于同等面积风管与镀锌钢板风管重量相差不大，因而防火板风管托架和吊杆材料的选择可按通风空调施工规范中有关金属风管的要求和风管尺寸而定。

（2）单节风管组装

单节风管的组装可以在地面上进行，然后将每一节组装好的风管运至图纸标高位置处进行拼装；也可以直接在上空进行每一节风管的组装。具体选哪种方法主要视安装空间和个人安装习惯而定。

具体步骤如下：

1）内角龙骨固定。把切割好的材料首先固定好，用电钻在板上钻孔，以便为角龙骨上螺钉固定。通过施工中的经验来看，首先在一块板上把内龙骨固定，然后抹胶，更方便施工。

2）抹防火胶。抹胶时，要求S形均匀满涂。

3）上自攻螺钉。

4）固定外角龙骨。在已固定好内部角龙骨的相邻板材外侧，固定外侧角龙骨。

5）加固件，提高强度。在尺寸较大的风管中部，要用一块或多块（视风管尺寸大小而定）300～400mm宽（高度与风管内径相同）的板材进行风管加强。

（3）风管与风管的连接

1）2节风管对接：在对接的时候，要注意每节风管伸出的内、外龙骨和另一节风管缩进的内、外角龙骨间的对接、钻孔和固定。

2）抹防火胶：在风管接缝处，要先抹匀防火胶后，方可进行风管的调直、调平和固定板条的加固。

3）调直和调平：风管拼接时，要用直尺、角尺和水平尺等工具进行风管的调直和调平，然后，进行板条加固。

4）固定板条：风管对接好，抹完防火胶，并调直和调平后，用1块宽100mm、长度与被加固接缝处的风管外径相同的板条固定。

固定板条的作用有：固定风管接缝，增大整体风管的强度；风管接缝密封，增加防火系统的气密性。

固定板条采用干壁头自攻螺丝分别在拼接的2节风管上固定，从而将风管紧密地连接起来。

2.3.2 风管与设备及阀部件的连接

（1）使用法兰连接的形式将风管与风口、风机、防火阀等设备进行连接（法兰材料选用角钢或厚度大于1mm的角龙骨），同时设备自身必须设独立的支承体系，不可将设备的自重或振动荷载由防火风管来承担。见图2-13-1和图2-13-2。

（2）风管也可以使用软连接的方式与设备相接，但一定要注意软管的耐火性能与风管板材相匹配。

（3）矩形风管与圆形风管连接见图2-13-3。

（4）矩形防火板风管与矩形镀锌钢板风管连接见图2-13-4。

若镀锌钢板风管管径稍小于防火板风管管径，则将防火板板条垫圈做在风管外侧，方法类似。

2.3.3 风管变截面的处理方法

防火板风管变截面有多种形式，其中风管导角防火板风管弯头和三通等部位的做法见图2-13-5。

2.3.4 防火板风管穿越防火分区的处理方法

（1）当防火板风管穿越防火分区时，应按图2-13-6所示方法进行处理。

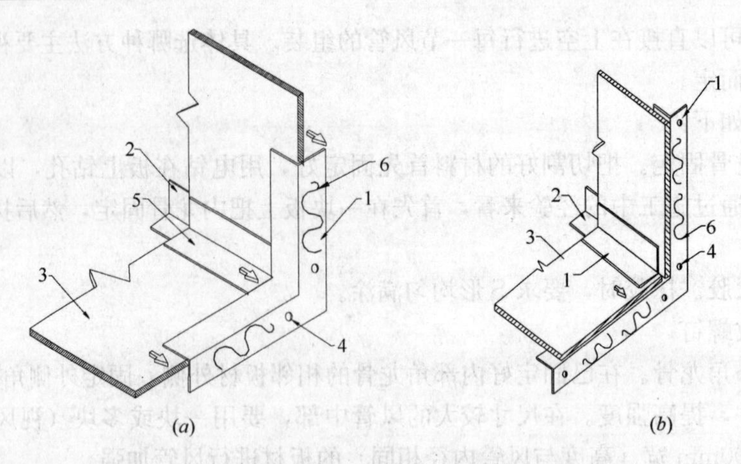

图 2-13-1 风管法兰安装

(a) 风管法兰内侧安装；(b) 风管法兰外侧安装

1—法兰（角钢）；2—外侧轻钢角龙骨；3—防火板；4—螺栓孔；5—内侧轻钢角龙骨；6—防火胶

图 2-13-2 风管与防火阀的连接

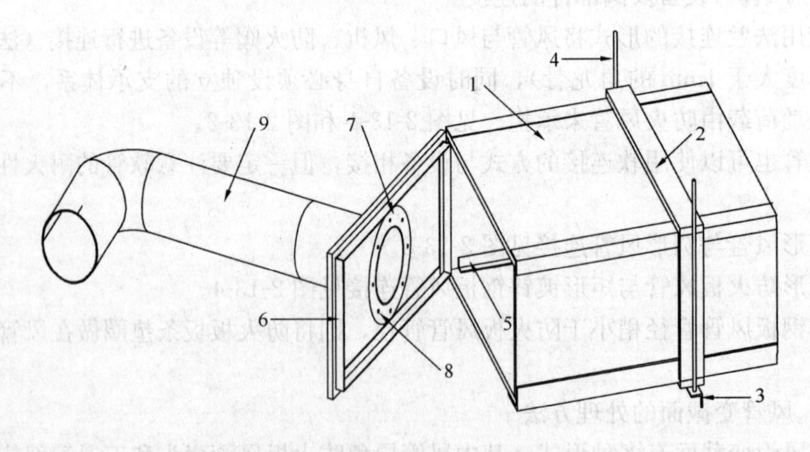

图 2-13-3 矩形风管与圆形风管连接

1—防火板；2—拼接缝处板条；3—角钢托架；4—吊杆；5—轻钢角龙骨；
6—轻钢角龙骨；7—圆形风管法兰；8—M4 自攻螺钉；9—圆形风管截面

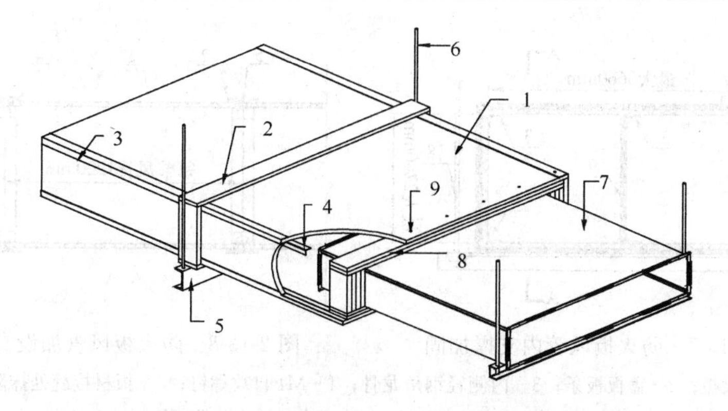

图 2-13-4　矩形防火板风管与矩形镀锌钢板风管连接

1—防火板；2—拼接缝板条；3—外侧角龙骨；4—内侧角龙骨；5—槽钢或角钢托架；6—吊杆；7—铁皮风管；8—防火板板条垫圈；9—M4 自攻螺钉

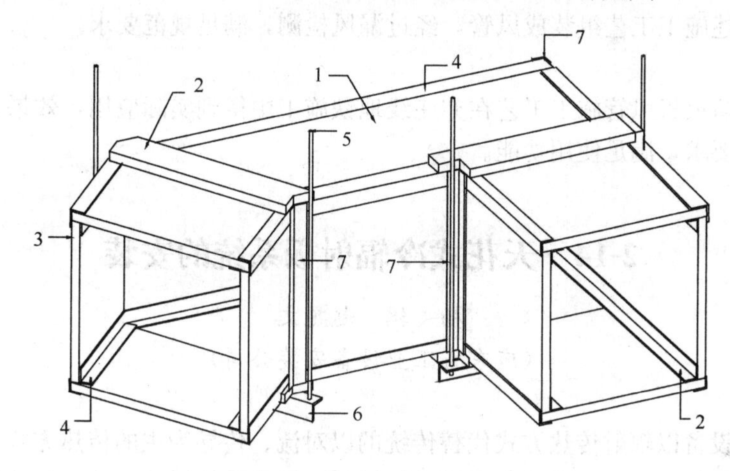

图 2-13-5　风管变截面（变径）组装

1—防火板（可切割成异形）；2—拼接缝加固板条（随转角形状切割）；3—板缝间打防火胶；4—轻钢角龙骨；5—吊杆；6—槽钢或角钢托架；7—转角处附加角龙骨

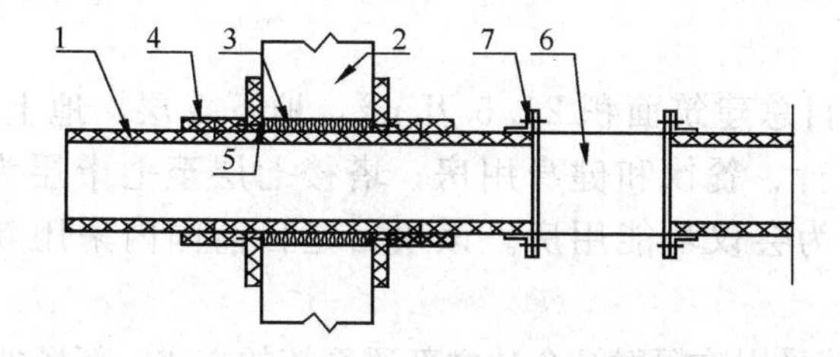

图 2-13-6　防火板风管穿越防火分区时的处理方法

1—防火板（过防火墙后要加托吊架）；2—防火墙；3—不燃材料封堵风管与洞口间缝隙；4—防火板板条 150×12，做成 L 形固定在风管靠墙段；5—M4 自攻螺钉将 L 板条与风管固定；6—要求设独立吊挂体系；7—防火阀与风管处法兰连接

（2）风管长边尺寸小于 1220mm 时，其截面内无须加设任何支撑加固物件；而当风管长边尺寸大于 1220mm 而又小于 3660mm 时，应在风管截面中间加设板条支撑（见图 2-13-7）；若风管长边尺寸超过 3660mm 且小于 10000mm 时，则需要进行吊架加固，做法见图 2-13-8。

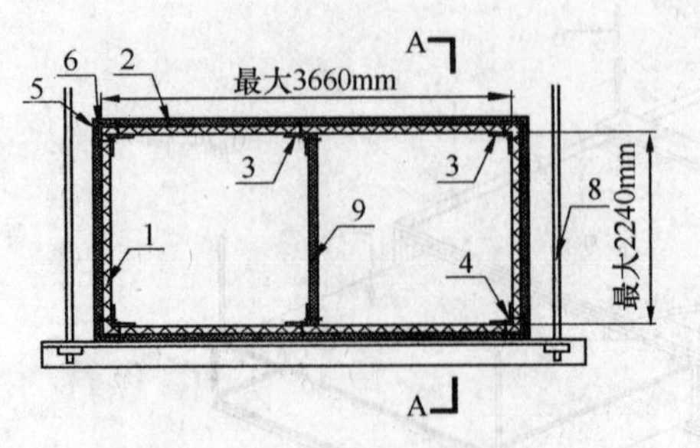

图 2-13-7 防火板风管内支撑加固

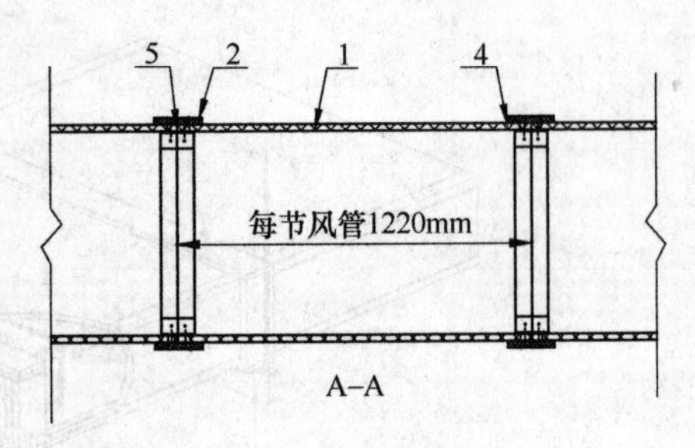

图 2-13-8 防火板风管加设支撑件

1—防火板；2—盖板板条；3—内侧轻钢角龙骨；4—M4 自攻螺钉；5—板材接缝处抹防火胶；6—外侧角龙骨；7—角钢托架；8—吊杆；9—支撑板条 80mm 长

2.3.5 防火板风管试验

按以上所述施工工艺组装成风管，经过漏风检测，满足规范要求。

3. 结语

本文所述防火板风管施工工艺在亦庄线地铁施工中得到实际应用，效果相当理想，达到设计及规范要求，满足使用功能。

2-14 天花式冷辐射板系统的安装

杨 铭 赵艳文

（广东省工业设备安装公司）

空调末端设备以辐射传热方式代替传统的以对流、传导为主的传热方式是当今空调技术的新方向，其优点是节能及具有更好的舒适感。采用冷辐射技术的空调系统在安装和调试中有别于传统空调系统，围绕这一空调领域的新技术，本文对冷辐射空调系统的安装和调试进行了分析和研究。

1. 工程概况

广州珠江新城项目总建筑面积 21.5 万 m^2，地下 5 层，地上 71 层，塔楼首层至六层为入口大堂、银行、餐饮和健身用房；塔楼七层至七十层为办公用房；七十一层为观光会所；裙房为会议功能用房。该项目是目前国内采用新技术最多的超高层大型建筑之一。

办公区内空调系统采用冷辐射结合独立新风系统的方式，新风独立处理后经变风量箱（VAV BOX）送入工作区，主要负责湿负荷，显热负荷由天花式冷辐射末端负责（见图 2-14-1）。办公区域采用冷辐射天花的面积约 78000m^2，其中以弧形冷天花为主，冷辐射盘管的进/出水温为 16℃/19℃。

2. 冷辐射天花结构

冷辐射天花主要由冷盘管、盘管基座、天花板组成，这三大部分构成了换热的全部结构；除此之外附属的还有为减少冷损失作用的保温棉及吸声作用的吸音纸。主要结构如图 2-14-2。

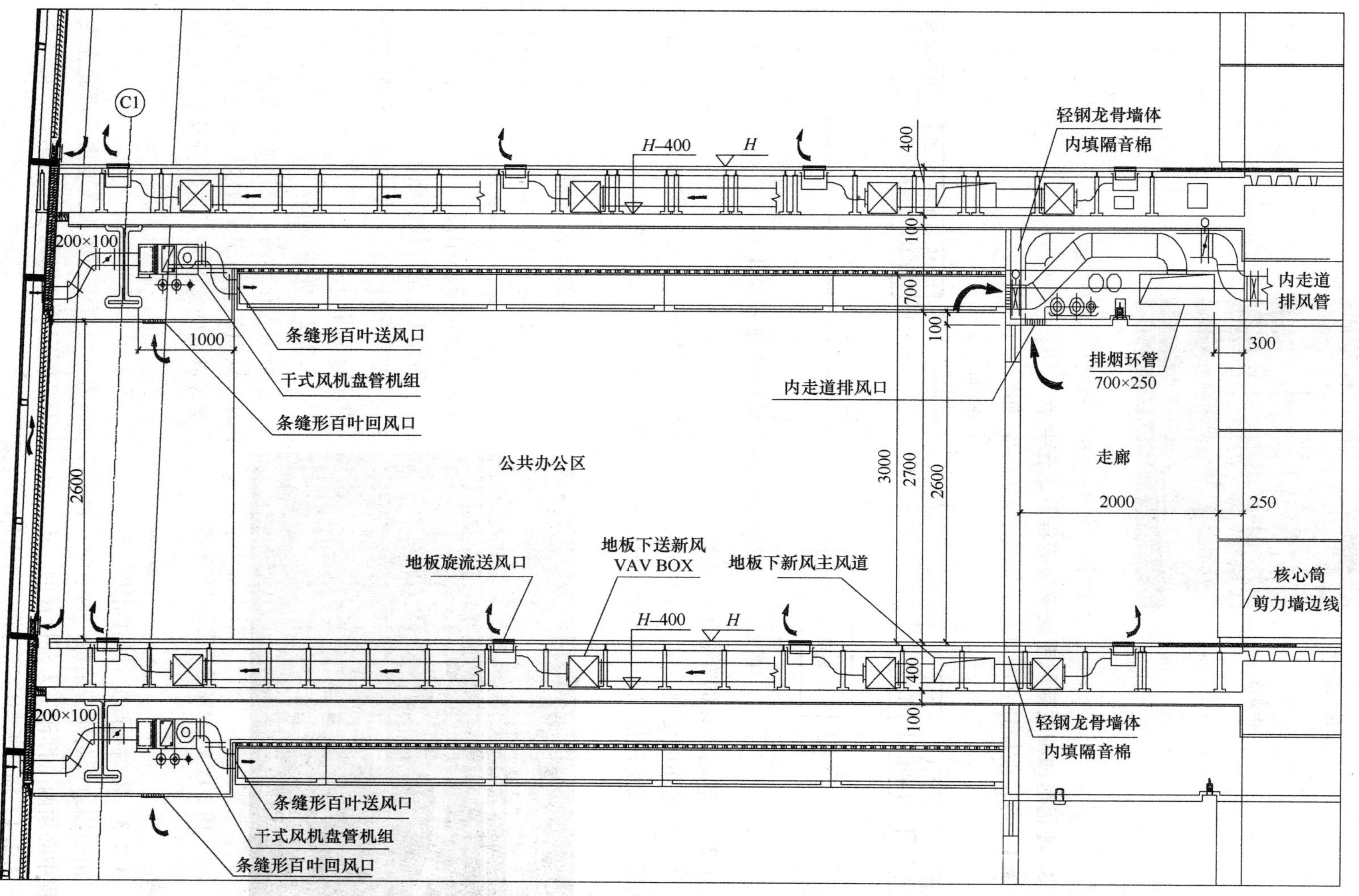

图 2-14-1 办公楼标准层新风排风图

图 2-14-2 冷辐射天花结构图

3. 冷辐射加独立新风系统安装流程及工艺要点

3.1 冷辐射加独立新风系统安装工艺流程，如图 2-14-3 所示。

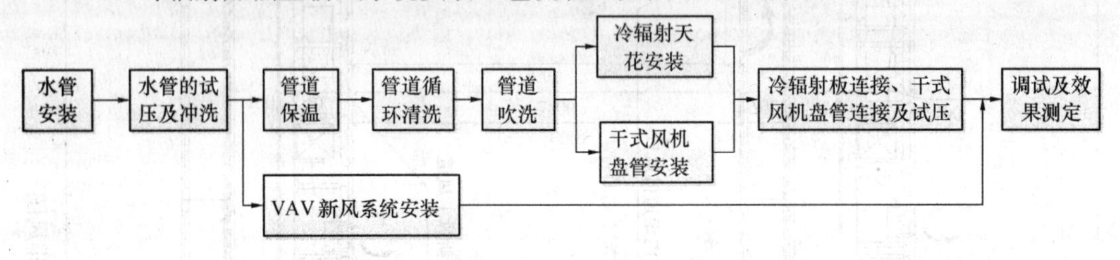

图 2-14-3 冷辐射加新风系统安装工艺流程图

3.2 冷辐射天花的安装流程及要点

本项目采用的是制冷单元与天花一体化的弧形冷辐射板，其安装类似于活动天花的安装方法，一端使用插销作为固定铰链，另一端使用活动插销固定在龙骨上，如图 2-14-4 所示。

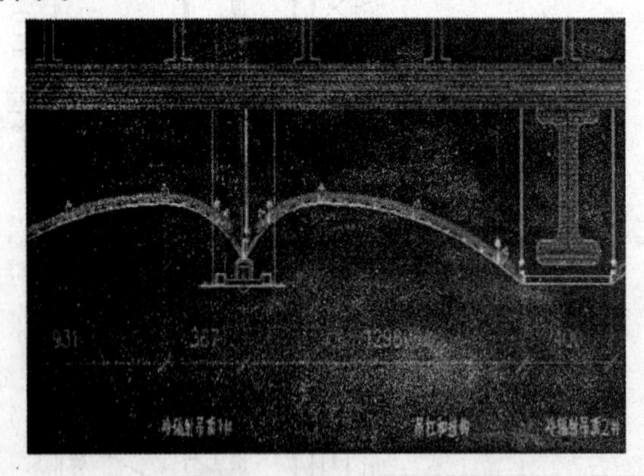

图 2-14-4 冷辐射天花安装效果图

大面积的冷辐射板敷设实际上是起到了天花板的装饰效果，所以冷辐射板的安装观感质量应达到装饰标准，其施工工序也与装饰天花相似。

3.2.1 龙骨敷设顺序

按照吊杆系——主龙骨——次龙骨的顺序安装龙骨系。

3.2.2 龙骨调整

根据天花标高，使用放线方法，在横向、纵向和对角交叉放线，在主龙骨精调完成后安装次龙骨，再进行整个龙骨系的精调。

3.2.3 辐射板与龙骨间的固定

由于辐射板是薄型结构，为避免安装过程中外力不当造成板体永久变形，因此在安装过程中必须两个操作工人各持板的一边，一工人安装固定插销以固定在精调后的龙骨上。

3.2.4 辐射板与冷冻管道及相互间的连接

用专用连接软管把辐射板连成组，再与冷冻水管连接成系统。

3.2.5　用活动插销把辐射板另一端固定，成为天花的一部分，安装效果如图 2-14-5 所示。

3.2.6　冷辐射板串联连接

串联的冷辐射板之间用不锈钢软管进行连接，软管需要预留适当的长度，一方面便于快速接头的连接，另一方面在作检修时能适应活动天花的活动，避免软管受拉而损坏，如图 2-14-6 所示。

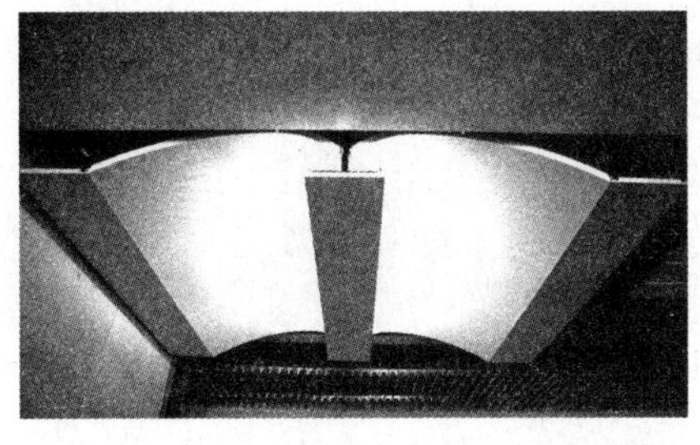

图 2-14-5　冷辐射板安装效果图

图 2-14-6　冷辐射板串联连接安装效果图

4. 施工注意事项

4.1　影响冷辐射板安装质量的因素见图 2-14-7。

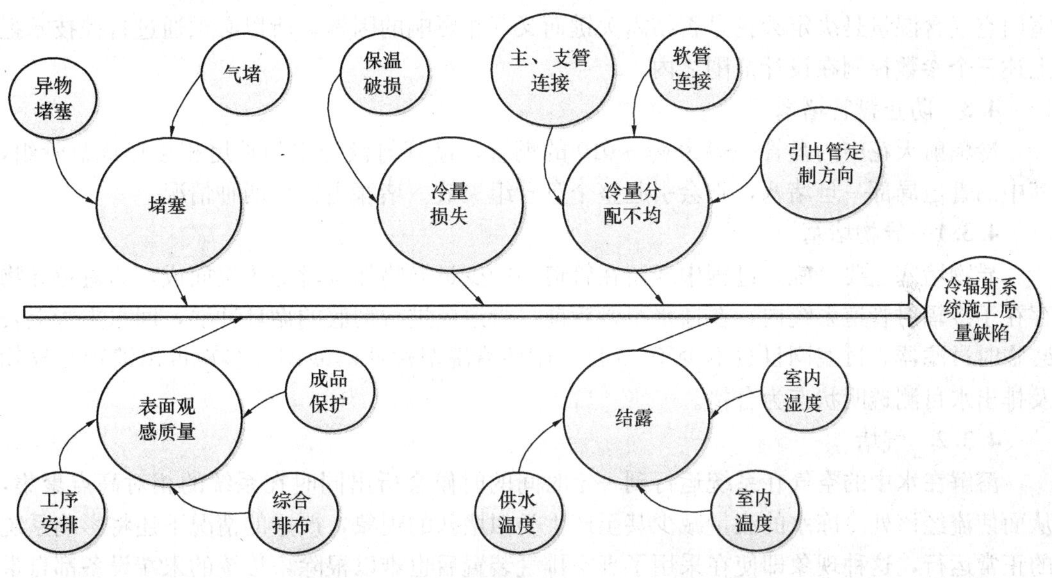

图 2-14-7　影响冷辐射板安装质量的因素图

4.2　防止冷辐射板表面结露

结露是由于物体表面温度低于露点温度造成的。本工程的冷辐射板应用约 78000m²，一旦在使用过程中产生结露，其影响区域将十分的广，因此防止冷辐射板表面结露是冷辐射技术最为关注的问题之一。

在本项目中，室内设计干球温度为 25℃，相对湿度为 55%，冷辐射顶板额定进水温度为 16℃，额定出水温度为 19℃。根据工况范围的 *i-d* 图（如图 2-14-8）可知，在额定工况下，冷辐射板表面温度在实际露点温度之上，不会产生结露现象。

但是，如果实际运行工况超出了额定工况范围，则冷辐射板空调系统有出现结露的

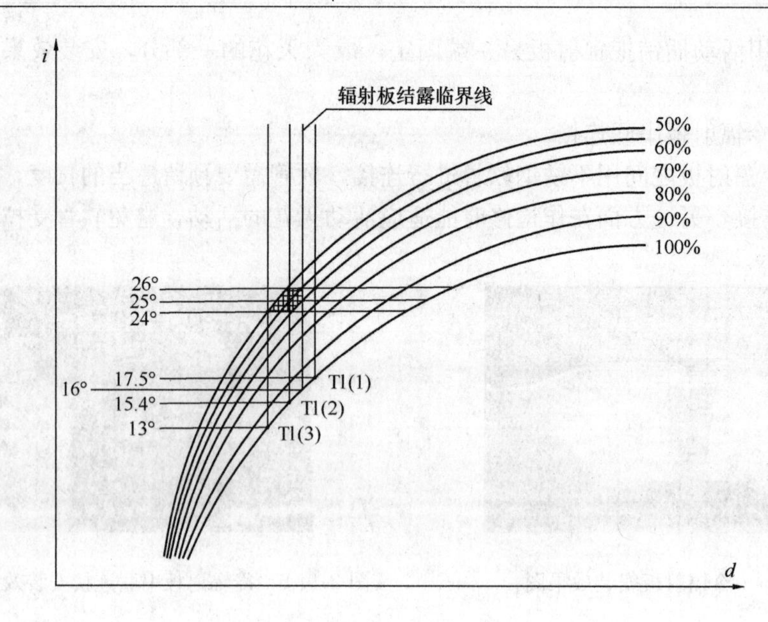

图 2-14-8 冷辐射板工况范围 *i-d* 图

可能。从图 2-14-8 可以看到，与供、回水温度相关的冷辐射天花表面温度、室内温度、室内空气含湿量是决定天花是否结露关键而又互相影响的因素，所以必须通过自控技术把上述三个参数控制在设计范围之内。

4.3 防止盘管堵塞

冷辐射天花中的盘管一般为 $\phi8 \sim \phi10$ 的铜管，盘管与盘管之间首尾相接形成盘管组，其中的管道局部一旦堵塞，则会引起整个盘管组失效。堵塞主要分两种情况：

4.3.1 异物堵塞

异物堵塞主要是施工过程中残留在管道内的少量异物如麻丝等积聚而成，为避免异物存在于冷辐射管道系统内，在通水至盘管前，管道应进行彻底的循环冲洗，回水主管上安装临时过滤器，过滤网目数不少于 60 目，循环清洗至过滤器滤网经多次拆出清理无异物及排出水目测透明状态为合格。

4.3.2 气堵

溶解在水中的空气在系统运行到一定时间的时候会析出同时在系统的相对高点聚集，从而使流经该处冷冻水的流量减少甚至产生类似堵塞的现象，严重的情况下还将影响系统的正常运行，这种现象即使在采用了真空排气装置后也难以根除，传统的末端设备都自带排气阀来解决这个问题，但是冷辐射板尤其是弧形冷辐射板因结构本身的特点，不能采用传统的方式进行本体排气，因此，在每块板通水时，因保持板体下垂至管道以下，使原来存在于盘管内的空气自然排至上方的管道，在管道的末端设置自动排气阀排气就能很好地解决气堵的问题；在日常的系统维护保养中也可以通过同样的方法排走运行过程的析出气体。

4.4 防止对冷辐射板原有传热结构的破坏

冷辐射天花的冷量是通过“冷冻水——冷盘管——盘管基座——金属天花面板——室内环境”这一途径进行传递的。在这过程中，最为薄弱的是盘管基座与天花面板之间的传递，因为从生产工艺上，盘管基座与天花面板不是一个整体，它们之间的导热胶起到了连接和传热的双重作用，是整体传热效率的关键工艺所在，也是整个热工结构的薄弱所在。冷辐射天花这样的薄型材料在安装过程中极易产生小的变形，如果这种变形使盘管基座与天花面板产生了微小的间隙，整体导热系数就会大幅度下降，也将使冷辐射天花的热工性能大幅降低。所以，在冷辐射板从搬运至安装定位过程中，都必须由至少两名工人双手扶辐射板的长边进行操作。

5. 结束语

按照上述工艺流程及工艺控制要求进行操作，在完成部分冷辐射系统后进行了带负荷的测试，室内工况点完全达到了设计要求。珠江城通过一年多的运行，给人提供了舒适、安静的空调环境，充分证明上述工艺流程及质量控制方法是行之有效的，可以在今后的类似工程中推广。

2-15　纤维织物风管施工工艺

吴庆军

（湖南省工业设备安装有限公司）

1. 纤维织物风管制作安装工艺

1.1　前言

上汽综合装配车间空调送风系统改造工程，采用杜肯索斯的纤维织物圆形风管，该风管起着风量输送及分配的作用，考虑到美观性，风管全部采用双排钢绳悬挂方式，所有风管管径均为508mm。其特点是安装牢固、美观。在未鼓风情况下风管略有下垂影响管道下方区域或者喷口朝向不对称的情况。考虑到安装的便利性，所有风管采用3点及9点悬挂方向。

本项目风管采用双排钢绳悬挂的结构形式如图2-15-1所示。

1.2　项目安装材料及工具

为迅速快捷的安装纤维织物风管系统，在本项目中需准备以下基本安装工具：

手电钻、冲击钻、电源接线盘、扳手、卷尺、记号笔、安全带、钢凿、锤子、老虎钳、断丝钳、手动铆枪、脚手架、钢绳收紧器。

1.3　施工准备

钢绳连接是最主要、普遍应用的悬挂方式，图2-15-2是钢绳悬挂安装的基本组成中各部件的名称，从左至右依次是：

快速悬挂器、挂扣（如图2-15-3）、限位绳卡、套环、法兰螺栓、吊环螺栓。

1.3.1　计算法兰螺栓、钢绳等个数及长度数量（裁减段数根据系统长度及安装花篮螺丝个数来确定）

（1）当管道安装长度小于15m（每根管道/双排悬吊）：吊环4个、花篮螺丝2个、限位绳卡4个，见图2-15-4。

（2）当管道安装长度大于15m（每根管道/双排悬吊）：吊环4个、花篮螺丝4个、限位绳卡4个，2mm钢丝悬吊根据索斯管径的不同间隔6～12m需要安装一个，见图2-15-5。

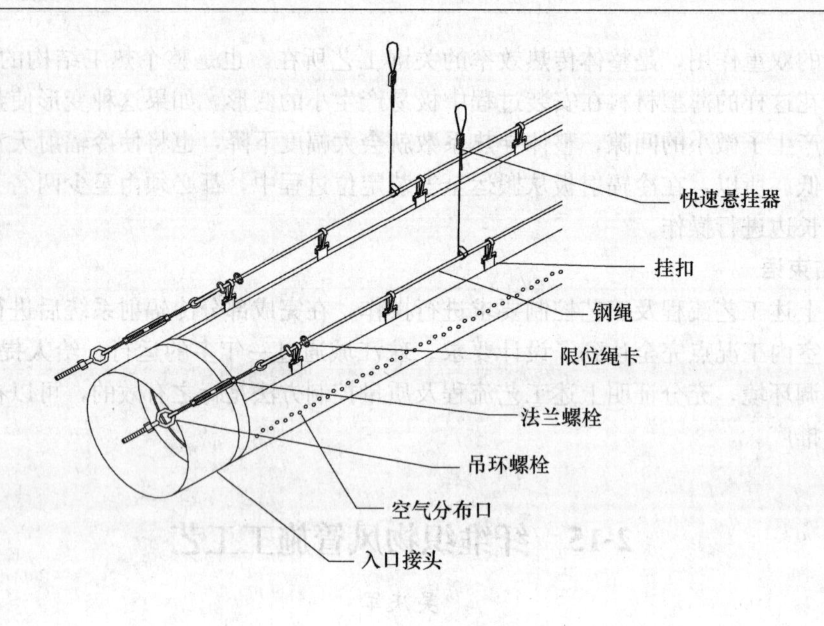

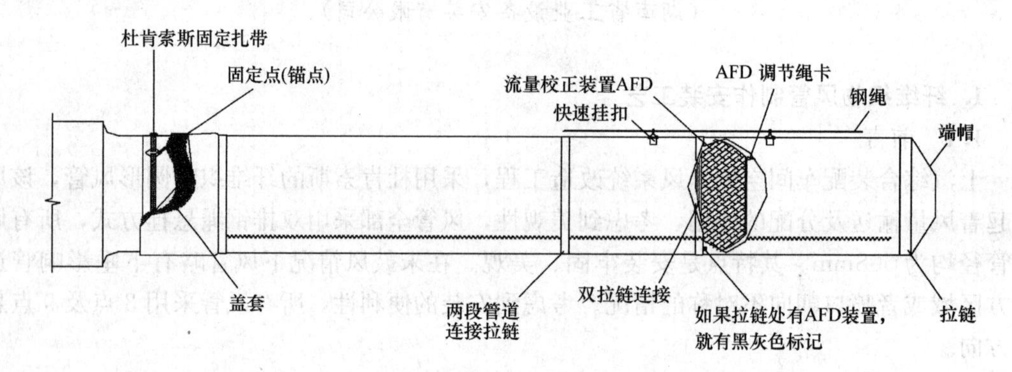

图 2-15-1 杜肯索斯系统圆形风管双排钢绳悬挂连接的结构形式图

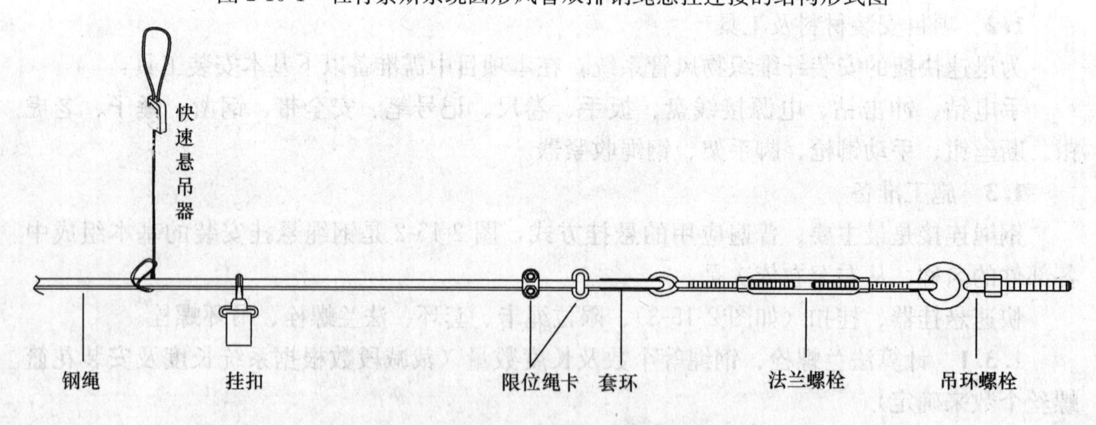

图 2-15-2 钢绳悬挂安装的基本组成中各部件的名称图

主钢丝的裁剪建议使用断丝钳剪断，因为钢丝硬度比较大，所以尽量不要使用老虎钳剪断。如果没有断丝钳，可以使用钢槽和锤子配合。

钢绳连接是最主要、普遍应用的悬挂方式，图 2-15-2 是钢绳悬挂安装的基本组成中

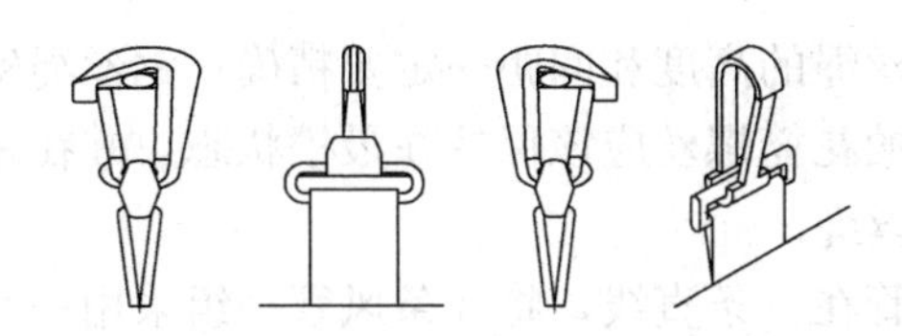

图 2-15-3 挂扣结构图

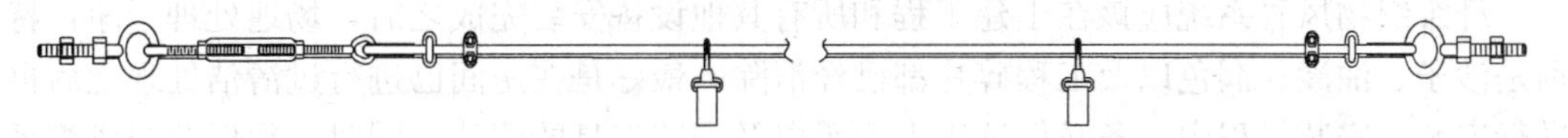

图 2-15-4 管道安装长度小于 15m 悬吊安装示意图

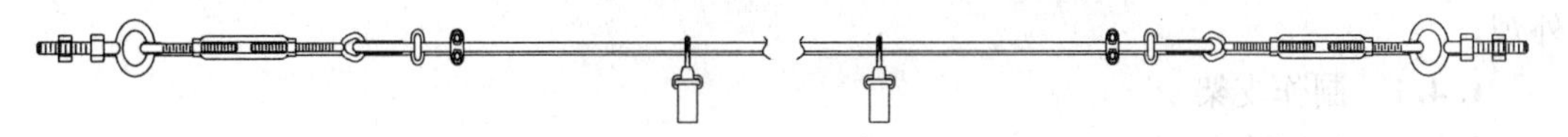

图 2-15-5 管道安装长度大于 15m 悬吊安装示意图

各部件的名称，从左至右依次是：

快速悬挂器、挂扣（如图 2-15-3）、限位绳卡、法兰螺栓、吊环螺栓。

1.3.2 计算 3 点和 9 点悬挂安装模式安装的合适尺寸值

钢丝绳间距＝风管直径＋50mm

1.3.3 检查铁皮风管接头

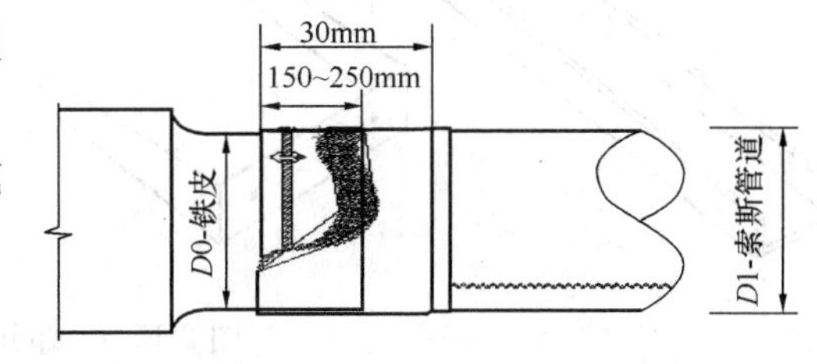

图 2-15-6 铁皮风管接头预留尺寸示意图

（1）检查铁皮风管接头预留尺寸是否符合要求，如图 2-15-6 所示。

说明：硬性要求 $D_0 < D_1$，较大管径时 $D_0 = D_1 - 30$mm

（2）在金属管口套上橡胶护套接头，如图 2-15-7 及图 2-15-8 所示。

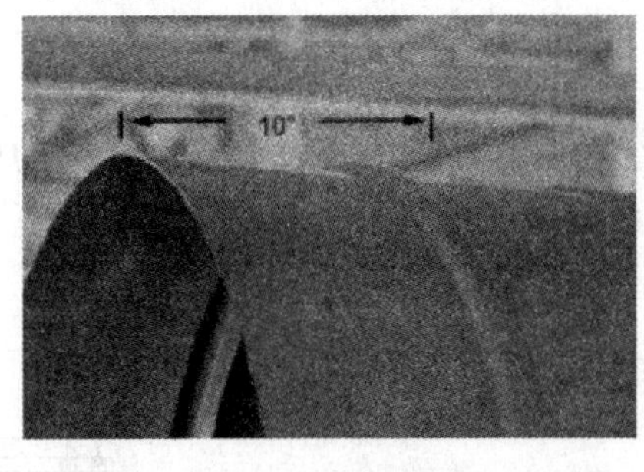

图 2-15-7 未使用护套的金属管接头

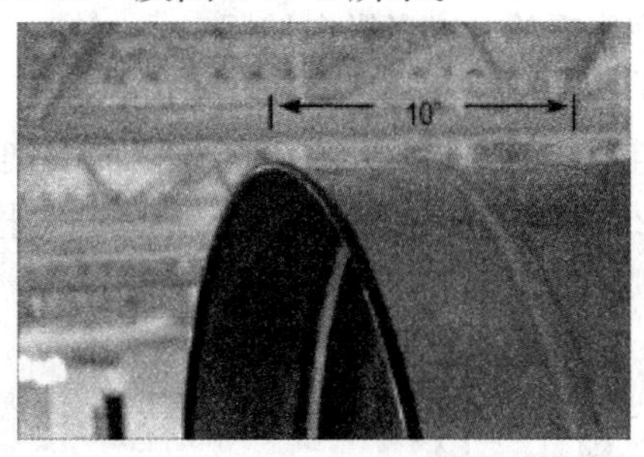

图 2-15-8 使用了橡胶护套金属管接头

管道接头的毛边应该用相应的外罩盖住（如厂商提供的塑料包边），以消除金属管接头尖锐的边角；金属管接头的外径应比索斯系统的管径略小，一般小 10～30mm（直径 508mm 的小 20～30mm）；金属管接头的长度为 300mm，与纤维织物风管系统的纤维接头交叠连接；金属管接头上还必须制有一个肋筋（6mm 高×6mm 宽），距离金属管接头端部的距离为 120mm，以保证与风管系统连接时的稳固性。

1.4 安装步骤（双排钢丝绳悬挂）

本施工部分是整个安装工程的重点。风管系统安装后的美观性就在于此安装工序。本工序的关键点是：两条钢丝绳的高度和间距一定要精确；钢丝绳安装完后一定要平直、拉紧。并且安装完钢丝绳后的花篮螺丝应该保持在最松状态，并在钢丝绳承受风管重量下垂时能调节花篮螺丝拉直钢丝绳。

鉴于本工程大部分风管在一条直线，将 3 条风管一组采用一套支架系统，即视 3 条风管为一条风管考虑，对于部分中间有阻挡物的情况，可根据需要另装支架。

纤维织物风管系统应该在土建工程和所有其他设备安装完成之后，场地处理干净，特别是沙子、油漆、润色以及工程碎片都已经清除，最好是在房间已进行过清洁处理之后再进行安装。安装过程中，务必保证工人双手以及安装工具的清洁。同时，须保持与风管系统接触的所有工具及设备的清洁，以保证安装后的纤维织物风管系统能有一个良好的外观。

1.4.1 制作支架

如图 2-15-9 所示。

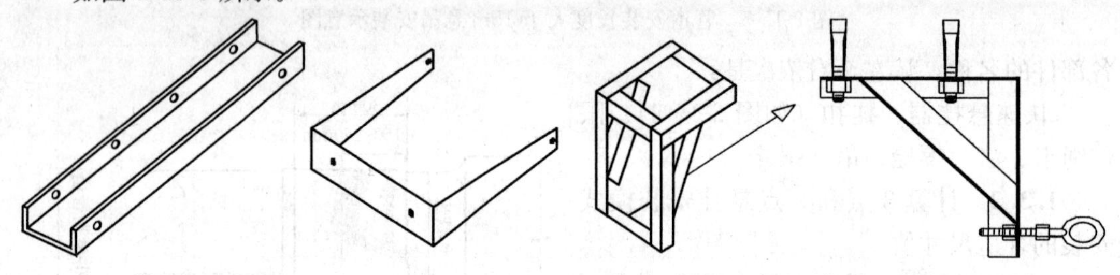

图 2-15-9 部分支架形式图

根据不同情况确定选取合适支架类型，然后制作安装支架和相应安装吊环螺丝处钻孔以及安装支架。由于本项目风管不是很大，重量不重，支架采用的是图 2-15-9 普通型支架中最右边的形式，型材采用的是 40 角钢和 40 槽钢、简易支架形式两种。

注：如果系统较长，风管管径较大，钢丝绳的张紧力也必定很大，这时候支架需要增加更多膨胀螺栓，或者纵向加固。

1.4.2 安装支架

风管系统的安装需要有一套牢固的支架系统，要有足够的强度支撑钢丝绳的横向拉力。图 2-15-10 是一种简单的用于钢丝绳悬挂系统支架的形式。

本项目的支架、悬挂系统的安装方法：

(1) 钢结构网架安装，如图 2-15-10。

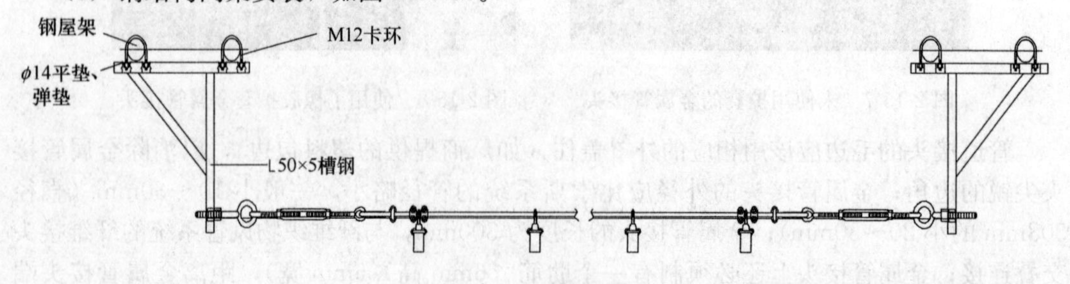

图 2-15-10 网架安装图

(2) 配件连接，如图 2-15-11 所示。

将支架、钢丝和吊环螺丝、花篮螺丝等连接在一起，并且张紧，系统悬挂完后使用花

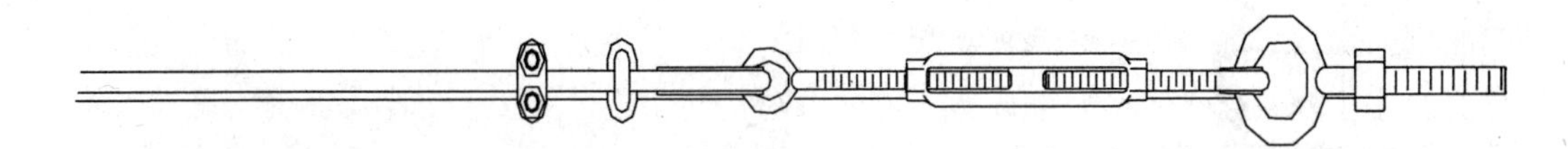

图 2-15-11　配件连接示意图

篮螺丝微调，使整个钢丝绳绷直。

（3）安装 2mm 悬吊钢丝绳：

为了使整个系统安装后笔直美观，减少下垂的弧度，我们在钢丝绳悬挂系统中安装 2mm 悬吊钢丝绳，依据风管管径的不同，间隔 6～12m 安装一个不等。

1.4.3　风管和铁皮铆接牢固，如图 2-15-12

利用铆钉或自攻螺丝沿扎带将风管和铁皮牢牢固定。

1.4.4　通过纤维织物风管上的挂扣快速将风管挂在主钢丝绳上，风管末端的挂扣用限位绳卡固定在钢丝绳上，管段之间用拉链连接（见图 2-15-13）。

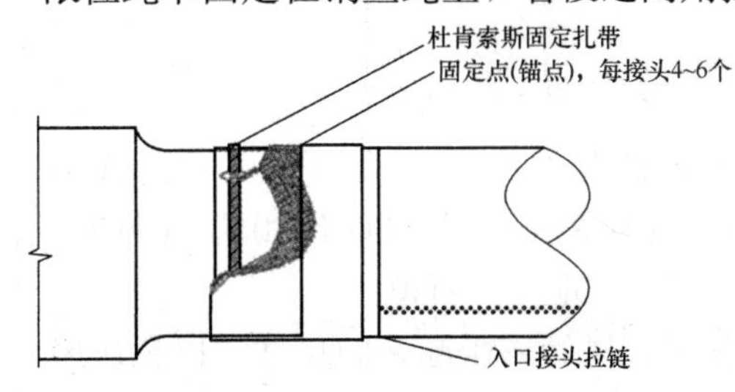

图 2-15-12　纤维织物风管和铁皮连接图

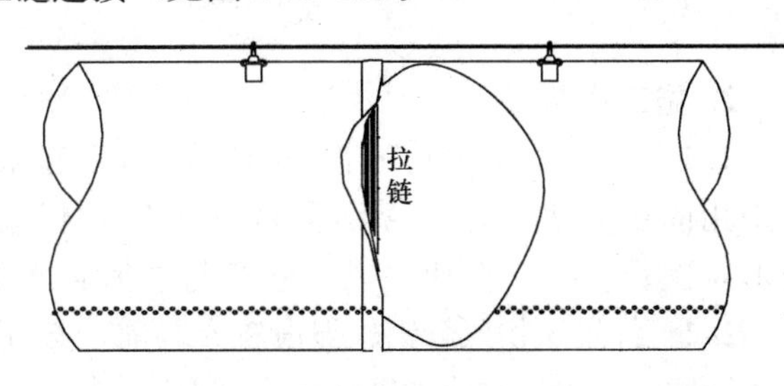

图 2-15-13　索斯风管管段之间依靠拉链连接

安装风管的时候务必清洁双手，或戴一次性干净手套施工。每拆卸一个包装之后查阅包装内附带的安装说明（安装图），并确认清楚该段风管的段数、安装位置及朝向，按顺序号安装。纤维织物风管由多段组成，每段之间采用拉链连接。有些风管连接处还安装有风量调节装置（AFD）。AFD 的安装如图 2-15-14 所示。

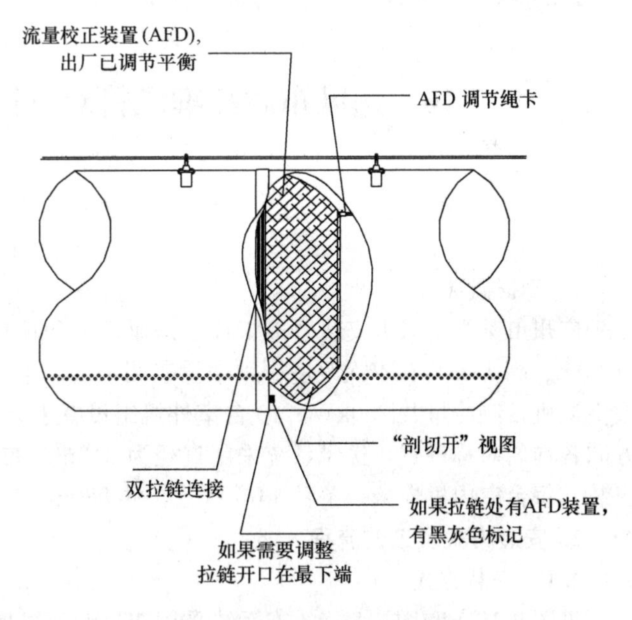

图 2-15-14　AFD 连接示意图

1.4.5　送风调试及拉直管道

调试系统前，需要清洁系统管道。由于系统中部分采用了金属风管，在安装系统之前，先对金属风管进行清洁处理（打开风机吹出金属风管的建筑垃圾），保证系统良好的卫生性能并防止建筑粉尘弄脏及堵塞风管系统。

一切连接就绪之后就开始鼓风调试：开启风机后整个风管系统处于鼓风状态，将末端的挂扣用限位绳卡固定在钢丝绳上，以防止停止运转时风管缩回，如图 2-15-15 所示。

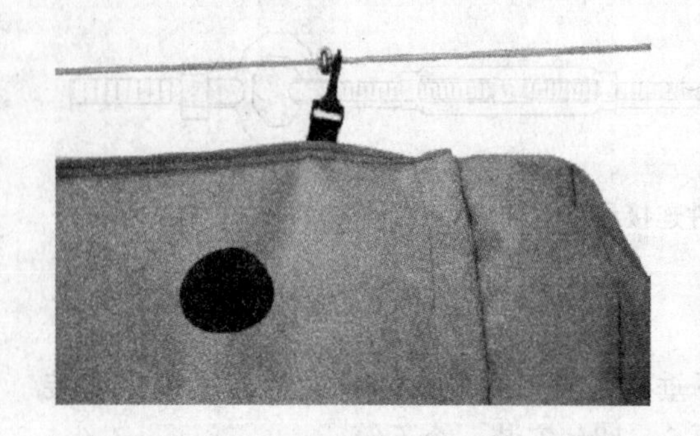

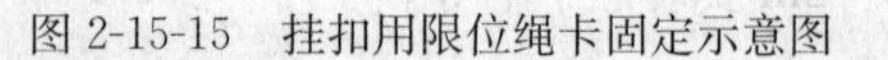

图 2-15-15　挂扣用限位绳卡固定示意图

图 2-15-16　系统管道充气完成图

安装调试中，风柜开机时压力分 2～3 个档次（如 100Pa、200Pa）逐步升至工作压力，避免瞬间高压造成风管系统末端损坏。打开风机使风管系统充气，将纤维织物风管沿着整个悬挂系统整理整齐形成拉直的状态，中间不允许存在褶皱等现象，如图 2-15-16 所示。

2. 施工小结

2.1　由于纤维织物风管送风时会膨胀起来，因此与其三通衔接的主风管立管必须采用固定支架固定，否则会被纤维织物风管送风时膨胀起来的反作用力顶起来、变形，次数多了，会使主风管立管与主风管水平管之间的接口断掉。

2.2　纤维织物风管钢丝绳滑轨安装前，必须考虑好风管膨胀起来的尺寸，以免送风时风管偏向一边，也使主风管立管变形。

2.3　纤维织物风管必须安装固定支架限位。

2-16　送风布质纤维风管双排钢绳悬挂安装工艺

何伟斌

（广州市机电安装有限公司）

1. 工程概况

广州市某学院机电安装改造工程，是亚运工程项目之一。其中体操馆 3 楼（长 60m、宽 30m、高 11m）在本次改造中须增设空调系统，空调设备为 10 套一拖二定频风冷热泵型空调机，制冷量共 280kW，10 台室外机组设置于天面，20 台室内机沿体操馆两边长度方向各均匀对称设置，送风系统采用直径为 315mm 布质纤维风管，并用双排钢丝绳悬挂安装，每台室内机连接一条长 14m 风管，共 280m。

2. 安装方式及工艺流程

2.1　安装方式

见图 2-16-1 和图 2-16-2，本系统采用双排钢丝绳悬挂安装方式，挂勾点设在圆形纤维风管的 10 点和 2 点方向。

2.2　施工工艺流程

检查成品风管→安装支架固定螺栓→安装钢丝绳悬挂系统→纤维风管安装→纤维风管连接→连接风机→调整检测。

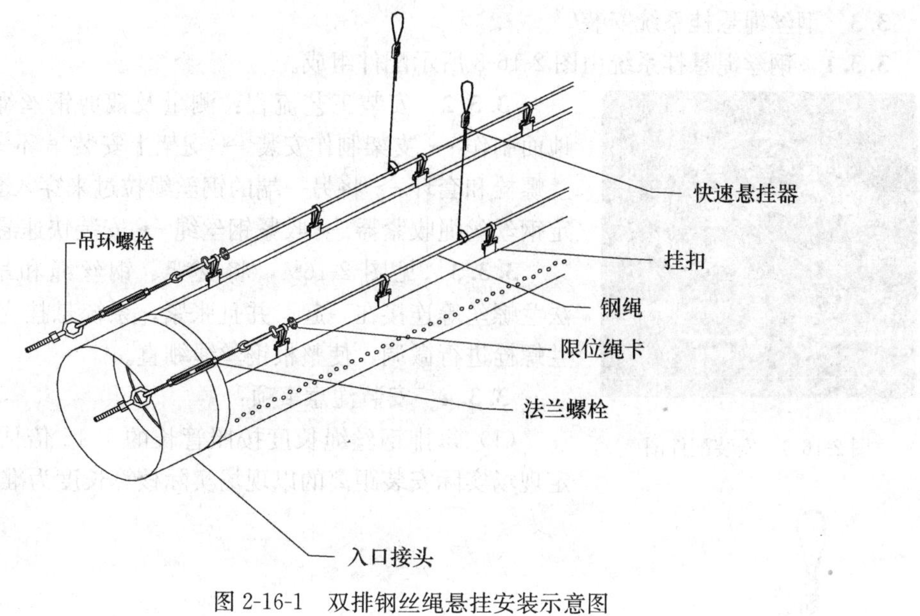

图 2-16-1　双排钢丝绳悬挂安装示意图

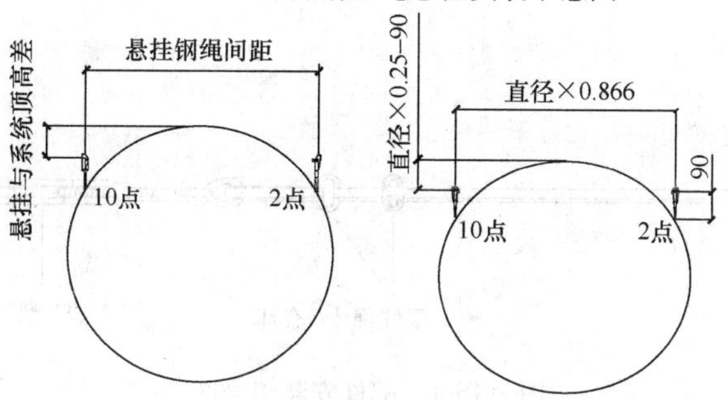

图 2-16-2　双排钢丝绳悬挂安装方式

3. 安装步骤及方法

3.1　安装工具的准备

手电钻、冲击钻、电源接线盘、断线钳、锤子、钳子、扳手、收线器、卷尺、记号笔、安全带、手动拉铆枪、脚手架。

3.2　施工图绘制及配件计算

3.2.1　根据风管系统设计并绘制出详细的施工图。施工图要详细表达出每条管段的支架安装方式、安装位置及钢丝绳悬挂系统的安装高度和间距。配件计算的前提最重要的是必须精确长度、安装高度和安装位置

3.2.2　计算各风管系统对应钢丝绳悬挂高差和间距。可以根据厂商提供的《各管径钢丝绳间距、高度对照表》或图 2-16-2 所示进行计算。

3.2.3　计算安装所需配件数量（见表 2-16-1）

安装材料统计表　　　　**表 2-16-1**

系统编号	管径（mm）	L（m）	悬挂排数	吊环螺栓（套）	法兰螺栓（套）	套环（个）	限位绳卡（个）	5mm钢丝绳（m）	2mm钢丝绳（m）	快速悬吊器（个）
1、2	315	30	2	4	4	4	12	62	12	4

注：由于风管对称布置，一组双排钢丝绳沿室内宽度方向悬挂两条风管，其余 9 对风管安装材料同上。

3.3　钢丝绳悬挂系统安装

3.3.1　钢丝绳悬挂系统由图 2-16-3 所示配件组成。

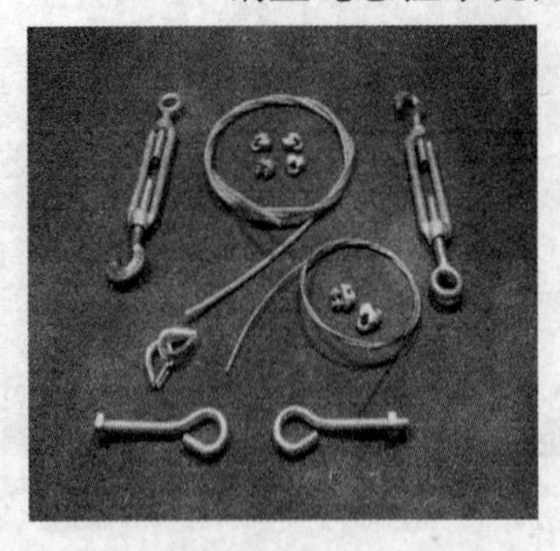

图 2-16-3　安装配件图

3.3.2　安装工艺流程：测量及裁剪钢丝绳 → 绳头地面制作 → 支架制作安装 → 支架上安装吊环 → 安装法兰螺栓和套环 → 将另一端的钢丝绳拉过来穿入套环 → 固定钢丝丝绳收紧器 → 收紧钢丝绳 → 安装快速悬吊器。

3.3.3　见图 2-16-4，将支架、钢丝绳和吊环螺丝、法兰螺丝等连接在一起，并且张紧，系统悬挂完后，对法兰螺栓进行微调，使整根钢丝绳绷直。

3.3.4　安装注意事项：

（1）每排钢丝绳长度按照管长的 1.15 倍估算。能确定现场实际安装距离的以现场实际核算长度为准。

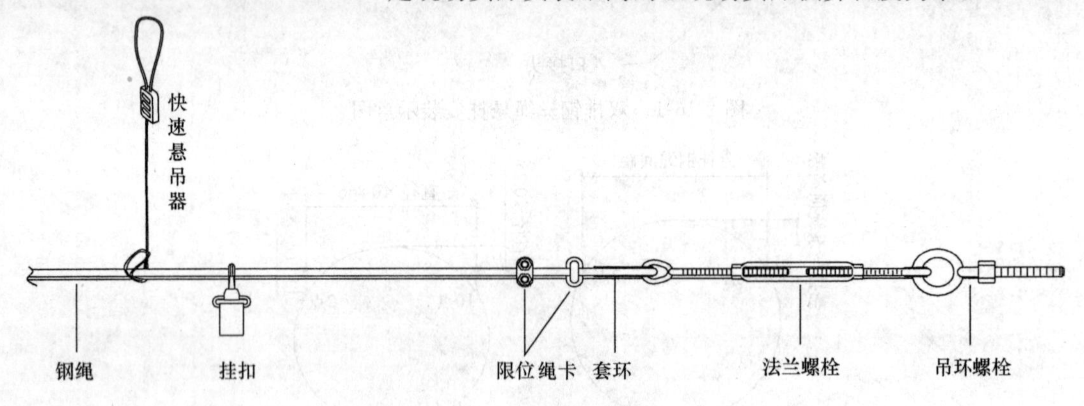

图 2-16-4　配件安装组合图

（2）使用断线钳剪断钢丝绳，截断后长度与实际需求尺寸长度长约为 0.5m。

（3）限位绳卡部位的钢丝绳护套必须剥去。

（4）安装钢丝绳悬挂系统时应将法兰螺栓放至最大长度，以便于安装后承重时调整钢绳的平直度。

（5）收紧钢丝绳时不能太大力，以免拉断钢丝绳。

（6）采用 2mm 钢丝绳制作悬吊器。每隔 7～10m 安装一个快速悬吊器，减少系统下垂弧度。

3.4　挂管

3.4.1　将布质纤维风管上的挂扣挂在钢丝绳上，每段风管之间采用拉链连接，管道末端的挂扣用限位绳卡固定在钢丝绳上，风管就安装完成。

3.4.2　安装注意事项：

（1）安装管道的时候务必清洁双手，或戴一次性干净手套施工。

（2）挂管时管道始终放在主材箱中，以免弄脏管道。

（3）每节管段入口处均有序号，必须按照管段号和节号次序安装。

（4）管段末端的挂扣用限位绳卡固定在钢丝绳上。

3.5　布质纤维风管系统与铁皮风管连接

3.5.1　布质纤维风管系统与铁皮风管连接如图 2-16-5 所示

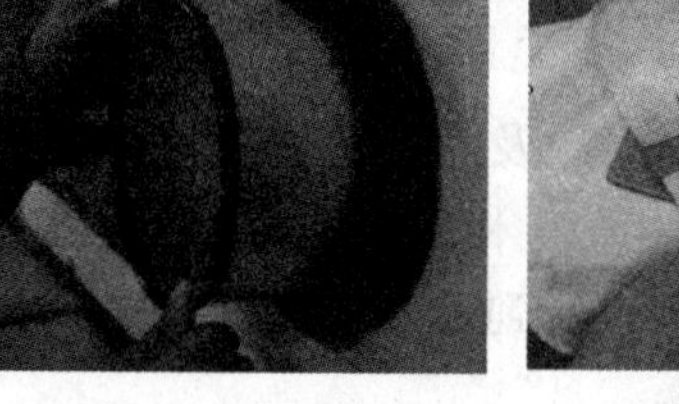

1 在铁皮口安装橡胶护套

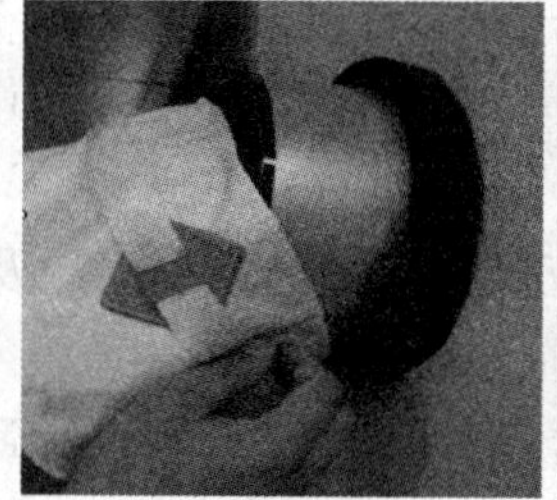

2 安装入口内层

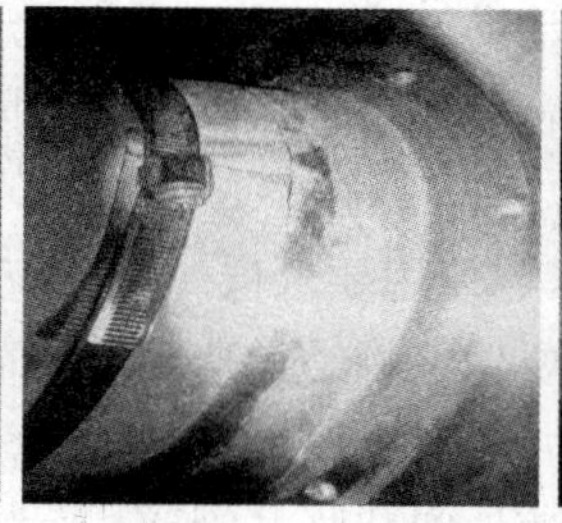

3 收紧扎带

4 安装入口外层

图 2-16-5　风管系统与铁皮风管连接

3.5.2　安装注意事项：

（1）如果在预留铁皮风管保温时考虑将保温延伸出来（一般 5mm 即可），可不使用橡胶护套。铆接时铆钉间间距为 15cm。

（2）入口安装时要求对正入口的安装角度（入口的角度不对，会使入口处的布质纤维风管扭曲产生皱褶）。

3.6　送风调试

风管连接风机后，开动风机使系统管道充气。将系统管道沿着整个吊挂系统整理整齐形成拉直状态，中间不允许存在皱褶现象，并在管道尾部的最后一个挂扣处安装限位绳卡，以防管道缩回。

4. 安装质量检验

4.1　钢丝绳悬挂系统支架应牢固。

4.2　钢丝绳应绷直没明显下坠。双排钢丝绳高度应平行、对称。

4.3　风管外观应干净、平直无褶皱，安装高度符合设计要求。

4.4　风管与风机连接应牢固、紧密。

5. 结语

布质纤维风管系统整体安装虽然简单，但安装必须认真仔细，尤其必须注意每个细节的安装，如钢丝绳安装时的定位尺寸、钢丝绳水平度、入口安装的角度等，否则虽然不影响通风效果，但会影响系统的美观性。

2-17　超高层建筑冷冻立管自然伸缩施工技术

黄建麟　谢玉金　刘小龙　魏成权　吴睿力　彭崇波
（广东省工业设备安装公司）

1. 概况

利通广场建筑高度约 300m，计 60 层，冷冻机房位于 30 层；空调冷冻水为异程式，管道管径从 ϕ377×10 渐缩至 ϕ159×6，单根总长约 150m，Q235 无缝钢管焊接，立管不设管道伸缩节。单根管道、水介质及保温材料等总重量约为 22.0t，动荷载为 26.4（=

22.0×1.2) t。

冷冻立管采用“单点固定，多点滑动”的支撑体系；即每根立管的中间位置设置固定支架，其他楼层为滑动支架或辅助支架；固定支架承受立管的大部分重量，其他支架承受小部分的重量。按立管管径布置，固定支架固定处管径为ϕ325×10。

2. 技术特点

2.1 适用范围广、使用要求低。可以应用于普通建筑、高层及超高层建筑长距离冷冻（却）水立管。只要建筑物结构达到管道荷载要求即可采用该技术。

2.2 操作简便，安全可靠。采用新的竖井管道倒装方法，达到劳动强度低、自动化程度高、安全高效快速地安装竖井管道。

2.3 成本低，节能环保。取消管道伸缩节、弹簧减震器等材料，节约了成本，消除了因管道伸缩节而产生的漏水隐患；减少管网阻力，水泵运行经济，节省电费。

3. 适用范围

高层或超高层建筑的中央空调冷冻及冷却水系统；特别是单根立管长度超过150m的空调冷冻或冷却立管。

4. 工艺原理

4.1 钢管与混凝土的热胀冷缩率不同；中间固定长距离钢管，热胀冷缩的距离相当于单端固定的一半，使钢管热胀冷缩伸缩量减少一半；且长距离钢管（含水介质）能够在工作温度内能不受其他物件影响向两端自然伸缩。

4.2 采用“单点固定，多点滑动”的支撑体系；固定支架与结构承接立管的大部分重量，滑动支架和辅助支架承担小部分重量，可有重点地检查管道主要受力点的安全性。

5. 施工工艺流程及操作要点

5.1 施工工艺流程（如图2-17-1）。

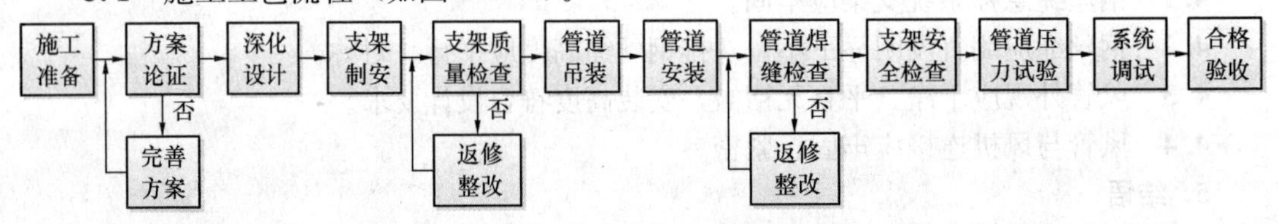

图2-17-1 施工流程图

5.2 施工操作要点

5.2.1 支架的核算与布置

(1) 结构荷载核算

在方案论证时，对固定支架设置点的结构受力进行荷载核算。由结构专业复核；但必须满足固定支架、管道及介质荷载要求。常见的可采用加大结构梁或利用斜支撑等形式，需注意固定支架与结构的接触面应平整，便于支架装配。

(2) 固定支架荷载核算

如图2-17-2，本案例的管道、水介质及保温材料等总重量约26.4t，管道与翼板为角焊缝连接。按钢结构设计规范及考虑施工安全系数：取焊口的抗剪力为5kg/mm^2；钢管与翼板的焊接受力面积为3990（=285×14）mm^2，则4个翼板的受力极限为：5kg/mm^2×3990mm^2×4=79800kg=79.8t又79.8t≥26.4t，则固定支架荷载可满足要求。

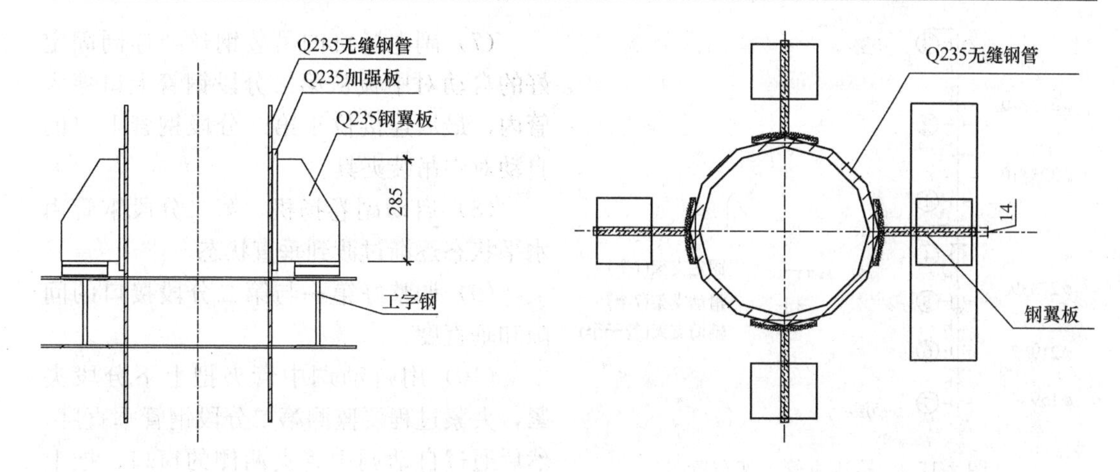

图 2-17-2 固件支架示意图

（3）滑动支架有效伸缩距离

1）有效伸缩距离计算：

在广州地区，按冷冻立管的环境温度为 5～35℃、工作温度为 5～12℃，其最大温差为 30℃；取 Q235 钢管在上述温度间的平均线膨胀系数为 12×10^{-3}mm/（m·℃），又单根立管长度为 150m，则其最大膨胀量 ΔL 为 27.0（$=12\times10^{-3}\times150/2\times30$）mm，取安全系数为 1.5，则实际伸缩安全距离为 40mm。如图 2-17-3 所示。

2）工程上，可按实际预伸缩安全距离考虑所有滑动支架与受力结构间的有效伸缩距离。

（4）滑动支架、辅助支架荷载较小，可忽略不计。滑动支架在安装施工中可临时固定管道，避免管道下滑，提高施工的安全系数。

（5）固定支架的设于立管中间；为减轻结构的荷载，不同立管的固定支架宜错层布置，滑动支架可按约每 20m 分布，辅助支架按剩余楼层分布。如图 2-17-4 所示。

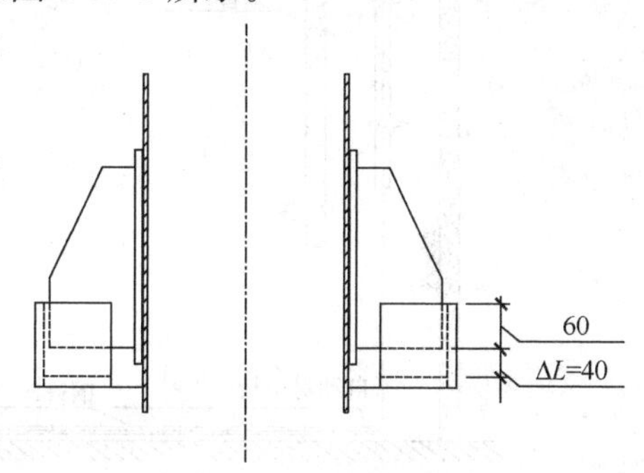

图 2-17-3 滑动支架立面示意图

5.2.2 管道吊装（见图 2-17-5）

本技术管道吊装采用发明专利《一种竖井管道自动对中倒装方法》里的内容实施。

（1）根据整根竖井管道的重量、长度和单独安装分段钢管的重量选择好主副卷扬机规格型号，主要考虑满足两个因素：额定起重量和容绳量。

（2）在第一分段上口固定中心限位板。

（3）依照常规竖井管道倒装法，先用主卷扬机吊装好第一分段钢管，第一分段管下口位置离吊装作业面的距离为钢管分段长度加 1m 左右。

（4）把第二分段钢管水平运输到竖井内。

（5）副卷扬机的吊装钢丝绳从第一分段钢管顶部中心限位板的中心孔穿入管内，从第一分段管下口穿出。

（6）根据分段钢管的长度，在钢丝绳上选定位置固定好自动对中板。

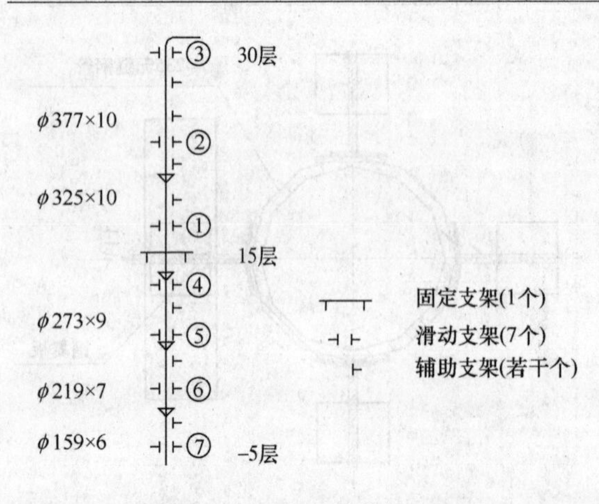

图 2-17-4　冷冻立管支架布置图

（7）副卷扬机的吊装钢丝绳连同固定好的自动对中板从第二分段钢管上口穿入管内，最后连接位于第二分段钢管下口的自动对中吊装夹具。

（8）启动副卷扬机，第二分段钢管由水平状态逐渐过渡到垂直状态。

（9）调整好第一与第二分段接口的间隙和垂直度。

（10）用自动调中管夹把上下分段夹紧，夹紧过程要监测第二分段钢管垂直度。然后通过自动调中管夹两侧的窗口，把上下分段接口点焊固定。

（11）拆除管夹，把分段接口按要求焊接。

（12）启动主卷扬机，把焊接好的第一和第二分段钢管向上提升一个分段长度的距离。

（13）启动副卷扬机，用同样方法安装下一分段钢管，周而复始，直到全部安装完成。

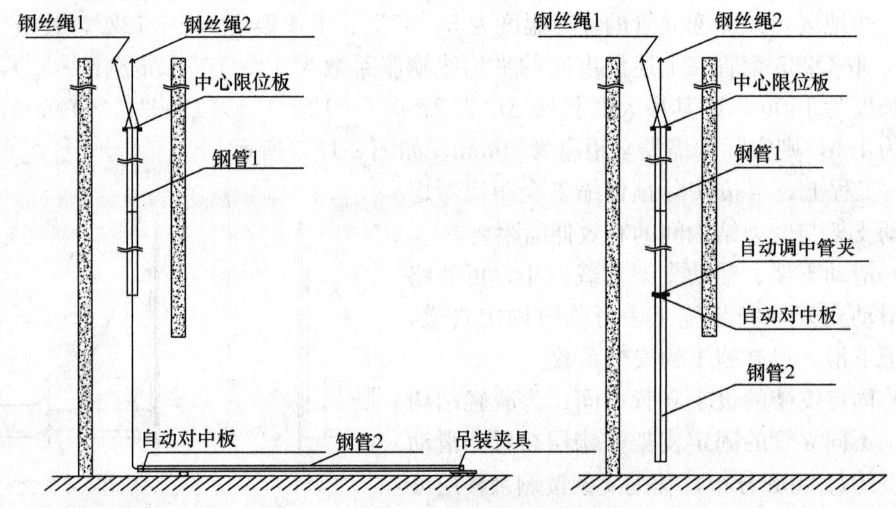

图 2-17-5　管道吊装示意图

5.2.3　支架大样图

（1）辅助支架大样图（见图 2-17-6）。

（2）滑动支架大样图（见图 2-17-7）。

5.2.4　支架焊接工艺

（1）加强板与翼板均选用 Q235 同厚度的材质，选用 E4304 焊条；加强板与母材焊接、翼板与加强板焊接工艺如图 2-17-8。

（2）母材、加强板焊接接触面周围 20mm 内需去除油污、水分、锈斑及切割氧化物等脏物，显示金属光泽。

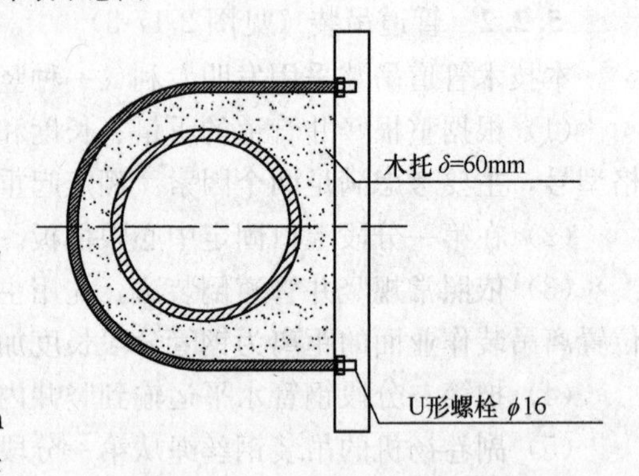

图 2-17-6　辅助支架大样图

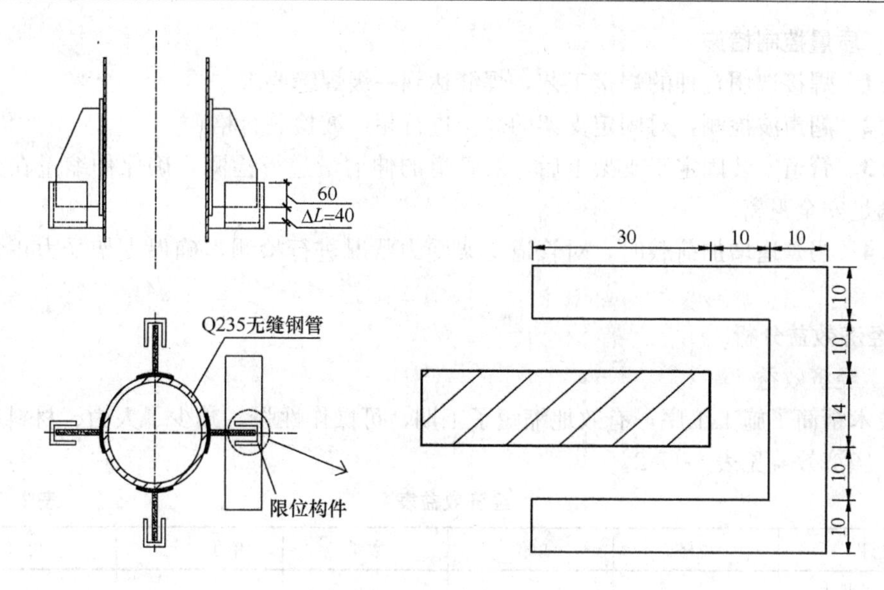

图 2-17-7　滑动支架大样图

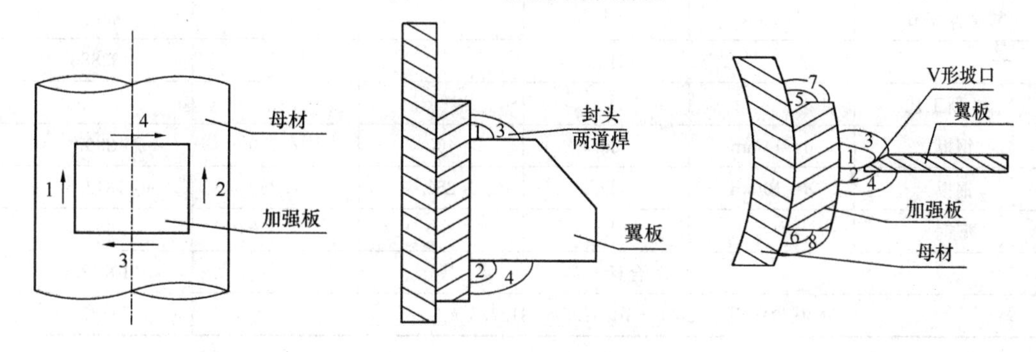

图 2-17-8　加强板、翼板焊接图

6. 材料与设备（见表 2-17-1）

主要材料设备清单　　表 2-17-1

序号	名称	型号/规格	单位	数量	作用
1	交流电焊机		台	2	焊接
2	钢卷尺	5m	把	5	测量长度
3	水平尺		把	3	
4	导轨式切割机		台	2	切割钢板
5	焊条恒温箱		台	1	
6	焊条保温筒		个	2	

7. 质量控制

7.1　质量控制标准

《钢结构工程施工质量验收规范》GB 50205；《通风与空调工程施工质量验收规范》GB 50243。

7.2 质量控制措施

7.2.1 焊接选用合理的焊接工艺，焊缝达到一级焊缝要求。

7.2.2 超声波检测：对固定支架的焊接进行超声波检测合格。

7.2.3 管道安装固定于支架上后，对管道的伸缩量进行检测，确保伸缩量在允许范围内，满足安全距离。

7.2.4 当管道增加荷载时，对管道支架受力状况进行检测，确保支架受力正常、安装垂直。

8. 经济效益分析

8.1 经济效益

本技术精简了施工工序，有效地缩短了工期，可操作性强，减少了人力、材料等成本的投入，经济效益见表 2-17-2。

经济效益表 **表 2-17-2**

材料	规格	单位	数量	单价（元）	合价（元）
一、传统做法					
管道伸缩节	DN300	个	8	7985	63880
合计					63880
二、新工艺					
钢板	δ=14mm	kg	400	7.250	2900
钢板	δ=10mm	kg	250	7.250	1812.5
型钢		kg	800	7.550	6040
合计					10752.5
减少费用=63880−10752.5=53127.5元					53127.5

8.2 社会效益

本技术大大减少了施工工期，减少了人力、材料的消耗，所涉及的材料均为普通钢材，并且废料均可回收再利用，节约了社会资源，符合节能环保的要求。

本技术适用范围广，可操作性强，施工方便，开创了高层、超高层建筑中空调系统冷冻水立管施工的新方法。在高层、超高层建筑不断增多的当今社会，具有深远的意义。

2-18 地板 VAV 空调系统施工技术

杜长青 李 超 朱洪伟 屈士强

（北京市设备安装工程集团有限公司）

前言

建筑能耗随着建筑业的发展和人民生活水平的提高正在快速增长，建筑节能显得日益重要，而空调系统的能耗占其中相当大的比例。变风量空调系统（以下简称 VAV 空调系统）在我国还处于起步阶段，各方面还存在许多不足。下面对 VAV 空调系统理论及实际施工进行简单介绍。

1. VAV 空调系统简介

1.1 VAV 空调系统概念

根据室内负荷变化或室内要求参数的变化，自动调节空调系统一次送风量，从而使室内参数达到要求的全空气空调系统。

1.2 变风量末端装置（以下简称 VAV BOX）的工作原理

VAV BOX 按变风量的工作原理设计，当空调送风通过 VAV BOX 时，借助房间温控器，控制 VAV BOX 进风口风阀的角度，以不改变送风温度而改变一次送风量的方法，来适应空调负荷的变化，一次送风量随着空调负荷的减少而相应减少，这样可减少风机和制冷机的动力负荷。

向房间送入室内的冷量按下式确定：

$$Q = C \cdot \rho \cdot L \cdot (t_n - t_s) \quad \text{式(2-18-1)}$$

式中 C——空气的比热容，kJ/（kg·℃）；

ρ——空气密度（kg/m^3）；

L——送风量（m^3/s）；

t_n——室内温度（℃）；

t_s——送风温度（℃）；

Q——吸收（或放入）室内的热量（kW）；

1.3 VAV 空调系统末端的特点：省能运行、组合灵活、静音设计、安装方便。

1.4 VAV 空调系统的主要优点：节能、新风做冷源、不会产生冷凝水、系统的灵活性较好、噪声低、不会发生过冷或过热。

2. 地板送风 VAV 空调系统施工概述

下面通过工程实例，主要介绍一下地板送风 VAV 空调系统的施工工序及施工方法。微软公司（中国）研发集团总部 2 号楼工程项目通风空调系统采用地板送风 VAV 空调系统加风机盘管系统。

2.1 系统描述

该项目通风空调专业 4～14 层采用下送上回的地板送风 VAV 空调系统，地板送风均采用带风机的 VAV BOX，设置在架空地板下。每层分为内区和外区，内区为带风机的 VAV BOX，外区为带热水加热盘管的风机驱动 VAV BOX。每层均设两个空调机房，每个机房内设置一台空气处理机组（变频）。

2.2 地板送风系统施工方法

2.2.1 施工前的准备工作

施工工艺流程（见附表 1）。

（1）环氧地面施工

施工工序：基层处理→刷底漆→刷水性环氧面层中涂→刷水性环氧面层。

1）基层处理：将结构地面表层浮灰、脏物打磨清扫干净，用研磨机或喷砂机对混凝土表面进行处理。

2）底漆：由环氧树脂和固化剂组成，能很好地渗入水泥中对整套环氧水泥地面漆体系起锚固作用。

3）水性环氧面层中涂：对基面能起修平作用，提高机械性能。在施工中需尽量减少施工结合缝；施工环境温度低于5℃时环氧树脂不能固化，养护时间为24～48h。

4）面层：调整地坪层完成面的平整度，作为最终装饰面层，涂膜有相当硬度，形成良好的机械性能。施工期间及养护时间内管制人员进入，养护时间为7天。

5）某一楼层或局部区域面层达到养护时间后，架空地板施工单位对该区域进行棋盘网格线弹线，给其他专业管线、设备定位创造条件。

（2）架空地板下机电管线综合布置

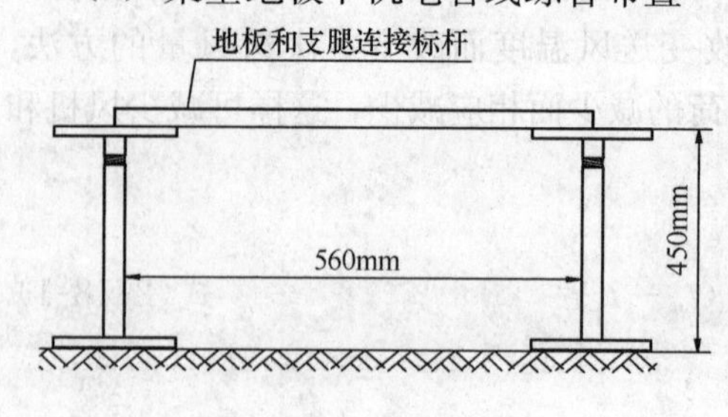

图 2-18-1 架空地板图

架空地板上表面与结构地面之间高度为500mm，地板支柱之间间距 600mm，地板和地板支柱连接杆总厚度为50mm，故管线实际可通过净高度为 450mm；净宽度为 560mm（如图 2-18-1）。架空地板下共涉及通风、空调、动力、综合布线、楼宇自控、给水排水等专业管线。对以上各专业管线进行综合布置的目的有三个：第一是尽量避免大量其他专业管线穿越高速风道，而使漏风量提高或风量无法按需求正常分配；第二是在满足设计要求的情况下合理排布各专业管线，减少拆改、节省工期、降低施工成本；第三在满足日常检视维护升级的需求下尽量减少地面检修孔的数量，提高实际使用面积。

2.2.2 高速风道施工方法

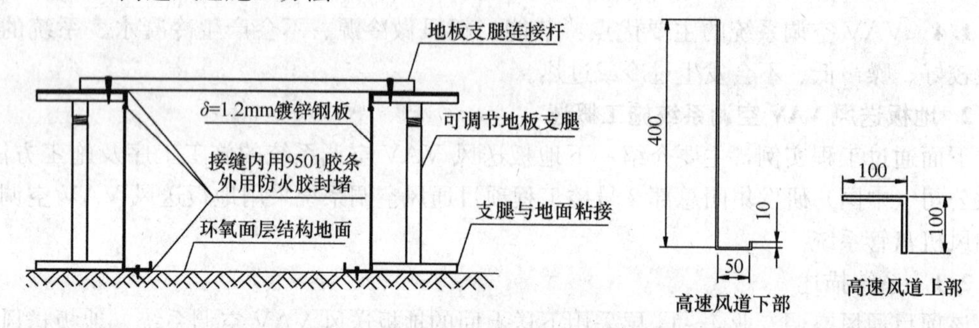

图 2-18-2 高速风道断面及大样图

（1）高速风道的构造与施工方法

高速风道材质采用δ=1.2mm的镀锌钢板，风道上下左右四面分别由架空地板、环氧地面和镀锌钢板组成（如图 2-18-2）。为了适应楼面高低不平的现状，每侧风道分为上下两片，下片净高 400mm，上片为 100mm×100mm 的 90°折角，上下片安装完毕后用铆钉连接，横缝用密封胶密封。钢板纵向搭接 30mm，用抽芯铆钉铆接，垂直板缝用密封胶密封。

下片钢板与环氧地面通过高强度塑料胀栓连接，接缝内用 9501 胶条密封，高速风道安装后使用吸尘器进行局部清理，上片压在连接杆与支柱顶部之间，连接缝隙处使用防火胶密封封堵。

（2）高速风道安装质量控制点：

1）高速风道预制板长度不宜过长，一般为镀锌卷板宽度即 1250mm 为基本长度，因立面镀锌钢板长度过长会因地面平整度不同造成与地面接触不实，会产生严重漏风现象。

2）高速风道立面钢板间搭接应与送风流动方向相同，即顺向。

3）高速风道立面上下片，应保证在架空地板支柱调整找平完毕后方可进行拉铆固定。

4）对于穿越高速风道的各专业管线（如线槽、水管）以及高速风道与地面间，须进行完工前的二次封堵密封，以减少漏风现象。

5）高速风道内进行彻底清理，以防系统正式投入使用后造成异响或污染。

2.2.3 VAV BOX 安装

（1）设备到场后的检验及存放

进场开箱验收合格后，应保存在干燥清洁的地方。设备一次风入口，送风口、风机末端的回风口和电控元件应密封保护，防止损坏和异物、灰尘、液体等进入箱体。

（2）VAV BOX 的安装

1）地板下 VAV BOX 采用落地安装，设备与环氧地面间采用∠40×4 角钢内附橡胶垫进行阻隔，不与地面进行连接，因 VAV BOX 本身震动非常小，且风机与箱体已经采用减震连接，故不需与地面进行固定。

2）由于 VAV BOX 安装在架空地板内，为保证日后检修方便，动力及控制箱水平方向留有不小于 450mm 的自由操作空间，以便拆卸检修底板。

2.2.4 VAV BOX 连接风、水管安装

（1）风管安装（如图 2-18-3）。

风管采用镀锌钢板制作，板厚采用《通风与空调工程施工质量验收规范》GB 50243—2002 规定，风管标准段长度为 1.2m。根据所处位置不同，小房间 VAV BOX 吸入口需接风管，大开间 VAV BOX 直接吸入。

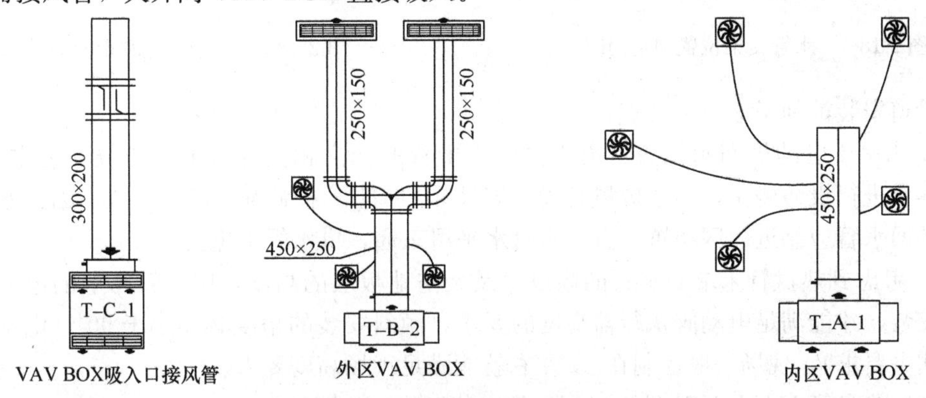

图 2-18-3 风管安装示意图

风管质量控制：

VAV BOX 在定位前要结合设计图纸和现场实际情况共同确定，尽量避免风管返弯或使用过长的软管，降低系统局部阻力。

通风管路安装完毕后的严密性实验：由于标准层所安装的组合式变风量空调机组的全压是 700Pa，属中压系统，根据《通风与空调工程施工质量验收规范》GB 50243—2002 的有关规定，应该按照 20%的抽检率对系统进行漏风检测。VAV 空调系统对系统的漏风要求极为严格，各系统支路送风量必须达到设计值，不得有任何下差，否则 VAV BOX 无法在设计工况下运行。众所周知，在设计通风管路系统时，风量的附加率一般设定在

10%，但是在实际施工过程中，往往由于施工人员的责任心不够，质量意识不强，出现风管连接螺栓未紧固，法兰垫料脱落等现象。建议所有VAV空调系统100%做漏风检测，为下一步设备调试创造条件。

（2）水管安装

由于VAV BOX本体没有放气装置，因此需要在水平供回水干管末端安装自动排气阀便于系统排气。

1）放线、支架安装

根据深化图及图2-18-4所示管道位置和走向，在现场实际定位。将预制好的管道支架按照要求进行安装。

2）管道安装

管道安装前，要对支架位置进行核准，避免管道安装后再拆改（如图2-18-5）。

图2-18-4 水管支架位置和走向图

图2-18-5 水管安装和走向图

管道安装前须考虑以下几点：

a. 水平干管的供回水位置：由于供回水干管的标高相同（若采用错位安装主干管，虽然容易进行设备碰头，但造成风管无法安装），热盘管末端为下供上回式，因此水平主干管的回水管应靠近内区布置，且回水管水平甩三通，供水管下甩三通。

b. 考虑到热盘管末端回水管的高度，及架空地板层的高度，回水管路上的电动阀须倾斜安装，才能满足电动阀执行器高度的要求，倾斜安装的角度必须小于90°（电动阀安装说明书要求），现场一般控制在45°左右就能满足现场高度要求。

（3）热盘管VAV BOX进出口阀组的安装形式（如图2-18-6）

2.2.5 VAV空调系统调试过程控制

（1）VAV BOX调试原理

VAV空调系统中的空气处理机组采用变频风机，送入每个房间的风量由VAV BOX控制，每个VAV BOX可根据房间的布局设置几个送风口。

室内温度通过VAV BOX设在房间的温控器进行设定，温控器本身自带温度检测装置，当房间的空调负荷发生变化，实际值偏离设定值时，VAV BOX根据偏离程度通过系统计算，确定送入房间的风量。送入房间的实际风量可以通过VAV VOX的检测装备进行检测，如果实际送风量与系统计算的送风量有偏差，则VAV VOX自动调整进风口风阀以调整送风量。例如夏季，当室内温度高于设定值时，VAV BOX将开大风阀提高送风

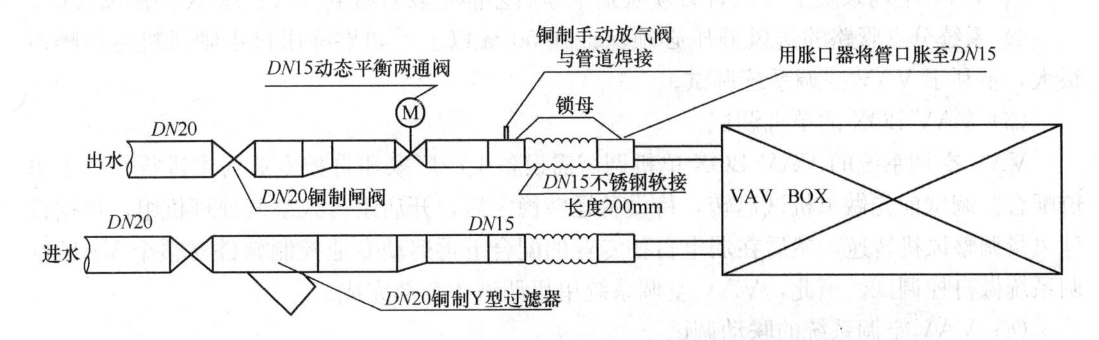

图 2-18-6 热盘管 VAV BOX 进出口阀组的安装形式图

量，此时主送风道内的静压 P 将下降，并通过静压传感器把实测值输入到现场 DDC 控制器，控制器将实测值与设定值进行比较后，控制变频风机提高送风量，以保持主送风道的静压。如果室内温度低于设定值时 VAV BOX 将减少送风量。冬季和夏季的调节方式相同，但调节过程相反。具体控制过程如图 2-18-7 所示：

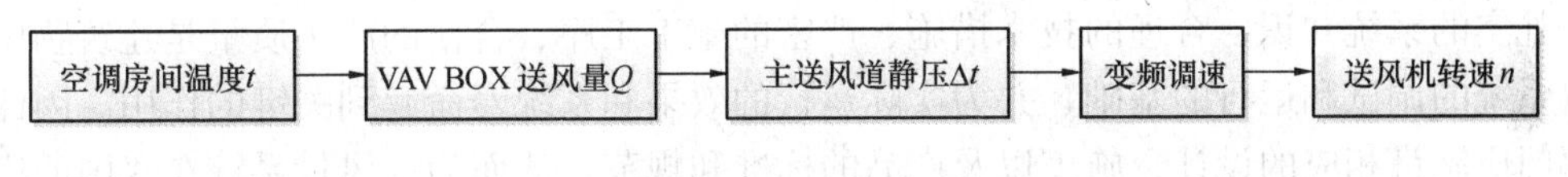

图 2-18-7 控制流程

上述控制过程中，控制对象为室内温度、主送风道静压 P，检测装置为静压传感器，调节装置是现场 DDC 控制器，执行器是变频器，干扰量是 VAV BOX 风阀开度、空调负荷。另外，送风道的严密性也是不可避免的干扰量，但可以通过改装施工工艺使之减小到最小程度。

由于 VAV 空调系统在调节风量的同时保持送风温度不变，因此在实际运行过程中必须根据空调负荷合理的确定送风温度。例如夏季，当送风温度定过高，空气处理机组冷量不能平衡室内负荷时，空气处理机组可能大风量工频运转，此时达不到节能的效果。空气处理机组的送风温度可以通过现场 DDC 控制器进行设定，并且通过控制空气处理机组回水电动阀，对送风温度进行有效的控制，控制过程如前所述。

为了使 VAV 空调系统更加稳定的工作、充分发挥节能效果，保持良好的室内空气质量。现场 DDC 可以对空调机组进行起停控制，通过设定时间表，使机组按时工作按时停止。DDC 控制器通过监测新风与回风焓值，确定新风与回风的混合比。在保持最小新风量的同时充分利用回风，以减少制冷机组能耗。DDC 控制器还可以对空气处理机组过滤网前后的压差进行监测。当过滤网出现堵塞时会及时报警，以免长时间影响机组送风量。各个现场的 DDC 控制器通过网络控制与中央控制室之间进行信息交换，实现整个系统的集中控制。

（2）VAV 系统调试应具备的条件

1）通风管道安装完毕前，所有接口必须及时封堵，以防异物进入风管。

2）VAV 系统在调试之前，必须完成空气处理机组的试运转和所在系统的风量分配，待空气处理机组的试运转合格且所有连接 VAV BOX 设备的支路风量均达到设计要求后才可以进行 VAV 空调系统的调试。

3）VAV空调系统上游风管必须吹扫干净后才能把软管接到VAV BOX一次风入口。

4）系统分支管路的送风静压必须保证在50Pa以上，如果静压过小则风机运转噪声很大，不利于VAV空调系统调试。

（3）VAV BOX的单机调试

VAV空调系统的VAV BOX单机调试需设备生产厂家和自控专业为主进行，施工单位配合。调试前先做单机试运转，待设备运转稳定后，开启组合式空气处理机组，根据设计风量调整风机转速，然后在弱电自控专业的配合下再启动专业控制软件对整个VAV空调系统做自控调试。至此，VAV空调系统单机调试才全部完成。

（4）VAV空调系统的联动调试

根据使用需求，利用房间温控器设定的参数控制VAV BOX一次风阀开度，从而改变房间负荷；VAV BOX一次风阀的开启程度通过自控信号反馈给空气处理机组，空气处理机组根据反馈信号调整机组风机转速从而改变系统一次送风量。

3. 结束语

通过微软工程对地板送风量送风系统在施工、调试和运行中的实践感受到，在施工工程中扎实的系统知识、合理的技术措施、严密的施工工序、合格的施工质量是建筑物中变风量系统的调试和运行的基础，并为实际运行的效果和系统寿命起到关键的作用。因此相关部门应制订相应的设计、施工以及产品的标准和规范，从而为变风量系统在我国的广泛应用创造条件。

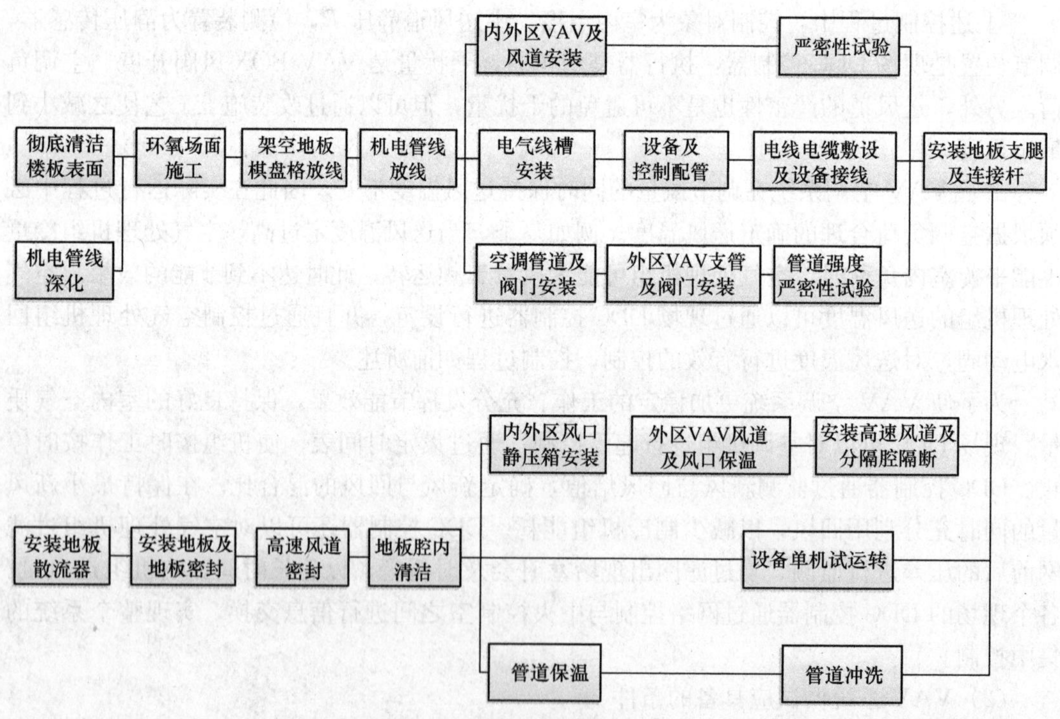

图2-18-8 施工工艺流程图

2-19　VAV 空调系统在工程中的应用

胡　骏　刘元光
（北京市设备安装工程集团有限公司）

1. VAV 空调系统的定义和优势

1.1　VAV 空调系统的定义

VAV 是“Variable Air Volume”的英文缩写，中文意思是可变送风量空调系统，简称 VAV 空调系统。VAV 空调系统是利用变风量末端装置（以下简称 VAV BOX）及空气处理机组的 DDC 控制系统调节空气处理机组风机随房间负荷要求而变化送风，从而实现变风量送风的空调技术。

1.2　VAV 空调系统的优势

1.2.1　节能。传统空调系统的设计理念是按照每个房间处于最不利情况所需冷热负荷进行设计，根据每个房间计算的最大负荷进行叠加从而确定空调设备的送风量等各项参数。而实际情况并非如此，首先极端天气持续时间相对很短，其次房间逐时负荷变化很大，同一时刻不同房间最大负荷基本不会同时出现。因此，在系统实际运行时，随着房间负荷不断变小，VAV 末端的送风量就会减少，空气处理机组的送风量随之减少，其能耗比传统定风量空调系统显著减少。

1.2.2　舒适。VAV 空调系统可以根据房间的使用要求进行独立控制，相比传统空调系统避免局部房间出现过冷或过热现象，易于使用者根据自身要求进行分区域调节。

1.2.3　卫生。VAV 空调系统属于全空气系统，没有凝结水产生，不会污染室内空气环境。

2. VAV 空调系统的构成和工作原理

2.1　VAV 空调系统的构成（如图 2-19-1）

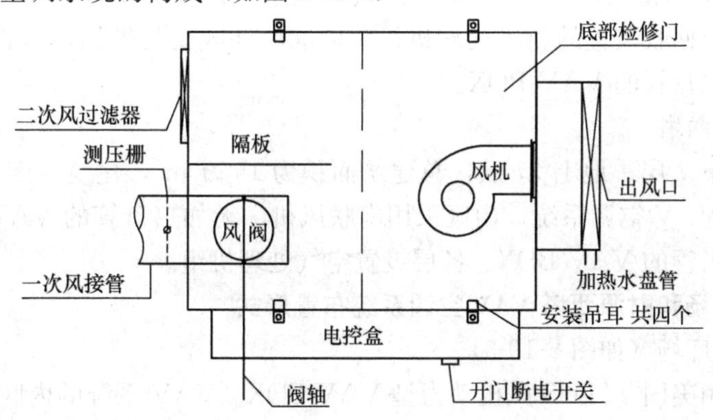

图 2-19-1　风机动力型 VAV BOX 结构图

VAV 空调系统主要由以下几部分组成：AHU 空气处理机组（Air handling unit）、新风/排风/送风/回风管道、VAV BOX、房间温控器等组成，其中 VAV BOX 是该系统的最重要部分。

风机动力型 VAV BOX 由箱体、风机马达、带中央平均式多点流量传感器的一次风入口、空气诱导器入口、方形出风口、加热盘管（外区设备）、温控器等组成。

VAV BOX在国内一般常用以下几种形式：串联式风机动力型（Series Fan Power Box Terminal）、并联式风机动力型（Parallel Fan Power Box Terminal）和单风管型（Single Duct Terminals）。

2.2 VAV空调系统的工作原理（如图2-19-2）

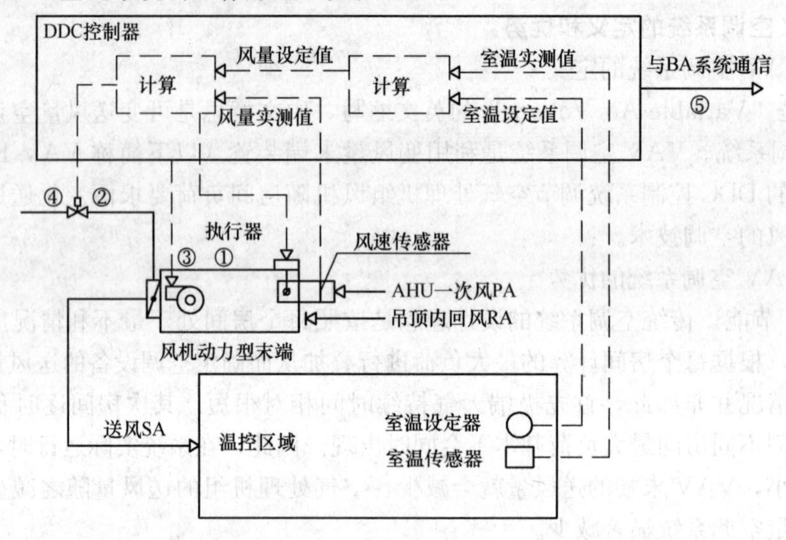

图2-19-2 VAV空调系统工作原理图

3. VAV空调系统在凯晨广场和财源西塔中的应用

3.1 工程简介

3.1.1 凯晨广场

凯晨广场建筑面积19.52万m^2，地下4层，地上13层，建筑总高度57.1m，2～13层为标准层。标准层采用带串联风机的变风量空调系统：各层设置组合式空气处理机组，屋顶集中设置带热回收装置的新风处理机组；标准层外区安装带加热盘管的VAV BOX，内区采用不带加热盘管的VAV BOX。

3.1.2 财源西塔

财源西塔地下7层、地上37层，总建筑面积为15万m^2，建筑高度152.95m。该建筑中、高区采用VAV空调系统，内区采用串联风机、无加热盘管的VAV BOX，外区采用带风机和加热盘管的VAV BOX。各层设置空气处理机组。

3.2 凯晨广场和财源西塔VAV空调系统布置形式

3.2.1 凯晨广场（如图2-19-3）

凯晨广场选用美国TITUS风机动力型VAV BOX。VAV系统的内区送风口采用TITUS-OMNI型方形散流器（可以依靠热敏物质的膨胀收缩作用调整风口开度控制送风量），外区采用ML-37型（配备TBD-80型静压箱）条缝型散流器。

凯晨广场VAV空调系统的风口布局能够在空调外区形成一个良好的空气幕墙效果，有效隔绝了室外环境对室内空调效果的影响。其次通过热回收机组对新风进行预处理，有效降低系统能耗。在新风管路上设置的CAV保证了新风量的采集。

3.2.2 财源西塔（如图2-19-4）

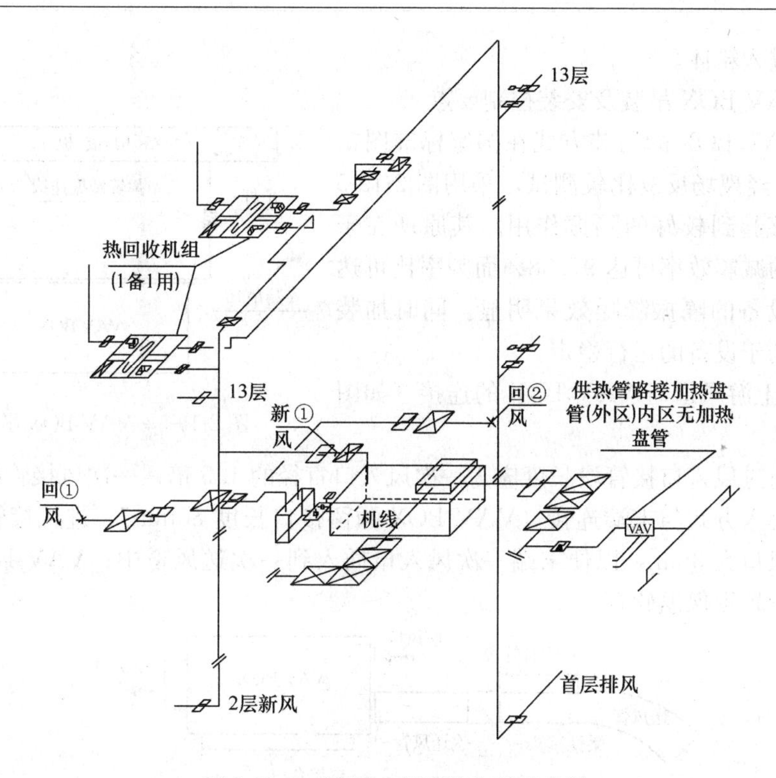

图 2-19-3 VAV 空调系统布置示意图

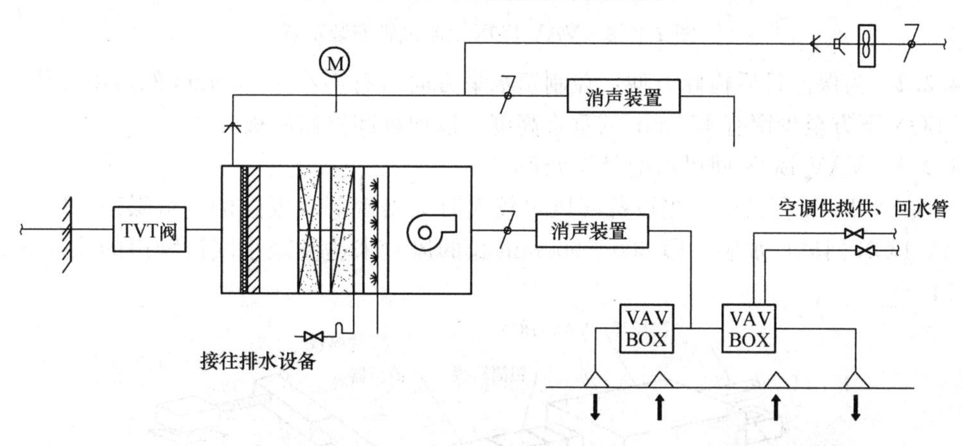

图 2-19-4 VAV BOX 变风量空调系统布置示意图

财源西塔选用妥思（Trox）的风机动力型 VAV BOX。为保证建筑布局，VAV 空调系统的内外区送风口均采用 300×300 的方形散流器。

财源西塔 VAV 空调系统的风口布局能够满足功能分区后的分隔。办公区吊顶、外区建筑临边吊顶以及走廊设置的回风口有利于系统回风。外区建筑临边吊顶上方设置回风口起到了一定的空气幕墙效果，新风管路设置的 TVT 阀门保证了新风采集。

4. VAV 空调系统在工程中的控制

4.1 VAV 设备到场后的检验及存放

VAV 设备进场开箱验收合格后，末端装置应垫高分类码放在干燥清洁的地方。末端一次风入口，送风口、风机末端的回风口和电控元件应密封保护，防止损坏和异物、灰尘、液体等进入箱体。

4.2 VAV BOX吊装及安装控制要点

由于VAV BOX的吊装方式在国家标准图集中没有明确，经现场反复比较测试，采用图2-19-5方式吊装能够起到较好的隔振作用。其原理在于弹簧减震器的减震效率可达97.58%而频率比可达7.71，所以设备的隔振降噪效果明显。同时加装减震器后有利于设备的运行稳定。

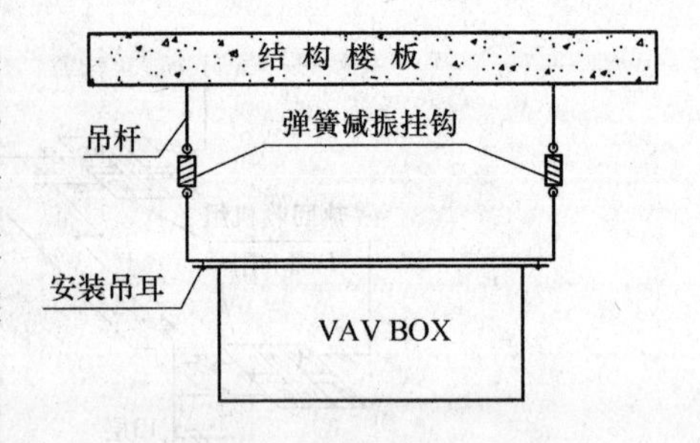

图2-19-5 VAV BOX吊装图

4.2.1 上游风道与VAV BOX的连接（如图2-19-6）

一次风道进风入口接管段长度应为一次风入口直径的1.5倍；一次风接管应包在末端进风口外以套入方式与末端连接（VAV BOX预留接口长度80mm），进风接管直径应比末端装置进风口大3mm，以便末端一次风入口插入到一次送风道中；VAV BOX一次风接管前后应设置短保温软管。

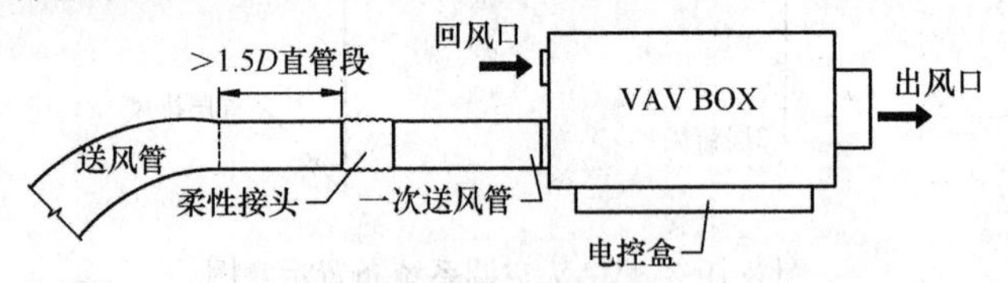

图2-19-6 VAV BOX上游风管安装示意

4.2.2 为保证日后检修方便：控制箱水平方向留有不小于450mm的自由操作空间；VAV BOX下方至少留有150mm的垂直高度，以便拆卸检修底板。

4.2.3 VAV BOX回风口的降噪处理

在VAV BOX调试中，当设备回风量较大时会出现令人反感的气流噪声，因此我们在VAV BOX回风口加装一段600～900mm长的风管来达到减小气流噪声的需要（如图2-19-7）。

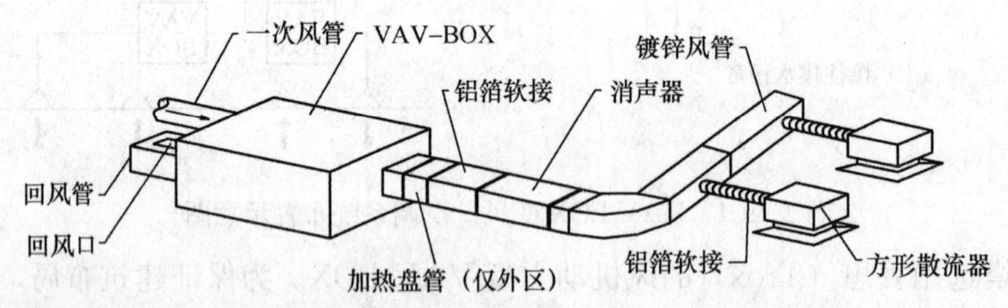

图2-19-7 VAV BOX风管连接大样图（财源西塔）

经现场反复测试，如回风口开在风箱后部、下部或侧部回风噪音无法得到有效降低，只有将回风口开在回风管上方方可最大限度地降低气流噪声对办公环境的影响，同时气流组织得以有效保证。

4.3 通风管道严密性测试

通风管道采用镀锌钢板制作，风管板厚按照《91SB6》图集规定的内容选取，其制作和安装执行组合法兰风管工艺标准。

通风管路在安装完毕后应进行严密性试验：根据《通风与空调工程施工质量验收规范》GB 50243-2002的有关规定，应对系统进行漏风检测。VAV空调系统对系统的漏风要求极为严格，各系统支路送风量必须达到设计值，否则VAV系统无法在设计工况下运行。

4.4　VAV空调系统的消声控制

现在业主对建筑吊顶高度的要求很严，造成空调系统风管截面不断减小，管内流速大幅提升，超过《采暖通风与空气调节设计规范》中规定的经济流速，即使按照图纸要求安装消声装置，仍然无法保证系统噪声符合要求。

首先，我们将所有消声设备均安装在机房内，尽可能地将噪声控制在机房内部。由于主干风管气流速度超过12.6m/s，需要专门对消声器重新设计，根据消声计算，我们使用欧文斯科宁专用吸声材料；空调设备底部垫10mm厚橡胶板，机房墙体内部增加空腔，管道穿墙做封闭处理（如图2-19-8）。经过处理，空调系统办公区噪声控制在45dB（A）以内，达到了良好的运行效果。

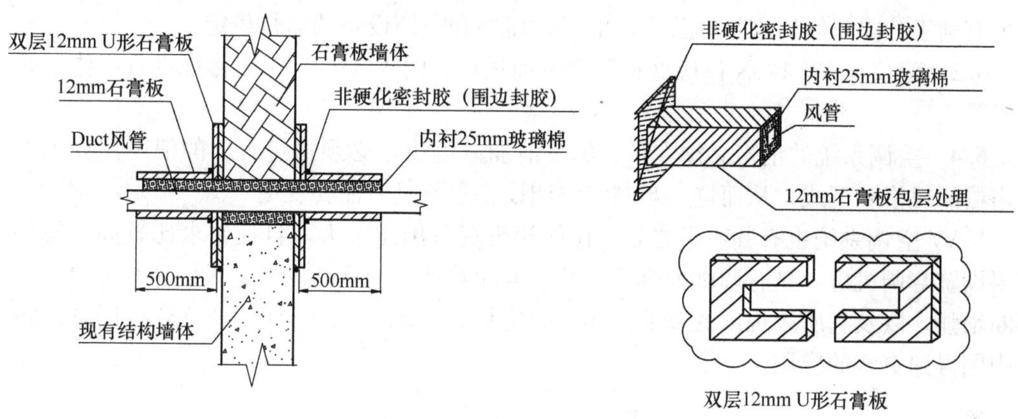

图2-19-8　管道穿越墙体做法

5. VAV空调系统在调试过程中的控制

VAV空调系统的调试分水系统和通风系统两部分：水系统的调试过程较简单，与风机盘管系统的调试过程类似，本文不再赘述；通风系统的调试相较其他系统有其特殊性，本文将详细说明。

在VAV系统调试前，必须具备以下条件：

5.1　通风管道安装完毕前，所有接口必须及时封堵，以防异物进入风管。

5.2　VAV系统在调试之前，必须完成空调处理机组的试运转和所在系统的风量分配。

5.3　VAV空调系统上游风管必须吹扫干净后把软接管接到VAV BOX一次风入口。

5.4　系统分支管路的送风静压必须保证在50Pa以上，如果静压过小则风机运转噪音很大，不利于VAV空调系统调试。

5.5　VAV运转前，下游风管必须连接完毕，回风口过滤器处于工作状态。

VAV空调系统的单机调试：VAV系统的单机调试需设备生产厂家和自控专业为主进行，本专业配合。调试前先做单机试运转，待设备运转稳定后，开启组合式空气处理机组，根据设计风量调整风机转速，然后在弱电自控专业的配合下再启动专业控制软件对整个VAV空调系统做自控调试。至此，VAV空调系统单机调试才全部完成。

VAV空调系统的联动调试：根据使用需求，利用房间温控器设定的参数控制VAV BOX一次风阀开度，从而改变房间负荷；VAV BOX一次风阀的开度通过自控信号反馈给空气处理机组，空气处理机组根据反馈信号调整机组风机转速从而改变空气处理机组送风量。

6. 结论

目前施工规范还没有对VAV空调系统有明确的要求，施工时只能依据设备技术手册并结合设备特点进行施工。通过对凯晨广场和财源西塔的项目总结，VAV空调系统的施工还需做好以下几点：

6.1 VAV空调系统各分支管道应该全部加装风量调节阀，这样更有利于系统的调试和风量分配。

6.2 凡安装（风机动力型）VAV BOX的区域，都要设置回风管道或回风口：这样布置有利于分隔房间后满足办公人员的舒适需要和空调设备的运行稳定。

6.3 建议VAV BOX供应商在生产带加热盘管的VAV BOX时考虑设备本体加装集水盘。

6.4 空调系统的消声必须在系统施工前加以解决，必须通过有效的消声计算来确定消声器的规格和型式，从而进一步判定空调设备参数是否需要变更。

VAV空调系统也有其不足之处，比如初投资费用比较大，自控要求比较高，每层楼需要设置空调机房，具有调试困难等问题，但随着社会的不断发展，人们节约能源意识的不断增强，以及它所表现出的节能、环保等优势，在未来的几年中，VAV空调系统将会在中国得到更多的应用。

2-20　VRV空调系统安装要点

冯云峤
（广州市水电设备安装有限公司）

1. VRV空调系统的类型和特点

VRV是variable refrigerant volume的英文词句首个字母的缩写，意为“可变冷媒流量”。VRV空调系统是一种通过调整和控制冷媒流量，利用氟利昂的直接蒸发获得制冷和直接冷凝获得制热的空调系统。在我国，一般将其归类于“小型中央空调系统”。VRV空调系统是由一台或一组含变容式压缩机的室外机，连接多台室内机而组成的单一制冷回路系统。它可以通过对变容式压缩机和电子膨胀阀的控制，调节系统和室内侧换热器制冷剂的流量来实现系统的变容节能运行，并较精确地满足室内供冷和供暖要求。它一般由室外机组、室内机组、制冷剂管道和电气及自控系统组成。相对于风管式系统和水管式系统而言，VRV系统的室内机组形式更是多样，常见的有嵌入型、风管型、悬吊型、壁挂型等。这些室内机即能提供合理、良好的气流组织，又可较好地配合各种室内装潢的风格。同时，由于采用了电子膨胀阀对制冷剂流量的精确控制，可实现不同负荷率下平稳的变容调节运行。与此相对应，在控制方式上它提供了从单独分散控制到集中远程控制等各种功能，可适用于中高档的住宅和办公场所。目前，在国内得到广泛应用的 VRV 空调系统主要有单冷型、热泵型、热回收型、冰蓄冷型以及水冷型等，可分别用于不同的场合以满足不同的要求。

VRV 空调系统根据其制冷剂配管实际连接形式大体可分为室外直接分歧方式和室外总管、室内分歧的连接方式两大类。采用室内分支形式的 VRV 空调系统，其室外机组的所连接的制冷剂配管由一组气管和液管构成（一般称为主配管，对于部分品牌的热回收式系统则由两根气管和一根液管构成）。制冷剂主配管根据室内机组的分布情况，在合适的位置进行再分支，最终与各个室内机组相连接。采用室外分支的 VRV 空调系统，其室外机组连接复数组制冷剂配管，数量根据实际连接的室内机组的数量和形式来确定。相对而言，采用室内分支的系统，由于流量调节机构设置在各室内机组中，能较为迅速地对应室内负荷的变化，且可达到较长的配管长度以对应较为大的空调空间；而室外分支的 VRV 空调系统由于流量控制机构设置在室外机组，为减小管路的输送损耗，一般不宜安装较长的制冷剂配管，多用于三房至四房的家庭场合。

2. VRV 空调系统的安装工作极其重要

VRV 空调系统的质量好坏，30％在空调的生产厂家，而 70％在于安装，根据大金空调有限公司总结安装问题对设备的影响如下：①空调管道泄漏、制冷剂不足、冷媒管道和线路的混乱及冷媒管道的脏堵会引起运行过热造成压缩机故障；②冷媒管道潮湿引起润滑油变质或冰堵；③不合格的安装位置（空气循环短路）造成效率降低；④电源接线在控制线路上、没有对供电线路进行绝缘测试及对控制板施加过大压力会损坏电气零件。由此可以看出安装在整个空调系统中所占比重是十分重要的。虽然各个生产厂商在出厂时对产品进行了严格的质量控制，但由于目前的安装工作均由设备代理商或安装商具体负责，在施工时尚缺乏严格统一的规范和标准，常常产生有关产品质量的投诉。在目前的市场上，由于 VRV 机空调系统广泛应用于各种中高档民用和商用场合，对舒适度的要求较高；不恰当的安装会引发众多的争议或投诉；同时，VRV 空调系统的室内机组又多采用暗装形式，与房间的内部装饰相匹配，完工后进行再调整和改善时往往会产生额外的内装潢费用；因此在使用 VRV 空调系统的场合，必须十分注重安装施工的规范性。

3. VRV 空调系统的安装要点

VRV 空调系统的安装，不同于其他的机械设备，涉及的工种面非常广泛，如管道工、钳工、焊工、电工、保温工、调试等，而且还有它的特殊要求。

干燥、清洁、气密是贯穿整个制冷剂配管施工的精髓。在整个铜管配管的施工过程中，始终围绕这三点实施，要真正做好这三点，就要依靠广大施工人员的责任心和施工态度。

(1) 如果系统内混入水分，水分在冷凝器内被冷凝成液态的水，水以液滴状态混在制冷剂中，在电子膨胀阀等节流装置附近由于低温而冻结成冰，产生冰堵现象，使系统无法正常工作。

一旦发生此类情况，必须用真空干燥法进行处理。真空干燥是用真空泵使冷媒管内水分（液体）蒸发（气化）并加以驱除，使管内完全干燥，即将双表式压力表接在液管和气管的维修口，将真空泵运转两小时以上，压力应达到-755mmHg 以下，并继续抽吸至少

45min以上。但这样就有可能把系统内的氟利昂制冷剂释放到大气中，从而破坏了大气中的臭氧层，导致全球变暖。水分还能使氟利昂等制冷剂发生水解而产生酸，导致制冷系统内发生“镀铜”现象，因此，一定要保证系统内的干燥。

（2）设备和连接管道内的氧化膜、焊渣以及其他杂质必须清理干净，保证系统内的清洁。否则将会引起气缸、活塞、电子膨胀阀、油泵和过滤网等零部件的磨损或者堵塞。另外，混入杂质后，电机的电阻值会减小，电气绝缘性能下降，容易造成压缩机等电器设备的损坏。要保证系统内的清洁，应该从开始购买材料一直到管道系统的吹污为止，始终保持管道末端的封口保护。在钎焊时为避免在管道表面产生氧化物必须采用氮气置换作业，即钎焊时将氮气吹过冷媒管，并使用减压阀将通入的氮气压力控制在0.2kg/cm^2。

（3）设备是否能够正常发挥其本身的性能，跟系统内制冷剂量的多少有很大的关系。VRV机组出厂时，已充填了标准长度配管的冷媒量，但配管超过标准长度时，必须追加充填相应的冷媒量。冷媒充填的步骤：①通过抽真空确认真空干燥是否完成。②计算应追加充填的冷媒量。（根据实际的液管尺寸和长度计算）③用台秤或加液器测量需追加的冷媒量。④将冷媒钢瓶、压力歧表、室外机的检修阀用充填软管连接，以液体状态充填。充填前必须将软管及歧管中的空气赶出后再进行。⑤充填完后，确认室内、室外机的扩口部是否有冷媒泄漏。（用气体检漏器或肥皂水进行检查）⑥将追加的冷媒量记入室外机的冷媒追加指示铭板上。⑦充填时采用电子称量器的话，会使作业进行得更加顺利。⑧在气温低时，可对冷媒储气瓶加温，应用温水或热风加温，绝对不能用火焰直接加热。

（4）要保证系统内有足够的制冷剂量，又跟系统的气密是分不开的。如果气密性不好，随着时间的推移，系统内的制冷剂会越来越少，造成设备效果差，最终导致低压保护停机。另外，有的制冷剂是对人体有较大的毒性，比如氨，如果系统发生泄漏，超过一定的时间，人就可能中毒。当超过一定的量时，可能发生爆炸。因此，管道系统的气密试验是十分重要的一个环节，必须严格按照空调生产厂家及冷媒的要求，进行气密保压试验，以保证整个系统的气密性。

（5）室内机在夏季制冷运转时，由于蒸发器表面的温度较低，室内的湿度相对较大，当空气中的水分接触到低温的蒸发器后，会产生冷凝水。为了让这些冷凝水能够排出室内机，就需要进行冷凝水管的管道施工。为避免空气中的水分接触到低温管道而产生冷凝水及温度损失就需要进行保温施工。而冷凝水管的管道施工和保温工程如果没有严格按照要求进行操作，或者安装的不好，形成漏水或滴水，将对管道底下的其他设备、房间装修等造成污染和经济损失。

（6）对于室内机的吊装，主要注意三大要点，即：高度、水平和方向。除了上述的三点外，还要注意室内机的安装位置和室内整体的气流分布有密切的关系。防止出风和回风的气流短路，是保证整个空调空间达到预定效果的前提条件。对于风管型室内机的吊装，还要考虑到该机型的机外静压，避免因风管过长引起的风量减少效果差和风管过短引起的运转噪声过大等投诉问题的产生。

（7）室外机的安装位置，决定设备制冷/制热的效果，设备是否能够正常发挥其效用，室外机的通风散热条件起到决定性的作用。当环境温度高于冷凝温度时，制冷剂的液化能力下降，产生的液态制冷剂量变少，在蒸发器内的液态制冷剂量就少，吸收的环境热量也相应变少，因此制冷效果就变差。所以室外机设备应该安装在通风良、散热条件好的场所并防止出入风的气流短路。

做任何事情都是有一定的限制的，VRV 空调系统的安装也有一定的限制。比如连接系统的管道长度；室内与室外设备的高低落差；室内与室内设备的高低落差；系统控制线的长度限制等。这些限制条件会因厂家的不同而不同，不过目的是基本相同的，主要是考虑到制冷剂在管道内的输送距离、空调设备的回油问题以及信号的传送距离和传送速度等，以保证设备在允许范围内正常的工作。如果超出这些限制，可能导致系统的效果差，甚至损坏设备，因此必须严格遵循厂家的安装要求进行安装。

4. 结束语

VRV 空调系统的安装是非常重要的，是与分体式空调系统和水冷式空调系统的安装不同的；是有条件限制的安装；是一个比较陌生的复杂的安装；是一个有待我们继续探讨和研究的安装。

2-21　如何降低 VAV 空调系统风口风量不平衡率

郑雄清　何伟斌　李洁萍
（广州市机电安装有限公司）

1. 引言

变风量空调系统简称 VAV 空调系统，其基本原理是根据室内负荷的变化，改变送入房间的风量。在当今倡导节能性和舒适性的大环境下，VAV 空调系统在我国的大型办公楼正在被越来越广泛地应用，并成为当今智能建筑的特征之一。但是，拥有智能性的 VAV 空调系统，并不代表其风口风量能够毫无条件地达到平衡，其动态平衡是在正确的调试基础上实现的。故本文通过工程实例，详细介绍了如何降低 VAV 空调系统风口风量不平衡率的过程，为 VAV 空调系统自动化的实现做好基础。

2. 工程概述

富力中心是一幢由地下 5 层，地上 54 层组成的甲级办公楼，总建筑高度约为 230m，建筑总面积 15.7 万 m^2，空调总负荷为 4182 冷吨，办公楼层均采用变风量单风道系统，由两台变风量空气处理机提供空调处理后的一次送风，经送风管送至变风量末端装置，再由条缝风口送出以满足室内负荷要求。

本工程 VAV 空调系统采用定静压控制法控制，其中 VAV 空调系统风口风量调试为施工难点。

3. 现状调查

从 7～8 月对 49、50 层 VAV 空调系统风口风量的调试情况来看，不平衡率为 29.7%，超过《通风与空调工程施工质量验收规范》GB 50243—2002 要求 20%的规定，故我们对现状进行调查。

由于送风口的风量随着办公区域的温度传感器设定不同的温度而变化，且本工程的温度传感器的最小温度是 15℃，最大温度是 29℃，所以我们通过统一设定 49 层、50 层的温度传感器的温度为 15℃、20℃、29℃，在这三个不同的温度下，对不符合要求的风口进行风量调试及测量，并将影响风口风量不平衡的原因归纳如下（见表 2-21-1～表 2-21-3）：

影响风口风量不平衡的原因归纳表1（设定温度为15℃） 表2-21-1

风口风量与设计风量的偏差情况	点数	占不符合要求的总点数%
偏差小于－15%	60	59.4
偏差不稳定	34	33.7
偏差大于15%	7	6.9

影响风口风量不平衡的原因归纳表2（设定温度为20℃） 表2-21-2

风口风量与设计风量的偏差情况	点数	占不符合要求的总点数%
偏差小于－15%	55	54.5
偏差不稳定	37	36.6
偏差大于15%	9	8.9

影响风口风量不平衡的原因归纳表3（设定温度为29℃） 表2-21-3

风口风量与设计风量的偏差情况	点数	占不符合要求的总点数%
偏差小于－15%	66	65.3
偏差不稳定	31	30.7
偏差大于15%	4	4.0

从以上的调查结果，我们可以得出这样的一个结论：温度传感器在不同的设定温度下，风口风量偏差小于－15%和风口风量偏差不稳定是造成风口风量不平衡的主要问题。

4. 原因分析

2007年8月31日，项目技术人员对风口风量不平衡存在的问题和原因从人、机、法、料、环五个方面进行了分析，并整理成关联图（图2-21-1）：

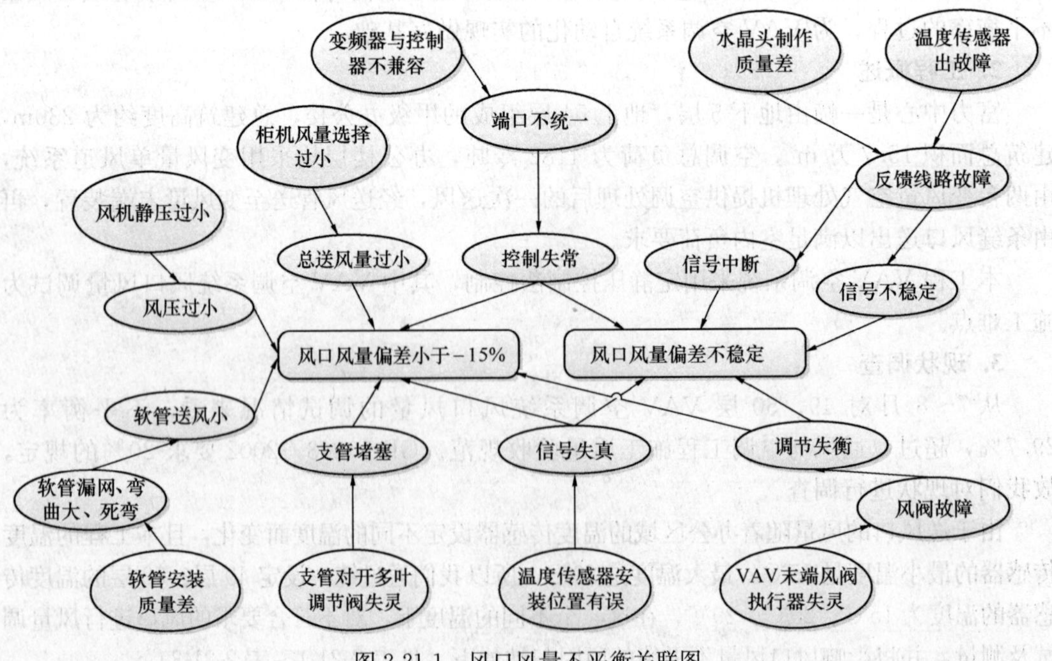

图2-21-1 风口风量不平衡关联图

5. 要因确认

从以上关联图中可以看出，造成风口风量偏差小于－15％和风口风量偏差不稳定的末端因素共有9项，所以，我们根据检查情况对要因进行一一确认。如表2-21-4所示：

要因确认计划表　　　　**表 2-21-4**

序号	末端因素	确认方法	标准	是否要因
1	软管安装质量差	拆开天花，检查软管是否弯曲半径过小、死弯、塌凹、接口不严密、渗风	软管弯曲小，气流能够很好地通过，而且接口严密不渗风，其合格率须达到95％以上	▲
2	风机静压过小	利用毕托管测量风机进出口的静压以及利用电子测风仪测量风机出口的速度，从而计算出风机的静压	风机静压应该能够足以克服风管最不利环路的风管阻力和VAV末端装置阻力，并保证末端风口送风速在1.3～1.7m/s范围内	●
3	柜机风量选择过小	利用微风仪测量送风主干管及回风的风速，计算整个系统的风量	现场测量的系统风量与设计风量的偏差应在±10％以内	●
4	VAV末端风阀执行器失灵	手动打开风阀，看其是否灵活，并用24V蓄电池启动风阀，看其是否正常动作	手动应能灵活打开风阀，用24V蓄电池正反相接通风阀时，风阀应该能相应正常打开和关闭，且保证合格率为100％	●
5	支管对开多叶调节阀失灵	关闭与全开阀门时，测量同一支管风速变化	全开调节阀时，支管风速应达到最大；关闭调节阀时，支管风速应降到最低甚至为零，其合格率应达到90％以上	●
6	变频器与控制器不兼容	根据ABB变频器厂家和DDC控制器厂家提供的产品说明，看彼此是否兼容，并用万用表测试DDC控制器反馈的信号参数，看是否与ABB变频器规定接收的信号参数一致	DDC控制器提供的信号反馈参数应与变频器程序中规定接收的参数一致	●
7	温度传感器出故障	对温度传感器设置不同的温度，观察其所在区域的风口送风量的变化情况	设置温度传感器温度时，其所在区域的风口送风量将随着不同的温度按照预先设定的规律而变化，其合格率须达到95％以上	●
8	水晶头制作质量差	利用手提电脑连接DDC控制器，监测各VAV末端装置工作状态，并用网线测试仪对无法监测的VAV末端装置进行点对点测试，看线路是否连通、信号是否稳定	水晶头按照EIA/TIA 568B标准制作，且各信号线路均应连通、稳定，水晶头的合格率须达到100％	▲
9	温度传感器安装位置有误	从现场安装情况与设计图纸进行对照	每个温度传感器只服务于一个固定的区域，其安装位置应与设计图纸中的位置一致，且安装位置偏差应该控制在±10mm以内	▲

注：▲——是；●——否。

6. 制定对策并实施

针对以上三大原因，项目技术人员以防止或减少这些不利因素作为指导思想，认真分析，制定了以下对策，并付诸实施（见表2-21-5）。

工艺措施表 表2-21-5

序号	要因	对策	目标	措施
1	软管安装质量差	由工程项目部调试技术人员对风管安装工人进行培训	提高工人风管安装的技术水平，降低软管安装的弯曲度、保证接口严密不渗风，其合格率须达到95%以上	对现场操作人员进行再培训教育
2	水晶头制作质量差	由项目部相关技术人员对水晶头制作人员进行培训	提高工人制作水晶头的合格率，并保证合格率达到100%	在现场指导工人正确制作水晶头，并通过一定的考核
3	温度传感器安装位置有误	项目部与装修单位沟通，阐述温度传感器的作用以及安装位置正确的重要性	温度传感器完全按照图纸规定的位置安装，其安装位置偏差应该控制在±10mm以内	通过与装修单位沟通，共同协商温度传感器按照图纸规定的位置安装

7. 效果检查

实施对策后对各风口风量进行重新测量，并通过计算，发现风口风量不平衡率大大降低，以下是对影响风口风量不平衡的因素进行了重新统计，其结果如表2-21-6：

影响风口风量不平衡因素统计表 表2-21-6

风口风量与设计风量的偏差情况	风口数	占总风数（340个）（%）	累计（%）
偏差小于-15%	26	7.6	7.6
偏差大于15%	4	1.2	8.8
偏差不稳定	12	3.5	12.3

我们对风口风量不平衡率进行检查，发现造成风口风量不平衡的两个主要原因一风量偏差小于-15%和风量偏差不稳定的不平衡点数大大降低，其他不利因素也得到了改善，使风口风量的不平衡率降到了12.3%，超过了规范的要求。

8. 结语

VAV空调系统从设计到交付使用是一个复杂的过程，因此，在对系统进行设计、选型、安装调试以及系统投入运营后的维护等各个方面都要认真地考虑，避免给物业管理人员和空调用户带来不必要的麻烦。本文仅从工程实际出发，介绍降低VAV空调系统风口风量不平衡率的过程，希望能够为同行起到有益的参考作用。

2-22　T2航站楼VAV空调系统施工技术总结

孙　海
（四川省工业设备安装公司）

1. 前言

变风量（VAV）空调系统是一种通过改变室内空调送风量来调节室内温湿度的空调系统。成都双流国际机场T2航站楼位于8.4m层的候机厅按功能设置有头等舱候机室、商业及母婴候机室等房中房，这些房间对温、湿度要求相对较高。位于左右连廊的0.0m层VIP、CIP区域以及0.0m层、4.5m层各办公区域由于自身空调使用特点，因此导致空调系统在各自不同区域的使用上存在不确定性、空调负荷量变化差异较大等现象。设计院在确定空调方案时结合了T1航站楼的空调运行情况，总结相关经验，对T2航站楼内的房中房、VIP/CIP和办公区域的空调系统采用了VAV空调系统，通过在送风支管上设置变风量末端装置（以下简称VAV BOX），根据室内温度变化（实际空调负荷需求）来调节其送风量大小，使空气处理机组的总送风量大小随着各分支送风支管上的需求而变化，空气处理机组风机随之变频运行，以达到空调节能的效果。本文依据VAV空调系统的工作原理及特点，结合T2航站楼暖通工程施工过程中遇到的问题，摸索和探讨在VAV空调风系统施工中如何满足施工质量要求。

2. VAV空调系统施工技术

2.1　VAV空调系统送风主、干管制作安装

为保证VAV 空调系统VAV BOX运行准确、可靠，需要送风管内的风速、风压相对稳定，这就要求风管的密封性能要好、强度够高，避免因为漏风量大造成管内风压波动而影响VAV BOX的运行动作，出现紊乱的空调运行状态。在制作安装送风主、干管时，应注意：

2.1.1　在主、干风管安装前首先对风管的制作安装质量进行工艺性检验，先制作安装一段样板风管，对样板段风管进行相关的强度及严密性测试，在风管大面积展开施工前，必须确保其施工工艺满足设计和规范要求。

2.1.2　风管应尽量避免返弯、拐角等，风管弯头的制作尽可能使用全弧弯头；在组对风管的时候，避免法兰垫料凸出而导致管内压力损失及产生噪音。

2.1.3　对长度超过20m的主、干风管在适当的部位安装固定防摆支架，严格执行《通风与空调系统施工质量验收规范》GB 50243的相应要求。

2.1.4　在主、干风管施工完毕后，对系统进行漏光、漏风量抽检，抽检数量及检测合格标准严格执行《通风与空调系统施工质量验收规范》GB 50243中压风管的相应要求，检验或整改合格后方能进行下一道工序的施工。

2.2　VAV空调系统回风管制作安装

VAV空调系统的回风管制作安装要求同送风管的制作安装一样，VAV空调系统一般采用吊顶集中回风的形式（见图2-22-1）。

由于整个吊顶空间作为空调回风静压箱，必须充分保证吊顶空间内围护结构的密封

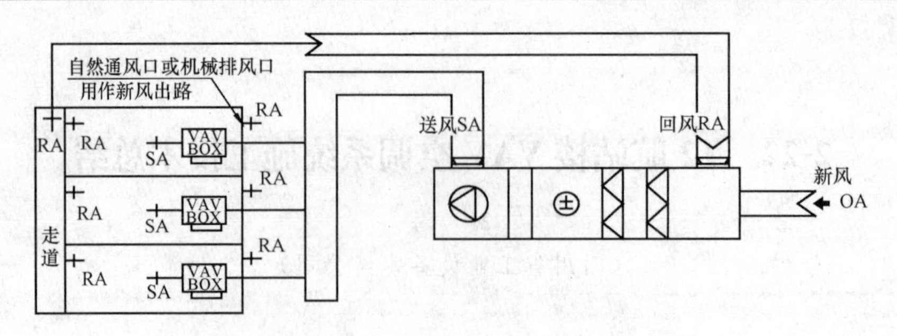

图 2-22-1 T2 航站楼 VAV 空调系统示意图

性，在施工时要积极配合土建和装修单位进行管线穿越后的封堵处理，避免相邻辅助房间未经处理空气的渗入。在空调系统运行调试前，要特别注意确保吊顶空间的清洁、干燥、保温和密闭性，积极配合、督促装修单位将吊顶回风道内清理干净，保持吊顶空间清洁干燥，避免因吊顶回风道的霉菌问题及灰尘导致空调机组回风过滤网长期频繁堵塞而影响空调系统卫生状况和使用效果。

2.3 VAV BOX 的安装

目前，VAV 空调系统这项技术在国内的应用和推广还处于起步阶段，各个品牌的 VAV BOX 的类型多种多样，技术水平也参差不齐，现在仅针对 T2 航站楼暖通安装工程施工中所使用的妥思 TVS-A 型（见图 2-22-2）VAV BOX 进行相关探讨。

图 2-22-2 妥思 TVS-A 型变风量末端设备

因不同房间和区域的空调负荷存在差异（设计根据最大、最小负荷分别核算出送风量最大、最小值），每台 VAV BOX 的设计风量值也各不相同。在订货时，要对每台 VAV BOX 严格按照其相应的设计标注风量，配合设计和厂家技术人员核算出每台 VAV BOX 的最大、最小风量值，作为每台 VAV BOX 生产的技术参数，并对每台 VAV BOX 进行编号，保证其的准确性和唯一性。每台 VAV BOX 出厂前都必须经过单独的测试，合格后才能运送到施工现场进行安装。在安装 VAF-V BOX 时，应注意：

2.3.1 在搬运和安装时务必做好风量、风压传感器等外露线路的保护，在 VAV BOX 与进风、出风段风管连接前，务必清除掉 VAV BOX 内的杂物、灰尘等。

2.3.2 严禁使用 VAV BOX 的进风端、接线箱、风阀轴等作为支吊架的受力点，在 VAV BOX 和支吊架横担间设置橡胶减震垫进行隔震。

2.3.3 在吊杆横担上部各备一颗螺帽进行固定，用于调节 VAV BOX 的安装水平度。

2.3.4 VAV BOX 接线箱的盖板为侧面开启方式，为便于接线、调试及检修，VAV

BOX 接线箱一侧距墙体（或其他专业管线）不能太近，要保证足够的操作空间（间距宜≥400mm）。

2.3.5 对于暗装的 VAV BOX，需在吊顶上留检修孔便于调试、检修，在安装 VAV BOX 时要兼顾装修吊顶的美观性，综合考虑确定检修孔的位置。

2.4 VAV BOX 进风段风管制作安装

T2 航站楼内使用的 VAV BOX 是妥思 TVS-A 型（见图 2-22-3），其采用毕托管式风速传感器，为保障 VAV BOX 的检测可靠，要求进风段风管平直、内壁光滑，并具备足够的平直管段距离以保证 VAV BOX 的测量精度。在 T2 航站楼安装施工中，严格按照设计说明要求，保证 VAV BOX 圆形进风管长度均为≥5D（D 为末端设备进口直径）长度的直管（详见图 2-22-3）。VAV BOX 的进风接口与进风段风管（镀锌钢板保温风管）通过套接方式连接，进风接口段套接处外敷法兰垫料（8501 密封胶条），并采用拉铆钉安装固定，铆钉间距控制在 60mm 内，接缝处均匀涂胶密封，以保证连接处的密闭性。对接缝处风管的保温做到粘结严密，避免因冷桥而产生凝结水。

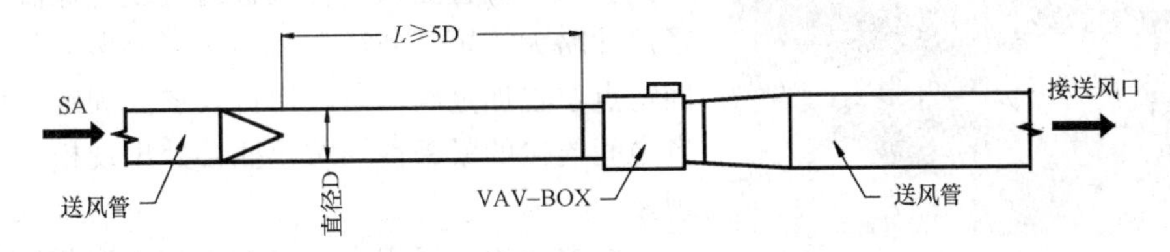

图 2-22-3　VAV BOX 进风段风管接管示意图

2.5 出风段风管制作安装

在 T2 航站楼安装工程中，变风量末端设备（VAV BOX）与送风口的连接，采用在设备出风口段安装玻璃棉不燃复合保温风管分支管的方式（详见图 2-22-4），这与传统的风口连接方式（详见图 2-22-5）有所区别。

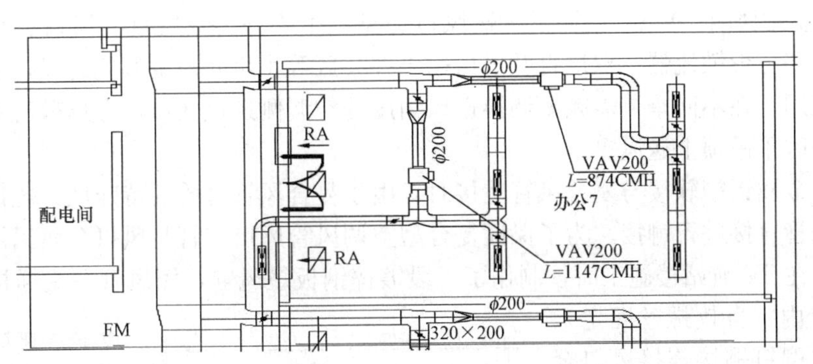

图 2-22-4　T2 航站楼 VAV BOX 与送风口连接示意图

为了保证复合保温风管与 VAVBOX 连接紧密、不漏风，在 T2 航站楼工程施工中，采用了承插连接方式。具体操作如下：

2.5.1 制作一段镀锌钢板风管短管，短管口径尺寸同 VAVBOX 出风口的有效出口口径相同，短管长度为 100mm（不包括 4 个方向各 15mm 长的外翻边，见图 2-22-6）；

2.5.2 将制作好的镀锌钢板风管短管铆接固定在 VAVBOX 出风口位置(见图 2-22-7)；

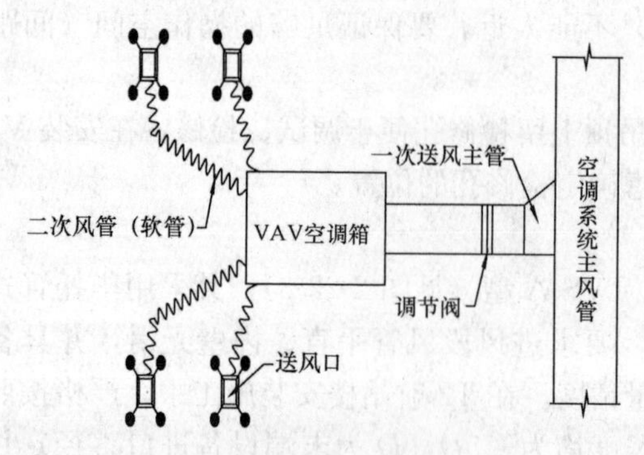

图 2-22-5 传统 VAV BOX 与送风口连接示意图

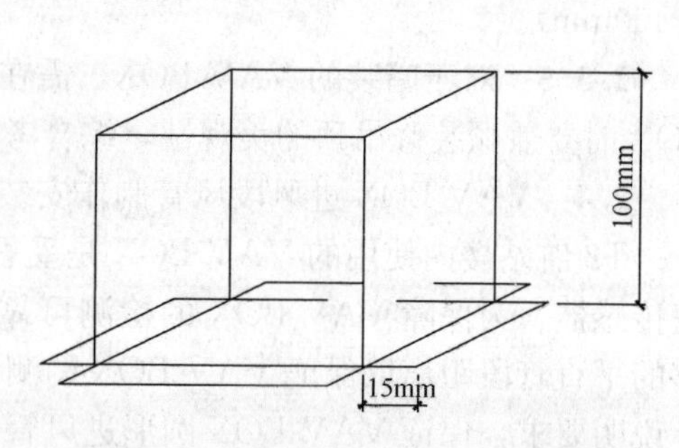

图 2-22-6 镀锌钢板风管短管示意图

图 2-22-7 VAV BOX 铆接镀锌钢板风管短管示意图

2.5.3 进行 VAV-BOX 与玻璃棉不燃复合保温风管的连接工作。将 VAV-BOX 铆接固定好的镀锌钢板风管短管插入复合风管内（复合保温风管内径尺寸略大于短管外径 1～2mm），在复合风管外部固定点位置加金属压条，用自攻螺丝固定，保证两者之间连接的紧密性，防止插接处出现松动、漏风现象。

在安装施工过程中，只有真正控制好了 VAV-BOX 与玻璃纤维复合风管连接处的密闭性，确保漏风量偏差满足设计和规范要求，才能为后续的系统调试运行、风量平衡调整及后期维护保养提供坚实的基础。

2.6 风口安装

2.6.1 送风口安装

在 T2 航站楼内，VAV 空调系统送风口类型，主要分为双层百叶风口、条形（可调角度）风口和方形散流器。双层百叶风口用于办公区等小房间内空调侧送风，条形（可调角度）风口用于在不同季节需频繁调换送风角度的空调侧送风区域，方形散流器用于均匀布置在办公区平吊顶上送风。

送风口金属铝箔软接与复合风管连接时，由于复合风管材质的特殊性，风口软接不能与复合型风管直接进行铆接。为了保证复合型空调风管风口支管与风口金属铝箔软接连接的密闭性，在 T2 航站楼施工时，制作了一段镀锌钢板短风管，短风管一头插接进入复合型空调风管内（自攻螺丝固定）、另一头用拉铆钉铆接连接风口金属铝箔软接的方式（见图 2-22-8），以确保送风口与复合风管支管连接的密闭性。

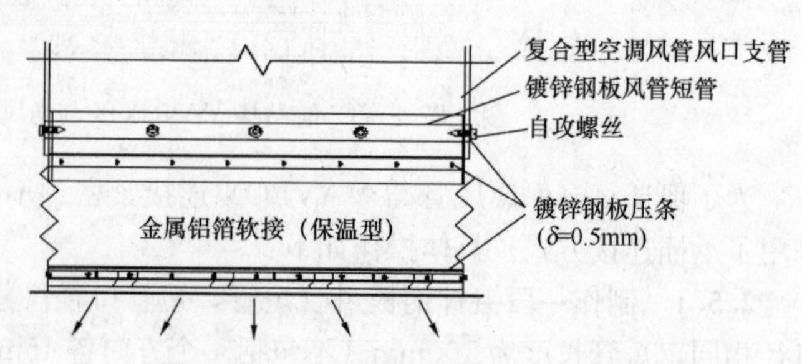

图 2-22-8 复合型空调风管风口支管与送风口连接示意图

2.6.2 回风口安装

由于空调系统采用吊顶空间作为回风道，回风口安装时不受风管安装位置的限制，所以在回风口的布置上具有一定的灵活性，在安装回风口时可兼顾装修吊顶的整体美观性，同时也要与送风口、室内照明灯具等保持足够的距离，避免影响空调效果。另外，回风口的安装位置应避开吊顶内的VAV BOX，杜绝噪声传播。

3. VAV BOX与复合风管的连接

根据妥思TVS-A型VAV BOX自身的结构特点，产品在出风接口位置并未提供用于连接玻璃棉不燃复合保温风管的接头段。为了保证复合保温风管与VAV BOX箱连接紧密、不透风，考虑采用在复合保温风管与阀部件等安装连接中广泛使用的承插连接方式。

为了实现这个安装方式，第一步，我们要在VAV BOX的出风口处安装一段便于后续承插连接用的镀锌钢板风管短管，具体操作如下：

3.1　短管制作

制作一段镀锌钢板风管短管，短管口径尺寸同VAV BOX出风口的有效出口口径相同，短管长度为100mm（不包括4个方向各15mm长的外翻边），参见图2-22-6。

3.2　短管固定

将制作好的镀锌钢板风管短管用拉铆钉铆接固定在VAV BOX出风口位置，见图2-22-7。

第二步，完成VAV BOX与玻璃棉不燃复合保温风管的连接工作。将VAV BOX铆接固定好的镀锌钢板风管短管插入复合保温风管（复合保温风管内径尺寸略大于镀锌钢板短管1～2mm）内，在复合风管外部固定点位置加金属压条，用自攻螺丝固定，保证两者之间连接的紧密性（见图2-22-9），以满足整个空调系统漏风量在设计和规范所允许的偏差范围之内。

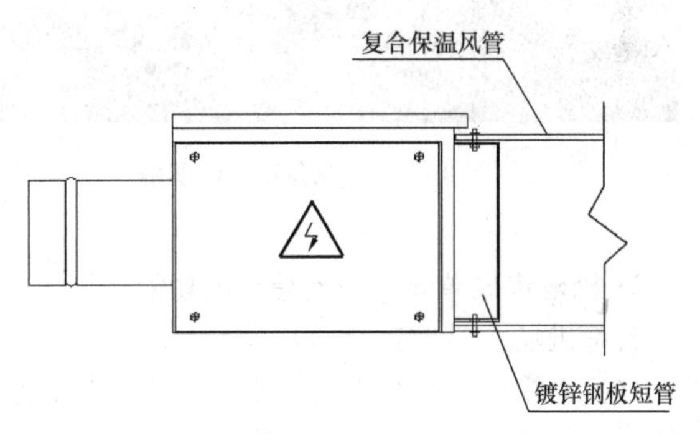

图2-22-9　VAV BOX铆接镀锌钢板风管短管后与复合保温风管连接示意图

4. 结束语

在成都双流国际机场T2航站楼暖通工程施工中，针对VAV BOX与复合保温风管的连接，采用上述的施工技术措施，在工程量比较大以及工期比较紧的情况下，合理运用承插连接方式，完成了VAV BOX与复合保温风管连接、空调送风口与复合风管支风管连接的安装工作，既满足了施工的质量要求，又保证了VAV空调系统的顺利调试和正常运行，实现了设计意图。

本方法仅作为一种探讨，可为同类型变风量空调系统的施工作为参考。

2-23　首都机场3号航站楼空调末端与机电功能末端集成施工技术

曹旭明

（北京城建安装集团有限公司）

首都机场3号航站楼是由世界著名建筑大师英国的诺曼·福斯特设计，是29届北京奥运会配套设施，规模庞大，是目前世界上规模最大的单体航站楼，建筑面积达98.6万m^2，位列2007年世界十大工程之一。为体现北京的“绿色、科技、人文”三大奥运理念，该工程机电安装的各系统采用了大量具有创新意义的设计概念和技术措施来表现其独一无二的建筑功能效果。机电功能末端集成单元箱的施工技术就是基于这一理念实施的。

1. 建筑物内环境、安全、使用功能对机电末端配置的要求

一般公共建筑大空间各种机电末端如：送、回风口、排烟风口、消防水泡、消火栓、各种配控箱柜、电源插座、时钟、显示、导引等各种环境调节、建筑安全、服务功能的末端设备都要与建筑内部空间以一定的形式结合安装。通常以竖井、墙面、顶棚或辅助吊支架来实现。这就要求在设计期间依据建筑物的结构形式、内部空间构造、设计规范来制定各种机电功能末端的布排；在施工期间按内部精装修的要求依据施工规范通过二次深化设计对末端设备进行定位布置。但像首都机场3号航站楼公共建筑内的办票大厅、候机大厅等超大空间内的功能末端的布排安装按常规设计安装势必影响建筑内整体装饰效果及使用功能。为了消除大厅内与结构功能无关的隔墙、吊顶、吊支桁架、竖井等，从设计初始催生出具有创新意义的机电综合竖井集成单元这一理念——引用航空航海中的操控集成仪台（罗盘箱）的概念，见图2-23-1。

图2-23-1 罗盘箱结构模型

2. 机电集成单元（罗盘箱）的功能

首都机场3号航站楼机电集成单元（罗盘箱）是一个机电专业齐全并集中布置的机电设备单元，内部容纳了通风空调送回风风道、消防水管线、消火栓、灭火器等设施，同时还包括了强、弱电竖井、配电盘、智能建筑模块箱等电气设施。罗盘箱四角为穿孔压型铝板构造，内部安装柱状扬声器。底部为压型铝踢脚板，布置电源插座等接口，顶面开可拆卸百页，侧面开送风口。除了满足必要的建筑功能外，还有与许多服务功能结合起来的用途，外表彩釉玻璃饰面集成了广告、电子地图、标识、时钟、登机显示屏、安防监控摄像头等。它的主要优点是消除大厅内与结构功能无关的隔墙、辅助吊顶、吊支桁架、竖井等，减少机电设备及管道空间占用率，在航站楼诸如办票厅、候机厅等大空间区域可以将机电设备各系统集中布置，将机电各功能区集中，同时可以增加建筑空间。在美学和功能巧妙结合的同时极大地缩减了机电设备对建筑空间的干扰，创造了全新的室内效果。

首都机场3号航站楼罗盘箱主要分布在二层、三层、四层，从1型到9型共有9个形式，其中1型、2型、4型罗盘箱为一层结构；3型、5型、6型、9型罗盘箱为两层结构；7型、8型罗盘箱为三层结构。

各型号的罗盘箱其内部机电管路设备基本组成为：风管（空调送风、回风、排风）、风口、VVBOS风量调节阀、防火阀、风量调节阀；消防水管、消火栓箱、消防水炮管及水炮；采暖水管、分集水器；照明配电箱、事故照明箱、动力配电箱、专用配电箱、强电桥架、配管、电源插座；弱电桥架、配管、消防模块箱、综合布线架、航显屏、时钟、广播、无线转发、800M对讲系统、信息插座、楼宇控制箱；接地端子箱、等电位接地；广告等系统。不同型号的罗盘箱在设备数量、器具数量、管路排列、规格等方面均有所不同，但主要功能基本相同，主要是为大空间的周边设备及器具供电、供暖、供冷、送风、排风及排烟、提供航空信息等。

3. 罗盘箱内机电系统深化设计

罗盘箱作为一种综合机电设备安装单元，各种设备管线及设备功能末端全部紧凑合理地安装并且可靠地运行，是罗盘箱安装施工的关键。本工程中的罗盘箱包括通风、空调、采暖、消火栓、水炮、动力、照明、综合布线、广播、航显、时钟、广告等十多个系统，三十多个子项的施工，管路及设备交叉非常多，操作空间狭窄、施工难度非常大，国内工程首次采用。设计单位下发的图纸中未明确各系统管路及设备的具体安装方式和位置。因此，在罗盘箱内设备管路安装前，必须先进行管路和设备的深化设计，对各种设备和管道进行详细的排列、定位，避免出现管路间、设备间及设备与建筑间交叉碰撞，造成重复拆改。

见图2-23-2和图2-23-3，在罗盘箱中，最主要的管路为空调送回风管及排风管，它居于罗盘箱的中间位置，占据罗盘箱大部分空间，因此需首先将风管定位。风管距罗盘箱外框架钢结构的距离及风管间的距离需预留出罗盘箱钢骨架横梁位置及其他专业管道安装空间。

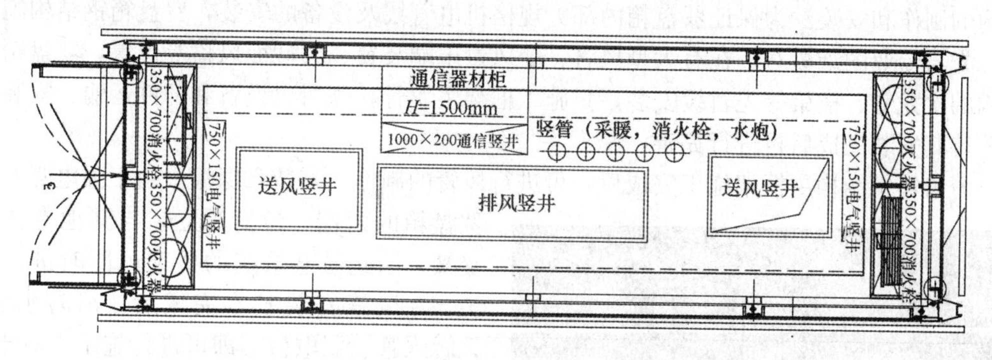

图2-23-2　罗盘箱机电管路平面布置深化设计图

在罗盘箱两侧为电气竖井，为强电专业桥架安装区域。强电专业桥架与其他专业管线无交叉。

采暖系统管道与消防系统管道位于罗盘箱横向位置，在大截面风管的侧面，水管路占据罗盘箱横向一侧位置，不能超越罗盘箱横向截面的中线。

弱电系统桥架与水管位于罗盘箱同一方向，占据罗盘箱横向另一侧位置，称为弱电单元区域。

4. 机电集成单元（罗盘箱）制安

4.1　机电管路安装

在罗盘箱内机电管路施工前，先根据设计图纸核查楼板预留洞的规格及位置，保证管路定位准确。

由于罗盘箱内机电管线大部分为竖向管路，罗盘箱内空间狭小，各专业管线没有多余空间单独设置支架，管线固定需利用钢框架的龙骨，因此罗盘箱施工的第一步是罗盘箱钢

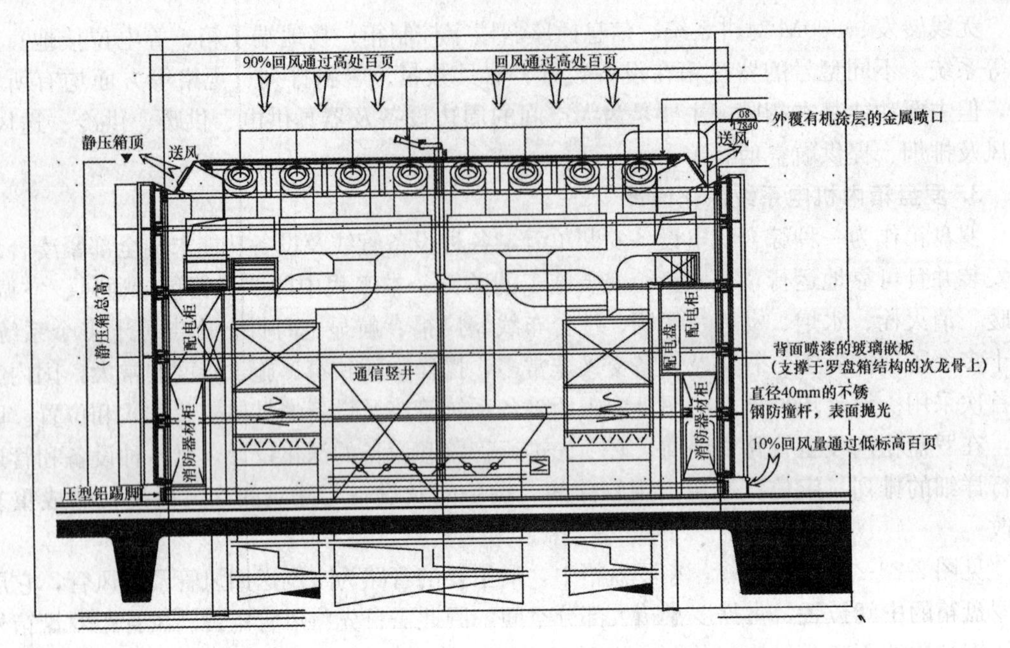

图 2-23-3　典型单层结构机电集成单元结构深化设计图

结构的制作和安装。为保证罗盘箱内部大规格机电管线及设备的安装，罗盘箱钢结构施工前，先与专业图纸核对，在有大型风管、变风量末端装置、大截面风口等位置，罗盘箱钢结构的次龙骨、横梁等先暂缓安装，只施工框架主龙骨，预留出设备和部件运输、安装空间，待其安装完成后再进行完善。

罗盘箱钢结构主框架施工完成后，可进行风管的制作、安装和保温。由于强电竖井在罗盘箱的两端，位置独立，与其他专业无交叉，因此强电系统的桥架可同时进行施工。在风管安装基本完成后，消防水管、采暖水管、弱电桥架即可进行施工。对于3型、5型、6型、7型、8型、9型这种跨越两或三层的罗盘箱，消防水管、采暖水管、电气管线、弱电桥架在向上层伸展时会碰到风管、喷口风箱等，这些管路需要利用旁边空间进行绕行后，再回到原位置，如图 2-23-4 所示。

图 2-23-4　电气管线绕行风管

钢结构专业在设计钢框架结构时，已考虑设置了一些横梁及支撑作为机电专业管线的固定生根点，远离这些横梁及支撑的管线，可在横梁或次龙骨上焊接搭接角钢进行固定。

4.2　弱电单元的定位

在设计图纸中，同一型号的罗盘箱按不同编号分布在不同区域，每个相同型号的罗盘箱其平面布置方向均不同。相对区域的同一型号罗盘箱之间存在镜向关系，在风管施工和水管路施工时要予以注意，否则弱电单元均在同一位置就会与回风口和分集水器的安装位置矛盾。施工前要先明确每个罗盘箱的方向，明确弱电单元、分集水器、回风口的安装位置。及时对风管、水管或弱电桥架进行调整。

4.3　机电设备、部件安装

机电各专业管线基本安装完成后，进行配电箱、消火栓箱、分、集水器、回（排）风口、变风量末端装置等的安装。每个不同型号、不同编号的罗盘箱其配电箱、消火栓箱的规格、安装位置均有所不同。配电箱、消火栓箱均先安装箱壳。

消火栓箱安装在外围钢框架结构的第一层，紧贴主龙骨内侧安装。采用在横梁上焊接搭接角钢进行固定。

大部分配电箱均安装在消火栓箱上部，为保证用电安全，在强电专业配电箱安装区域设计了配电箱封包箱，采用$\delta=2$mm厚钢板焊接成一个封包箱，内涂灰防锈漆两遍，防火涂料两遍。为配电箱配管、穿线方便，在配电箱后面又设置了分线箱，同样刷防锈漆两遍，防火涂料两遍。分线箱和配电箱安装在封包箱内，将配电箱与风管、消火栓箱等其他专业管线、设备完全隔离，起到防火、防水的作用，确保用电的安全。

与强电专业相同，弱电单元区域也采用镀锌钢板进行包封，形成专门的隔离区与其他专业管线、设备完全隔离。确保弱电设备的运行安全。

4.4　等电位接地安装

为满足等电位的要求，本工程所有的罗盘箱钢结构在与每层楼板交接处均与楼板钢筋作等电位连接，用ϕ16热镀锌圆钢或40×4的热镀锌扁钢与罗盘箱任意两个对角处与楼板内的结构钢筋进行双面焊接，再与罗盘箱的方钢进行焊接，如为热镀锌圆钢进行双面满焊，焊接长度≥10cm，如为热镀锌扁钢则要进行三面满焊，长边焊接长度≥8cm，短边焊接长度与扁钢宽度一致。为确保工程质量，要求对每一个点进行验收，并形成检测记录，检测符合要求，则进行隐蔽，明露部分刷防锈漆两遍，再刷银粉两遍。

对于弱电系统的运行安全，在弱电区域设置专用等电位端子箱，采用ZR-YJY-1×50mm^{2}的电缆由相应区域内变电站总等电位箱引来，罗盘箱内的每个弱电系统采用ZR-BY-25mm^{2}的黄绿双色线与其连接，以确保弱电系统的安全运行。

4.5　消防施工

罗盘箱上下层的防火处理，采用防火枕和防火泥对罗盘箱内管道周围的结构洞口进行了封堵，厚度≥240mm。

在每一个罗盘箱内均设置消防模块箱，一个或两个消火栓箱，箱内同时配有手报、消防启泵按钮及灭火器，主要是解决罗盘箱周边区域的消防问题，同时也解决罗盘箱的消防问题。

罗盘箱内的全部电管均刷三遍防火涂料，风管保温外包玻璃丝布并刷防火涂料，对穿越楼层的风管，在楼板下设电动防火阀，由消防控制中心进行控制。为监测罗盘箱内的设备运行情况，在每一个罗盘箱内安装感温电缆探测器，不到顶的罗盘箱安装两层感温电缆探测器，到顶的罗盘箱安装三层感温电缆探测器；安装时感温电缆固定在钢架内侧，感温电缆接消防模块箱内监视模块。三层的感温电缆第一层距地应≤1.5m，上面两层层间间距应≤3m。

4.6　外装玻璃幕墙施工

幕墙施工要保证设备外玻璃门开启灵活，确保罗盘箱内的配电箱等设备内门开启自如作为罗盘箱装修施工的关键工序控制。整个罗盘箱的外立面装修全部采用外挂玻璃幕墙，彩釉玻璃保证了装修效果，见图2-23-5。

图 2-23-5 外装玻璃幕墙

5. 功能末端顺序调试

由于罗盘箱机电系统齐全复杂，各系统的功能必须独立实现且运行中不能对其他系统造成干扰和影响，因此各专业系统的调试必须细致且完善。从安全和施工顺序考虑，调试安排为水——风——强电——弱电——其他服务功能的专业顺序。在管道安装完成后，消防水系统管道首先进行强度及严密性试验，确保水管道的运行安全。在确定水系统管道的使用安全性后，其他系统即可各自进行测试。消防水系统根据规范要求进行消火栓试射、水炮试射。通风空调系统进行风量测试和调整。配电箱柜送电、电气各系统通电试运行。各弱电系统进行功能性测试及联动调试。在各系统调试过程中，加强人员看管，悬挂调试警示牌，防止出现误操作。

6. 结束语

首都机场 3 号航站楼机电功能末端单元集成技术的实施跳出了传统施工做法，开拓了机电安装工程的视野、提高了机电安装工程多专业整体施工组织、管理、配合的能力，改变了以往单工种施工的传统做法，丰富了国内机电施工经验，使机电安装工程在施工工艺上取得了原创性的进展，提高了国内机电安装工程的整体水平。为国内超大型公共建筑的机电安装积累了创新经验。

2-24 机场 T3B 航站楼罗盘箱施工技术

王 毅
（北京设备安装工程集团有限公司）

随着我国城市化进程的加速，国家大力发展机场建设，据初步统计有 33 个不同规模的机场正在或即将开始建设。机场建筑属于高大空间的大尺度建筑，内区面积大、建筑高度高、墙地比大、围护结构多为轻型结构、顶灯布置较多等特点。在这种情况下，出现了一种空调送风形式，即在高大空间区域内布置若干个竖向送风“立管”，在其四周布置风口，向四周射流，既可解决远距离送风的困难，又能节能。这种立管综合建筑、设备、电气等专业用途，形成了一种以设备专业为主的服务性“立管”，在北京首都国际机场 T3 航站楼项目中称之为 Binnacle，中文译为：罗盘箱。罗盘箱包含了通风管道、进出风口、消火栓、水炮、配电盘等电气设备、通信设备、航显、标识和广告等。本文结合北京首都国际机场 T3B 航站楼罗盘箱的施工介绍，希望能对今后类似工程施工中提供借鉴和帮助。

1. 罗盘箱的工作原理

罗盘箱的设计除建筑外观及内部要容纳风管、配电盘等设备外，其余因素主要是空调送风方面的设计了，并且这是设计的核心技术部分，故施工前应熟悉暖通空调图纸，掌握罗盘箱工作原理。

空气处理机组位于一层（机坪层）和地下二层。从这些设备连接出来的风管将通过立管垂直穿过建筑物的各层。这些立管被称为“罗盘箱”，罗盘箱间隔 3 个柱网，在各层每个服务区域面积约为 36m×36m。在大空间区域，变风量箱设置在罗盘箱的竖风道上，射流喷口位于地面上方 2.5m 的位置，服务 36m×36m 的开放区域，罗盘箱侧壁约设置 16 个直径 200mm 的射流喷口，喷口风速为 12m/s，送风温度为 14℃。在罗盘箱的顶部位置设回风口，并布置温度探测器。尽可能利用竖风道来直接满足采暖、通风和空调的要求，使层间的水平风管数量降到最少。

2. 采用管道综合排布技术

罗盘箱的四周根据机场航站楼的功能需要布置时钟、航显、广告、广播、消防栓、水炮、消防按钮及无线接入点等十多个系统三十多个子项的施工。管路和设备交叉很多，操作空间狭小，施工难度极大，国内工程首次采用。罗盘箱内设备管路安装前，必须先进行管路和设备的深化设计，对各种设备和管道进行详细的排列、定位，避免出现管路间、设备间及设备与建筑间交叉碰撞，造成重复拆改。

以 02 型罗盘箱为例（见图 2-24-1），罗盘箱的尺寸为 5300mm×1500mm，风管的尺寸较大，回风兼排烟管 1800mm×450mm，送风管 800mm×450mm，送风管与周围的射流喷口相连，风口间距 500mm 均匀布置，回风 90%由顶部百叶进入，故把回风管布置于罗盘箱的中间，送风管沿罗盘箱大边方向布置于回风管两边。罗盘箱的短边下端设置消防栓箱，上端设置配电柜，顶端设置消防水炮。送风管与配电柜间为强电电气线槽通道，弱电配电线架与采暖供回水管、消防栓管、消防水炮管并排于回风管旁边，地沟式散热器的分集水器对称于回风管的另一侧。

图 2-24-1　施工完毕后实景图

3. 罗盘箱送风效果测试

首都机场 T3B 航站楼罗盘箱风口风速测试，测试季节为夏季。所测试罗盘箱为 B-7-04 罗盘箱，其风口内径为 180mm，两喷口之间距离为 550mm。

测试方法是在风机 100%、50%运行时各喷口出口的断面 x 轴和 y 轴 1/2 直径、1/3 直径、轴心处的风速，及距喷口断面 300mm 处的风速，测试 4m 以下人员活动区域的温度，与设计模拟的风速场和温度场对比（见表 2-24-1 和表 2-24-2）。

风机100%运行时 表2-24-1

位置		左侧第1个喷口风速(m/s)	右侧第3个喷口风速(m/s)	右侧第4个喷口风速(m/s)	右侧第5个喷口风速(m/s)
喷口出口处	左距轴心线 d 处	8.7	15.0	6.0	11.5
	左距轴心线 $2d/3$ 处	8.2	15.0	8.0	11.0
	左距轴心线 $d/3$ 处	8.0	12.0	10.0	9.0
	轴心速度 u_0	8.5	12.0	10.0	10.0
	右距轴心线 $d/3$ 处	7.3	12.0	10.0	9.0
	右距轴心线 $2d/3$ 处	7.5	15.5	10.5	11.5
	右距轴心线 d 处	7.0	16.5	10.0	12.5
	上距轴心线 $d/3$ 处	8.2	17.0	9.5	12.0
	上距轴心线 $2d/3$ 处	7.6	17.0	11.0	13.5
	上距轴心线 d 处	8.0	16.0	10.0	12.0
	轴心速度 u_0	同上 u_0	同上 u_0	同上 u_0	同上 u_0
	下距轴心线 $d/3$ 处	8.5	9.5	10.0	8.0
	下距轴心线 $2d/3$ 处	8.0	6.0	10.0	9.0
	下距轴心线 d 处	8.0	7.0	8.0	9.0
距喷口断面300mm处	右距轴心线 d 处	6.0	6.0	4.0	6.0
	轴心速度 u_k	4.0	9.0	7.0	9.5
	右距轴心线 d 处	6.4	6.0	3.5	4.0
	轴心速度 u_k	2.5	2.5	3.0	5.0

风机50%运行时 表2-24-2

位置		左侧第1个喷口风速(m/s)	右侧第4个喷口风速(m/s)
喷口出口处	左距轴心线 d 处	7.5	6.0
	左距轴心线 $2d/3$ 处	7.0	8.0
	左距轴心线 $d/3$ 处	6.5	8.5
	轴心速度 u_0	6.5	8.6
	右距轴心线 $d/3$ 处	6.0	8.6
	右距轴心线 $2d/3$ 处	5.6	8.2
	右距轴心线 d 处	6.5	7.5
	上距轴心线 $d/3$ 处	6.5	8.0
	上距轴心线 $2d/3$ 处	7.0	8.5
	上距轴心线 d 处	7.0	8.5
	轴心速度 u_0	同上 u_0	同上 u_0
	下距轴心线 $d/3$ 处	5.4	8.5
	下距轴心线 $2d/3$ 处	4.0	8.0
	下距轴心线 d 处	4.0	7.5
距喷口断面300mm处	右距轴心线 d 处	7.0	5.5
	轴心速度 u_k	6.5	6.0
	右距轴心线 d 处	6.0	4.0
	轴心速度 u_k	3.8	3.0

据测试数据显示，罗盘箱运行效果良好，能够很好地形成分层空调送风，风口风速满足设计要求，在人员活动区域（高度4m以下范围）环境温度控制在24～26℃之内，而在非人员活动区域空气温度较高，达到了节能的目的。当罗盘箱送风应用于变风量系统中时，随着空调负荷的减小，通过变风量末端装置的调节，系统由100%风量运行降为50%运行时，罗盘箱分层送风特性没有改变，且各项指标均能满足设计要求。从2008年9月份交工至今使用效果良好，为奥运会期间各国首脑及运动员提供了良好的服务。

4. 施工中注意事项

4.1　根据规范要求，空调送回风风管在穿越楼板时要加防火阀。罗盘箱风管在穿越楼板加防火阀的过程中在接线端子和手柄的方向要留有余量。一方面是考虑到消防的接线，另一方面是考虑到空调系统调试过程中，阀门开启的方便，再者就是方便动力能源公司的运行维护。

4.2　变风量末端装置进风口为圆风口，安装时须将变风量末端的标准圆口与进风口风管连接，建议末端前直管段长度不小于直径的3倍，安装完成后保证电控箱位置在水平侧；安装时还应注意风测试管的保护，避免折断和丢失；电控箱内含主控制器、风阀、变压器和开关，应注意成品保护。

4.3　电控箱安装在457mm×400mm侧，风道内侧口径800mm×400mm（不含法兰），外侧尺寸870mm×465mm（含法兰）。

4.4　罗盘箱内电器设备、弱电配线架等与水管之间要做分隔。

4.5　罗盘箱内是一个上下贯通的竖井，要注意层与层间的防火封堵。风管、水管要做套管，套管与管道间采用不燃材料填塞密实。

4.6　注意与精装单位外饰玻璃的配合，消防栓门、配电箱门与幕墙玻璃合页密切配合，注意开启方向和开启角度，留有适当余隙。

2-25　闭式循环水冲洗技术

何元华　石　勇　高　俊
（四川省工业设备安装公司）

1. 前言

目前中央空调系统广泛应用，并且规模越来越大。为了能高效环保的使用空调系统来调节办公、生活及生产环境，作为中央空调制冷系统的重要组成部分的空调水，在整个系统运行工作中起到关键作用，因此对空调水管道系统进行有效的冲洗是保证系统正常使用的重要工序。在前期管道安装工程中虽特别强调了管内清洁问题，但难免落进电焊渣、电焊条、泥沙及其他污物，残存在管道内壁底层，而管道内壁因氧化、腐蚀而残存在管道内壁面的氧化铁皮等，在水系统循环过程中，极易造成制冷机组、空调末端设备内的管束堵塞，使循环水量减少而导致冷量（或热量）不够，制冷（或制热）的效果下降，严重堵塞时会导致不能制冷（或制热）而破坏设备运行等后果。另外不进行相应的冲洗，管内的氧化物及其他污物会附着于系统敏感配件上，造成其系统敏感配件的工作灵敏度降低甚至失灵，使系统的正常功能及性能下降，对系统的控制配件和设备会造成不必要的损害，降低其使用寿命。所以在管网投入运行前，必须将这些杂质清除掉，而最好的、既环保又节能的方法就是采用闭式循环冲洗法，能够清除管内一切杂物。但在实际操作冲洗过程中受工期及重视程度等因素影响，导致系统冲洗不够认真规范，有的甚至是敷衍了事，这给后续使用中带来了较大的隐患。为了确保系统正常稳定运行，满足生产生活需要，保障设备财产安全，管道系统在安装完毕后必须按照相关要求进行冲洗工作。

2. 闭式循环水冲洗工艺

2.1 工艺原理

2.1.1 利用水流在管内流动时产生的动力以及水流的紊流、涡流、层流状态、水对杂物的浮力作用，迫使管内残存物质在流体运动中悬浮、移动、滚动，从而使管内残存物质随流体运动带出管外或沉积于除污管、过滤器或集水容器内集中清除掉。工艺的主要过程体现在切断设备、连通管路向管内注水，利用水泵使其在管内封闭循环，经多次注水、循环、排水、再换水、循环、排水。净水循环、排水、再换水的全过程即为闭式循环水冲洗。

2.1.2 确定冲洗速度、最大冲洗长度和冲洗用水泵及设备。

2.1.3 安装旁通管冲洗系统，在冲洗时循环水不能通过主要设备（如冷水机组等），必须将设备断开，以免堵塞设备内的管路。

2.2 冲洗系统的选择

2.2.1 冲洗系统的设计

（1）设计依据

依据管网的设计图纸和各种技术参数、管线沿程的条件和现场条件及施工条件。

（2）系统选择原则

1）冲洗水池和水泵应设在管网的起点或中间段，便于系统的选择和分配。

2）根据干管和支管的长度，分干管系统和支管系统；干管过长，可以分多个系统，但在中间部位加旁通管，旁通管上安装阀门；也可以分干管和支管为一个系统。

（3）冲洗位置的选择

1）水泵尽可能用正式水泵，若因业主原因或其他原因不能使用正式水泵则需重新安装冲洗水泵时，临时水泵应安装在场地宽敞和平整处，便于操作，安装变配电装置及其他设施；

2）尽量靠近电源和水源地，减少临时用水、用电设施的费用；

3）尽量用永久性设施及总供水泵站，可以大量节约资金。

（4）冲洗系统的设计内容

根据空调水系统的设计图纸，将主干线、支线做系统的水力学计算，求出：

1）旁通管直径；

2）冲洗速度；

3）冲洗长度；

4）系统沿程和局部阻力总损失；

5）水泵扬程和流量；

6）贮水水池（或水箱）的最小容积；

7）贮水池中的过水断面及过滤网截面面积；

8）除污器（或除污短管）的直径和容积（用除污短管比较经济，现场制作）等。

2.2.2 冲洗设备的选择

（1）水泵的选择

1）根据最小冲洗速度计算的最大冲洗流量，确定水泵的额定流量；

2）根据最小冲洗速度计算的沿程阻力损失，局部阻力损失，杂质在管内运动所耗的损失总和，确定水泵的额定扬程；

3）根据水质含沙泥程度确定水泵种类；

4）可以用正式工程的水泵，但冲洗后应将水泵进行解体清洗，保证生产使用。

（2）其他设备选择

1）根据水泵型号，确定电气设备、如变压器、启动器、保护装置等；

2）各种闸阀、止回阀、底阀等；

3）根据计算确定除污器等。

2.3 冲洗辅助专项施工

2.3.1 水泵安装（如用生产水泵冲洗，本条可省略）

按工艺要求，如需要安装冲洗泵，应做临时泵基础后再安装冲洗水泵，施工方法同正式工程要求。一般应尽可能选用冷媒或热媒循环泵冲洗供回水管网，冷却水循环泵冲洗冷却水循环管。

2.3.2 管道安装

主要是临时管道安装，将水泵入口接到主干管回水管里，水泵出口接到主干管供水管上，系统排水接到回水管端，如果系统循环时，水在管内继续循环，如果循环达到要求，就将管内水排掉，即排到污水管或雨水管井里面。在冲洗过程中，将其他阀门都关掉。

2.3.3 阀门及除污器安装

（1）阀门按规范要求安装；

（2）除污器按流向安装，除污器应安装在正式管路上的下端，其位置应在计算得出来的最大冲洗长度的位置；

（3）直管段，安装在最长冲洗段末端，在干线管底开三通，安装除污短管；

（4）旁通管安装：

在主管和支管末端供回水管上开三通安装旁通管，接通供水管和回水管，并在旁通管上安装一个阀门将供水、回水管隔断。冲洗时打开，运行时隔断。

2.4 分阶段冲洗的要点

2.4.1 第一阶段：管网冲洗

本阶段试运行冲洗的特点为：只进行空调水主干管和各分支管的冲洗，水不能进入空调主机和所有的末端设备。

冲洗步骤如下：

（1）灌水：系统入水由系统最高点补给。

（2）主管网排污：管网灌水前，关闭连接水泵、机组及各楼层总控制阀，待管网灌满水后，关闭补给水管上的阀门，然后开启所有排污阀，排清主管网内的水。重复灌水、排水，直到主管网水干净为止。

（3）支管网排污：主管网水干净后，再进行支管网排污，步骤是先关闭所有的末端设备控制阀，开启各层空调水管的总阀，然后灌水，直至管网灌满水后关闭补给水管上的阀门，开启所有排污阀，进行排水。重复数次，直至主管网及支管网水干净为止。在此步实施过程中，因系统管网较多，所以，分楼层逐步进行。各楼层分别开启阀门冲洗并检查阀门是否漏水、排气阀是否开启正常后，再进行下层楼层的冲洗工作，如此步骤，进行所有楼层的冲洗工作。

(4) 主管网循环冲洗：待主、支管网自然排放水确认干净后，进行管网循环冲洗。系统灌满水后，打开其中部分循环水泵进、出水管上的阀门，然后启动水泵，进行管网的循环冲洗。在此过程中观察水泵的压力是否满足冲洗需要并配合开启剩余水泵，在循环冲洗约 20～30min 后，停止运行水泵，并关闭阀门，进行第一次排污，清洗过滤网。打开所有主水管上的排水阀进行排水，待水排清后，再拆出 Y 形过滤器的过滤网进行清洗。进行第一次排污后，按照上述灌水→冲洗→排污的步骤，进行管网循环冲洗和不定期进行排污与拆洗 Y 形过滤器过滤网或自制过滤装置的过滤网（图 2-25-1），在确认管网内的水清澈后，可进行下一步冲洗工作。

图 2-25-1 自制过滤装置

(5) 楼层管网循环冲洗：待主管网水确认干净后，进行楼层管网循环冲洗。系统灌满水后，打开其中部分循环水泵进、出水管上的阀门，然后启动水泵，进行楼层管网的循环冲洗。在此过程中应逐步打开各楼层阀门，观察水泵的压力是否下降并配合开启剩余水泵，在循环冲洗约 20～30min 后，停止运行水泵，并关闭阀门，进行第一次排污，清洗过滤网。打开所有主支管上的排水阀进行排水，待水排清后，再拆出 Y 形过滤器的过滤网进行清洗。按照上述灌水→冲洗→排污的步骤，进行管网循环冲洗和不定期进行排污与拆洗过滤网，在确认水质没有问题的情况下，便可进行第二阶段的冲洗。

2.4.2 第二阶段：管网连接空调末端设备及机组进行冲洗

本阶段的冲洗特点为：水进入风机盘管、新风机及机组与管网一起进行冲洗。其步骤如下：

(1) 末端设备管路冲洗：按照第一阶段管网入水的方法将管网灌满水，开启水泵，然后逐台缓慢开启设备进水阀门，并开启设备的放空阀门，待确认设备内水满后，关闭放空阀，然后停泵，关闭设备进水阀，清洗设备过滤器，再开启进水阀。最后开启回水阀，进行设备水循环排污。

(2) 机组进行连通冲洗：当系统灌水前，在机组进出水端头增设过滤网板（网板孔径不大于 3mm），灌满水后开启水泵，待整套系统灌满水后，停泵并关闭机组进、出水阀门，清洗过滤网板，干净后再启动水泵，如此循环清洗数次，直至水质较干净后，进行设备水循环排污。

(3) 逐步进行各水泵的开启循环并清洗，进行第三阶段冲洗。

2.4.3 第三阶段：管网连接主机冲洗

本阶段冲洗的特点为：管网的主干管与主机一道冲洗。其步骤如下：

（1）拆除主机进出水管上的过滤网板，并清除橡胶软接头内的所有杂物，重新接通管道，开启阀门进行运行，并关闭旁通阀。

（2）按照第一阶段的冲洗和排污方法，启动水泵进行循环冲洗，然后排污，反复按照灌水——冲洗——排污的步骤进行，直至管网冲洗干净。

（3）冲洗工作到上阶段已进入水运行正常阶段，在这个阶段中，对冲洗过程中水泵等的运行情况、出现的各种问题和测量的各项数据均需做好原始记录，以供系统调试和运行时参考。

3. 闭式冲洗的具体实施

根据现场施工情况杂质在管内运动状态，选择冲洗速度和最长冲洗长度，一般冲洗段为主管及支管。

3.1 实施前的准备工作

空调水系统管道施工完毕，经试压合格后，在试运行前进行管道的冲洗。

3.1.1 人员组成

因空调系统的管网较为复杂，系统管道分布广，依据工程实际区域的划分，将参与系统冲洗工作的成员，分为若干个小组。各小组由一个专业管理人员负责管理、协调，各小组组长之间应相互配合，及时了解全系统的情况及问题，并及时进行沟通处理。

3.1.2 通信保障

在循环水冲洗过程中，为及时准确的了解系统各部位循环水运行情况，加强小组间的沟通，快速处理紧急突发事件，因此各小组应随时保持通讯联系，在小组与小组、小组与管理人员之间建立一套完整畅通的联系通道。

3.1.3 紧急排水措施

在循环水冲洗前及冲洗过程中，做好紧急排水措施，以防止出现紧急事件发生时未能及时处理，造成不必要的经济损失。

（1）在系统进行冲洗前，需检查排水系统安装情况，及时与业主及相关施工单位协调，完善排水措施；

（2）整个冲洗过程设置专职排水潜水泵操作人员，便于在出现管道大面积排水时能及时监控潜水泵的运行情况（平时潜水泵启动调至自动位置），调整水泵的运行模式，同时对相邻的集水坑情况进行了解，以备紧急时起用；

（3）楼层管道在冲洗过程中，各小组应有专人巡视，并了解各层系统的主控制阀，泄水阀的位置。如楼层出现管道泄漏情况，应及时关闭相连的其他楼层控制阀，开启系统主干管的排污阀和本楼层的排污阀，进行快速排放，避免造成楼层水污染。

3.1.4 系统排放点的设置及与装修单位的配合

（1）空调系统在施工安装过程中，已根据现场的实际情况及设计要求，在主管的最低点、环管末端、系统立管底部、各楼层最低点均设置有排放点，以便于系统水的排放；

（2）系统在水冲洗前，根据实际情况及设计要求与装修单位进行协商，在系统有控制阀、排泄阀、排气阀等位置开设检修孔，检修孔位置必需设在利于检修的位置，便于施工人员及维护人员进行调试和维修。

3.1.5 应急方案

编制好应急预案，包括每种设备故障处理措施，突然停电处理办法以及安全应急方案

（火灾、工伤等事故）。

3.1.6 系统检查

按照图纸对整个系统进行检查：检查管线布置是否正确；阀门、过滤器、金属软管等位置、数量及安装方向是否正确；仪表是否安装到位；是否正确安装了排气阀及排污阀；检查支架是否合理；不参加冲洗的设备和仪表要进行隔离。

3.2 空调水系统实施冲洗过程

冲洗工作根据系统大小及复杂程度划分，可分为若干个区域，每个区域分三阶段进行：管网冲洗其方法按本文2.4所述分阶段冲洗的要求进行。

3.3 实施的注意事项

3.3.1 冲洗过程中对振动水流敏感容易造成感应器件失灵的、对杂质敏感的阀件设备等冲洗时都要进行拆除隔离。冲洗完毕验收合格后及时安装拆除隔离的阀件设备，暂时不能连接成系统的管道应及时进行盲板封口处理。

3.3.2 对于管道系统附近的设备和电气设施要进行保护，防止造成损害。

4. 冲洗质量与安全注意事项

4.1 冲洗质量

精洗出口的水质做化学分析后，能达到下列标准为合格：

4.1.1 无砂、泥和悬浮物；

4.1.2 水中无油、无有机溶剂；

4.1.3 水中的硬度不大于5mg/L；

4.1.4 铁的含量小于100μg/L等。

4.2 保证质量的措施

4.2.1 延长冲洗时间，保证杂质移动和沉积的时间；

4.2.2 加大流速，尽可能将杂质冲出管内；

4.2.3 编出冲洗顺序图，严格按序冲洗，防止环路短路漏掉支管冲洗；

4.2.4 注意抽样化验，分级冲洗，合格即停，全系统分段。

4.3 冲洗安全

4.3.1 安全要求

（1）不出现水击现象，不能将水排到马路上；

（2）防止最远端部阀门或封头冲掉。

4.3.2 安全措施

（1）冲洗速度确定后，尽量选择正式水泵，如果必须重新安装冲洗水泵，应将水泵尽可能安装在最高点，防止故障停电造成水头倒击；

（2）将出水口，排水口用管道接到就近污水管或雨水管井内；

（3）自由端部阀门或封头，试压前应做加固或加力顶住。

5. 冲洗效果主要技术指标

5.1 冲洗后的管道内壁无油，冲洗排水无油。

5.2 冲洗合格后的水，经化验，水中铁的含量不大于100μg/L。

5.3 冲洗合格后的水，经化验，水的硬度不大于5mg/L（当量），此技术指标只适合有硬度要求的工业管网。

5.4 冲洗合格后水取样分析无有机溶剂等杂质。

5.5 冲洗合格后水取样分析无浮悬物等。

6. 结束语

闭式循环冲洗技术适合所有管网内壁冲洗，特别是大型、特大型管道的内壁冲洗。尤其是大型的空调供水、回水管网；大型冷却循环水管网；设有供水、回水的城市供热管网。应用此技术更经济、效果更好，特别是对节能环保有特殊要求的。

单管输送的大型管道也可以采用此方法，做旁通管形成环路即可以冲洗，但应做经济比较后再选此方法。

2-26 水源热泵系统工程施工介绍

陈 新
（上海市安装工程集团有限公司）

1. 工程概况

为体现世博会绿色环保的理念，世博轴采用江水源热泵系统和地埋管地源热泵系统进行集中供冷和供热，江水源热泵系统采用江水直接进机组的直接式系统。本文主要介绍江水源热泵系统工程的施工情况。

江水源热泵机房设在世博轴地下2层最北端，以减小江水输送距离。根据冬、夏季负荷情况，合理配置热泵机组，供冷量不足部分配置单冷型离心式冷水机组，以确保满足世博轴夏季制冷需求。集中设1个机房，采用5台制冷量1200kW、制热量1100kW的江水源热泵机组，采用3台制冷量3800kW的离心式冷水机组。另外配置各类水泵24台，胶球清洗装置2套，刷子清洗装置3套，全自动反冲洗过滤装置3套，化学清洗装置2套。

世博轴夏季以江水源热泵系统为主，地埋管地源热泵系统为辅，离心式冷水机组优先开启和使用，即先开离心式冷水机组，不满足要求时再依次开启江水源热泵和地埋管地源热泵；冬季以地埋管地源热泵系统为主，江水源热泵系统为辅，当江水温度较低时，增大江水吸水泵的流量。

2. 系统简介

2.1 热泵机组及离心式冷水机组换热器换热管的形式及材质

江水源热泵机组冷凝器和蒸发器及离心式冷水机组冷凝器的换热管都为光管换热管，材质为铜（90%）镍（10%）合金。

2.2 机组换热器的清洗方式

江水源热泵机组采用胶球清洗装置进行清洗（见图2-26-1）。离心式冷水机组采用管道刷子进行清洗（见图2-26-2）。

2.3 江水的用量及设计取排水温度

本项目江水的最大设计用量为6000m³/h。夏季制冷工况设计的取水温度为30℃，排水温度为35℃；冬季制热工况设计的取水温度为7℃，排水温度为4℃。

2.4 江水的利用方式

图 2-26-1 胶球清洗装置

图 2-26-2 刷子清洗装置

江水经过过滤后直接进入热泵机组的冷凝器或蒸发器及离心式冷水机组的冷凝器。其特点是：不设换热器，避免了换热时热量损失，运行效率高，少一级循环水泵，节能性大大提高。

2.5 江水的过滤方式

江水进机组换热器之前采用二级过滤，首先在取水处采用两道粗格栅进行一级过滤，江水进入机房后经过全自动反冲洗过滤器进行二级过滤（见图 2-26-3），并设置了一套化学清洗装置，对管路水进行化学清洗，改善水质。

2.6 季节转换阀门

江水源热泵系统冬、夏季切换，操作转换阀门即可完成，操作简单易懂，如图 2-26-4 所示。

图 2-26-3 全自动反冲洗过滤器

2.7 空调末端

大空间如地下 2 层商业、餐饮区，采用低风速全空气系统。地下 2 层安检区域等半开敞区域，除采用低风速全空气系统外，另采用吊式空调箱加独立送新风系统。空调机组就近设置在本层或相邻层的空调机房内。

地下 1 层、地面层、10m 平台层的商业、餐饮等空调区域采用风机盘管加独立新风系统。除餐饮区外，地下 1 层、地面层及 10m 平台层的新风空调系统均采用全热回收技术，排风经与新风全热交换后排放。

空调用户侧水系统采用两管制异程式系统，用平衡阀调节各支路水力平衡。分为北区、中区、南区三个空调水系统。

从江水源热泵机房经水泵将冷水供出，经过 55 个空调机房内 100 台空调箱、117 台吊式空调箱及 447 台风机盘管换热后，再回至江水源热泵机房。冷水回水进入热泵机组或冷水机组与黄浦江水进行换热后再次进入空调水系统，如此构成空调水系统循环。黄浦江水利用江水自然资源进行独立的循环，进行换热，构成冷却水系统循环。

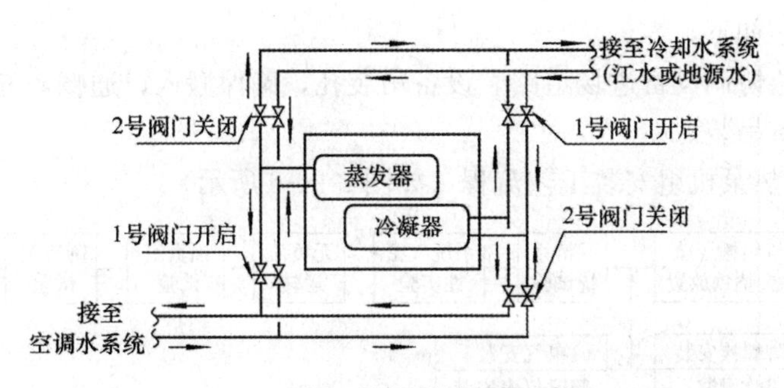

夏季工况热泵机组接管示意图

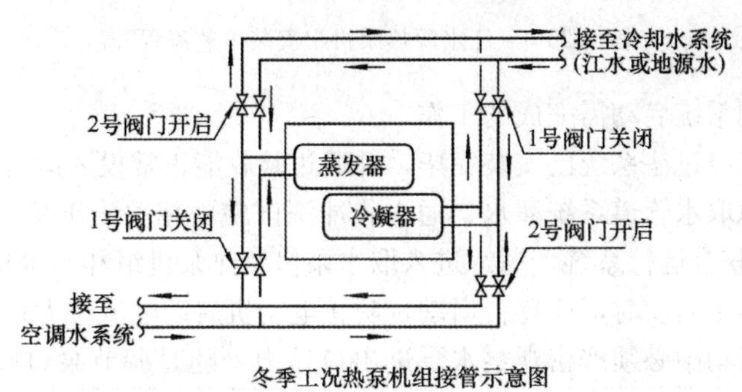

冬季工况热泵机组接管示意图

图 2-26-4 热泵机组夏季、冬季工况接管示意图

3. 工程特点、难点及施工技术措施

3.1 管道的管径大，焊接质量要求高

江水源热泵机房（含取水泵房）工程中，管道的直径为 $DN150$～$DN1600$，最大的阀门口径为 $DN1600$，这种规格的管道和阀门在民用建筑中是很少见的。

施工技术措施如下：

管口组对应采用对口器，避免强行组对。此类管道在焊接时，应采用流水作业，根据管径可由两名或多名焊工同时施焊，施焊顺序如图 2-26-5 所示。

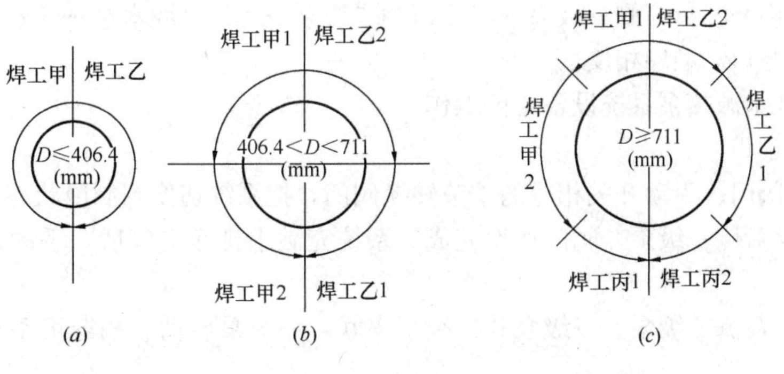

图 2-26-5 施焊顺序

3.2 设备吊装与其他相关单位的协调配合

江水源热泵机房有大量设备在地下机房，由于工期十分紧张，而江水源热泵系统与地埋管地源热泵系统后期需要联动调试，调试时间相对较长。因此设备进场越早越好，设备吊装需要与总承包单位穿插施工。

施工技术措施如下：

与总承包单位协调设备进场道路、设备吊装孔，确保搬入口通畅，充分利用工地现有机械设施进行设备吊装。

3.3 江水源热泵机组安装工艺流程（如图 2-26-6 所示）

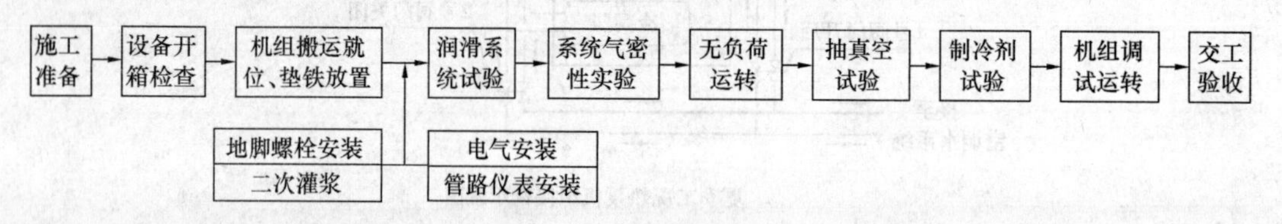

图 2-26-6 江水源热泵机组安装工艺流程

3.4 江水源侧系统启动需完成的工作

3.4.1 江水二级过滤系统已安装完毕，并通过验收能正常投入运行；

3.4.2 江水源取水管道系统灌水、通水、冲洗试验由相关施工单位完成，联合验收合格后，方可接入联合运行系统，通水进入取水泵房及热泵机组和冷水机组；

3.4.3 循环水泵启动时，应逐台启动，防止电动机启动电流过大；

3.4.4 系统启动中必须严密观察水泵进出口压力，随时调节泵口阀门开度，保持压力稳定。

3.5 多家设备厂商调试运行配合

因江水源热泵机房设备多，种类多，涉及的生产厂商很多，调试周期长，调试要求高，需要协调各方。各系统无负荷联合试运转正常后，各调试参与单位协调一致后，进行空调系统带冷负荷手动联合试运行至关重要。

3.5.1 系统投入运行的顺序

根据空调末端负荷，先后投入运行 3 种能源系统，顺序如下：①江水源热泵系统→②江水源单冷离心式冷水机组系统→③地埋管地源热泵系统。

3.5.2 江水源热泵系统启动顺序

①检查阀门→②负荷侧一级泵→③负荷侧二级泵→④江水取水泵→⑤热泵机组。

关闭顺序与启动顺序相反。

3.5.3 江水源热泵系统设备启停操作

（1）启动过程

1）开/关阀门。手动开关相应的季节转换阀门，把系统切换到制冷状态。

2）启动负荷侧一级泵。阀门切换完成，系统充满水排净空气后，手动逐台启动循环泵工频运行。

3）启动负荷侧二级泵。一级泵和二级泵串联，一级泵启动后相继可手动逐台启动循环泵工频运行。

4）启动江水取水泵。手动逐台启动取水泵工频运行。

5）启动热泵机组。两侧水泵运转 30min，系统各回路压力基本稳定后，启动其中一台热泵机组，根据机组回水温度确定机组启动台数。

（2）停机过程

1）停热泵机组。根据末端回水温度，逐台关闭热泵机组。

2）停江水取水泵。30min后待冷凝器出水温度回落后逐台关闭江水取水泵。

3）停负荷侧二级泵。关闭取水泵后相继可关闭负荷侧二级泵。

4）停负荷侧一级泵。关闭二级泵后相继可关闭负荷侧一级泵。

3.5.4 江水源单冷离心式冷水机组系统启动顺序

①检查阀门→②负荷侧一级泵→③负荷侧二级泵→④江水取水泵→⑤冷水机组。

关闭顺序与启动顺序相反。

3.5.5 系统运行期间需完成的工作

（1）监测功能房间的送风温度和房间温度；

（2）根据送风口温度调节水路和风路平衡；

（3）监视各设备运行状态。

3.5.6 系统正常运转8h后，若一切正常，则带负荷试车成功，关闭风机，停止系统运转，手动将各系统设备回复到待机状态。

3.5.7 联动试运行注意事项

（1）各单位要做好试车前的准备工作，确保人员、机具到位，并指定有经验的人员监视各单位负责的系统和设备。

（2）作好试车的安全工作，确保人员、设备安全。

（3）服从指挥，任何人不得私自动用、开、停设备和试车相关的机具，由各单位派专人进行试车操作。

（4）各单位要正确、如实做好带负荷试车记录，试车后交指挥部，确保试车档案、技术资料齐全、正确。

（5）业主和监理在试车过程中，应派专业人员到各岗位监督和协助试车，做好记录。

4. 结语

2009年7月底完成系统所有设备单机调试，2009年9月1日黄浦江水正式进入世博轴江水源取水泵房，2009年9月7日送冷至所有空调末端设备，制冷效果完全达到设计预期目标。

世博轴工程已获得上海市“白玉兰奖”，并已申请“鲁班奖”。

江水源热泵系统能有效节省能源，二氧化碳零排放，绿色环保，运行管理费用较低。符合当前设计绿色建筑，节能环保和利用可再生能源的要求。

2-27 超高层建筑空调设备吊装

何伟斌 李伟明

（广州市机电安装有限公司）

1. 工程概况

广晟国际大厦项目位于广州市珠江新城，工程总建筑面积约15.6万m^2，高度为311.95m（不计天线高度），地面62层，地下室6层。

该项目通风空调系统有11台制冷（热泵）机组需从地面分别吊装至27层、28层和61层机房内，制冷（热泵）机组的吊装参数如表2-27-1所示：

空调主机吊装参数一览表 表 2-27-1

序号	设备名称	外形尺寸（mm）	型号	重量(kg)	吊装楼层高度	数量
1	热泵机组	6000×2300 ×2150	30XQ500 型 螺杆式风冷热泵	5877	61 天面层 268.75m	3 台
2	冷水机组	4695×1231×1998	30XW1402 型 水冷螺杆式冷水机组	7352	28 层 125.65m	5 台
3	热泵机组	6000×2300 ×2150	30XQ500 型 螺杆式风冷热泵	5877	27 层 121.4m	3 台

2. 编制依据

2.1 结构、机电施工图。

2.2 设备技术参数及设备安装说明书。

2.3 《起重吊装简易计算》，杨文柱主编，机械工业出版社。

2.4 《起重技术》，崔碧海编著，重庆大学出版社。

2.5 《起重工》，化学工业出版社，2005 年 7 月。

3. 吊装方法

由于现场塔吊吊装能力有限，根据现场的实际情况，设备吊装拟采用人字扒杆吊装方法，见图 2-27-1～图 2-27-4。

图 2-27-1 设备吊装示意图

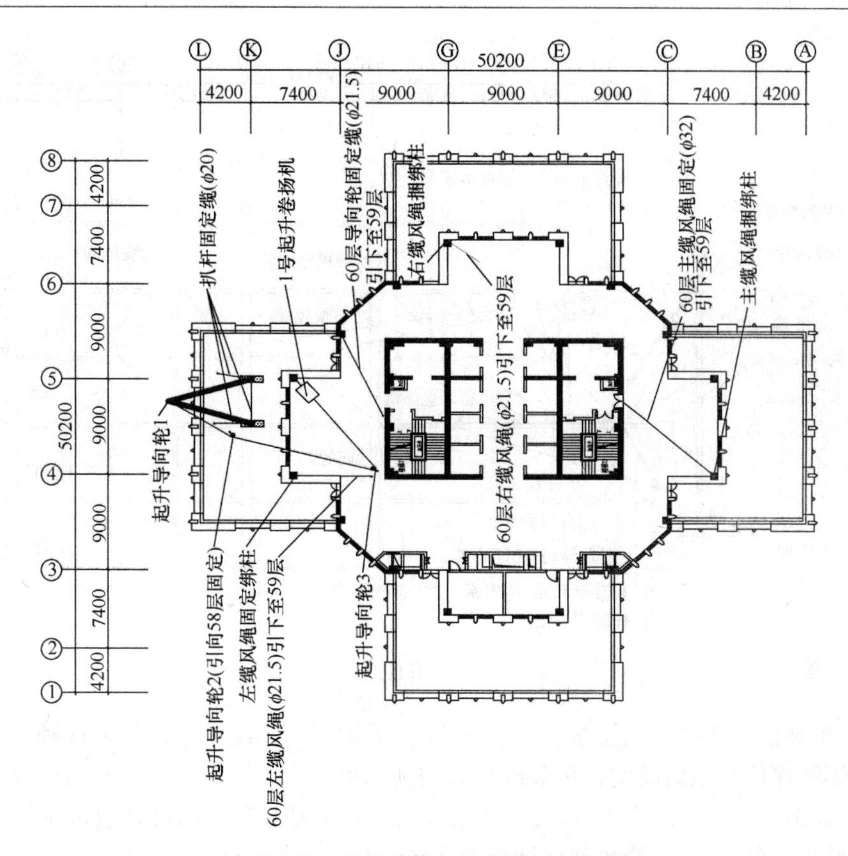

图 2-27-2　59 层吊装机具及钢丝绳设置图

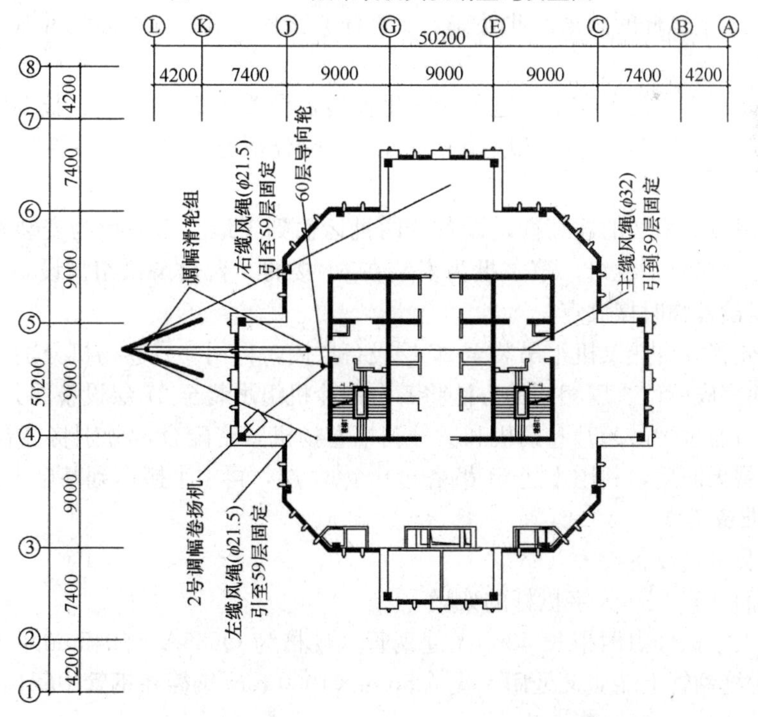

图 2-27-3　60 层吊装机具及钢丝绳设置图

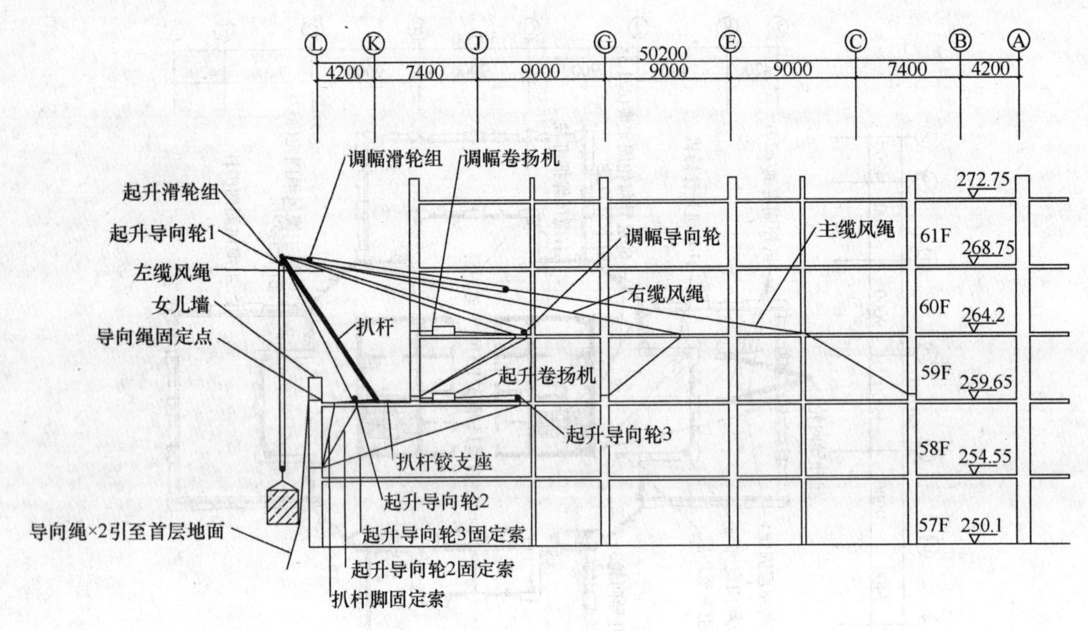

图 2-27-4　吊具立面图

3.1　吊装位置选择在大厦东北面，在 59 层天面架设 1 组人字扒杆，杆脚采用铰支座连接后用膨胀螺栓与地面固定，吊装时扒杆与地面成 60°。

3.2　如图 2-27-2～图 2-27-4，在 59 层天面设置①号起升卷扬机，通过跑绳及滑轮组作为主吊设备。另在 60 层设置②号调幅卷扬机，通过滑轮组配合拉紧人字扒杆的主缆风绳，用以调整人字扒杆的倾角。此外在人字扒杆上安装 2 组左右对称缆风绳，以增强人字扒杆稳定性。

3.3　为防止空调设备在吊装过程中发生偏转，设置 2 根 ϕ14mm、长 300m 钢丝绳作限位导向绳，上端绑在 59 层女儿墙脚根位置，下端分别通过设在首层导向轮连接到④号卷扬机上。

3.4　考虑设备吊装的连续性，设备分两批运输到工地。第一批为安装在 27 层和 27 层的 8 台制冷（热泵）机组，第二批为安装在 61 楼的 3 台热泵机组。设备进场后用 25t 汽车吊卸车至设备临时摆放点。

3.5　首先将 3 台热泵机组吊装至 27 层设备层内，再用③号卷扬机分别将热泵机组拉到基础一次性完成就位。用相同的方法将 5 台制冷机组吊装至 27 层设备层并就位。

3.6　然后通过①号起升卷扬机和②号调幅卷扬机紧密配合，分别将 3 台热泵机组从地面吊至 59 层天面后，利用土建 5t 吊塔起升至 61 层，再水平搬运到基础上就位。

4. 吊装准备工作

4.1　吊装机具设备投入（略）

4.2　天面（59 层）人字扒杆的架设

4.2.1　人字扒杆由两根长 12m 无缝钢管（规格为 Q235A，ϕ245mm×10mm）捆绑组成。两根无缝钢管上端交叉处用一支 ϕ25mm×1000 mm 钢棒在钢管中间预留孔穿过后，用 ϕ18 钢丝绳分 18 道捆绑两钢管。

4.2.2　为方便人字扒杆变幅操作，按图 2-27-5 所示尺寸，用钢板制作 2 组单向铰

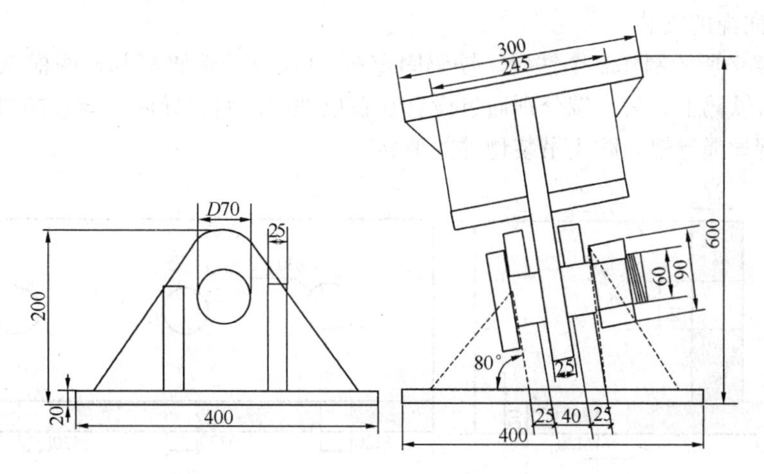

图 2-27-5 人字扒杆单向铰支座制作图

支座。

4.2.3 按图 2-27-6 所示，将单向支铰座与 1892mm×600mm×10mm 钢板焊接，在钢板两端各用 8 支 ϕ14×120mm 的膨胀螺栓，固定在 59 层楼面有混凝土底梁上方。

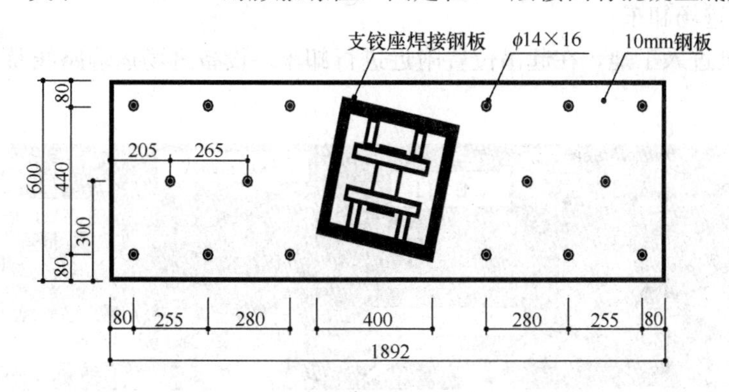

图 2-27-6 支铰座与钢板安装示意图

4.2.4 利用塔吊将人字扒杆吊至 59 层楼面，扒杆脚分别与 2 组单向铰支座螺栓连接，形成整体固定在 59 层楼面上。

4.2.5 用 2 股 ϕ18 钢丝绳绑扎好扒杆脚后通过 1 个 5t 葫芦将两扒杆脚连接铰紧，防止两杆脚向外滑移，确保扒杆稳定性。

4.2.6 在人字扒杆脚跟部，分别通过手动葫芦连接 2 股 ϕ18 钢丝绳穿过楼面引至 58 层的柱子固定，见图 2-27-4。

4.2.7 人字扒杆顶端部设（左、中、右）3 组缆风绳，其中左、右缆风绳采用 ϕ21.5 钢丝绳，中间组缆风绳中用于固定滑轮组的钢索采用 ϕ32 钢丝绳，见图 2-27-3。

4.2.8 中间缆风绳为调幅用，采用滑轮组和 ϕ16 钢丝绳，滑轮组的跑绳尾端引入到②号调幅卷扬机作人字扒杆的调幅，②号调幅卷扬机用 ϕ16 钢丝绳双股缠绕固定在柱上，见图 2-27-3。

4.2.9 见图 2-27-2，①号起升卷扬机设在 59 层楼面，后端用 2 股 ϕ21.5 钢丝绳捆绑在柱脚下端 200mm 上。

4.3　导向绳的安装

按图 2-27-7 所示制作 2 个铁码。铁码固定在 59 层女儿墙脚根部，两根钢丝绳一端分别固定在左右铁码上，另一端分别通过设置在首层地面的两只导向轮与卷扬机连接，组成可调张弛的钢丝绳导轨，防止吊装物件的偏转。

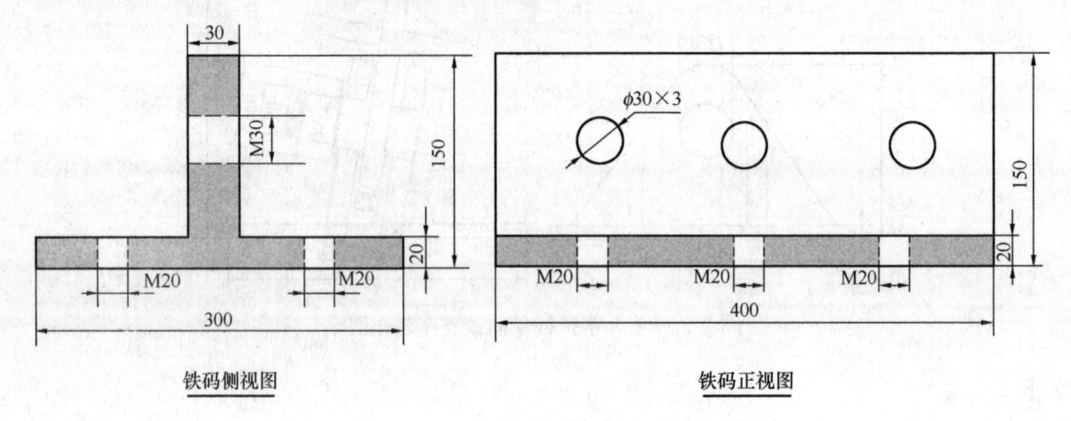

图 2-27-7　铁码制作图

4.4　设备进场卸车

设备分 2 批进入工地，在起吊位置附近进行卸车，设备进场运输路线及摆放位置如图 2-27-8 所示。

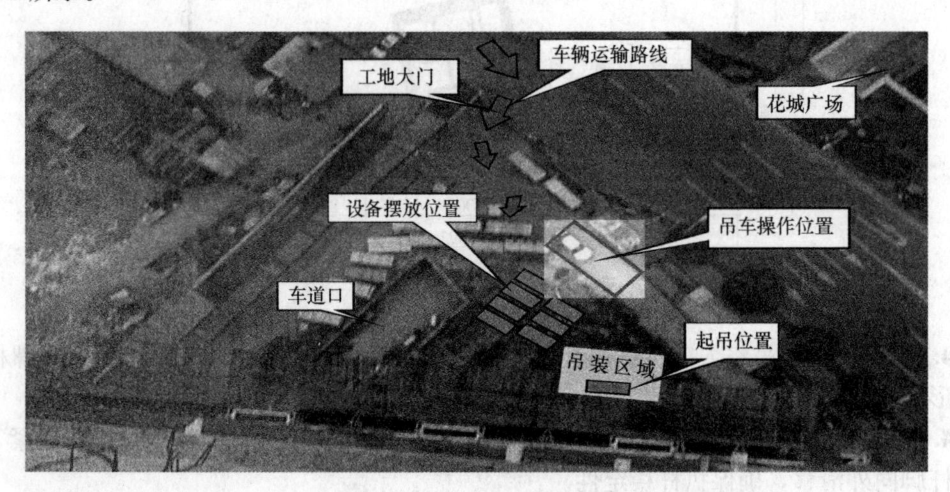

图 2-27-8　设备进场运输路线及摆放和吊装位置示意图

25t 汽车吊首先进入工地指定位置，在汽车吊摆放液压脚的位置，须垫有木方和钢板，增大受压面积，确保吊车和设备安全。每台设备卸车后临时停放在指定位置，设备底座下须垫木枋，分 4 点垫离地面。在起吊位置长 15m×宽 10m 的范围划为吊装危险区域，用警示安全带进行围蔽分隔，防止人员进入吊装危险区域。

4.5　吊装前的检查工作

吊装前对吊运设备、起重机具、吊装场地、运输通道等进行检查，检查内容见表 2-27-2。

吊装准备工作检查一览表　　表 2-27-2

序号	检查项目	检查内容	检查人
1	施工起重机具架设符合性检查	汽车吊、卷扬机、人字扒杆、手动葫芦、滑轮组等设备及吊索、跑绳、缆风绳、卸扣等索具型号及安装完全满足本方案规定要求，外观完好无破损，保护装置性能良好	项目技术负责人 项目副经理 吊装总指挥 安全员
2	临时锚点、固定点	临时锚点、人字扒杆与支绞座连接、支绞座与楼板固定、卷扬机必须牢固，安全措施可靠	
3	场内运输道路	没有阻碍运输车辆顺利通行的环节，保证车辆顺利进出	项目副经理 安全员
4	楼层设备运输通道	楼板承载力满足设备运输要求，楼板加固措施安全可靠	项目副经理 吊装总指挥 安全员
5	吊装作业场地	预留足够的摆放场地和起吊场地。应坚实平整，无杂物，无障碍物，无闲杂人员	项目副经理 安全员
6	施工电源	电源供给稳定、充足，供电线路可靠	临电管理员 安全员
7	天气预报情况	落实当日天气情况即风力或雨的级别	安全员 吊装总指挥

5. 设备吊装工艺

5.1 27层和28层空调主机吊装

5.1.1 确定吊装次序

由于热泵机组重量较制冷机组轻，因此先易后难，先吊装27层的3台热泵机组，然后再吊装28层的5台制冷机组。

5.1.2 吊装工艺流程

吊装前各项安全检查合格→试吊合格→正式起吊→设备缓慢上升→设备上升到达所在的楼层后→停关闭卷扬机→松开钢索导轨→将设备旋转90°→调整设备上的2个5t葫芦及水平牵引5t葫芦→垫好滑板车将设备牵引入楼面→待设备完全进入楼面后解开全部吊索→楼层内水平运输→设备就位。

5.1.3 设备吊索捆扎

（1）吊索长6m $\phi 21.5$ 的钢丝绳，并在设备同侧挂上2个5t手动葫芦。

（2）每条钢丝绳扣独立，上挂于动滑轮组的吊钩，下绑扣于设备吊装孔位置。

（3）捆扎时，吊索与水平面的夹角控制在67°。

5.1.4 将限位导向绳与设备串接

见图2-27-9，2条 $\phi 14$ 钢丝绳分别穿过二个与设备吊点卸扣相连接的3t卸扣，通过与固定在地面的2个导向滑轮与④号卷扬机连接，另一头固定在59层女儿墙墙脚根上铁码上。

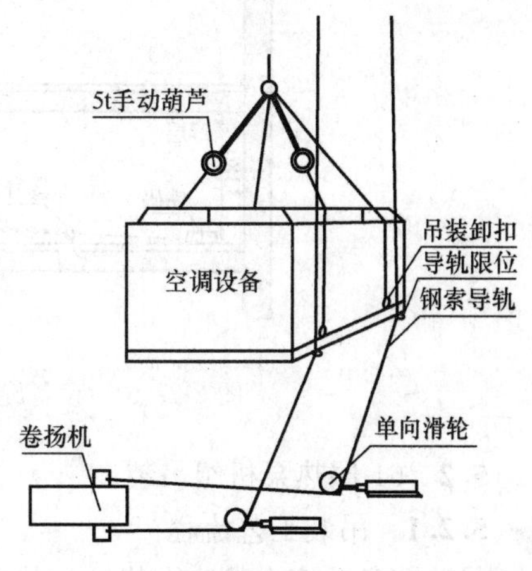

图2-27-9　导向绳与设备串接示意图

5.1.5 试吊

(1) 启动①号起升卷扬机将设备提升距地面200mm，静止20min。

(2) 安全检查，包括：检查设备及其吊索和手动葫芦的受力状况；检查起升滑轮组、卷扬机、导向轮跑绳及其他部件的受力情况、固定状况和制动情况；检查所有固定点及其部件的受力状况；检查人字扒杆受力情况；检查缆风绳及其调整部件的受力状况；改变扒杆倾角，重复上述各项检查；由地面指挥楼上①号卷扬机倒车下降设备100mm急停试刹车。利用设备自重向下冲力使各受力点钢丝绳拉紧，并再次检查钢丝绳、滑车组、扒杆、扒杆脚、绑在混凝土柱的卷扬机的固定情况是否确实安全可靠。

5.1.6 设备吊升

(1) 在吊装总指挥指挥下，启动①号起升卷扬机将设备缓慢提升至设备安装楼层。

(2) 同时由地面派专人带对讲机乘电梯跟随设备上升到楼面，观察设备上升情况，并及时通知地面调整导向绳的松紧，使设备边沿与幕墙距离不小于1m。起吊过程所有有关人员要坚守岗位，做好中途各处的安全检查。

5.1.7 设备（挂有5t手动葫芦）一侧到达楼层

(1) 在27层设备进入处的前方安装1个③号5t手动葫芦，以便将设备拉入楼层内。

(2) 在设备上升至高出所在楼层200～400mm后，停止①号起升卷扬机。

(3) 将设备旋转90°，让设备（挂有①②号5t手动葫芦）一侧正对所在楼层。

(4) 在设备前端挂好③号5t手动葫芦。

(5) 如图2-27-10所示，在统一指挥下，操作①号起升卷扬机和③号5t手动葫芦，使设备前端缓慢下降到达楼层楼面，并在设备前端到达楼面处垫好专用滑板车。

5.1.8 将设备完全移入楼层内

如图2-27-10所示，放松设备上端的2个5t手动葫芦，并收紧③号5t葫芦，反复操作使设备不断移入楼面，直至设备完全进入楼面时，同时在设备后端垫好专用滑板车。

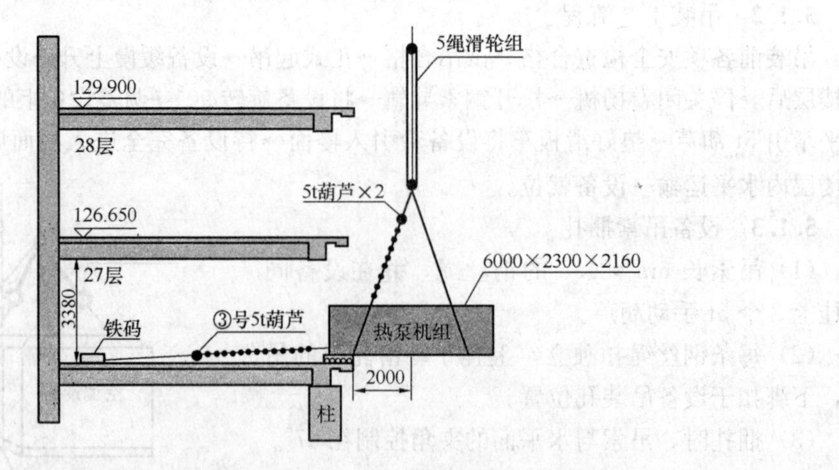

图2-27-10 设备旋转90°进入楼层并在前端垫上滑板车

5.2 61层热泵机组吊装

5.2.1 吊装工艺流程

吊装前各项安全检查合格→试吊合格→正式起吊→设备缓慢上升→设备上升到达58

层时松开钢索导轨→设备上升到达59层天面→停止①号起升卷扬机→启动②号调幅卷扬机收紧调幅滑轮组对人字扒杆进行调幅→将设备跨越围墙吊入大楼天面→停止②号调幅卷扬机→启动①号起升卷扬机→将设备缓慢降落至59层天面→利用土建塔吊（5t）将设备从59层吊升至61层 Ⓙ～Ⓚ/④～⑤轴→楼层内水平运输→设备就位。

5.2.2 将热泵机组垂直吊升至59层

按5.1.3～5.1.6工艺步骤将热泵机组垂直缓慢提升至59层女儿墙上方200mm左右停下。

5.2.3 人字扒杆调幅操作

（1）停止①号起升卷扬机。

（2）缓慢启动②号调幅卷扬机，将人字扒杆倾角从起升时60°慢慢调幅至77°，停止②号调幅卷扬机。

5.2.4 将第1台热泵机组坐落在59层天面

启动①号起升卷扬机，缓慢将热泵机组降落至59层楼面，接近地面时在热泵机组底座垫好专用滑板车。

松开吊钩及吊索，并将热泵机组移开，以便进行第2台设备吊装。

5.2.5 人字扒杆复位

启动②号调幅卷扬机，将人字扒杆倾角复位至60°。

5.2.6 重复第一台吊装步骤，将第2、3台热泵机组吊装至59层楼面。

5.2.7 水平移动

3台热泵机组全部吊上59层楼面后，利用土建塔吊（5t）吊升至61层，然后水平运输至安装位置上就位。

6. 吊装管理架构及职责（见表2-27-3）

吊装管理架构及职责　　表2-27-3

序号	职　务	职　责　范　围	备注
1	项目经理	统筹整个吊装过程的人员安排，确定吊装目标	
2	项目副经理	负责吊装作业的对外联系工作，内部协调工作	
3	项目技术负责人	编制吊装方案，并对起吊过程监控	
4	安全监督人员	负责对各操作岗位的安全监督检查工作，发现安全隐患及时制止纠正	
5	临电管理人员	负责吊装过程动力、照明电源保证	
6	空调施工员	设备进场开箱检查、设备吊装过程产品保护监督	
7	吊装总指挥	负责整个吊装作业的协调、全盘指挥	
8	副指挥	负责指挥起重一班的27、28层设备吊装	
9	副指挥	负责指挥起重二班的61层设备水平运输和吊装	
10	安全员	负责吊装安全工作	
11	起重二班	实施负二楼设备具体吊装工作	10人
12	起重一班	实施一楼设备具体水平运输和吊装工作	

7. 设备吊装前总包单位须配合的工作

本次吊装工作应满足以下施工条件：

7.1 需要总包单位提前清理好运输通道和设备的临时摆放位置。

7.2 卸车时在工地内使用一台25t吊机，并马上摆放在准备吊装的位置上。

7.3 主机到达工地前5天与总包单位做好事前协调工作，如：工地地面空出吊装的空间和设备放置空间，天面妨碍吊装的棚架杂物要清除，和大厦立面外墙影响吊装的部分棚栅的拆除，27、28层预留设备吊装口，保证空调主机可以按照计划顺利完成吊装。

7.4 需总包方提供塔吊将相关起吊设备吊至天面，完成吊装工程后将其吊至地面撤场，并且协助人字扒杆竖起和放倒拆卸。

7.5 总包单位协助清理好施工现场，拆除吊装口的棚栅等，必要时加固楼面；允许使用大楼的主柱和大梁作为钢索的受力固定点（须设计院核准）。

7.6 工地业主等相关部门需协助吊装施工人员解决施工现场可能出现影响吊装进程的问题，并提供施工现场用电。

8. 吊装应急预案（略）

9. 吊装工期安排

本次吊装安装人字扒杆需3天，28层三台吊装需2天，27层5台吊装需3天，59层吊装需3天，59层至61层吊装就位需2天，拆卸工具退地1天，晴天施工日不超过15天。

10. 吊装受力分析计算

取本次吊装最大重量冷水机组7352（kg）来计算。人字扒杆选用无缝钢管（Q235A，ϕ245mm×10mm，长12m），吊装时扒杆与地面成60°，调幅时扒杆与地面成77°。

10.1 人字扒杆的受力分析

人字扒杆的受力分析见图2-27-11。

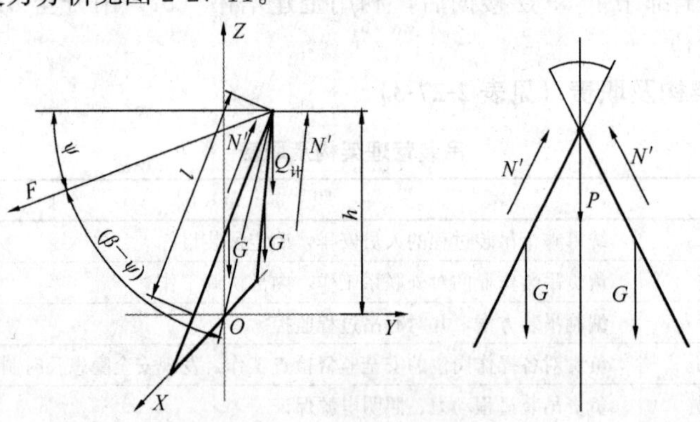

图2-27-11 人字扒杆的受力简图

图中：

$Q_计$——计算载荷。

F——主缆风绳拉力。

G——人字扒杆中一根杆的重量。

h——人字扒杆垂直方向的高度。

l——人字扒杆杆长。

β——人字扒杆与地面夹角，吊装时取60°，调幅时取77°。

ψ——主缆风绳与水平面夹角。

γ——人字扒杆两杆间的夹角的一半，取$\gamma=\arcsin[(4.2/2)/12]=10°$。

10.2 计算载荷 $Q_{计}$

$$Q_{计} = (Q+q)K_1 \cdot K_2$$

$$= (72.1+14.5)\times1.1\times1.1\approx105(\text{kN}) \quad 式(2\text{-}27\text{-}1)$$

式中 Q——设备重量，取 72.1（kN）(按最重一台 7352kg×9.8N/kg=72050N 计算)。

q——吊具重量（16×37+FC—ϕ16 钢丝绳重量为 877kg/1000m，绳长为 1400m 合计 1228kg，加上滑车组等重量取 14.5kN)。

K_1——动载系数，取 1.1。

K_2——超载系数，取 1.1。

10.3 ①号起升卷扬机及其跑绳选用

10.3.1 5 绳滑轮组钢丝绳的最大拉力为：

$$S_1=\alpha\cdot Q_{计}=0.234\times105=24.6\ (\text{kN}) \quad 式\ (2\text{-}27\text{-}2)$$

式中 α——载荷系数，查《起重吊装简易计算》表 2-1，对于工作绳数为 5，滑轮个数为 4，当导向滑轮数为 2 时，α 取值为 0.234。

10.3.2 选用 6×37+FC—ϕ16 钢丝绳做起吊跑绳，许用拉力按 5 倍安全系数计算，该绳破断拉力为 134kN，则有 134/5=26.8（kN）>24.6（kN）。

结论：选用 6×37+FC—ϕ16 钢丝绳做起吊跑绳符合吊装要求。

10.3.3 卷扬机选择

滑轮组跑绳的最大拉力不能大于电动卷扬机额定拉力的 85%，即卷扬机拉力不得小于 24.6(kN)/0.85=28.9(kN)≈3(t)

故选用 5t 卷扬机作为①号起升卷扬机，容绳量为 1400（m）(考虑从首层吊装到 59 层高 259.65m)。

10.4 设备吊索的选用

10.4.1 吊索受力分析图，见图 2-27-12。

10.4.2 根据《起重技术》P23 页每分支吊索计算载荷公式，吊索承受拉力：

$$S_{吊索} = K_d\cdot K_b\cdot Q/(n\cdot\sin\alpha)$$

$$= 1.1\times1.2\times72.1/(4\times\sin67^\circ)$$

$$= 25.8(\text{kN}) \quad 式(2\text{-}27\text{-}3)$$

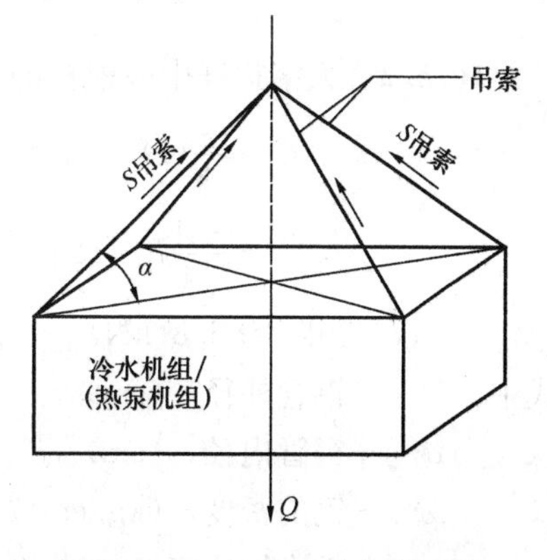

图 2-27-12 吊索受力分析图

式中 $S_{吊索}$——每一根吊索承受的拉力，(kN)。

K_d——动载系数，取 K_d=1.1。

K_b——不均衡载荷系数，取 K_b=1.2。

Q——起吊设备重量，取 72.1（kN）(按最重一台 7352kg 计算)。

n——吊索分支数，取 n=4（条）。

α——吊索与水平面夹角，取 α=67°。

10.4.3 选用 6×36+FC—ϕ21.5 钢丝绳做吊索，吊索用钢丝绳安全系数取 8，该绳破断拉力为 336(kN)，则有 336/8=42(kN)>25.8(kN)。

结论：选用 6×37+FC—ϕ21.5 钢丝绳做吊索符合吊装要求。

10.5 吊装时（β=60°）主缆风绳受力 F 计算

10.5.1 主缆风绳与水平面夹角 ψ 计算

如图 2-27-13 所示，$h_1=264.2-259.65=4.55$（m），则有：

$$\psi=\text{arctg}\{(l\cdot\cos\gamma\cdot\sin\beta-h_1)/[(4.2+7.4+9+9+5)+(l\cdot\cos\gamma\cdot\cos\beta-4)]\}$$

$$=\text{arctg}\{(l\cdot\cos10°\cdot\sin60°-4.55)/[34.6+(l\cos10°\cdot\cos60°-4)]\}=8.8° \quad \text{式(2-27-4)}$$

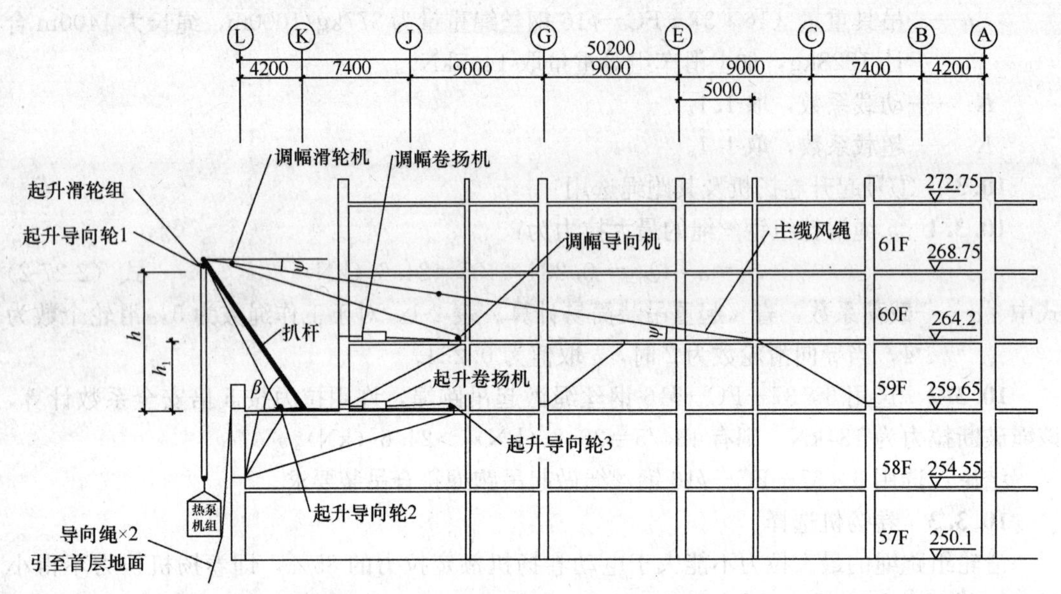

图 2-27-13 ψ角计算示意图

10.5.2 人字扒杆中一根杆的自重计算

$$G=\frac{\pi}{4}(D^2-d^2)h\cdot\rho\cdot g$$

$$=\frac{3.14}{4}\times(24.5^2-22.5^2)\times1200\times7.8\times10^{-3}\times9.81$$

$$\approx6.8(\text{kN}) \quad \text{式(2-27-5)}$$

式中 D——钢管外径，(cm)。

d——钢管内径，(cm)。

ρ——钢的密度，(kg/cm³)

g——重力加速度，$g=9.8$ (m/s²)。

10.5.3 人字扒杆吊装时一直稳定，根据图 2-27-11，各力在 O 点力矩平衡得出：

$$F\cdot(l\cdot\cos\gamma)\cdot\cos(\beta-\psi)$$

$$=P\cdot(l\cdot\cos\gamma)\cdot\cos\beta+2G\cdot[(l\cdot\cos\gamma)/2]\cdot\cos\alpha \quad \text{式(2-27-6)}$$

由上式推导出：

$$F=(Q_{\text{计}}+G)\cdot\cos\beta/\cos(\beta-\psi)$$

$$=(105+6.8)\cdot\cos60°/\cos(60°-8.8°)=89.2\text{kN}$$

10.6 调幅到 $\beta=77°$ 时主缆风绳受力 F 计算

10.6.1 主缆风绳与水平面夹角 ψ 计算

$$\psi=\text{arctg}\{(l\cdot\cos\gamma\cdot\sin\beta-h_1)/[(4.2+7.4+9+9+5)+(l\cdot\cos\gamma\cdot\cos\beta-4)]\}$$

$= \mathrm{arctg}\{(l \cdot \cos 10° \cdot \sin 77° - 4.55)/[34.6 + (l \cdot \cos 10° \cdot \cos 77° - 4)]\}$

$= 11.8°$ 式(2-27-7)

10.6.2 $\beta = 77°$时主缆风绳受力 F 计算

$$F = (Q_{计} + G) \cdot \cos\beta / \cos(\beta - \psi)$$

$$= (105 + 6.8) \times \cos 77° / \cos(77° - 11.8°) = 60.0\mathrm{kN}$$ 式(2-27-8)

10.7 ②号调幅卷扬机及其跑绳选用

10.7.1 由于5.5和5.6计算可知，在$\beta=60°$时主缆风绳受力F最大，为89.2kN。

10.7.2 5绳调幅滑轮组钢丝绳的最大拉力为：

$$S_2 = \alpha \cdot F = 0.234 \times 89.2 = 20.9\ (\mathrm{kN})$$ 式（2-27-9）

式中 α——载荷系数，查《起重吊装简易计算》表2-1，对于工作绳数为5，滑轮个数为4，当导向滑轮数为2时，α取值为0.234。

10.7.3 选用6×37+FC−ϕ16钢丝绳做调幅跑绳，许用拉力按5倍安全系数计算，该绳破断拉力为134kN，则有134/5=26.8kN>20.9kN。

结论：选用6×37+FC−ϕ16钢丝绳做调幅跑绳符合吊装要求。

10.7.4 卷扬机选择

滑轮组跑绳的最大拉力不能大于电动卷扬机额定拉力的85%，即电动卷扬机拉力不得小于20.9kN/0.85=24.6kN≈2.5t，故选用3t卷扬机作为②号调幅卷扬机。

10.8 人字扒杆吊装能力核算

根据化学工业出版社《起重工》P214页，钢管人字扒杆垂直吊装能力计算公式：

$$P = 2.2 \cdot D \cdot F \cdot K / H$$

$$= 2.2 \times 24.5 \times 73.79 \times 900 / 12$$

$$\approx 298\mathrm{kN}$$ 式(2-27-10)

式中 P——钢管人字扒杆吊装能力，单位kN；

D——扒杆外径，取D=24.5cm。

F——钢管横截面积，$F=3.14(24.5^2-22.5^2)/4=73.79\mathrm{cm}^2$。

K——系数，钢管外径>ϕ159mm时取900。

H——扒杆高度，取H=12m。

经计算选用的人字扒杆可安全吊装重量为298kN>105kN（含吊具重量等），所选的管式人字扒杆满足本次吊装要求。

10.9 $\beta=60°$时扒杆支座（脚）受力计算

10.9.1 每根扒杆受压力N'计算

$N_1 = Q_{计} \cdot \cos(90° - \beta) + F \cdot \sin(\beta - \psi)$

$= 105 \times \cos(90° - 60°) + 89.2 \times \sin(60° - 8.8°) = 160.4\mathrm{kN}$

式(2-27-11)

由$N_1 = 2N' \cdot \cos\gamma$推出$N' = N_1/(2 \cdot \cos\gamma) = 81.4\mathrm{kN}$

10.9.2 每根扒杆支座（脚）的垂直压力N_Z

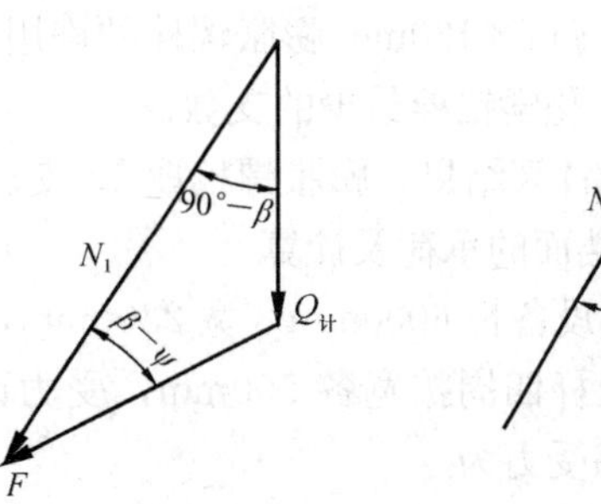

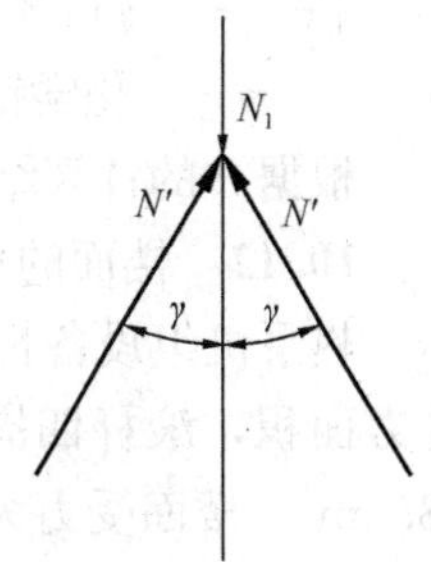

图2-27-14 扒杆支座受力分析图

$$N_Z = (P + 2 \cdot G + F \cdot \sin\psi)/2 = (105 + 2 \times 6.8 + 89.2 \times \sin 8.8^\circ)/2$$
$$= 66.1\text{kN} \quad \text{式(2-27-12)}$$

10.9.3 每根扒杆支座（脚）Y轴方向受力

$$N_y = F \cdot \cos\psi/2 = 89.2 \times \cos 8.8^\circ/2 = 44.1\text{kN} \quad \text{式(2-27-13)}$$

10.9.4 每根扒杆支座（脚）X轴方向受力

$$N_x = N' \cdot \sin\gamma = 81.4 \times \sin 10^\circ = 14.1\text{kN} \quad \text{式(2-27-14)}$$

10.9.5 每根扒杆支座（脚）水平面剪力

$$\tau_N = (N_x^2 + N_y^2)^{1/2}$$
$$= (14.1^2 + 44.1^2)^{1/2} = 46.3\text{kN} \quad \text{(式 2-27-15)}$$

10.10 β=77°时扒杆支座（脚）受力计算

10.10.1 N'计算

将β=77°，ψ= 11.8°，F = 60（kN）代入式（2-27-11）得：

$$N' = F \cdot \cos(90^\circ - \beta) + F \cdot \sin(\beta - \psi)$$
$$= 105 \times \cos(90^\circ - 77^\circ) + 60.0 \times \sin(77^\circ - 11.8^\circ) = 156.8\text{ kN}$$
$$N' = N_1/(2 \cdot \cos\gamma) = 156.8/(2\cos 100) = 79.6\text{kN}$$

10.10.2 每根扒杆支座（脚）的垂直压力 N_Z

$$N_Z = (P + 2 \cdot G + F \cdot \sin\psi)/2$$
$$= (105 + 2 \times 6.8 + 60.0 \times \sin 11.8^\circ)/2 = 65.4\text{kN}$$

10.10.3 每根扒杆支座（脚）Y轴方向受力

$$N_y = F \cdot \cos\psi/2 = 60.0 \times \cos 11.8^\circ/2 = 29.3\text{kN}$$

10.10.4 每根扒杆支座（脚）X轴方向受力

$$N_x = N' \cdot \sin\gamma = 79.6 \times \sin 10^\circ = 13.8\text{kN}$$

10.10.5 每根扒杆支座（脚）水平面剪力

$$\tau_N = (N_x^2 + N_y^2)^{1/2} = (13.8^2 + 29.3^2)^{1/2} = 32.4\text{kN}$$

10.11 底板化学锚栓的选用

10.11.1 从5.9和5.10计算可知

每根扒杆支座（脚）水平面最大剪力为τ_N= 46.3kN

10.11.2 化学锚栓（膨胀螺栓）的支数

$$n = \frac{K_3 \cdot P_\tau}{[\tau]} = 4 \times 46.3/13.611 \geqslant 13.6\text{ 支} \quad \text{式 (2-27-16)}$$

式中 K_3——安全系数，取4；

[τ]——ϕ14×120mm膨胀螺栓的许用剪力；

n——化学锚栓最少的支数。

根据n的计算结果，膨胀螺栓取16支。

10.12 楼面的承荷及计算

热泵机组设备长6000mm×宽2300mm，设备面积为138m²，搬运时使用滚杆扩大了受力面积，滚杆四周扩宽各500mm，受力面积为长7000mm×宽3300mm，搬运面积为23.1m²，楼面受力为

$$S = 5877\text{kg}/23.1\text{m}^2 = 254\text{kg/m}^2$$

28 层冷水机组设备长 4695mm×宽 1231mm，设备面积为 5.8m^2，搬运时使用滚杆扩大了受力面积，滚杆四周扩宽各 500mm，受力面积为长 5695mm×宽 2231mm，搬运面积为 12.7（m^2），楼面受力为

$$S=7352kg/12.7m^2=579kg/m^2$$

结论：经设计确认，楼板荷载可满足本次设备水平搬运条件。

10.13　25t 汽车吊的选用校核

根据 25t 汽车吊的起重工作表显示，吊车出臂 22.1m，工作幅度（工作半径）9m 时，安全吊装重量为 8000kg，可满足本次吊装要求。

2-28　空调冷水机组吊装方法

何伟斌　胡林标

（广州市机电安装有限公司）

中洲中心二期工程，位于广州市海珠区新港东路。地上 22 层，地下 2 层，总建筑面积为 17 万 m^2 的商住大厦。该工程的空调系统有 6 台冷水机组（吊装参数见表 2-28-1），需从首层预留井口垂直吊落负二层机房就位安装。

空调冷水机组吊装参数表　　　　**表 2-28-1**

生产商	型号	制冷量（冷吨）	长度（mm）	宽度（mm）	高度（mm）	重量（kg）	数量（台）
开利（离心）	19XR8080585EHS	1300	5200	2711	3029	16704	2
开利（离心）	19XR6565467DHS	810	5000	2124	2261	9498	2
开利（螺杆）	30HXC400A	391	4521	1015	2112	5721	2

1. 吊装方法

将其中最大型的 19XR8080585EHS 机组的具体吊装方案表述如下，其余机组吊装方法按同等条件进行。

1.1　吊装工艺流程

①吊装方案编制及审批→②施工准备→③设备基础验收→④作业人员安全技术交底→⑤设备运抵现场→⑥卸车→⑦水平运输→⑧垂直吊装→⑨设备就位。

1.2　卸车

见图 2-28-1，按施工现场指定的卸车位置，吊机和运载空调机组的车辆并排停放。用 50t 吊机卸车，卸车后的空调机组正对主入口前后“一字”摆放。

1.3　水平运输

见图 2-28-1，在吊装井口旁水泥柱上固定一台 3t 卷扬机，在空调机组四角底座上分别安放四台承重滑板车，选好有关的水泥柱作为安装导向滑轮的固定点，卷扬机的钢丝绳穿过导向滑轮后，按照水平运输路线，把设备牵引至吊装井口。

结合现场实际情况，设备水平运输须注意以下问题：

在广场卸车点到一层主入口间因为有一段约 10m 长由沙土垫高的路，承受不了空调

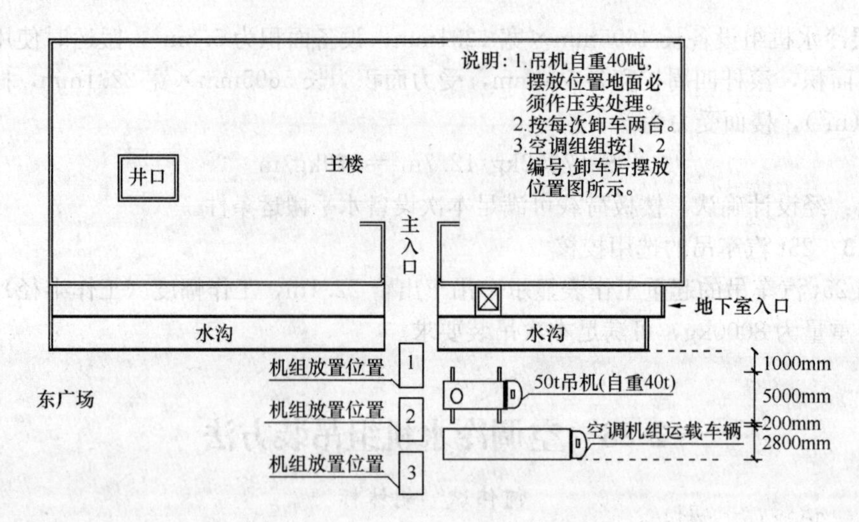

图 2-28-1 卸车平面及水平运输图

冷水机组的重压，所以预先把沙路挖开后放置石块垫牢作为承重基础，再填一层石粉压实作平整处理（路宽不少于 5m），上面覆盖钢板（厚度 20mm）并尽量使卸车路面和一层楼面保持水平，适合行走为止。

在设备一楼楼面水平运输时，为了减轻楼面单位面积所承受的压力，在设备机组行走的路线上铺设钢板（厚度 20mm）以分散压力。

1.4 垂直吊装

将设备从一层井口吊到负二层，这是吊装工程最重要环节。

1.4.1 准备工作：

(1) 钢筋的处理。

必须处理好井口预留的钢筋，凸出井口部分不能超过 60mm，并使之垂直往下弯曲。

(2) 吊装机具的安装

见图 2-28-2～图 2-28-5，本次吊装在吊口正上方设有 6 个承力点（摆放 4 个滑轮组及

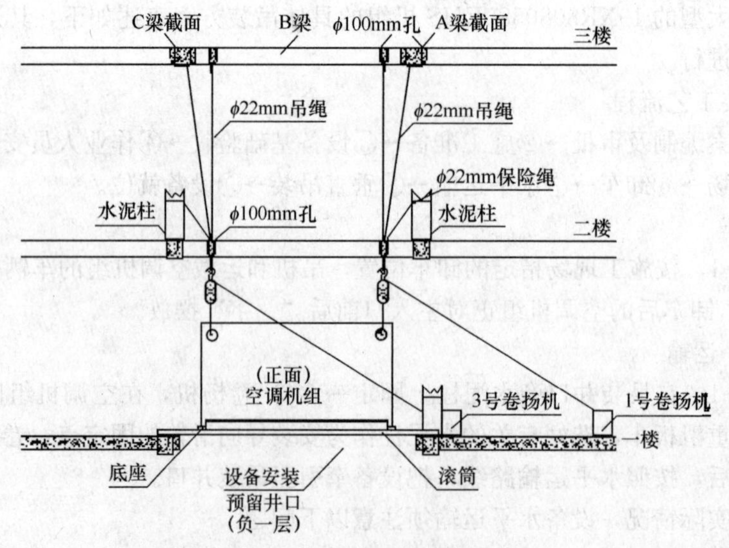

图 2-28-2 吊装正面图

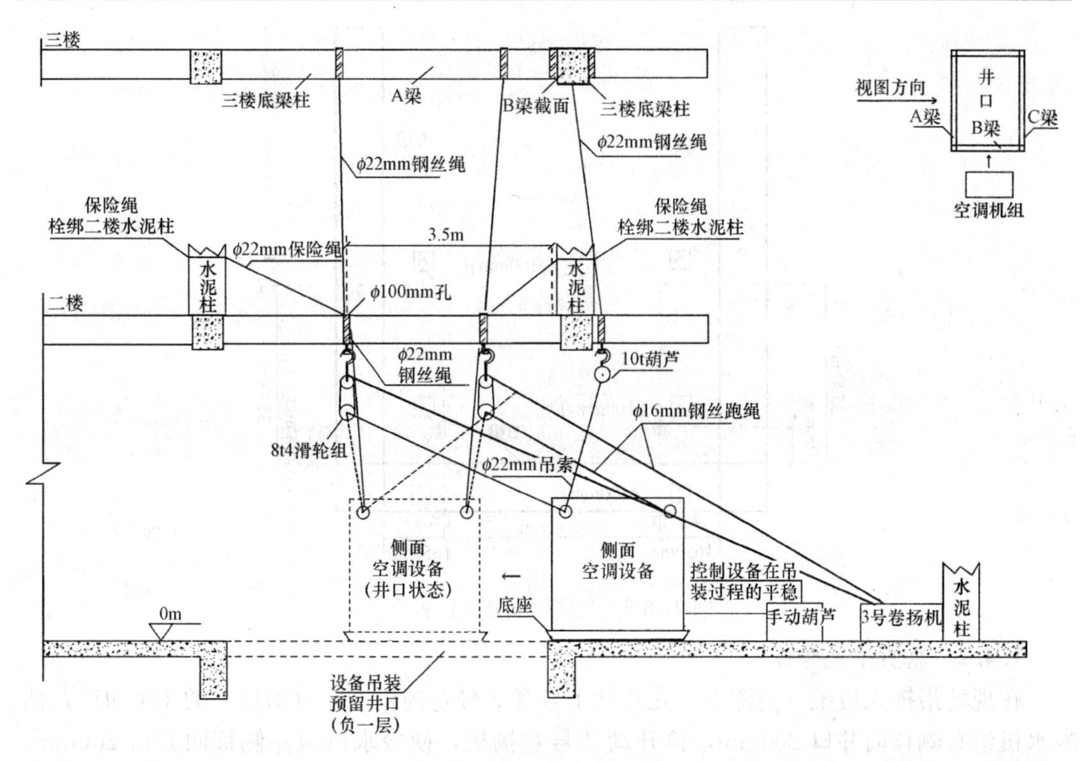

图 2-28-3 吊装侧面图

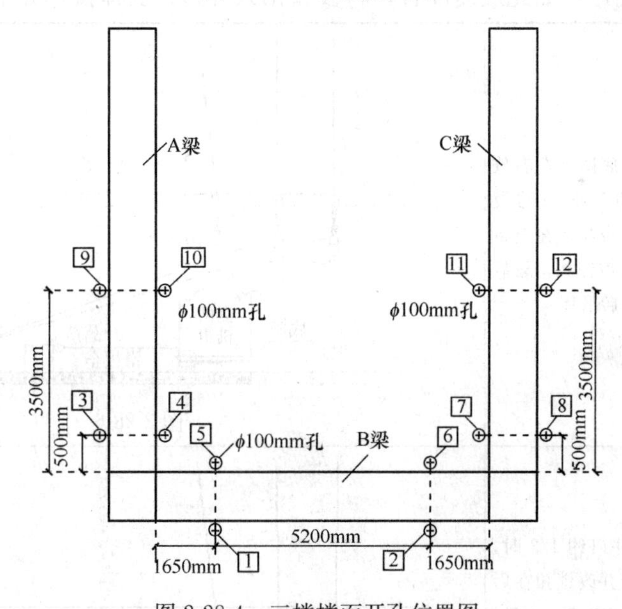

图 2-28-4 三楼楼面开孔位置图

2 个手动葫芦)，在首层的四个滑轮组分别利用一条 ϕ22mm 的钢丝吊索锁扣设备四个吊耳，在空调冷水机组先移出井口一侧的左右吊耳也锁扣在 2 个 10t 手动葫芦上。由三楼楼面 A、B、C 梁分别承力，因此需在三楼楼面围绕 A、B、C 梁开 12 个 ϕ100mm 孔，二楼楼面 A、B、C 梁附近开 6 个 ϕ100mm 孔。3 台卷扬机布置在首层吊装孔右侧，其中 1 号、2 号卷扬机负责冷水机组右侧前后 2 个吊耳，3 号卷扬机负责冷水机组左侧前后 2 个吊耳。

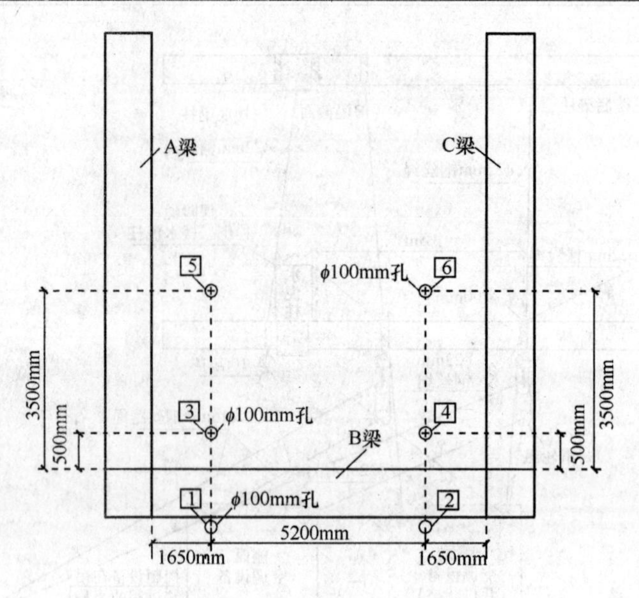

图 2-28-5　二楼楼面开孔位置图

1.4.2 垂直吊装操作

在现场指挥人员统一指挥下，先开动 1 号和 2 号卷扬机，并拉动顶上的 10t 葫芦，使冷水机组右侧移向井口 200mm，再开动 3 号卷扬机，使冷水机组左侧移向井口 200mm，并拉动顶上的 10t 葫芦，如此反复配合，将设备吊入井口。具体操作如下：

步骤 1：在设备后面的底座下左右放置两部滑板车，交错开动 1 号、2 号及 3 号卷扬机一左一右进行牵拉。在设备移到井口前，松开 10t 葫芦锁扣，与靠井口滑轮组一起锁扣设备后吊耳

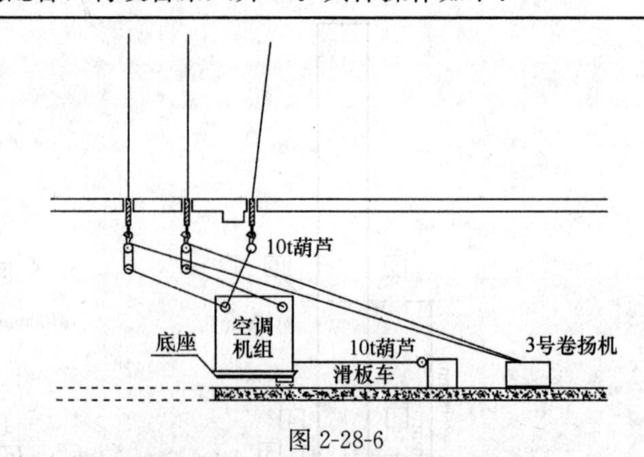

图 2-28-6

步骤 2：当设备移出井口约 1/3 时，把上面 10t 葫芦吊绳松开并改锁扣在后两个吊耳上。继续交替开启 1 号、2 号、3 号卷扬机，上面葫芦吊点也在保持设备平衡状态的情况下慢慢放松，后面留尾的葫芦也配合慢慢放松，防止设备突然向井口外冲

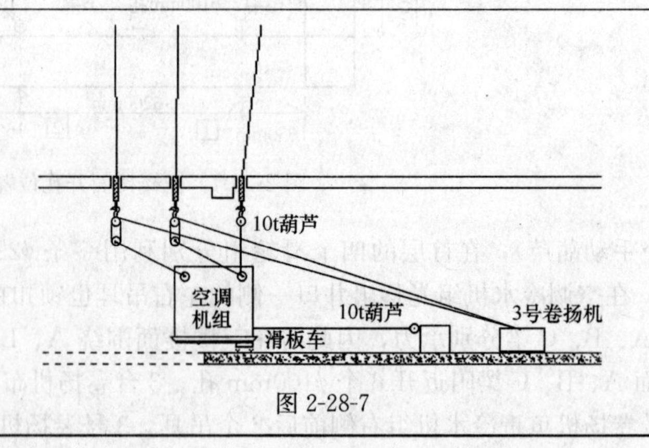

图 2-28-7

续表

步骤 3：当设备全部抬吊移入井内的同时，取出底部的两部滑板车	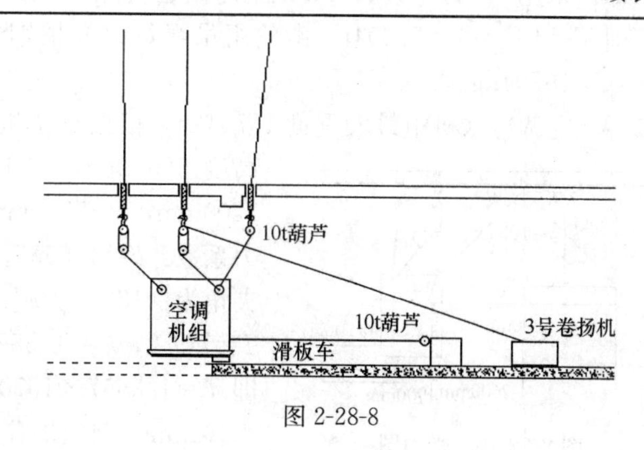 图 2-28-8
步骤 4：滑轮组吊绳处于垂直吊装状态时，保险绳也同步收紧，令四个滑轮组吊点完全均载受力，解除 3 个 10t 葫芦吊绳的锁扣	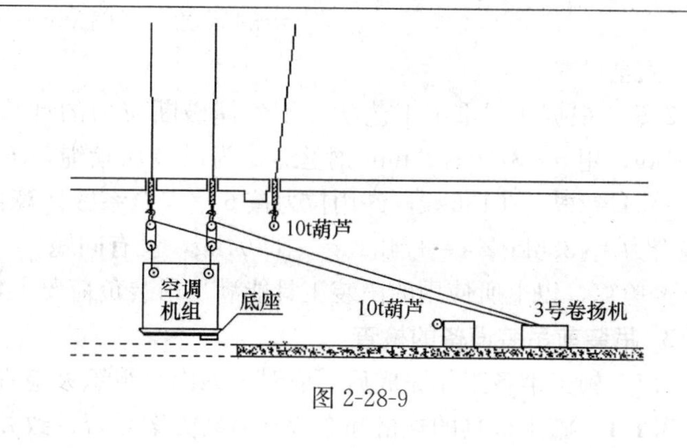 图 2-28-9
步骤 5：总指挥利用对讲机与一层和负二层的副指挥联络确认一切正常后，指挥卷扬机慢慢同步放松钢丝跑绳，将设备保持垂直平衡往井道下吊，吊装保险绳也跟随设备同步下降起保护作用。在吊装过程中，上下层人员互相沟通，发现情况立刻作出反应处理，配合吊装安全，从首层高度下吊到负二层地面（－11.6m）	

1.5　设备就位

设备下吊将至负二层地面时，在设备底部再装上四台滑板车，利用卷扬机牵拉平移到指定基础上校正，用千斤顶顶起设备，取出滑板车，最后将设备放到基础面就位。

2. 使用工具受力负荷计算说明

2.1　采用 50t 汽车吊从车上吊卸空调设备，根据 50t 汽车吊的工作性能表反映，工作半径 4.5m，吊臂高度 10m 时可吊 33t 重量，设备最大重量是 16.704t，33t＞16.704t。汽车吊与运载设备并排摆放进行卸车。汽车吊开始作业时，机脚至吊臂回转中心是 2.5m，设备宽度是 2.711m，起吊中心吊点是 2.711m÷2＝1.36m，2.5m＋1.36m＝3.86m，4.5m＞3.86m，回转没有问题。

2.2　用三台 3t 卷扬机同时起吊 16704kg 的空调设备，1 号、2 号卷扬机承受荷载 4176kg，3 号卷扬机承受荷载 8352kg。根据钢丝绳穿绕滑轮组减轻拉力原理：每对滑轮组穿绕是 9 根绳，查表载荷系数为 0.151，每根钢丝绳的拉力＝0.151×4176＝630kg，3 号卷扬机需拉力 630kg×2＝1260kg，所以 3t 卷扬机拉力完全可以满足吊装的需要。

2.3　根据《起重工工艺学》钢丝绳许用拉力的计算方法，空调机组最大重量

16704kg，采用 6×37+1ϕ16mm 钢丝绳做起吊跑绳，许用拉力按 6 倍安全系数计算：$T=9d^2$，即 $T=16^2\times9=2.304$t，滑轮组吊绳每组 9 根钢丝绳合力：2.304t×9=20.736t，20736kg>16704kg。

2.4 空调冷水机组最大重量 16704kg，根据空调机组出井口 1/3 时的状态：当楼层高度 5250mm，空调机组高度 3029mm 时，取 $h=2200$mm，$l=5200$mm，$h/l=0.42$，即 $a=100°$，查张力系数：$k=1.5557$；空调机组起吊离地时吊索与楼板夹角为：180°−100°/2=40°。每根吊索所承受的拉力：$T=kQ/2$，$k=1.5557$，Q 为所吊物体重量 16704kg，即 $T=1.5557\times167045\text{kg}/2=12993.2$kg。采用 6×37+1$\phi$22mm 钢丝绳作为吊索，钢丝绳破断力 $P=54d^2=54\times22^2=26136$kg>12993.2kg（见图 2-28-10 受力图），安全可靠。

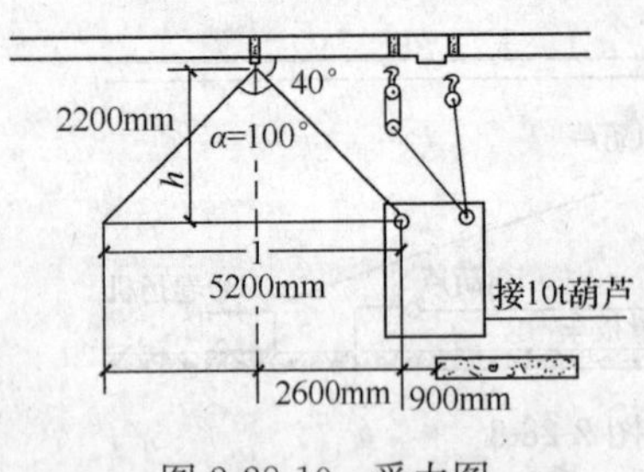

图 2-28-10 受力图

2.5 根据《起重工工艺学》钢丝绳破断拉力的计算方法，空调冷水机组最大重量 16704kg，用 6×37+1ϕ22mm 钢丝绳作为吊装保险绳，d 为钢丝绳直径，破断拉力 $P=54d^2=54\times22^2=26136$kg，许用拉力按 6 倍安全系数计算：26136kg÷6=4356kg，4 根保险绳合力=4356kg×4=17424kg>16704kg，没有问题。

经验算，以上所使用的吊装工具能满足吊装负荷要求，达到安全规定，故能使用。

3. 吊装前吊装设备的检查

3.1 施工准备工作完成后，应对下列内容组织大检查：

3.1.1 施工机具的规格和布置与吊装方案是否一致并便利操作；

3.1.2 设备的检查、试验以及吊装前应进行的工作是否都已完成；

3.1.3 设备基础的移交、地脚螺栓的质量、位置是否符合要求；

3.1.4 基础周围回填土的质量是否合格；

3.1.5 施工场地是否坚实平整；

3.1.6 设备运输所经道路是否已按要求整平压实；

3.1.7 吊装临时电源是否正常

3.1.8 气象预报情况；

3.1.9 指挥者及施工人员是否已经熟悉其工作内容；

3.1.10 辅助人员是否配齐；

3.1.11 备用工具、材料是否齐备；

3.1.12 一切妨碍吊装工作的障碍物是否都已妥善处理。

4. 安全技术措施

4.1.1 进场前要详细检查作业工具的性能，确认达到安全规定才允许进场。

4.1.2 正式吊装前必须进行试吊。试吊中应检查全部机具、地锚受力情况，发现问题应先将工件放回地面，故障排除后重新试吊，确认一切正常，方可正式起吊。

4.1.3 每层井口定为吊装作业区，应设警戒线，即距离井口四周 1m 范围内用警戒绳围护，并作明显标志，吊装工件时，严禁无关人员进入或通过。

4.1.4 吊装时，应动作平稳。多台卷扬机共同工作时，启动、停止动作要协同一致，避免工件震动和摆动。就位后应及时找平，工件固定前不得解开吊装索具。

4.1.5 在吊装过程中，如因故中断，则必须采取措施进行处理，不得使重物悬空过夜；一旦吊装过程中发生意外，各操作岗位应坚守岗位，严格保持现场秩序，并做好记录，以便分析原因。

4.1.6 吊装设备保险绳。在吊装过程中发生故障时，可用保险绳将设备吊住，排除故障后再起吊。

4.1.7 吊装时，施工人员不得在工件下面、受力索具附近及其他有危险的地方停留。

4.1.8 统一指挥，分工明确，责任到人，工作人员全部持证上岗，做足安全教育，把好安全生产"六关"即：措施关，交底关，教育关，防护关，检查关，改进关。

4.1.9 吊装时，整个现场由总指挥指挥调配，各岗位分指挥应正确执行总指挥的命令，做到传递信号迅速、准确，并对自己职责范围内负责。当进行吊装作业不能清楚地看到作业地点或信号时，应设置信号传递人员。在自然光线不足的工作地点或者在夜间进行工作时，都应该设置足够的照明设备。

4.1.10 吊装设备准备措施完成后，须通知公司工程部、总工室前来现场检查，确认符合吊装要求才能起吊作业。

5. 吊装施工组织机构

大型设备吊装的指挥工作是作业的核心，必须成立吊装作业领导小组，实行定机、定人、定岗、定责任，使整个作业过程有条不紊地进行。

5.1 设备吊装作业组织架构（见图 2-28-11）；

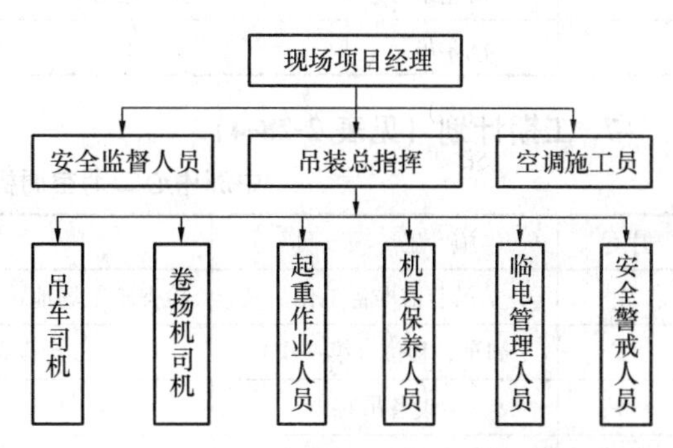

图 2-28-11 设备吊装作业组织架构图

5.2 人员职责及分工（见表 2-28-2）

吊装人员职责及分工表 **表 2-28-2**

序号	司职	职 责 范 围	备注
1	项目副经理	负责吊装作业的对外联系工作，内部协调工作	
2	安全监督人员	对各操作岗位安全监督检查，发现安全隐患及时制止纠正。	
3	临电管理人员	负责吊装过程动力、照明电源保证	
4	空调施工员	设备进场开箱检查、设备吊装过程产品保护监督	
5	总指挥	负责整个吊装作业的协调、全盘指挥	
6	副指挥	负责指挥起重一班的负二楼设备吊装	
7	副指挥	负责指挥起重二班的一楼设备水平运输和吊装	
8	安全员	负责吊装安全工作	
9	起重一班、二班	分别实施首层设备水平运输和吊装及负二楼设备具体吊装	10 人

6. 主要吊装机具配置计划（见表 2-28-3）

吊装机具配置一览表　　表 2-28-3

序号	工具名称	型号规格	数量	额定起重量
1	卷扬机		5 台	1.5～3t
2	钢丝绳	ϕ16mm～ϕ22mm	按需	
3	滑板车	4 排轮	6 部	5～8t
4	钢板	厚 20mm	约 40m^2	
5	卸扣		按需	5～8t
6	对讲机		4 部	
7	手动葫芦	5m 链条	8 个	10t
8	单滑轮		8 个	3～5t
9	滑轮组	4 轮	4 组	
10	滑轮组	8t 4 轮组	4 组	8t
11	汽车吊	50t	一台	50t

7. 工期计划（见表 2-28-4）

中洲中心二期空调机组吊装工期计划表　　表 2-28-4

序号	施 工 项 目	施工计划	工期
1	吊装前准备工作	检查施工场地、在吊装位置安装起吊器具（设备卸车前 3 天）	3 天
2	卸车、移位（第一次）	3 台设备从卸车点水平运输到井口吊装位置	1 天
3	设备吊装	3 台设备吊到负二层就位	1.5 天
4	卸车、移位（第二次）	其余 3 台设备从卸车点水平运输到井口吊装位置	1 天
5	设备吊装	其余 3 台设备吊到负二层就位	1.5 天
6	设备就位确认	全部设备确认就位、包括就位调整	1 天
7	吊装完成工作	拆除吊装工具、清理现场	1 天
8	合计		10 天

注：1. 整个施工工期计划所需 10 天。

2. 吊装计划按设备进场卸车按每次三台安排，共两次。

第3章 洁 净 空 调

3-1 净化空调提高洁净度的方法

齐 宾 侯 忆
（中国电子系统工程第二建设有限公司）

我国净化空调的发展从改革开放后随着电子产业和制药行业的快速发展以更快的速度迈进，逐渐形成了一个较大的规模。净化空调，在当时对大多数人来说是一个新课题，大家非常重视，近年来，洁净空调的使用在科研、医疗、高科技产品生产、实验室以及电子产品、精密仪器生产领域已越来越广泛。随着洁净空调使用范围的不断扩大，洁净度的等级也在提高。不少洁净空调通过精心设计、认真施工，获得了一定的成功，但是也不乏一些失败的施工。在工程应用中，我们应当对风管非常重视；对于风管本身的洁净度、气密性提得很高，因为净化空调中洁净风管内承受的风压比普通空调成倍地增高，所以大家不能不重视。风管的洁净度、气密性直接影响着整个净化系统的运行、影响系统的风压、风量乃至气流组织、洁净度、运行功率及噪声等。

设计、施工和调试是保证净化空调系统正常运行的三个重要环节，对于净化空调系统的设计和施工不少书籍和文献已经作了专门的介绍，但是我国的洁净行业毕竟起步比较晚，有时候对于在施工中出现的问题，我们也只有从经验的角度去解决，以至于有些洁净空调达不到所要求的标准，只能作为一般的空调来使用，甚至有可能报废，所以我们要搞好洁净空调系统，除完美的设计外，还要有高质量高水平的施工。

因为我们的主要工作是施工以及之后的调试，所以针对两个阶段的工作谈一些自己的看法。

1. 风管制作阶段

1.1 制作风管的材料是确保空调洁净度的基本条件

1.1.1 材料选用。洁净空调系统风管一般采用镀锌钢板加工。镀锌钢板应选用优质板，镀锌层标准应符合设计或招标文件规定，且应镀层均匀，无起壳，无氧化。吊架、加固框、连接螺栓、垫圈、风管法兰、铆钉均应采用镀锌件，法兰垫料应采用有弹性、不产尘、有一定强度的软橡胶，风管的外保温就目前来说可采用橡塑保温板来做。

1.1.2 材料采购。材料采购必须按照计划按品种选用同种产品中的有质量保证的产品。实物检查时还应注意材料规格、材料光洁度，板材还应检查平整度、边角角方度、镀锌层的粘结度等。材料采购后运输过程中还应注意保持完好的包装，防潮、防撞击、防污染。

1.1.3 材料保管。洁净空调用材料应设立专用仓库，或集中存放。存放处要干净，无污染源，避免潮湿，特别是风阀、风口、消声器等部件更应严密包装存放。洁净空调的材料要缩短仓库存放时间，宜随用随进货。制作风管用的板材应将整件运至现场，避免散件搬运途中引起的污染。

1.2 把好风管制作关，才能保证系统洁净度

1.2.1 风管制作前的准备。加工制作洁净系统的风管应在相对密封的室内进行。室内的墙壁宜光滑、不产尘、不积尘，地面可铺设加厚塑料地板，地板与墙体结合处宜用胶带封贴，避免灰尘产生。风管加工前，室内必须做到干净，无尘、无污染。但是由于目前我们的施工条件有限，在制作的时候我们达不到上述的条件，但是要尽可能的保持清洁。可在打扫擦洗干净后用吸尘器反复清理。制作风管用的工具必须用酒精或无腐蚀洗涤剂擦洗干净后进入制作室内。制作用的设备不可能也不必要进入制作室内，但必须保持干净。参加制作的人员宜相对固定，人员进入制作场所必须保持清洁，工作服应常换洗。制作用材料应经过两到三次清洁剂擦洗后，才能进入制作场所待用。

1.2.2 洁净系统风管制作要点。加工后半成品应再次擦洗后进入下道工序，风管下料咬口后应立即组合成型，不宜久放。风管法兰加工要保证法兰平面平整，规格要准确，与风管相配，以保证风管组合连接时接口密封性。风管底部不得有横向接缝，并且尽量避免纵向接缝，规格大的风管应尽量以整板制作，尽可能减少加强筋，必须设加强筋的也不得使用压筋加强和风管内加强筋。风管制作应尽量采用联合角或转角咬口，6级以上的洁净风管不得使用按扣式咬口。咬口处镀锌层损坏的、铆钉孔处以及法兰焊接处的镀锌层损坏的必须补做防腐。风管接缝翻边裂缝处及铆钉孔四周应涂以硅胶密封。风管翻边必须平整均匀。翻边宽度及铆钉孔，法兰螺孔必须严格按规范要求进行。柔性短管必须内壁光滑，一般可选用光面人造革。风管检查门垫料要用软性橡胶，连接密封垫可采用氯丁胶带。

1.3 洁净风管的搬运、安装是确保洁净度的关键

1.3.1 安装前的准备。洁净空调系统安装前必须按照洁净室主要施工程序制定进度计划，计划必须与其他专业相协调，并且应严格按照计划实施。洁净空调系统安装首先必须在建筑专业（包括地面、墙面、楼板）油漆、吸声、高架地板等方面完成后进行。安装前在室内完成风管定位、吊点安装等工作，并对吊点安装时损坏的墙壁面、楼板进行补漆处理。

1.3.2 室内清洁后，将系统风管运入。风管搬运过程中应注意封头的保护，风管进入现场前应进行表面清洁工作。

1.3.3 参加安装的工作人员应穿着干净的工作服装。使用的工具、材料、部件要进行擦洗，用无尘纸检查，符合要求后方可进入施工现场。

1.3.4 风管管件、部件连接应边打开封头边连接，风管内做到无油污，法兰垫料应为不易老化有弹性强度的材料，并且不得直缝拼接。安装后开口末端仍要保持封口状态。

1.3.5 风管保温应在系统管路安装及漏风检测合格后进行，保温完成后室内必须做到彻底打扫干净。

在现阶段的施工中，还没有达到国外的先进水平，所以在上述的内容中，我们尤其应该注意其中的问题，以确保在风管的制作工程中能够达到所要求的洁净等级。

目前所用的风管大部分都是镀锌钢板，但是还有很多复合材料的风管可以代替它们并会取得更好的效果。复合材料一般有以下优点：

（1）保温问题

在传统的风管施工中，保温工序最为辛苦，也最为使人厌烦，因此保温的质量也就不好保证，因为它直接受作业人员的情绪、责任心及技术熟练程度的影响，而复合风管的通风面与保温层是一次粘结压合而成，所以风管制成后，不需要再做保温。这就轻松地解决了上述这一保温难题，而且，由于保温工序的去除，节省出了大量的工时，从而大大降低风管造价中的人工费用。

（2）气密性问题

传统的钢板风管是咬口成型，管段两端铆接角钢法兰，管道的漏气，一般就发生在这三个部位：交口线、钢板与法兰的结合处和法兰与法兰的接合部位。

复合风管的这些结合部要比钢板风管好得多，当然，气密性也好得多，这主要是加工工艺彻底改变了。复合风管管材的弥合是以粘结为主，粘结条缝代替咬口条缝，而且粘结条缝中材料的接触面较宽，且为柔性结合，钢板咬口条缝中材料的接触面较窄，相对来讲为刚性接合（当然有塑性变形成分），所以其气密程度也就可想而知了。

（3）震动问题

风管的震动，按其本身的原因讲，主要是由于风管的刚性引起的，镀锌钢板管道在下料、咬口过程中，有时会出现"多肉及少肉"现象，从风管表面看上去，表面不平，或是凹进一片，或是突出一块。在系统运行时，尤其是在风机开启时，会产生咕隆咕隆的声音，像打鼓一样，这种噪声在消声器中不好消除，其主要原因就是镀锌钢板风管的加固没有做好和下料加工尺寸不精确。

复合材料可以解决这一问题，其根本原因就是复合材料在下料、粘接的过程中不会出现材料或是风管表面凹进、突起现象，这就消除了自震的内因，但是复合材料一般都用在民用建筑空调系统方面，在工业电子厂房中用到的一般材料还是以镀锌铁皮为主。

复合材料在减震方面也有优越性，由于管道的通风面和保温层是一次性粘结压合而成的，且保温材料一般都具有弹性，它会对有震动的通风表面起到减震、吸收的作用。复合材料的使用，使得风管的制作机械化成型有了可能，这将大大提高风管的综合质量水平。

2. 风管、管件清洗阶段

在这个阶段，我们要对制作好的风管进行除尘、除油，使风管表面没有浮尘和油污，并在最后的时候对风管内壁进行擦拭，不能留有残留的水渍。

由于各个系统用的风管的材料不一样，因此在对风管清洗的时候可能用到的清洗物质或者清洗方法可能不一样，因为我们在安装的过程中遇到的绝大部分都是镀锌钢板的，所以就只对镀锌钢板进行论述。

在风管制作完成后，应找个通风良好的地方进行清洗风管。这也是考虑到清洗残留水分容易风干的问题，我们应该尽量用没有残留的清洗剂对其进行清洗，因为有残留的清洗剂会对以后的空调系统产生影响，造成清洁度下降。

在对风管进行清洗的过程中，我们要对风管进行 3 次以上的清洗工作。第一次对风管表面的灰尘进行冲洗，清除其表面大量的灰尘。其次用清洗剂进行细致的清洗，除去表面的细小的灰尘和油污。这次清洗应该能做到把风管表面的灰尘以及油污彻底清除。最后一次对风管进行冲洗，这次清洗力在除去清洗剂（例如洗洁精）的残留物质。

清洗之后到了对风管进行打胶和密封的阶段，尤为重要的是打胶。因为打胶质量的好坏直接影响的是洁净系统的漏风量，假若打胶没有起到密封的作用，那么在调试阶段，可能就会使漏风量加大，达不到系统所需要的压力，以后的工作例如补胶等就会难以进行。所以在打胶的时候应对风管的安装缝隙进行细致的打胶，以免日后对系统漏风产生较大的影响。在清洗阶段最后的密封阶段，主要任务就是对清洗完成后的风管用密封塑料布把两端的口密封起来，这也是为了防止灰尘再次进入风管内部，造成二次污染，使以前的清洗工作前功尽弃，密封所需要的材质也要进行严格的质量把关，禁止使用不合格的密封材料或者容易产生灰屑的材质。

3. 风管及管件安装阶段

在风管安装阶段，主要任务是把各段独立的风管及管件连接起来，使其成为一个独立的洁净系统。因为我们的主要工作就是做好施工，给业主呈现的是一个能工作的洁净系统。所以在施工中尤为注意风管在安装的时候怎样保持洁净并且不能对风管有所损伤。下面讲述在施工中发现的几个问题以及解决方法。

3.1 由于在安装的过程中，未完成的洁净区域内积有大量的灰尘，况且在安装的时候要拆去风管上面为保持清洁而作的密封塑料布，这就有可能在拆除过程中，灰尘会进入风管并粘在风管内壁上，对所要追求的清洁度打了折扣，在通常的情况下，风管安装到指定的位置后就不再对其进行清洗，所以这些灰尘就会留在风管内部，影响了洁净系统的清洁度。因此在安装风管的时候一定要注意不要使灰尘进入风管内部，并且在拆除密封塑料布后应尽快把拆下的风管装在合适的位置，以免空气中的灰尘进入风管内。

3.2 在把各段风管连接成各个系统的时候，应当在安装过程中对成品进行保护。在北方某项目上曾经遇到过这种状况，已经安装好的循环风机的送风风管被砸进了一个坑，这说明有些人对保护成品的责任心不强。在洁净安装项目上，保护成品尤为重要，因为遇到的都是已经安装好的东西，假如有点损伤，必定要拆除掉并重新安装，这样势必耽误时间和浪费人工，并造成不必要的麻烦，因此在风管安装的时候要对成品进行保护。

在施工的过程中，以下几个问题还需要在施工过程中值得注意和探讨。

3.2.1 压差的问题

按照工艺要求，相邻洁净室之间都要保证有一定的静压差，一方面是在门窗紧闭的情况下防止洁净程度低的洁净室内的空气由缝隙渗入到洁净程度高的洁净室内；另一方面在门开启时，保证有足够的气流按正方向流动，以尽量减少由于开门动作和人的进入的瞬时带来的逆向气流，降低污染。然而在实际中由于设计或其他方面的原因，为了保证洁净级别高的房间有较大静压差，会出现洁净级别低的洁净室回风口变为送风口的现象，这在进行净化调试过程中是比较常见的现象。

在净化空调设计中，设计人员比较偏重于洁净室送风量的设计，对于回风量的设计则通常采用概算，即回风量少于送风量就可保证一定的压差。但由于相邻房间的压差受现场条件的影响较大，其中主要是房间门缝隙的太小了所致。如果门的密封性能好，较小的送回风风量的差值就可保证房间所需要的压差；相反，如果门的密封性能比较差，为了保证设计时的洁净室的正压差就需要有较大送风量与回风量的差值。因此现场调试中就出现了即使在保证洁净室房间设计送风量和回风量的情况下，相邻房间的压差也有会倒灌的现象。基于这种状况，实际调试时，都是先给洁净室按设计送风量进行风量分配，对于回风量则根据现场保证压差的要求进行适当的调整。作者曾经对已经调试好的洁净室进行送风量和回风量的测试发现，在保证送入房间的送风量偏差在10%的范围内时，回风量与设计回风量的偏差有时可达到。当然，这并不是说设计中不必进行回风量的计算，只是说明设计时是按照理想状态进行的，而对于实际洁净室，影响因素有时甚至是无法控制预测的。

3.2.2　缓冲间的问题

缓冲间的设置一方面是为了防止污染物进入洁净室，另一方面还具有补偿压差的作用。缓冲间最好是对高一级洁净室保持负压，对外保持正压。要求比较严格的净化室，常常设置两道或更多道缓冲间，但目前存在如下与缓冲间有关的问题。

（1）缓冲间不设置送风口而只设置回风口

通过非洁净区进入洁净区的缓冲间只设置回风口，而不设置送风口。这样势必会导致两个方面的不足：首先，尽管保证了缓冲对于室内的负压，但对于室外的正压较难保证；其次，缓冲间属于准洁净区域，对其不进行送风，单单凭借更衣间的门缝渗漏的补偿风量，较难保证准洁净区的洁净度。所以建议对缓冲间也进行适量的送风。

（2）洁净走廊通向室外的紧急出口处不设置缓冲间

对于紧急出口处的缓冲间的设置问题。从压差的角度分析，洁净走廊相对于室外走廊的压差一般为20Pa左右，在这样高的压差作用下，紧急出口处的门缝器叫声非常大，而且当此门万一开启时，造成整个洁净走廊泄压，洁净室部分房间将出现压力倒灌现象。如果设置一缓冲间且对其进行送风则这种状况会完全避免。值得说明的是，设置的缓冲间的门，其开启方向不应朝向压力较大（即洁净走廊）的一方，而应与紧急出口处门的开启方向保持相同。

3.2.3　调节阀的问题

（1）普通风量调节阀

由于生产厂家的不同，阀门的质量存在着很大的差异，现场中不少调试问题是由于阀门启闭不灵引起的，如在对某电子生产车间进行调试时，有一台空调机组无论如何开启送风阀门，其风量始终不变，经过检查发现此阀门叶片错位，互成90°，无论全开还是全闭，总有一半开启，一半关闭。关于阀门的另一个问题是没有启闭的位置标志，无法判断阀门到底是开启还是关闭，只有通过测试才能知晓，给甲方将来的管理带来困难。因此建议甲方选用阀门厂家时，要充分考虑到将来的管理与维护的方便。

（2）防火调节阀

目前大多数净化空调系统机组出口处均安装防火调节阀，理论上讲一方面起到了防火的作用，另一方面也可调节机组的送或回风量。但实际调试中发现，目前的大多数防火调节阀的调节功能很差，其原因是采用的档位调节（一般的是5档或6档）很难保证所调节的风量满足设计要求。

例如在某净化车间进行空调机组调试时，机组送风总管的防火调节阀开3档风量偏小，但开4档风量又明显偏大。同样，回风总管上的防火调节阀也存在调节量较小的问题。为了保证两个不同净化系统之间的相对压差值，在新风量调节范围很小的情况下，需要对其中某一个系统的空调机组风量作进一步的调整，而此回风防火调节阀开一档与关一档造成的相对压差值太大，不能很好地满足设计、规范和实际要求。当然这种情况还与阀门的调节流量特性有很大的关系，但由于档位的限制，使得阀门本身的调节流量特性变得更差。

同时，调试中发现防火调节阀启闭不灵的现象也普遍存在，有的防火阀只能全开或全关，处于其他档位时无法紧固，完全失去其调节功能。因此在现场允许的情况下，最好使防火阀和调节阀分开设置，调节阀建议采用可连续调节的调节阀，不推荐采用档位比较少的非连续调节阀。

4. 结束语

综上所述，在净化空调系统中，任何一个地方的疏漏都会引起洁净度的下降。在安装工程中，我们要对风管系统的安装进行总体性的控制，对各个步骤进行严格的质量把关，提高净化空调系统的运行质量，保持洁净厂房的清洁度。

3-2 药厂洁净室气密保障措施

林 勇

（成都市工业设备安装公司）

1. 前言

目前，药厂洁净室（区）的内维护结构一般都采用轻质夹芯彩钢板，内维护结构（彩钢）在构造上存在很多的缝隙，如彩钢墙与彩钢顶棚部位连接处的安装缝；彩钢门窗、回风口、排风口与彩钢墙连接处的安装缝；高效送风口、灯具、工艺管道（注射用水、纯化水、空气洁净风管等）与彩钢顶棚连接处的安装缝。因此，气密性就成了药厂洁净室（区）洁净度、室内静压差、送风量能否达到设计和生产要求的前提保证。

2. 概述

合信药业是我公司2004年承接的净化等级最高的工程，该工程局部最高洁净等级为100级。在工程施工过程中发现：彩钢墙或彩钢顶棚安装缝密闭处理不好，容易产生空气泄漏。随着缝隙两侧空气压力的变化，不是形成外界对室内的空气污染［直接影响洁净室（区）的洁净度、沉降菌、温/湿度］，就是洁净空气向外界泄漏（直接影响洁净室的风量、换气次数、静压差），或者在不同时间内两者交叉进行，这样洁净室就会被交叉污染。为此，在安装过程中，我们采取了积极、有效的密闭措施，从减少构造上的彩钢板安装缝隙和加强彩钢板安装缝隙处理的气密性着手，把洁净室空气泄漏和污染降低到最低限度。

3. 气密性措施

3.1 门、窗与彩钢墙的气密性措施

为保证洁净室（区）的洁净度，洁净室（区）要做到窗户密封。洁净区与非洁净区之间的窗户设双层窗，至少其中一层为固定窗。不同洁净级别的洁净室（区）之间的联系门应密闭、平整，造型简单且门向级别高的方向开启。按净化与受力的要求，门窗的密封材料选用不起尘、不积尘、防水、防霉变、耐磨、富有弹性、不易老化。

3.1.1 门窗缝隙的气密处理

门窗一般都具有三种构造缝隙：第一种是樘的组合拼接和樘与门洞间的安装缝隙；第二种是樘与开启扇之间的搭接缝隙；第三种是玻璃或其他芯板的安装缝。在这三种构造缝隙中，第一种和第三种属于固定缝隙，第二种属于活动缝隙，其气密措施分别如下：

（1）固定缝隙的气密处理：樘的安装缝隙在每樘门窗中数量较少，且樘与洞口的结合处经装修后较隐蔽，比较容易密封。在安装过程中应注意樘与洞口周边的连接是否牢固稳定，密闭门窗的樘与洞口间的缝隙应填塞密实，在安装玻璃或其他芯板时应尽量减少芯条玻璃的安装缝隙。

（2）活动缝隙的气密处理：门窗的开启扇与框料如何搭接是门窗密封的关键。在安装过程中特别应注意开启扇与框料互相搭接的槽口尺寸和槽口的形式，对扇、框、五金、密封条及其作用方式等要综合考虑它们在构造上和受力状态上能相互协调互为紧密，使其达到密封的目的。

3.1.2　平开门扇的气密处理

平开式密闭门是洁净厂房中常见的门类型，平时主要作用是人流、物流通道，火灾时主要作用是紧急疏散。

（1）密封胶条的设置。密封胶条应沿活动缝隙的周边连续敷设，以便在门关闭后形成一圈封闭环形的密封线。当密封胶条被分别设置在门楼和门扇两处时，应注意两者的衔接是否紧密可靠，尽量减少密封胶条在门缝处的中断间隙。为了使密封胶条避免人为接触，应将长宽几毫米的小断面成型弹性密封胶条敷设在门提的隐蔽凹槽部位，借门扇的关压将其压紧。

（2）物料入口处的外门和洁净厂房生产区直接通向室外的外门，为可靠地防止室外空气侵入，应设置气闸和双扇门，樘与扇的断面应采用两道密封胶条，形成两道密封层。当门构件和密封胶条的断面较小、受力后压缩量大而能与压紧构件有足够的接触和良好的密封，一般采用在门构件上设置沟槽来卡紧固定密封胶条，不宜粘贴固定。当门构件和密封胶条的断面较大时，也可采用压条固定的方法。

3.2　彩钢墙板与吊顶板的气密性措施

洁净室（区）内维护结构（彩钢墙板、彩钢吊顶板）的构造缝隙，既有建筑构配件的安装缝，如，彩钢壁板板材之间的拼接、彩钢壁板和彩钢顶板配件的组装；还有其他专业穿越彩钢板的接缝，如，各类管道在彩钢板上的穿孔、灯具在彩钢板上的镶嵌安装、净化空调的高效送风口、回、排风口在彩钢板上的穿孔安装，这些缝隙都要作不同的密封处理。

彩钢板板材拼接缝隙的密封是为防止空气从板材接缝处穿透，影响洁净室的洁净环境，必须把缝隙密封。在制作过程中应保证聚苯乙烯彩钢板的平整度及外形美观，聚苯乙烯彩钢板连接采用企口式连接，咬缝必须紧密，宽度均匀，接缝处打硅胶密封。为了使洁净室（区）彩钢表面尽量少积尘、易清洁，在安装彩钢板时应避免或减少凹凸面。彩钢墙面与地面、彩钢墙面与彩钢顶棚、彩钢墙面与彩钢墙面的连接处做成半径≥50mm 的圆角金属压条。彩钢板缝的密封采用金属压条与不成型硅橡胶嵌填两种施工措施相结合的方法，彩钢顶棚与彩钢墙面的交接阴角沿室内一圈均要设置金属压条，压条与彩钢墙面之间用硅橡胶嵌填。在彩钢隔墙顶角、彩钢墙角和踢脚连接处安装金属压条。

在施工净化空调工程的过程中常会遇到彩钢夹墙回风的情况，而彩钢夹墙的气密性处理是非常关键的步骤，其气密性处理的好坏将直接影响洁净室的净化效果。起回风作用的彩钢夹墙除夹墙外需设置金属压条，夹墙内四周的接缝都需设置金属压条，金属压条设置完后还应在边缝处打胶密封，在回风夹墙的回风口四周先用槽铝处理然后再安装回风口，调试检测前在回风口四周打胶密封以保证回风夹墙的密闭性。

3.3 彩钢吊顶板与安装专业技术装置的气密性措施

为了满足规范要求，洁净室（区）内的窗户、顶棚及进入室内的管道、灯具、风口与墙壁或顶棚的连接部位均应密封。

3.3.1 高效送风口的安装与气密性措施：高效送风口的安装和密封效果将直接影响洁净室的净化效果。在药厂净化空调系统的高效送风口安装方式一般都是下装式顶棚安装，在垂直单向流洁净室中高效送风口安装方式也一般都是下装式。高效送风口按密封方式分为：①密封垫密封高效送风口，它的密封材料采用闭孔型海绵橡胶和硅橡胶，厚度为3～5mm，因其结构存在一些缺陷，在高效送风口检漏时其边框存在漏风现象，存在密封不严密的问题；②液槽密封高效送风口，它是利用槽内灌注惰性液体进行密封，故此种密封方式的高效送风口具有很高的气密性。

高效送风口、回风口在彩钢板吊顶上、彩钢板墙上的密封是气密措施的第一道关口，密封的好与坏将直接影响洁净室的风量、换气次数、静压差。其密封措施为：①先在彩钢上风口洞的四周用 50×25 或 60×25 槽铝（根据彩钢板的厚度确定槽铝的尺寸）镶边；②安装送风口和回风口；③风口安装完成后将槽铝紧贴风口，然后将槽铝的四角用拉铆钉固定。在调试检测前，需对高效送风口的扩散孔板、回风口的四周进行打胶密封处理。其密封处如图 3-2-1 和图 3-2-2 所示。

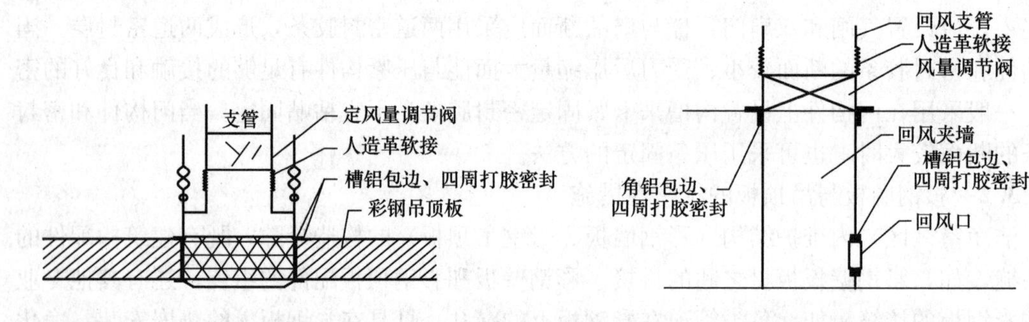

图 3-2-1 高效送风口彩钢板吊顶安装与密封　　图 3-2-2 回风夹墙安装与密封

3.3.2 工艺管道、电气管道的气密性措施：在药厂不锈钢工艺管道（压缩空气管、注射用水管、纯化水管、纯蒸汽管、进入洁净室的电管等）安装过程中会从技术夹层穿过吊顶彩钢板进入洁净室，其密封效果也将影响洁净室的净化效果。其密封的措施为：①在彩钢板上进行开孔，须安装的工艺管道或电气管道先穿过不锈钢套管；②在吊顶上再穿过不锈钢法兰扳紧进行连接；③在调试检测前须将不锈钢套管与彩钢板的接触缝（上、下缝隙）进行打胶密封。工艺管道、电气管道穿彩钢板的安装和密封如图 3-2-3 和图 3-2-4 所示。

3.3.3 灯具、配电箱等的安装与气密性措施：洁净室的灯具采用设置在顶棚下的洁净灯具。其安装形式有嵌入式和吸顶式两种，以设计或室内气流流型和空气洁净度等级进行选用。安装的净化灯在通过通电试验后调试检测前须在灯具的四周打胶进行密封。

3.3.4 电动传递窗、冻干机等设备的安装与气密性措施：在药厂有许多专用设备的安装与彩钢板墙都有交接位置，其交接位置的密封也是非常重要的。其密封处理方法为：在设备与彩钢板交接位置的四周用槽铝或角铝进行密封，在调试检测前再在槽铝或角铝的四周缝隙打胶密封。

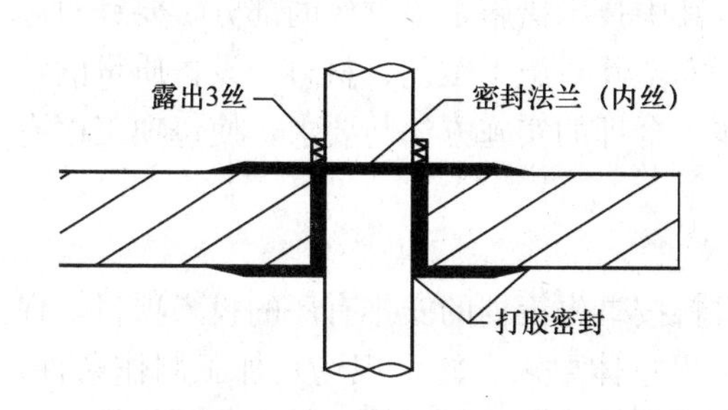

图 3-2-3 工艺管道、电气管道穿彩钢板的安装和密封

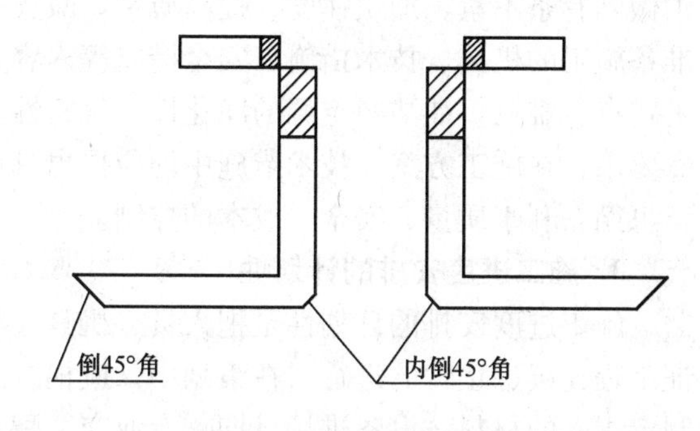

图 3-2-4 管道密封大样图

4. 结束语

经过周密的策划和严格的施工，最后合信药业工程一次性通过国家 GMP 认证，获得建设单位的好评，创造了一定的社会效益和经济效益。

3-3 净化空调系统施工中应注意的几个事项

孙怀常

（湖南省工业设备安装公司）

前言

洁净空调系统的施工除了应严格遵循一般空调系统施工的规定外，围绕净化性、气密性的特点，净化空调系统从零部件的制作到系统的安装、验收，均有特定的规定，在施工的全过程必须严格执行。否则造成返工会带来严重的质量事故和较大的经济损失，因此净化空调系统施工中应注意如下几个事项：

1. 图纸会审的细致性

图纸会审形成文件，为设计变更和提供施工依据作准备。这一过程分两步：第一步，在建设单位组织设计交底前，施工单位技术部门应组织各工种，将读图中发现的问题进行交流、协调、共识，为第二步设计交底提供更完善的文字材料。第二步是由建设单位组织设计、施工、工程监理各方进行设计交底。由设计单位介绍设计意图、技术要求、施工难点，解答各方提出的问题，商定解决办法，形成纪要、设计变更等文件，为施工提供依据。目前主要的问题是第一步往往被忽视，交底时重视不够，会审的深度不够，也不够全面，有流于形式的现象。对于质量要求与造价都比较高的净化空调，必须认真、细致地查看图纸、记录，是否有空间标高不够、管线相碰、设备选型不满足要求、风管系统上遗漏清扫检查孔、风量、风压测定孔的布置等都应一一审核，做到没有漏网之鱼。在第二步设计交底时审核安装与装饰及其他设计图纸是否有错位、标高是否对应、隔断是否吻合、吊顶是否有共用龙骨吊杆、是否有空调系统与其他设计碰撞的现象等均应落实到位。

2. 方案、措施的合理性

编制合理的施工方案与技术措施是施工前期很重要的一环，此项工作到位，为工程施工做到有条不紊、加快速度、提高质量，减少工程成本打下基础。它主要包括施工方法、准备施工的机具、技术措施、安全措施等内容，其中技术措施是最重要的部分，要针对施工重点、难点，如洁净空调的净化性、气密性、安全性对施工工艺、材料、设备质量的特殊要求，在施工方案、技术措施中均应提出具体、合理的实施方法与要求，使每项工序有章可循、利于质量、安全、成本的控制。

3. 施工进度安排的计划性

施工进度安排的计划性是把人员、机具、材料按事先策划的安排有序的投入项目，保证工程连续、正常的进行。在策划中，应根据工程总体要求、施工现场及加工制作条件，制定周密的材料、设备进场日期、专业交叉配合时间部位、工序交接控制点、零部件加工制作计划及安装、检查、调试计划。在净化工程中，应特别注意各工种施工程序的配合，避免超前或延后引起的返工，造成质量事故。不论何种承包方式，如果施工安排没有计划性，缺乏统一指挥和科学的工序配合，需要交叉施工的没有协调一致，因而造成超前、滞后的工序搭接，在规定的时间未能连通或造成二次污染，将带来不必要的返工。因净化空调系统制安人工费、高效过滤器等设备费均相当昂贵，造价高出普通空调的一倍以上，所以一旦出现因交叉施工的没有协调一致而必须返工的现象，将会造成工期延后、质量下降、造价上升等不应有的损失。

4. 设备管线布置综合平衡的全面性

对于综合性安装工程，设备管线相当多，进场施工前必须全面查看熟悉图纸，了解本专业与其他专业设备管线走向、交叉位置的分层情况。进入施工现场后，根据施工现场与施工图，对净化空调通风系统安装位置、标高进行全面测量，了解建筑实际与图纸的误差、建筑的各层实际标高和轴线基准位置及预留孔洞大小尺寸高度等情况，然而根据这些资料按无压管线为主、有压管线为辅，先上后下、先大后小，大风管与工艺管及电缆桥架排前、广播线路与照明灯具及风口和天花支吊架排后，最后排天花吊杆及筒灯、风口、喇叭开孔的顺序，逐层逐个专业的布置，把水电、空调、消防、装饰、广播电视等设备管线作好综合平衡工作。

5. 设备材料检验的必要性

5.1 材料检验

净化空调要求严格，在材质检验上必须认真把关，这是净化空调系统制作安装开始的第一步。如果采用容易产生锈蚀、表面容易积尘就当时通过了调试竣工验收，但运行以后出现问题，再进行更换、返工，将造成很大的经济损失。

洁净空调系统的风管、部件要求表面耐腐蚀、不生锈、不产尘、不积尘。风管的板材一般选用优质的镀锌钢板、复合钢板、铝合金板、塑料板等，而镀锌钢板表面应无明显氧化层、针孔、麻点、起皮、起泡和镀锌层脱落等弊病。

5.2 设备检验

高效过滤器的搬运与存放应按生产厂标志的方向搁置：搬运过程中应轻拿轻放，防止激烈振动和碰撞。搬入洁净区域前必须对包装箱进行全面的清扫，不要将尘土带入洁净室内。

高效过滤器必须在现场拆包开箱：拆箱应平直向下抖出过滤器置于平整、洁净的台面上，防止抠坏刺破滤纸，损坏边框。

高效过滤器取出后应进行外观检查：检查滤纸、密封胶和框架有无损坏；边长、对角线、厚度尺寸是否符合要求；框架有无毛刺、金属框有无锈斑，技术数据（效率、阻力及扫描检漏）等、性能是否符合设计要求，产品合格证书是否齐全。高效过滤器的外框不应采用木质外框，成品不应有大的刺激气味。

高效过滤器的检漏：外观检查后应用扫描法对高效过滤器的安装边框和全断面进行检漏和阻力差异的调配。

6. 施工环境清洁的重要性

净化空调风管制作场地应为环境清洁、宽敞、明亮、平整、干燥、密闭的清洁房间。制作地面上必须铺橡皮垫，用清水反复冲洗表面，直至清洁为止。有油脂时必须脱脂，为确保风管的清洁，周围应隔断，墙及门窗擦拭干净并做到门窗随手关闭严密。进入洁净区域或洁净风管加工现场必须更换专用工作鞋，入口处应设有换鞋及更换外用工作服的场所，打扫施工现场卫生严禁使用扫帚，必须使用拖把和抹布。制作时每天要检查卫生，填写洁净风管制作现场卫生情况日报表。

这一点既与一般空调系统不同，也是非执行不可的。否则将给后来清洁工作带来极大的困难，有的部位安装后很难清扫，因而影响洁净度效果，达不到设计要求。

高效过滤器安装前必须对洁净室进行全面清扫、擦净。洁净空调系统内如有积尘，应再次清扫、擦净到达清洁要求。如在技术夹层或吊顶内安装高效过滤器，则技术夹层或吊顶内也应进行全面清扫、擦净。以上工作合格后，启动洁净空调系统风管送风，连续运转12h以上，再次进行清扫、擦净洁净室或洁净厂房后，立即安装过滤器。

7. 系统制作安装的净化性

7.1 成品与半成品内表面的清洗

风管、静压箱、配件制作后应用无腐蚀性的清洗液将内表面的油膜、污物清洗干净，干燥后经检查合格立即用塑料膜及胶带封口。要特别注意的是清洗液的选取要先做试验，否则锌皮氧化起白粉将带来污染。擦拭风管内表面应用丝光毛巾、绸布等，不能用棉布、绒布、棉纱等易掉纤维的材料。

风阀、消声器等部件安装前必须清除油污、尘土、油漆，损坏的应重新油漆。外框叶片、固定件、螺钉、螺帽、垫圈等应选用镀锌材料或表面进行镀铬、镀锌、喷塑处理，叶片及密封件表面应平整光滑。清洁处理后的部件应包装封闭安装时再打开，以防再次污染。

风管管径大于500mm的应设清扫孔，过滤器前后的测尘、测压孔孔口安装时应除去尘土、油污，安装后必须将孔口封闭。位置、数量按设计要求安设，设计未明确的，应主动向设计部门联系。清扫孔的框架必须平整、安装前要清除油污、尘土，安装后要密闭不漏风。

洁净系统的柔性短管既要能隔振，又要不产尘、不透气，应选用柔性好、表面光滑、不产尘、不透气、不产生静电的光面人造革、软橡胶板等制作。帆布易积尘不应采用。安装时光面应向里，接缝应严密不漏风，针眼应封堵。长度以150～200mm为宜，安装后不得有开裂或扭曲现象以免漏气积尘。

所有成品与半成品清洗至无污迹为止，然后用密封胶在接缝、铆钉缝处封堵，马上用塑料薄膜胶带将两头及中间孔洞封严，贮存于干净封闭库房备用。

7.2 风管的拼接缝

风管的接缝易漏风、积尘、不便清扫。因此制作时不得有横向拼接缝，尽量减少纵向拼接缝。矩形风管底边宽≤800mm 的不得有纵向接缝。大风管纵向接缝不应设在底面。风管的内表面必须平整光滑，不积尘，易清扫。加固法兰或加固筋不得设在风管内，必须设在外部。

7.3 系统保温

保温层外表面应平整、密封、无胀裂和松弛现象，不允许有为了固定保温材料在风管、静压箱壁上开孔，用螺钉固定铁件的作法。洁净室内明露风管有保温时，保温层外面应做金属保护壳。保护壳外面应光滑不积尘便于擦拭，接缝应密封。

清扫孔的密封盖板应是双面金属板内填保温材料，安装后不再保温。风阀的把手一面应是双层板内填保温材料，其他三面为单层板，安装后再保温。

7.4 设备安装

高效过滤器是洁净空调的核心部件。在系统安装中，它与一般过滤器不同，是在室内土建装修完成，清洁工作、密闭和整个净化空调系统安装就绪，多次吹风除尘合格后，要进入系统测试时才安装。为了系统的吹风除尘，不论是何种方式安装，此时由于高效过滤器（或高效过滤风口）尚未安装，因此风道与室内风口间是隔断开的，为此必须制作一段与过滤器等长同截面的短管来代替它，才能使系统完整，进行吹风除尘。吹风除尘的合格保证了洁净要求。

净化空调系统由于其他形式的消声器均存在着吸尘、积尘、发尘的问题，因此只能用微穿孔型的消声器，因而内贴吸音材料的消声风道及消声弯头也不能使用，消声器的型号、尺寸必须符合设计要求，并标明气流方向。消声器的穿孔板应平整，孔眼排列应均匀，不得有毛刺，穿孔率应符合设计要求。框架应牢固，共振腔的隔板尺寸应正确，隔板与壁结合处应紧贴，外壳严密不渗漏。

7.5 防腐涂料

风管按设计要求或设计未明确时按表 3-3-1 刷涂料。镀锌钢板一般不刷涂料，但在下面情况或必须使用下表的部分板材时应刷涂料：

风管涂料类别选用表 **表 3-3-1**

<table>
<tr><th>风管材料</th><th colspan="2">系统部位</th><th>涂料类别</th><th>刷涂遍数</th></tr>
<tr><td rowspan="9">镀锌钢板</td><td rowspan="5">回风管，高效过滤器前送风管</td><td rowspan="4">内表面</td><td>一般不刷涂。当镀锌钢板表面有明显氧化层，有针孔、麻点、起皮和镀层脱落等弊病时，刷涂</td><td></td></tr>
<tr><td>磷化底漆</td><td>1</td></tr>
<tr><td>锌黄醇酸类底漆</td><td>2</td></tr>
<tr><td>面漆（磁漆或调和漆等）</td><td>2</td></tr>
<tr><td>外表面</td><td>不刷涂</td><td></td></tr>
<tr><td rowspan="4">高效过滤器后送风管</td><td rowspan="3">内表面</td><td>磷化底漆</td><td>1</td></tr>
<tr><td>锌黄醇酸类底漆</td><td>2</td></tr>
<tr><td>面漆（磁漆或调和漆等）</td><td>2</td></tr>
<tr><td>外表面</td><td>不刷涂</td><td></td></tr>
</table>

（1）有氧化层、针孔、麻点、起皮、起泡、起瘤和镀锌层脱落等弊病者，其内表面必须刷涂料。

（2）加工镀锌钢板风管、配件损坏镀锌处。如咬口折边、铆接处等，应刷优质涂料两遍。

刷涂中较普遍问题是刷前的清除铁锈、油污不彻底，甚至尘土未除，刷后不久即脱落再就是选料不注意，如镀锌钢板应选用对镀锌钢板附着力强的磷化底漆、锌黄醇酸类优质涂料。且刷前必须除去尘土和油污。

8. 系统制作安装的气密性

8.1　板材的拼接

洁净空调系统要求密封性好、漏风少。风管板材的拼接咬口、闭合缝、弯管的横向缝、矩形风管的转角缝等均加工后应及时清除缝隙尘土、油污后须涂密封胶或贴密封胶带。咬口缝涂密封胶或贴密封胶带的位置范围见图 3-3-1（涂胶位置也可选在风道外侧）。

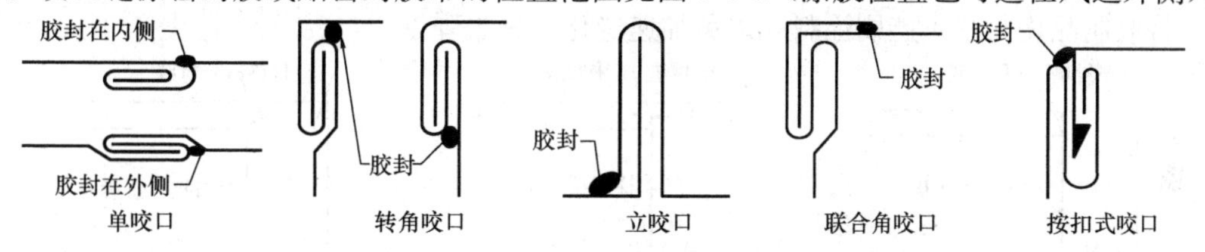

图 3-3-1　咬口缝涂密封胶位置示意图

8.2　风管与法兰连接

风管与法兰连接时，风管翻边应平整并紧贴法兰，翻边宽 6mm≤δ≤9mm。咬口缝涂密封胶或贴密封胶带的位置范围见图 3-3-2，风管的咬口应在齐翻折线部位剪去多余的咬口层，并保留一层余量；翻边四角不能撕裂，翻拐角边时，应拍打为圆弧形，涂胶位置见图 3-3-2 图 A，量应适当、均匀，不能有堆积不平现象。

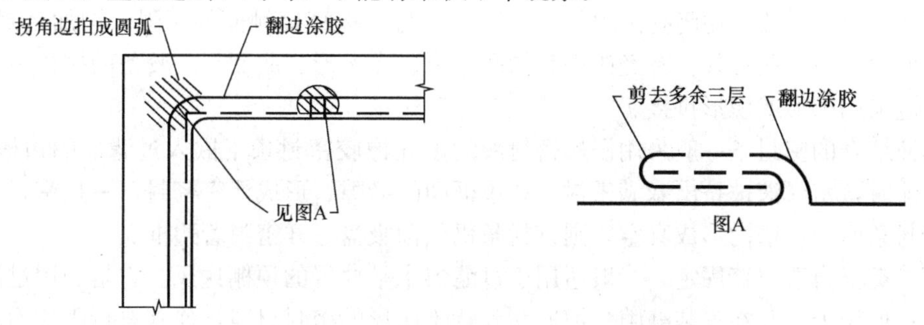

图 3-3-2　翻边处涂胶部位图

法兰螺孔、铆钉孔间距对于 5 级和高于 5 级的洁净室不应大于 65mm；5 级以下时不应大于 100mm。矩形法兰应采用直角拼接，不宜用 45°拼接，见图 3-3-3。法兰四角应设螺栓孔。螺母、铆钉均应镀锌，不能用空心铆钉。风管内侧面铆钉凸出部应尽量低、平滑。法兰与铆钉缝隙应涂密封胶，尤其是中高效过滤器后的送风管，必须涂密封胶，见图 3-3-4。

8.3　密封垫应选用

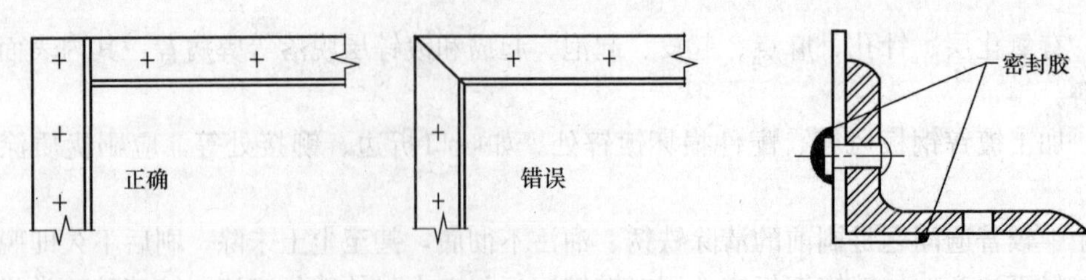

图 3-3-3 法兰拼接示意图　　图 3-3-4 铆接铆钉密封示意图

密封垫应选用不透气、不产尘、弹性好的材料。目前一般用闭孔海绵橡胶、氯丁橡胶等橡胶制品，厚度一般为 4～6mm，严禁采用乳胶海绵、泡沫塑料、厚纸板、石棉绳、铅油、麻丝、油毡等易产尘的材料。密封垫的拼接接头不应对接，应采用梯形、楔形拼接，见图 3-3-5，国外采用密封垫拼接口切齐后，通过电加热将接触面熔化密封拼接接头为一个整体的技术，是比较先进和简单的。

橡胶制品密封垫不能刷涂料，以免加速老化，失去弹性。

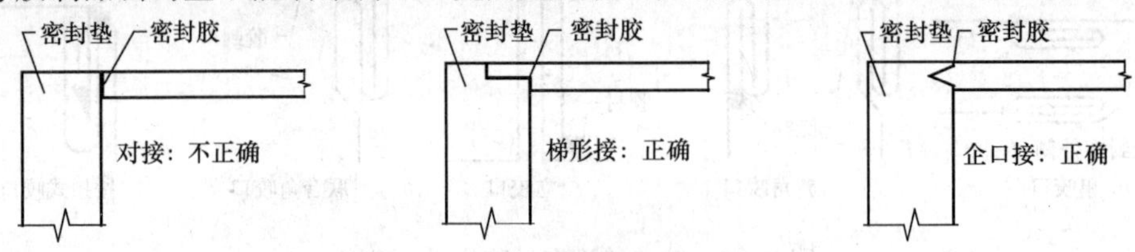

图 3-3-5 法兰密封垫接头示意图

8.4 高效过滤器安装

高效过滤器安装密封有以下四类方式：

第一类：机械压紧方式，它是在过滤器与框架之间填有弹性的固体密封或固液结合的密封条密封材料，然后用机械的办法压紧密封。

固体密封条一般采用闭孔海绵氯丁橡胶条，为了提高接触面的压强，增加密封效果，胶条断面除一般平面形外，有经改进后的凸面形、多沟形、曲面形，胶条的拼接不要采用对接，应采用梯形或楔形拼接。

固液结合的密封条一般采用浸透密封液的多孔橡胶密封条半嵌入过滤器的边槽槽内。当受压缩时，密封液被挤出塞满密封条和边框间的缝隙，形成严密密封，一旦密封压力下降，密封条回弹，槽内形成真空，则密封条仍然像吸盘一样密封着边框。

第二类：自重嵌缝固定，一般适用于过滤器水平放置的顶棚送风。它是利用过滤器自重搁置在框架上，并在安装缝隙处填嵌脂胶状不成形的密封材料，使其自行固化而达到密封，其密封方式有液体（含柔体）密封和固液结合密封条。

液体（含柔体）密封材料一般为由高分子聚合物组成的黏稠液体，其柔软性好。

第三类：自重液封固定，这种固定方式是利用过滤器自重搁置于框架上，框架有可容纳液体密封液的钢槽，槽内灌有不会在大的压差下冒泡、外溢现象的密封液（如聚异丁烯），过滤器四周带刀口，刀口嵌入槽中的密封液内，达到密封目的。

液槽密封由于框架结构复杂，造价高，其应用受到限制。

第四类：封导结合的双环密封，见图 3-3-6。这类固定密封方式是第一类机械压紧密封与负压导流相结合的方法。双环密封条有环腔、双环间小孔等，由于高效过滤器前的压力比室内及吊顶内的压力高，因而形成了压力差，渗入的污染空气通过缝隙直接流入顶棚低压区内排去，避免渗入洁净室内，造成污染。采用双环密封在粘贴密封胶条时，不要将环腔上的孔眼堵住，必须保证负压导管畅通，不要折堵或被异物堵塞。

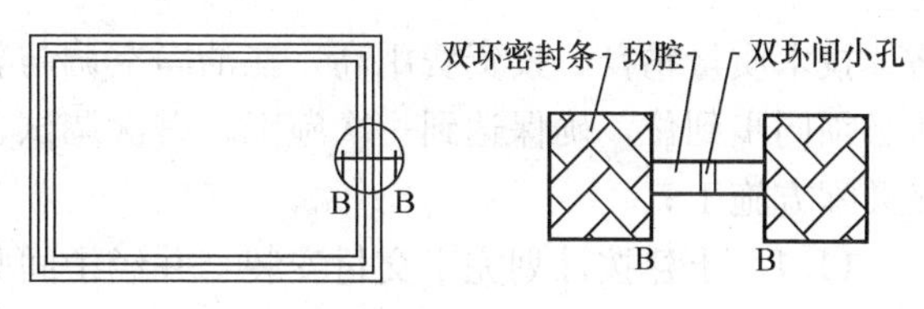

图 3-3-6 双环密封条示意图

高效过滤器安装时，不论采取何种方式要求过滤器与框架接触承压面平整、有良好刚性，接口尺寸协调一致，不能减少接触面积；过滤器气流方向应正确，水平安装时，气流方向应与边框上箭头一致。垂直安装时，还应使滤纸的折痕垂直地面；过滤器前后应装压差计，压差测定管应畅通、严密、无变形和裂缝；当亚高效过滤器作为终端过滤器使用时，其安装要求应与高效过滤器相同。

空调机组、空调箱等安装同样要采取严格的密封措施。空调箱底板和侧板、顶板相连接处，板对接缝隙及板与各类管线相接处都要用密封胶进行密封。

8.5 穿过墙壁、楼板时的密封

洁净区管道（包括空调水管道、给水排水管道、电线管和风管）穿过墙壁、楼板时必须进行严密性处理。如穿过墙壁的两边均为洁净区时，必须按管径的尺寸选用不锈钢亮管套和玻璃胶把管道穿过的板洞密封好；如穿过墙壁的一边为洁净区、一边为非洁净区，可在洁净区一边采用不锈钢管套密封，非洁净区一边只涂玻璃胶密封或同样采用不锈钢管套密封。穿过楼板顶时，如为不保温管道，在洁净区采用不锈钢管套密封，在隔断层内可只涂玻璃胶密封；如为保温管道，在洁净区利用保温管的不锈钢保护层与楼板交接处的不锈钢板伸展为 20mm 的圆环进行密封。这样可以保证管道进入洁净区时不产尘、不留尘，满足洁净要求。

过墙和楼板时两端也可用端盖封死，端盖与墙体、楼板的间隙要用密封胶密封。

穿墙楼板的套管壁厚不得小于 2mm，应带翼板，牢固地预埋在墙、楼地板内，做好刚性密封。

9. 送风气流组织的均衡性

洁净空调送风为防止过高风速对室内气流组织的干扰，空调风管系统在所有风口前，设计采用了静压箱，动压得到控制，静压得到加强，经过高效过滤器风口，气流进入洁净区域近似层流状态，送风气流组织满足实用性功能要求，能确保净化区域工作环境得到充分保证。

10. 空调系统的安全性

净化空调一般设计在医院、实验室、化工生物制品、制药、工业洁净厂房等重要场所，排风经高效过滤器过滤后，特别是医院病房、手术室及化学危险品的实验等采用的洁净系统，在安全性方面要求很高，医院病房、手术室的送排风净化后还要经严格的紫外线消毒等设备的处理后，才能使用和室外楼顶高空排放，以防病毒和细菌感染及污染大气及有害物质的影响。

11. 与装饰水电交叉配合施工的协调性

洁净空调风管与设备由于净化性、气密性、安全性方面的特别要求，因而施工工艺严格、技术质量精良、投资费用高，在洁净空调与装饰水电等专业的交叉配方施工的协调方面必须同步到位，确保达到一次施工、一次调试、一次验收竣工，要在以下几个方面作好交叉配方施工；

11.1 土建按计划完工交付安装，并经中间验收，符合交付条件，经许可，才能再次进入施工，并且必须采取隔离保护措施，防止污染及损坏洁净空调风管与设备。

11.2 洁净空调系统与装饰水电等专业的施工，必须编制切实可行的交叉配合施工措施或方案，明确时间、部位、人员、责任、成品保护与文明施工要求及处罚条款等。

11.3 装饰水电等专业的施工应按总体施工进度计划在不影响洁净空调系统施工的前提下，尽量提前完成各自专业的施工任务，以减少交叉施工的影响，但必须相互配合施工的不能各自为战、单独提前或推迟施工，以免造成洁净空调系统的二次污染或损坏。

11.4 高效过滤器的安装必须在洁净室内的建筑装修、设备安装、洁净空调系统安装完成，供电电源接通后才能进行。高效过滤器安装前必须对洁净室进行全面清扫、擦净。洁净空调系统内如有积尘，应再次清扫、擦净到达清洁要求。如在技术夹层或吊顶内安装高效过滤器，则技术夹层或吊顶内也应进行全面清扫、擦净。以上工作合格后，启动洁净空调系统，连续运转12h以上，再次进行清扫、擦净洁净室后，立即安装过滤器。这些工作均需土建、装饰、水电等专业的密切合作。

3-4 动物洁净实验室施工总结

胡竹旗

（湖南省工业设备安装有限公司）

湖南中医药研究所动物房工程包含3个普通级实验室（即兔实验室、豚鼠实验室、狗/猴实验室）、1个SPF级实验室（即大/小鼠实验室）。涉及装饰、动物专用设备、洁净空调、给水排水、电气、仪控专业，具有专业性强，技术含量高，施工难度高，质量标准高。洁净等级要求：普通级，10万级；SPF级，1万级（隔离环境100级）。施工过程严格执行《洁净室施工及验收规范》GB 50591—2010洁净室施工及验收规范，并依据《实验动物　环境及设施》GB 14925—2010的规定，委托湖南省实验动物质量检测站对静态条件下（工艺参数：温度、相对湿度、换气次数、气流速度、噪声、工作照度、动物照度、压力梯度、落下菌个数、空气洁净度）内环境检测，一次性通过，也得到湖南科技厅专家组好评。

1. 名词定义

（1）普通级：该环境设施符合动物居住的基本要求，不能完全控制传染因子，适用于饲养教学等用途的普通实验室。

（2）SPF级：即屏障环境，改设施适用于饲育清洁实验动物及无特定病原体实验动物，该环境严格控制人员、物品和环境空气的进出。

2. 洁净动物房施工组织及管理措施

2.1 建立洁净动物房施工管理体系，制定洁净室施工规章制度，施工的人员管理，是确保洁净室施工质量的关键。

2.2 所有进场材料进入施工区域必须是干净整洁的，派专人检查核实。

2.3 施工作业人员对自己的施工区域必须做到人走场清，确保动物房清洁。

2.4 项目部指派保洁人员每天对施工区域进行清洁，对容易产生灰尘的区域用吸尘器进行清洁，杜绝废弃物产生的二次扬尘。

2.5 施工队伍及管理人员需有无尘室的施工经验，对于没有经历过无尘室的作业人员，必须进行系统的培训。

3. 洁净动物房施工工艺

动物实验房安装应体现“人、动物、环境”的三保护原则。

3.1 动物房专用设备安装要点

3.1.1 在实验环境中设置设备时，其设备性能和指标，均须与环境设施指标要求相一致。

3.1.2 不同实验要求的正压、负压设备，必须达到环境设施的指标，方能取得相应的证书。

3.1.3 工艺设备安装不影响洁净室参数和服务功能。

3.1.4 所有与墙面连接的设备，不应呈直角，一定要做成圆弧过渡，这样不易积尘并便于清洁，确保洁净度。

3.1.5 专用设备进入洁净室安装现场前，应彻底清洁，并应检查有无脱屑，剥落的表面或不宜进场洁净环境的材料。

3.1.6 设备安装时应妥善保护墙壁和地面，设备的脚座应用橡皮包裹，避免在地面上拖磨，开洞作业不应划伤或污染表面，设备安装穿越不同洁净级别区域时，穿越处缝隙应用柔性材料填充、密封并应装饰处理。

3.1.7 设备安装时应在设备周围用彩条布或塑料薄膜临时隔离，隔离区域应阻断正压送风，进入隔离区的施工人员必须穿无尘服和无尘鞋。

3.1.8 水池、水槽等用水设备与围护结构连接处边缘的缝隙用玻璃密封胶密封好。

3.1.9 对于不便于清扫的设备及二次配管与配线，安装找平找正前，必须确定好清扫措施，避免设备的二次移动产生的灰尘污染。

3.2 装饰施工要点

3.2.1 洁净室内的装饰材料除应满足隔热、隔声、防振、防虫、防腐、防火、防静电等要求外，还应保证洁净室气密性和装饰表面不产尘、不吸尘、不积尘并应易清洗。

3.2.2 洁净室装饰工程施工应实行施工现场封闭清洁管理，在洁净施工区域内进行粉尘作业，应采用有效防止粉尘扩散措施。

3.2.3 SPF 环境的所有墙面阴角必须用彩钢板装饰，所有的缝隙边角，都要由阴、阳圆弧角线过渡或做成大于 120°的钝角，具体做法如图 3-4-1。

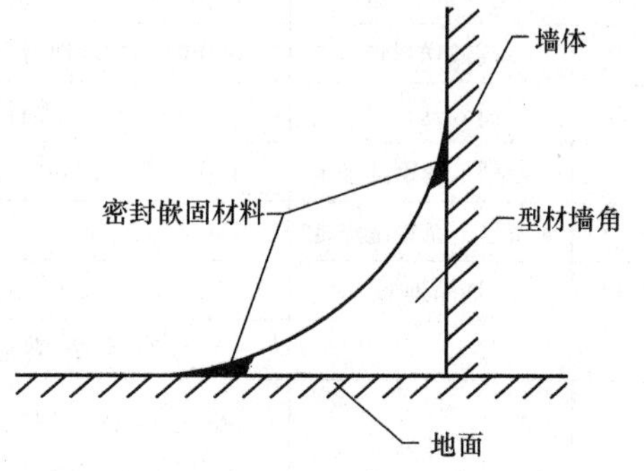

图 3-4-1 型材过渡墙角的圆弧做法

3.2.4 窗面应与其安装部位的表面平齐，当不能平齐时，窗台应采用斜坡、弧坡及边、角应圆弧过渡。

3.2.5 所有连接处缝隙必须用密封胶密封

处理，特别注意使用密封胶前，必须将密封沟槽的杂质和油污清理干净，并保持表面干燥。

3.2.6 兔、猴、豚鼠寄养室的排水管道管径必须在 *DN*150mm 以上，所有对外排出的地漏必须是不锈钢洁净地漏。

3.3 洁净空调安装要点

3.3.1 风系统风管制作应有专用场地，其房间应清洁，宜封闭，工作人员应穿干净的工作服和软性工作鞋。

3.3.2 对于SPF级环境的空调要求，必须是全排全送的直流系统，这样对于能耗要求是个严重问题，最终设计采用北京莱尔净化有限公司生产的，自带独立送排风系统的专业动物笼具，解决了高能耗的问题。

3.3.3 对于空调机房的空调新、排风口不能在建筑物同一侧墙面，必须要求有 20m 以上间距。

3.3.4 空调压差要求，是单向流动压差，保证空气不被污染。

4. 湖南省中医药研究院药物中心实验动物房洁净空调设备清单如表 3-4-1 所列。

湖南省中医药研究院药物中心实验动物房洁净空调设备清单　　表 3-4-1

序号	名称	规格型号	单位	数量	备注
		1. SPF级实验动物房设施			
1	不锈钢传递窗	600×600×600	台	2	特殊产品
2	天平台	钢木结构，大理石台面 900×750×850	台	1	特殊产品
3	彩钢板	50mm 厚聚苯乙烯夹芯，泡沫密度 $14kg/m^3$，钢板厚 δ=0.426mm，双面覆膜，加钢带	m^2	70	
4	彩钢板	50mm 厚聚苯乙烯夹芯，泡沫密度 $14kg/m^3$，钢板厚 δ=0.426mm，双面覆膜，加钢带	m^2	264	
5	组合式净化空调送风机组	含混合段、空调段（带电辅热）、风机段、均流段、中效过滤段、空调段（带电辅热）；风量：$2200m^3/h$，全压：800Pa，冷量：48kW	台	1	特殊产品
6	组合式净化排风机组	含进风段、风机段、活性炭过滤段、初效过滤段、出风段，风量：$2000m^3/h$，全压：500Pa	台	1	特殊产品
7	定风量平衡器	200×200	台	4	特殊产品
8	定风量平衡器	300×200	台	3	特殊产品
9	高效送风口	$500m^3/h$，含镀锌静压箱体、高效过滤器、扩散孔板	套	4	
10	高效送风口	$1000m^3/h$，含镀锌静压箱体、高效过滤器、扩散孔板	套	3	
11	304 号不锈钢洗涤池	1500×750×800	台	1	特殊产品
12	304 号不锈钢洗涤池	750×750×800	台	1	特殊产品
13	洁净地漏	ϕ75	个	2	特殊产品
		2. 普通级实验动物房设施			
1	彩钢板	50mm 厚聚苯乙烯夹芯，泡沫密度 $14kg/m^3$，钢板厚 δ=0.426mm，双面覆膜、加钢带	m^2	123	

续表

序号	名称	规格型号	单位	数量	备注
2	彩钢板	50mm厚聚苯乙烯夹芯，泡沫密度14kg/m³，钢板厚δ=0.426mm，双面覆膜、加钢带	m²	85	
3	组合式净化新风机组	含进风段、风机段、初中效过滤段、出风段，风量：1200m³/h，全压：500Pa	台	2	特殊产品
4	组合式净化排风机组	含进风段、风机段、活性炭过滤段、初效过滤段、出风段，风量：1200m³/h，全压：500Pa	台	2	特殊产品
5	组合式净化排风机组	含进风段、风机段、中效过滤段、出风段，风量：600m³/h，全压：250Pa	台	1	特殊产品
6	中效送风口	风量：600m³/h，含镀锌静压箱体、中效过滤器、铝合金送风百叶	台	1	特殊产品
7	洁净荧光灯	2×40W	台	25	特殊产品
8	洁净荧光灯（带应急）	2×40W	台	3	特殊产品
9	紫外杀菌灯	1×30W	台	23	
10	动物照度灯	5W	台	4	特殊产品
11	304号不锈钢洗消池	800×2400×800	台	2	特殊产品
12	304号不锈钢洗涤池	800×1200×800	台	1	特殊产品
13	洁净地漏	ϕ75	个	5	特殊产品
3. 辅助设备设施					
1	发电机房改造	含新风、排风系统	项	1	
2	发电机组	75kW	台	1	
3	定向流动物笼架	含独立送、排风系统	台	4	特殊产品

3-5　大面积全天花夹吊式FFU单元系统安装技术

梁　董　陈桂鑫

（广东省工业设备安装公司）

1. 引言

本课题起源于亚洲最大的中药产业化基地——广西梧州制药，其中百级洁净区达20000m²。FFU（Fan Filter Units——空气过滤单元）满布于百级洁净区的夹层天花，覆盖药品的整个生产流程，包括操作人员的操作范围，向区域内以0.45（1±20%）m/s的风速垂直输送99.999%高洁净度气流，以防止外围对药品的污染。如何保障整个系统的正常运行，为各类药物提供一个高质的生产环境，对设计和具体施工是一项协作配合的重要内容，这不仅需要妥善解决大面积全天花式吊顶FFU单元安装的难题，还必须有效配合百级洁净区的各项内装工序，确保FFU本体安装与附属配套设施配合的合理化、规范化、标准化。因此，优化安装方法、采用新型材料、配合新的施工工艺势在必行。而本工程施工工期短，面积大，内装配合工序复杂，且质量要求高，必须采用新的方法以提高安装速度和安装质量，新工艺的使用取得了良好的经济效益和社会效益，具有广泛的推广应用价值，本施工技术是在此基础上研究、总结形成的。

2. 施工技术特点

2.1 FFU单元内藏于上下顶板之间的夹层安装，有效地节省了高度空间。

2.2 采用了新型的MSC-55T形骨架吊装，该骨架具有质量轻、结构合理、组装简便、强度和硬度足够以及不同规格框架间的组合简便等特点，能降低劳动力损耗，提高施工效率。

2.3 附属配套设施采取预制预埋形式，内藏于夹板，避免外露，有利于保持区内洁净。

2.4 组装吊杆采用花篮螺栓和不锈钢全螺纹杆代替普通镀锌圆钢，避免了套丝、焊接工序，且便于整体棚架调节高差。

2.5 合理划分安装区域，预留收口单元的位置，先局部后整体，采用"顺铺倒置法"施工，并运用强力磁吸与旋顶的作用，使FFU单元与骨架间的接合面紧密相贴，安装更快捷。

3. 施工技术工艺原理

根据FFU过滤单元的尺寸，确定出MSC-55T形龙骨的组装长度和宽度，在安装区间内的上层顶板进行红外投线测量，确定出吊孔点的位置，钻孔后将预先组装好的MSC-55T形骨架整体安装，形成吊顶棚架，在棚架上的每个单体承托边四周安装密封压条，通过倒置法安装高效过滤器、最后安装FFU过滤单元，并利用回风竖井进行循环，使FFU与洁净区间或生产线形成有效的高洁净度的保护模式，从而达到生产过程不受污染的效果，同时对FFU过滤单元进行集中管线预埋，集中控制，使系统更加智能化，原理图如图3-5-1所示。

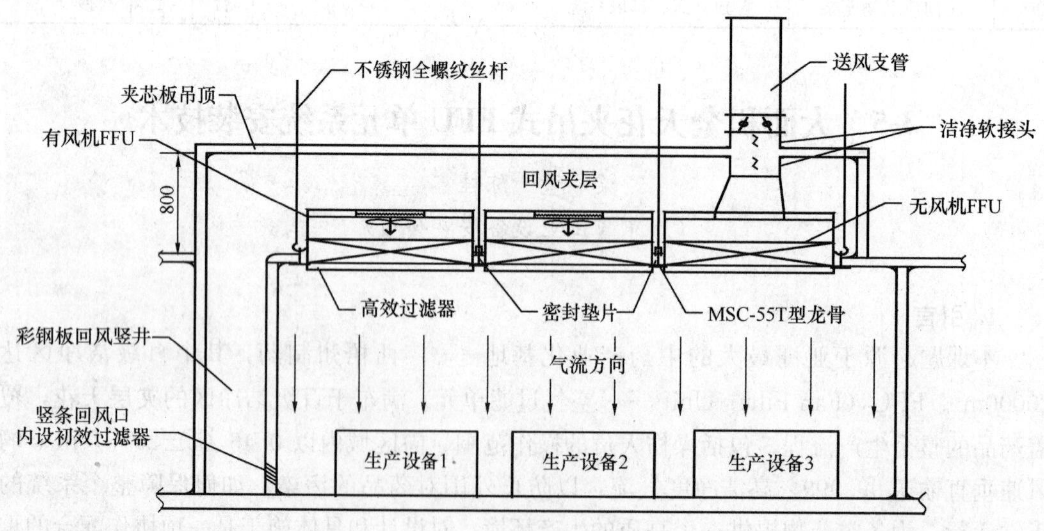

图3-5-1 FFU系统原理图

4. 施工工艺流程及操作要点

4.1 施工工艺流程（见图3-5-2）

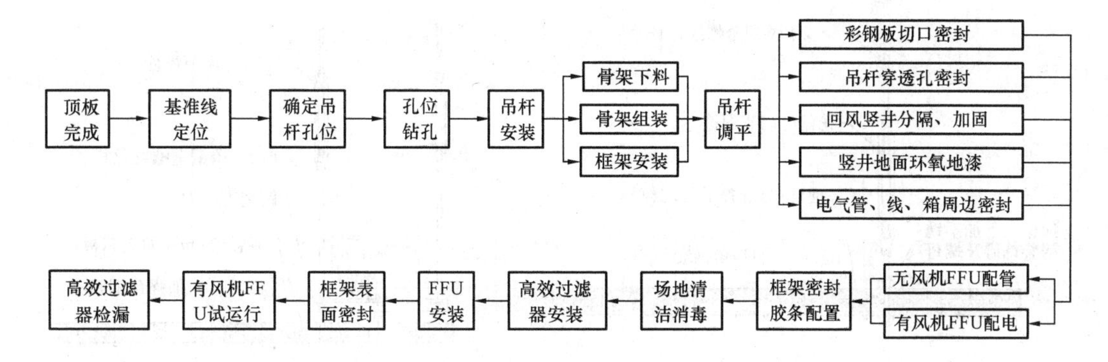

图 3-5-2 施工工艺流程图

4.2 操作要点

4.2.1 基准线定位与吊孔的确定

根据设计图纸与现场已完成的区域间隔线，复核 FFU 吊点的边缘线位置，并按照生产的工艺流程确定出始末两个端点，以此确定的直线作为 FFU 的安装保护边缘控制线，并通过纵、横向控制线确定出吊点的位置，基准线控制如图 3-5-3 所示，基准线控制偏差为±2.0mm。基准线的定位采用红外线投线仪，通过对顶板进行定位，确定出纵横线的交点，从而保证了放线定位的准确性和精确度。

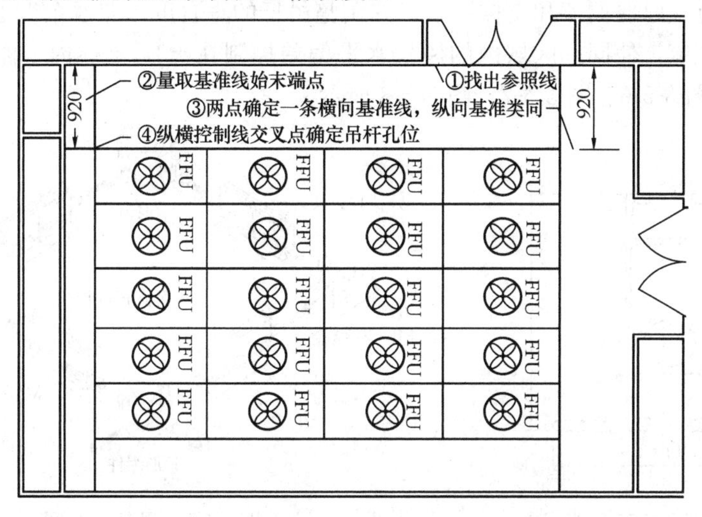

图 3-5-3 基准线控制

4.2.2 顶板冲孔与吊杆安装

以吊点为中心，采用 ϕ14 钻头定点钻孔，顶棚夹板钻孔后出现的夹芯泡沫采用中性硅酮密封胶抹口处理。吊杆采用不锈钢全螺纹丝杆，在顶棚上侧安装花篮螺栓用以调节棚架的高差，并在顶板上下孔位加设不锈钢装饰碟，使用不锈钢六角螺母锁紧。如图 3-5-4。

注：当孔口上方有其他管线穿越而无法安装吊杆时，采用增设水平横担跨越支吊的形式安装吊杆，如图 3-5-5。

4.2.3 吊顶棚架制作安装

FFU 的承托骨架采用了质量轻、组装简便的 MSC-55T 型龙骨。根据 FFU 的外形尺寸，测量 MSC-55T 形龙骨的长度，采用万向切割机对龙骨进行下料，并清理切口的毛刺，

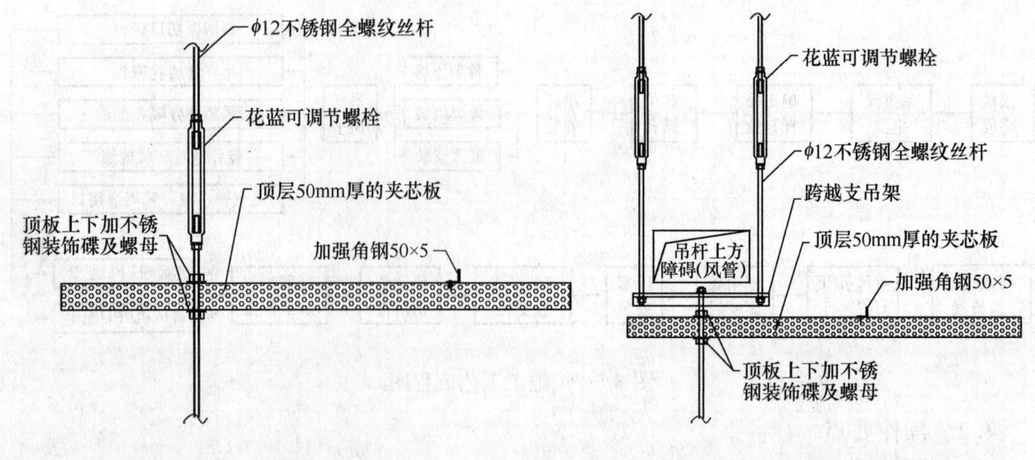

图 3-5-4　吊杆穿孔安装　　　　图 3-5-5　横担跨越支架

以此作为其他拼装段的模板，并与L形、T形和十字形组件连接，通过内置圆形内纹螺母和M8×30的螺栓均匀旋紧组装成框架，在MSC-55T型槽侧20～25mm处设置穿透夹紧螺钉，螺钉规格采用ϕ4.2×12，使其在组装、搬运和安装中不产生松动，确保连接的牢固。棚架组装好后，将深入顶棚下方的吊杆置入T形龙骨的横槽中，并在置入前安装承托垫圈和螺母，以便调节和支撑棚架，并调整吊杆的垂直度，差额余度通过顶棚上方的花篮螺栓进行调节，使同一区域内的棚架水平偏差控制在±1.5mm内，棚架高差控制在±2mm内。如图3-5-6、图3-5-7、图3-5-8所示。

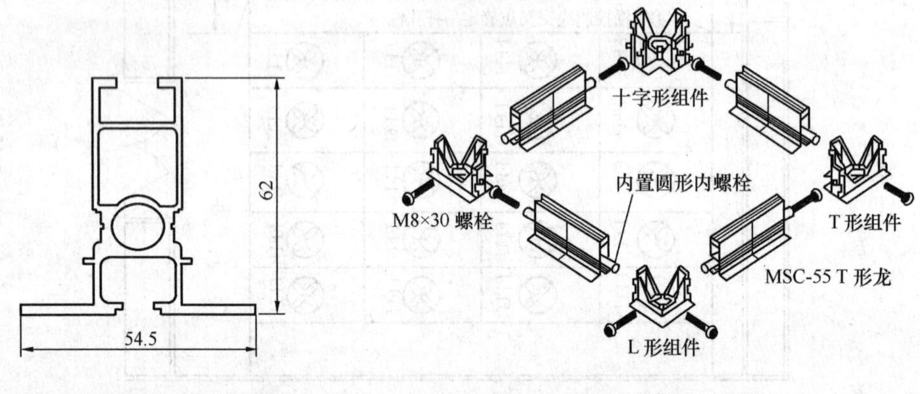

图 3-5-6　MSC-55 T形龙骨　　　　图 3-5-7　骨架工装图

骨架工装的技术参数如下：

(1) MSC-55T形龙骨质量1.11kg/m，长6000mm，宽54.5mm，高62mm。

(2) L形、T形、十字形组件匹配的内置圆形内螺纹螺母分别为2、3、4个，连接组合间隙≤1mm。

(3) 龙骨槽侧穿透夹紧螺钉的设置距离为20～25mm。

(4) 螺钉规格为ϕ4.2×12。

4.2.4　附属配套工程

附属配套工程包括彩钢板切口密封，吊杆穿透孔密封，回风竖井分隔与加固，竖井地面环氧地漆施工，电气管线箱周边密封。

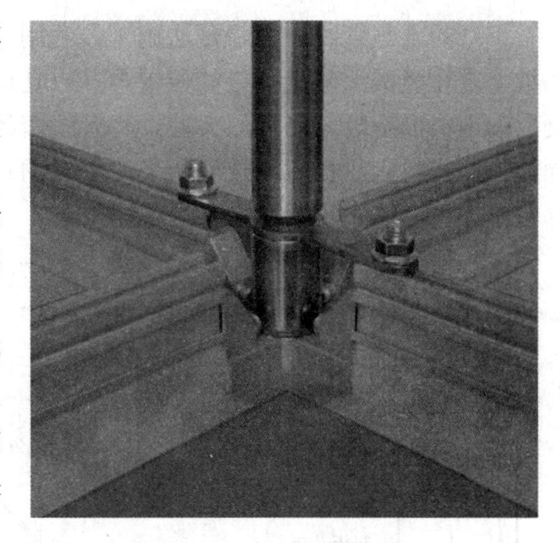
图 3-5-8 骨架工装实物图

（1）所有经过切割的彩钢板接合面或其他不完整面均需要抹涂中性硅酮耐候密封胶。

（2）所有穿过顶板与夹层或与外界相通孔口均需进行密封。

（3）回风竖井收口前将覆面的聚氯乙烯薄膜撕除，将竖井板置入地面水平固定的铝合金横槽中，并抹涂中性硅酮耐候密封胶，水平及垂直方向上的接合缝采用 L30×30 铝合金角铝嵌口，如图 3-5-9 所示。

1）回风竖井按 1000mm 的间隔设置加固支撑，支撑折起翻边 30mm，与竖板间采用 $\phi6\times30$ 的自攻螺钉固定。

2）回风竖井上回风口的布置首先满足工艺气流组织的要求，采用“截面相同、由整而分”的分隔方法，在满足工艺要求的前提下，在每块竖板的两边各预留 75mm 的长度，离地 100mm 向上开启 1000mm×500mm 的孔口，开孔后安装铝合金门铰式 0°带滤网百叶，如图 3-5-10、图 3-5-11 所示。

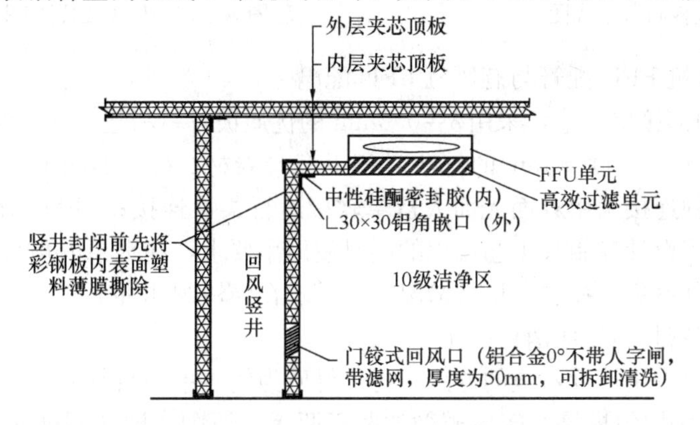

图 3-5-9 竖井密封与嵌口

（4）回风竖井的地面应满足不易积尘、方便清洁的原则，施工时将地面进行基层处理，完成水磨石地面，然后对其进行环氧底漆处理，最后刷环氧保护漆，漆层做到均匀、不起泡、无泪痕、完全覆盖底漆，养护时间必须大于 24h。

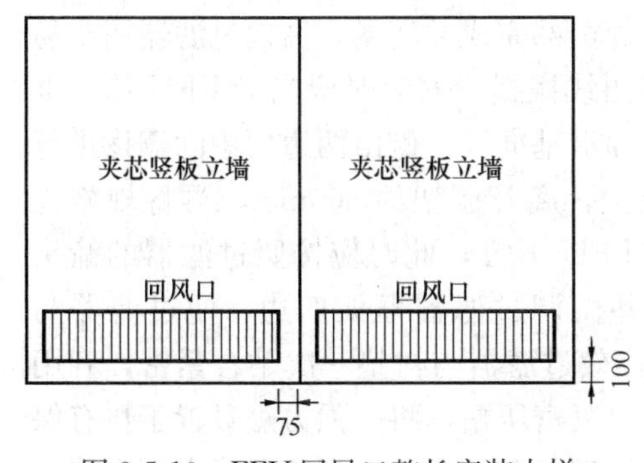

图 3-5-10 FFU 回风口整长安装大样

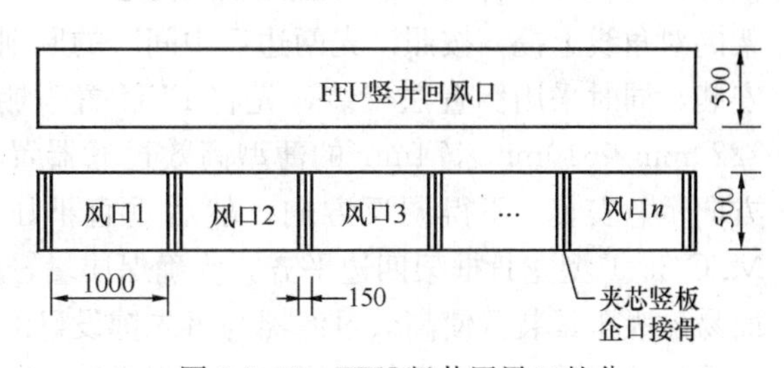

图 3-5-11 FFU 竖井回风口整分

(5) 的电气管线采用暗藏法施工，利用“工字型”开孔法在竖板上开孔，根据设计或图纸要求在竖板上确定孔口的位置，并以孔口为中心划线，在竖板中心线顶端通过使用带倒斗的锥头抽空竖向隔板的夹芯，将管线暗藏于夹芯板内。如图 3-5-12。封板前在井内侧周边进行密封，封板后对外侧密封，密封的具体要求达到平顺、不起皱、无间断，与凸起部位平齐。

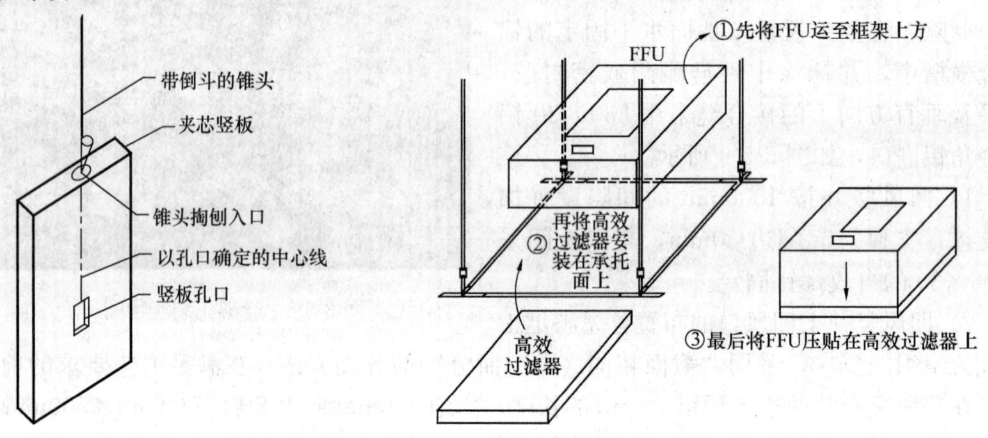

图 3-5-12　竖板暗藏管线图　　　　图 3-5-13　FFU 倒置安装

4.2.5　无风机 FFU 配管与有风机 FFU 配电

根据 FFU 顶部接口尺寸，采用 $\delta=0.6$mm 的优质镀锌钢板进行风系统管路制作安装，接口加垫厚度 5mm、宽度 30mm 的自粘型 PEF 条形卷材，接口的四个角位采用楔形或搭接压贴，与机体的连接采用双面光面人造革软接进行柔性连接；FFU 的配电采用预留插座的形式，综合了设计控制和工艺流程的同时使用率要求，在夹层内预留插座，集成管线布置后在电源控制室集中控制，运行情况直接反映在模块观测屏上。

4.2.6　框架密封与场地消毒

(1) 框架密封采用铺设衬垫的方法，衬垫材质为优质单面自粘胶带，宽度 15mm，厚度 5mm，框架四角均匀搭接，密封遵循“两不两无”原则，即“不外露、无缝隙，不扭曲，无起拱”。

(2) 消毒前先对支撑框架的横槽内进行吹扫，利用 0.6MPa 的压缩空气喷射槽口，将灰尘等其他杂质清除，并采用含量为 75％的稀释乙醇全面擦洗。

4.2.7　高效过滤器、FFU 的安装与框架表面密封

高效过滤器安装时，安装区域内的其他施工必须全部完成并清场，高效过滤器属于易损件，必须轻拿轻放，不得触碰纸质滤芯，应按对角线搬提，安装时应当沿 FFU 单元框架的对角线上提，按照“先两边后中间”的原则，即沿基准线一侧由两边向中间靠拢进行安装，同时采用倒置法安装，先将 FFU 置于棚架上，离开棚架约 300mm，再将规格为 1220mm×610mm×74mm 的薄型高效过滤器置于 FFU 下方，此时应按照过滤器的箭头方向示意安装，不得调反方向，然后垂直下压，并微调过滤器框架四边，使过滤器与 MSC-55 T 型龙骨框架四边平齐，为确保质量轻的高效过滤器与衬垫一次贴合紧密，利用简易磁吸压紧装置使高效过滤器与事先铺设好的衬垫紧密压贴，将一强力磁吸置于垫有保护隔板的高效过滤器框架边缘上，运用磁铁互吸的原理在 MSC-55 T 型龙骨下底面安装一

带磁性的可旋顶简易装置，通过旋调把手产生的压力将衬垫与高效过滤器紧密相贴，检验标准是观测顶进的螺纹数为 2～3 螺纹。利用此法有效地解决了 FFU 单元满布天花安装的密封难题。最后接通电源，并调好运行高低档位。安装情况如图 3-5-13、图 3-5-14、图 3-5-15 所示。

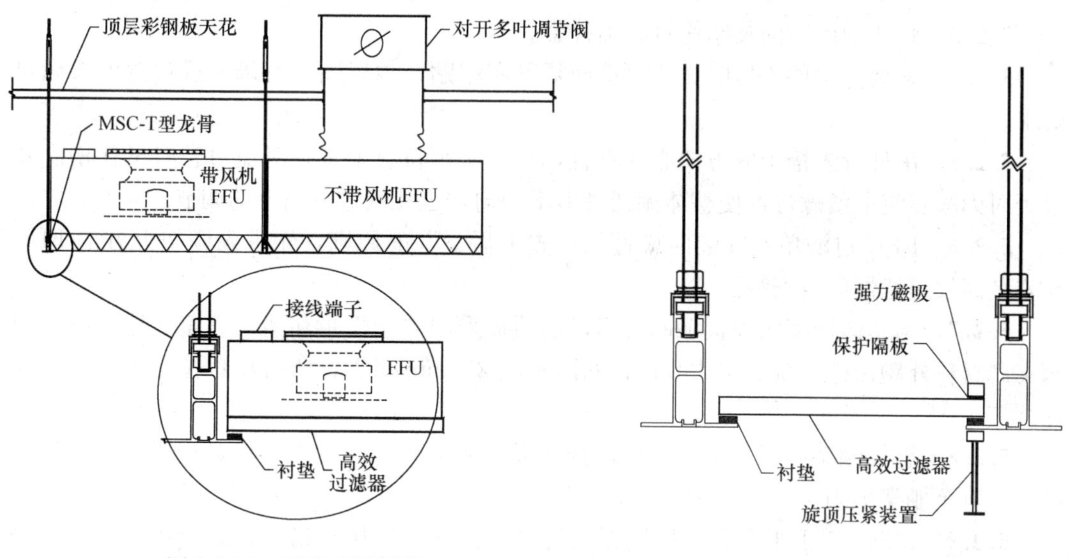

图 3-5-14 FFU 安装详图

图 3-5-15 高效过滤器压夹

施工完成后在 MSC-55 T 形龙骨上安装装饰压条，压条与龙骨两端的间隙小于 1mm，并在接口位置抹密封胶，其要求是缝隙填实饱满、平整，无多余外露，无暗沟出现。

4.2.8 有风机 FFU 试运行和检漏试验

先逐台点动试验，正常后连续运行时间不少于 24h，测量噪声值不大于 55dB（A），正压值不小于＋20Pa。检漏仪器为尘埃粒子计数器，将漏斗型采样口放在距离被检过滤器表面 2～3cm 处，以 5～20mm/s 的速度移动，对被检过滤器整个断面、封头胶和安装框架处进行扫描。检测周期为 10min 时，若 0.5μm 粒子数＞20，则表明泄漏量超标，需要修补或更换。评定标准：0.5μm 粒子数＜20。

5. 施工质量控制

5.1 本施工技术不仅应执行规范：《通风与空调工程质量验收规范》GB 50243—2002、《洁净室施工及验收规范》GB 50591—2010，还要满足各工序规定的质量要求。施工中各技术参数、偏差如表 3-5-1 所示。

质量控制偏差表 **表 3-5-1**

序号	项目名称	允许偏差	检查频率	检查方式
1	基准线偏差	±2.0mm	每组基准线	钢尺
2	棚架水平度偏差	±1.5mm	每个独立棚架	钢尺
3	棚架垂直度偏差	±1.5mm	每个独立棚架	钢尺
4	框架单体对角线偏差	小于 2.0mm	每个框架单体	钢尺
5	吊孔孔距累计偏差	±1.0mm	每组孔心线	钢尺
6	机械振动振幅偏差	0.003m	每个独立棚架	振幅仪

5.2 质量控制措施

5.2.1 吊顶的加强角钢型号必须符合设计要求，采用L50×50×5，每间隔1000mm设置一条。

5.2.2 骨架切割时必须夹紧，不得松动，切割面必须平直，清理毛刺并打磨至平滑。

5.2.3 骨架槽侧边的夹紧螺钉必须拧紧。

5.2.4 骨架与组件连接时，两对接面须紧密相贴，内置圆形螺母的旋进深度应满足要求。

5.2.5 吊杆置入槽中的方向必须垂直，长度必须符合要求，避免过长时抵住槽底及过短时无法安装卡紧螺母，使整体棚架受力不均匀，也无法进行高差的调节。

5.2.6 FFU过滤单元安装时应遵循“先上后下”的原则，先进入棚架上方的FFU在安装高效过滤器后再安装。

5.2.7 与整体棚架四周接触的有切口的顶板采用“匚”形包边法完整收边，防止内部夹芯材料外跑污染系统，包边收口钉间距每隔200mm布置，所有接口位置用密封胶抹涂严实。

5.2.8 整体棚架施工完毕后全面检查顶板上下两侧穿孔螺母的松紧程度，再次进行微调，直至棚架牢固。

5.2.9 MSC-55 T形龙骨支撑托面上的衬垫搭接采用压贴搭接形式，不得对接，以免产生缝隙。

6. 施工技术实施效益分析

从FFU过滤单元的整个施工及配合工序进行了全面的研究，通过骨架的下料、组装、拼接、整体吊装以及附属工程的配套施工验证，并经过了广西梧州制药扩建工程的实践证明，使用该工艺，FFU过滤单元系统的制安效率大大提高，安装精度得到保证，而且降低了工程成本，缩短了工期（原计划90天，实际64天），取得良好的经济效益和社会效益。

6.1 经济效益

6.1.1 机械使用情况对比如表3-5-2所列

机械使用情况对比表 **表3-5-2**

设备名称	单位	传统做法		新工艺	
		数量	功率（kW）	数量	功率（kW）
砂轮切割机	台	2	3	0	0
电动打磨机	台	1	2	0	0
套丝机	台	2	6	0	0
万向切割机	台	0	0	2	3
弹线墨斗	套	2	0	0	0
红外线投线仪	台	0	0	2	0
钻孔器	台	6	1.5	6	1.5
冲击钻	台	5	3	5	3
强力磁吸	套	0	0	3	0

6.1.2 材料费消耗对比如表3-5-3所列

材料费消耗表　　表3-5-3

材料名称	单位	传统做法			新工艺		
		数量	单价（元）	合价（元）	数量	单价（元）	合价（元）
砂轮切割片	片	200	10	2000	0	0	0
打磨片	片	50	25	1250	0	0	0
万向切割片	片	0	0	0	2	320	640
铰丝板牙	套	10	120	1200	0	0	0
强力磁吸	套	0	0	0	3	260	780
T形托架支撑龙骨	m	13280	65	863200	0	0	0
MSC-55 T形龙骨	米	0	0	0	13280	61	810080
合计				867650			811500

节约费用867650－811500＝56150元。

6.1.3 劳动力使用对比

传统做法中，下料、切割、弹线、钻孔、组装拼接共需19人；新工艺中，下料组对、红外线定位测量、整体棚架安装共需11人。

6.1.4 机械、人工费用分析如表3-5-4所列

机械、人工费用表　　表3-5-4

名　　称	单位	传统做法（90天）			新工艺（64天）		
		数量	单价（元）	合计（元）	数量	单价	合计
砂轮切割机	台班	180	12	2160	0	0	0
电动打磨机	台班	90	8.5	765	0	0	0
绞丝机	台班	180	14.5	2610	0	0	0
万向切割机	台班	0	0	0	128	28	3584
红外线投线仪	台班	0	0	0	128	22	2816
钻孔器	台班	540	3	1620	384	3	1152
冲击钻	台班	450	3	1350	320	3	960
耗电量	kW/h	31680	1	31680	15360	1	15360
施工人工	工日	1710	95	162450	704	95	66880
工期提前人工	工日	780	95	74100			
合计				276735			90752

节约费用276735－90752＝185983元

采用新工艺在该工程上共节约工程成本56150＋185983＝242133元。

6.2 社会效益

本工程在实践总结的基础上与传统工艺相比取得的社会和环保效益如下：

(1) 统一了流水生产作业施工，各项偏差得到控制，工装质量得到保证。

(2) 降低了工人的劳动强度，提高了生产效率。

(3) 避免了作业过程切割下料产生的飞溅物，环境污染得到控制，改善了加工环境。

(4) 形成了标准化的施工工艺，可作为产品向行业和社会推广。

(5) 确保并提前了工期，使工程项目及早投入了使用。

第4章 减 震 降 噪

4-1 酒店客房空调系统噪声控制的实施要点

苏建国

（上海市安装工程集团有限公司）

1. 概述

随着人们生活水准不断提升，国内外交流的频繁，酒店业也随之蓬勃发展。酒店的最主要一项功能就是为人们提供一个舒适的生活环境，客房中除温度、湿度、清洁度外，还需要有一个安静的环境，噪声过大将影响到居住者的生理、心理健康，因此需要对噪声进行控制。其中，酒店客房空调系统是影响酒店客房噪声环境的主要因素之一。现以上海浦东新区陆家嘴金融中心区某高级酒店项目的客房暖通风系统工程为例，对酒店客房空调系统的噪声控制问题进行分析研究及总结，为今后类似工程的施工提供借鉴。

2. 工程概况

上海浦东新区陆家嘴金融中心区某高级酒店由酒店和公寓式酒店两部分组成，其中酒店地上二十一层，地下三层，公寓式酒店地上十九层，地下四层。工程招标文件要求酒店客房噪声为小于等于NC40，相当于45dB（A）。

根据该酒店客房特点，选取两个套房（客厅与卧室）作为研究的样板房，分别为A套房（图4-1-1）和B套房（图4-1-2），两间客房各布置一台ECR-800风机盘管机组，但在机组布置上是不一样的。

3. 酒店客房噪声分析

3.1 客房噪声分类

客房的噪声主要有两类，其一为室外环境噪声通过墙、门、窗进入室内；其二是机电系统运行时产生的噪声，其中空调系统是构成酒店客房噪声的主要因素。建筑结构隔声问题由建筑、装修单位来处理。机电设备工程承包商，主要考虑的是对空调系统运行噪声的控制。

3.2 客房空调系统噪声分析

按目前工程现状，酒店客房空调系统通常设计为风机盘管加新风、排风方式，其主要的噪声源可分成三个部分：

（1）布置在客房吊顶内的风机盘管机组，其运行时产生的噪声由送、回风口直接传入室内；

（2）布置在机房内的新风机、排风机产生的噪声沿着风管、风口传入客房；

（3）客房之间通过通风管道的串声。

通常酒店客房风机盘管机组风量在700～1000m^3/h，新、排风均只有60～100m^3/h，且风机盘管机组一般安装在客房内走道的吊顶内，而新、排风机是设在设备层，故对于

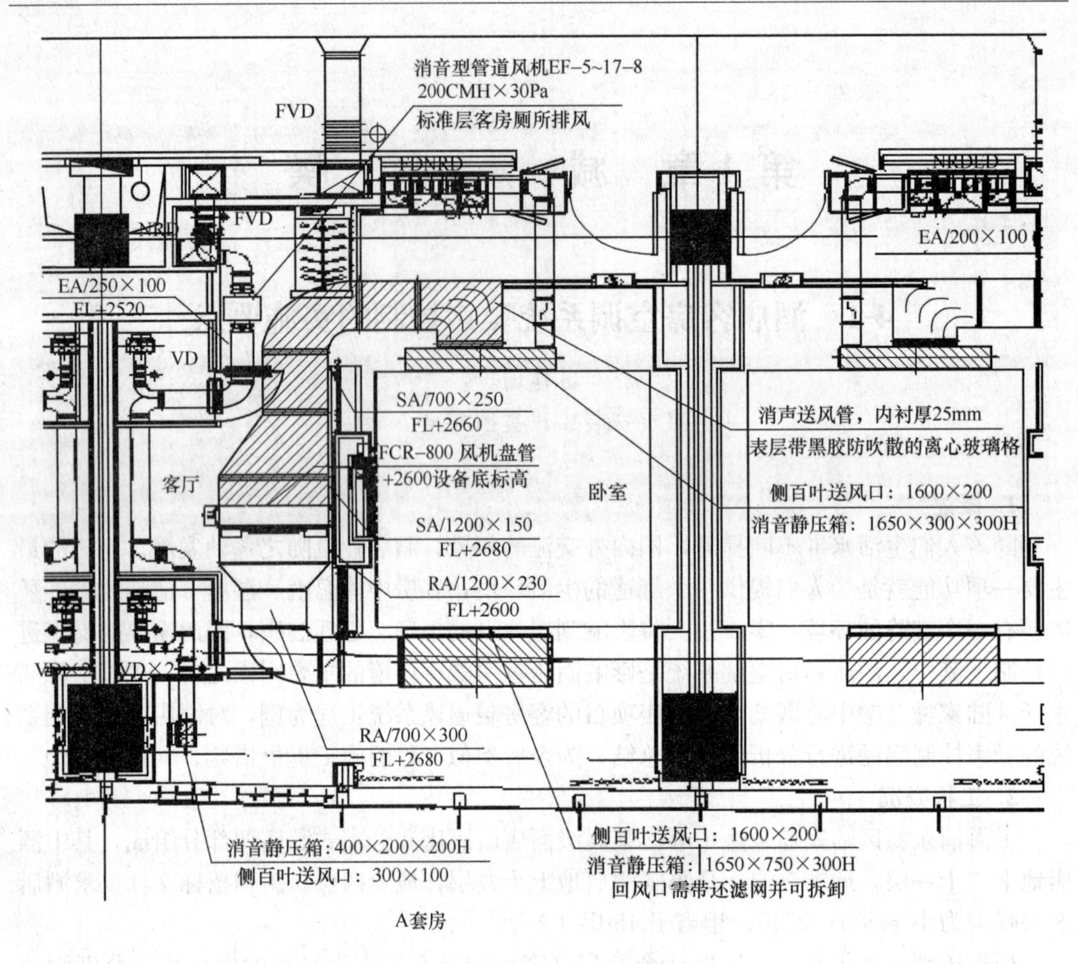

图 4-1-1 A套房空调系统布置

新、排风系统的噪声处理较安装于吊顶内的风机盘管机组相对容易，客房之间的串声处理也较方便。因此，酒店客房空调系统噪声控制的重点是对风机盘管机组噪声的处理。

3.3 风机盘管机组的噪声

目前，风机盘管机组生产商通常提供的是整机在消声室所测试的声压级数据，这符合产品生产的规定。但是，该数据不能直接反映机组在酒店客房环境内的噪声量，我们必须引起重视，通常消声室中所测数据要比普通客房实际发生数值低4～6dB（A）。

4. 客房空调系统噪声控制措施

为了保证客房噪声控制在45dB（A）及以下，我们应用声源叠加原理（详见表4-1-1），对风机盘管、新风口、排风口三个声源作出如下的规定：新风口控制在37dB（A），排风口控制在35dB（A），风机盘管机组控制在44dB（A）及以下。

新风37dB（A）与风机盘管44dB（A）叠加，得到综合1为44.8dB（A）。

综合1的44.8dB（A）与排风35dB（A）叠加，得到综合2为45.2dB（A）。

噪声叠加的增值表 **表4-1-1**

分贝差 D	0	1	2	3	4	5	6	7	8	9	10
增值 ΔL	3.0	2.5	2.1	1.8	1.5	1.2	1.0	0.8	0.6	0.5	0.4

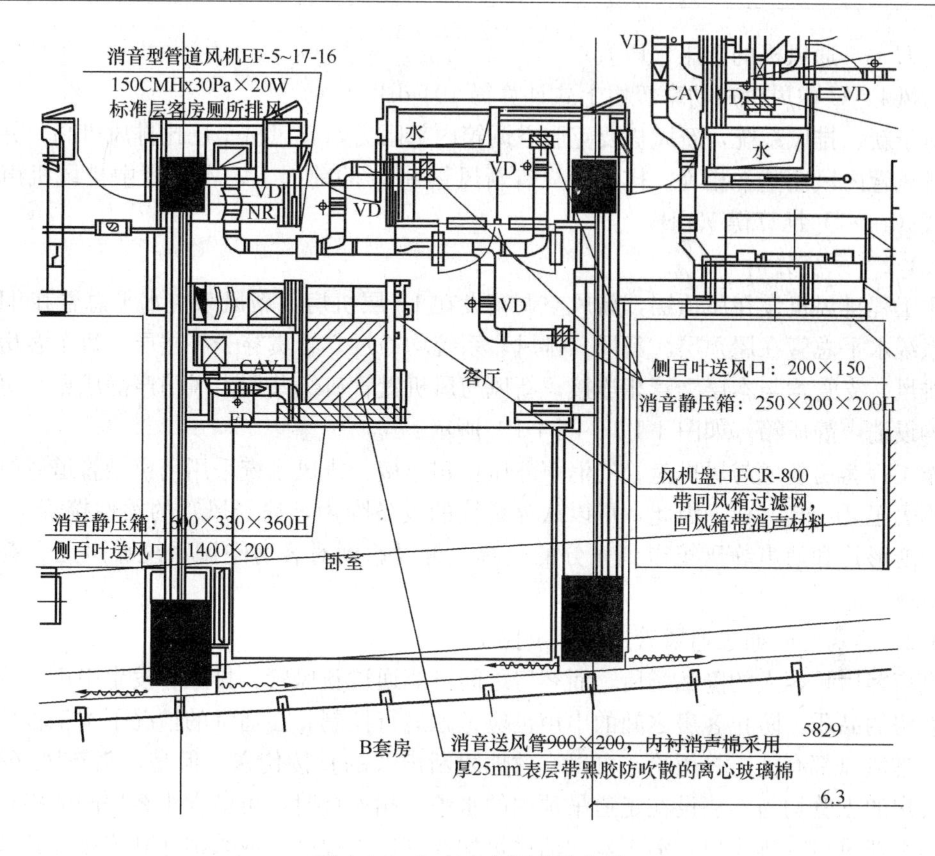

图 4-1-2　B套房空调系统布置

4.1　新、排风机产生的噪声控制

4.1.1　噪声的估算

这部分噪声是由布置在机房内的新风机、排风机产生，并沿着送风管道通过风口传入客房的。由于新、排风系统要穿越多个楼层（本项目酒店工程 2～19 层），所以不可能等到整个新、排风系统全部完成后再进行考证测试。因此，通常的方法是对新、排风系统进行声学计算，并复核设备机房加设必要的消声措施的效果，其噪声控制原则上将新风口、排风口噪声处理到对风机盘管机组基本上无叠加或少叠加，一般控制到低于风机盘管噪声 5dB（A）及以下。

本工程采用 PAU-M1-2 型新风空调箱，风量为 9500m^3/h，机外余压 626 Pa。PAU 内有表冷器、加热器，且中效过滤器阻力在 300～400Pa，故其风机压头约为 1000Pa。新风 PAU 内风机声功率级可根据式（4-1-1）进行计算：

$$L_w = L_{wc} + 10\lg(QH^2) - 20 \qquad \text{式(4-1-1)}$$

式中　L_w——总声功率级，(dB)；

L_{wc}——通风机的比声功率级，(dB)，定义为同一系列风机在单位风量 m^3/h 和单位风压 10Pa 条件下所产生的总声功率级（注：同一台风机的最佳工况点，是其最高效率点，也是比声功率级的最低点，一般中、低压离心通风机的比声功率级值，在最佳工况点时可取 24dB)；

Q——通风机的风量（m^3/h)；

H——通风机的全压（Pa）。

新风 PAU 内风机声功率级由上式计算得 104 dB。

对于新、排风系统，新风机要克服空调箱内部阻力，其风机全压比排风机高，并且在新、排风管内风速基本相等，排风量只有新风量 80%的前提下，本工程中排风机声功率级由式（4-1-1）推算得 93dB。

4.1.2 系统分析

本工程排风机设在屋顶层，新风空调箱设在 1F 层机房，新风系统水平总管在 1F 层，排风系统水平总管在屋顶层。新风（排风）系统均通过立管贯穿于各楼层，每个客房的新风（排风）支管均与本层立管相连接，新风与风机盘管机组共用出风消声静压箱，每个排风口均设消声静压箱。如图 4-1-1、图 4-1-2 所示。

本工程客房新风与风机盘管的消声静压箱相连接、排风系统采用消声型管道风机，其噪声不大于 27 dB（A）。因此，可以认为系统的设备噪声，途经风管的柔性接管、主管、支管、变形管和消声静压箱得到充分的衰减，可以达到对客房空调系统噪声无大叠加的影响。

4.2 客房之间通过通风管道的串声控制

酒店客房是客人的隐私场所，而客房之间可能通过新风管、排风管发生串声。为提高酒店客房的品质，防止客房之间的串声也应考虑进行控制。在通常的情况下本工程楼层客房送、排风口都有消声静压箱，可以有效地阻断声音的直接传送。但是，当新风（排风）各个客房的支管均与本层设在走道吊顶内的水平管相连接时，可能发生客房间的串音。为此，每个新风口（排风口）消声器的消声量均要作适当提高，或采纳在其连接支管部位改为消声风管。如采用铝箔玻璃纤维复合风管或风管内衬消声材料等。

4.3 客房吊顶内的风机盘管机组的噪声控制

从噪声控制上看，由于风机盘管布置在客房内，其机组噪声对室内影响最大，且因吊顶内各种管线布置导致空间紧凑，其声学处理难度也较大。因此，酒店客房空调系统噪声控制的重点是对风机盘管机组噪声的处理。

4.3.1 本工程实施措施

本案例选用 ECR-800 型风机盘管，其高档运行时，在消声室距离机组 1m 处测得的噪声为 47dB（A），但消声室所测数据要比非消声室区域低 4～6dB（A），即该机组（高档时）在客房内的噪声约为 51～53dB（A）。具体实施方案如下：

在原设计的基础上进行深化：

（1）如图 4-1-1 所示 A 套房，为了降低风机盘管对吊顶的辐射声，机组设在客厅的吊顶上方，对送、回风均设消声静压箱，其相应连接风管均采用消声风管（即镀锌风管内贴 δ=25mm 外表面带黑胶防飞散保护层消声棉）。

（2）如图 4-1-2 所示 B 套房，机组布置在侧室吊顶上方，送、回风侧均设消声静压箱，机组与送风静压箱之间设断面尺寸 900mm×200mm、长为 1500mm 的消声风管。通过理论计算，采取进、出风段消声静压箱能降 10dB（A），出风段消声风管一般也能降低 5～8dB（A），综合在一起可以达到原先的设想要求。

（3）样板房经现场实测，数据如表 4-1-2。

根据本工程要求，客房噪声是否达到要求，要以风机盘管中档风速时床头处测试点噪声为考量标准。如表 4-1-2 所示，样板客房床头处实测噪声 NC30，满足酒店客房噪声 NC40 的要求。

样板房噪声实测数据 **表 4-1-2**

区域	样板房		FCU 工况	测试位置	测试结果 NC	相当于 dB（A）
酒店	CRA	客厅	高风速	沙发	NC 31	36
				送风口	NC 34	40
				回风口	NC 38	43
			中风速	沙发	NC 26	31
				送风口	NC 30	35
				回风口	NC 36	41
		卧室	高风速	床头	NC 30	35
				送风口	NC 35	40
				回风口	NC 33	38
			中风速	床头	NC 26	31
				送风口	NC 29	34
				回风口	NC 28	33

注：背景噪声 NC21，以上结果已考虑背景噪声

4.3.2 客房风机盘管噪声控制措施总结

按照《建筑隔声评价标准》GB/T 50121—2005 中酒店客房噪声级规定，以风量 1000m^3/h，余压 30Pa 的风机盘管及风管口径 1000mm×150mm 的空调系统为例，一般工程中不同级别客房的噪声处理措施如表 4-1-3。

不同级别客房的噪声要求与对应措施 **表 4-1-3**

客房级别		特级	一级	二级	三级
允许噪声［dB（A）］		≤35	≤40	≤45	≤55
需克服的噪声值［dB（A）］		＞15	15	10	0
措施（注：单个风机盘管机组所追加的措施）	出风侧	消声风管＋消声弯头＋消声静压箱	消声风管＋消声静压箱	设置长 1～1.5m 消声风管	无
	进风侧	消声静压箱＋挡板	消声静压箱＋挡板	消声静压箱	无
空调系统布置形式		延长进风、出风管，便于追加消声措施及改善客房进、出风气流组织（如图 4-1-1，A 套房所示）	延长出风管段，保证消声风管及消声静压箱的安装位置（如图 4-1-2，B套房所示）	出风段要保证长 1～1.5m 消声风管	无特殊要求
追加措施的空间占用（注：按风管口径 1000×150 来计算）		占用卧室或侧室吊顶内空间（约需占用截面尺寸 1160×290，长度约 6m）	占用客房走道吊顶内空间（约需占用截面 1160×290，长度约 1.5～2m）	占用客房走道吊顶内空间（约需占用截面 1160×290，长度约 1.5m）	无

（1）按目前常用的风机盘管机组（以 1000m^3/h 风量机组，机外余压 30Pa）为例，其

消声室噪声在45～46dB（A），在一般客房50～52dB（A），若直接安装在三级客房，可满足要求。

（2）对于安装在二级客房的风机盘管机组：在出风段设一段长度1～1.5m的消声风管，消声风管形式为外壳镀锌钢板内贴δ=25～30mm离心玻璃棉，或采用离心玻璃棉复合风管（俗称超级风管）；进风段设置消声静压箱，经工程实践以上措施能满足二级客房的消声要求。

（3）对于要求客房空调噪声低于40dB（A）的一级、特级客房，由于要将风机盘管发出的噪声消减15dB（A），施工方通过制定实施方案，主要考虑分别在进、出风段设置相应消声措施，选用的风机盘管、消声器的型号，以及机组、各管路的安装位置，具体做法通过实施样板房来检验并校核，并用实测数据来保证后续大面积施工的工程质量。

5. 结论

酒店客房空调系统的噪声主要来自于新、排风系统，客房内风机盘管机组以及客房间的串声。其中客房内风机盘管机组产生的噪声影响最为主要，其次是新、排风系统。本文以上海浦东新区陆家嘴金融中心区某高级酒店项目的客房暖通风系统工程为例，对客房空调系统噪声控制的要点做了一些探讨与总结，虽不一定能适用于所有工程，但可为一般酒店客房噪声控制提供较为直观、简捷的施工措施。

4-2 噪声控制技术在通风空调工程上的应用

陈 强

（上海市安装工程集团有限公司）

1. 前言

世博中心位于浦东滨江绿地南侧，东起世博轴，南至浦明路，总用地面积6.65公顷，总建筑面积141990m²。作为世博园区新建的永久性场馆之一，是世博会运营指挥、庆典会议、新闻发布、论坛活动等4个活动中心，承担大量重要工作。世博会后，世博中心将转型为上海市召开高规格国际、国内重要论坛和会议的场所，不仅上海人大、政协“两会”等政务会议将移至这里召开，“上合峰会”、“APEC会议”等高规格国际性会议也将在这里举行。

世博中心工程在其设计和建造过程中始终贯彻着“绿色、节能、环保”的理念，并最终获得了中国第一批绿色建筑最高级认证，达到了美国绿色建筑LEED金奖标准，充分体现了中国2010年上海世博会的主题——“城市，让生活更美好”，其通风空调系统在节能环保方面的突出表现起到了举足轻重的作用。

随着社会经济科技的发展，环境问题已被国际社会公认为是影响21世纪可持续发展的关键性问题，而噪声污染更是成为21世纪首要攻克的环境问题之一。近几年来，噪声控制技术日益成熟，常用的噪声控制技术有消声、吸声、隔声、隔振阻尼等，主要是在声源、噪声传播途径及接受点上进行控制和处理。

根据国家相关标准要求，隔声减噪设计标准等级应按建筑物实际使用要求确定，一般分为特级、一级、二级、三级，即特殊标准、较高标准、一般标准、最低标准，世博中心作为世博会期间及会后重要的国际会议中心、论坛活动中心，为了保证论坛讲演、重要会议的声学效果，其大多数房间是执行较高标准设计，部分区域参照特殊标准执行。例如：2600人大会堂、贵宾接待室、中小会议厅在35dB（A）以下；政务厅在40 dB（A）以下。

2. 噪声振动控制技术在世博中心通风空调系统工程中的应用

在世博中心工程中，由于暖通机房离中小会议室较近，少数房间与机房只有一条走廊相隔（见图4-2-1），相应区域机房内的空调箱噪声一般在65～80dB（A），而相应的中小会议室要求噪声值≤35dB（A），这就对我们的噪声控制提出了极为严格的要求。我们主要从设备选型、设备隔振、机房吸声及密闭、消声器的深化设计及布置等方面进行了处理。

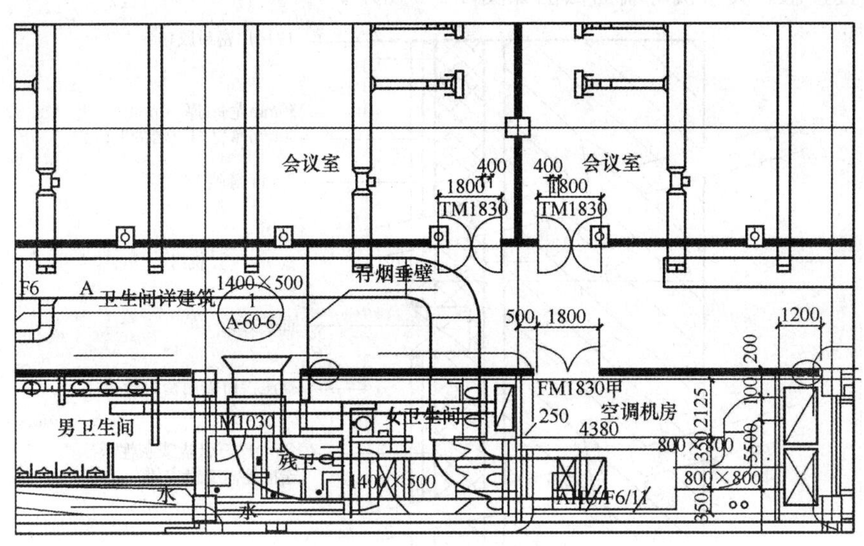

图4-2-1 原设计图纸

2.1 空调系统设备的选择

在空调系统的消声设计中合理选择空调设备是一个重要环节。空调机组运转时风机产生大量的机械噪声和空气动力性噪声，通过管路上的送风口和回风口向外辐射，是通风空调系统中最主要的噪声源。风机噪声可细分为空气动力噪声、机械噪声以及由其机械振动传导的固体噪声等几个主要部分，其中以空气动力性噪声为主，一般可比机械噪声大10dB（A）左右。

针对中小会议厅的要求，我们在空调箱、风机等设备选型的时候，对比选择了国内外生产能力、技术水平先进的几家厂家进行声功率级的比对方法，尽可能选用低声功率级的风机，并且其风量、风压也要与设计要求匹配，要使风机在最高效率的工况点附近运行。

2.2 空调机组及风机盘管等设备的隔振、隔声处理

设备隔振对于防止固体噪声传导、确保总体噪声控制指标的实现具有十分重要的意义，为此，我们对工程范围内全部空调机组和通风机、大部分消声器和敏感区域的风管均采用了可靠的隔振处理。

2.2.1 落地安装的空调机组和风机的基础隔振，在设备与混凝土基础之间加装橡胶剪切复合型隔振器或弹簧隔振器，可以最大限度地改善设备隔振和隔声效果。选用的隔振

器在额定荷载范围内其静态压缩量为8～10mm，相应固有频率在7～8Hz。

2.2.2 在世博中心的中小会议厅及相邻走廊内，对于空调风管、风机盘管及所有风速超过5m/s的风管，其支吊架或托架采用相应（承重）规格的弹性隔振器进行隔振处理，要求在荷载范围内其静态压缩量为6～9mm，相应固有频率在7～10Hz；风机盘管与送回风管的连接均采用柔性连接的方式。

2.3 空调机房的吸声、隔振及密闭处理

2.3.1 必须密闭噪声源和噪声保护场所，应防止结构出现空隙、裂缝或瑕疵而减低隔音效能。在世博中心中小会议厅的空调机房内，我们将所有贯穿结构的风管、水管、导管等均妥善隔离及密封，并要求在所有情况下，围绕机房的砖石建筑及其他结构不与机房设备有直接接触。关于机房墙面做法如图4-2-2所示。

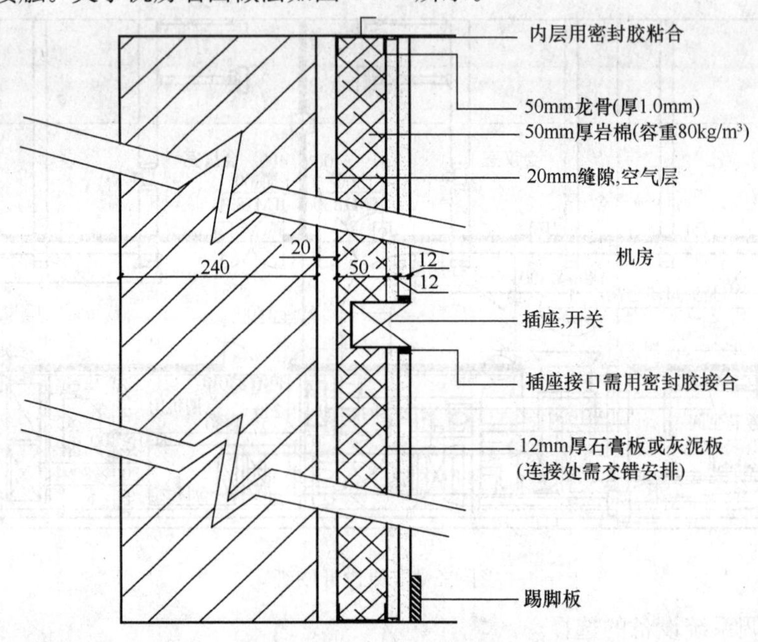

图4-2-2 机房墙面做法

2.3.2 在风管穿墙部位做好局部隔振、隔声处理，杜绝刚性接触，各穿墙套管至少比风管孔径放大100mm，并且套管与结构之间、套管与风管之间用软性隔音防火材料填充。具体做法见图4-2-3。

2.4 合理控制风管和消声器内的气流速度

在空调系统内设计的气流速度较高时，虽然可减小风管断面尺寸，有利控制建筑层高和节省投资，但流速偏高也会提高管路的压力损失和气流再生的噪声，影响消声器的实际消声效果，因此必须根据空调用房的噪声允许标准，合理控制管道及消声器内的流速。世博中心工程中，我们对气流速度的控制严格参照表4-2-1和

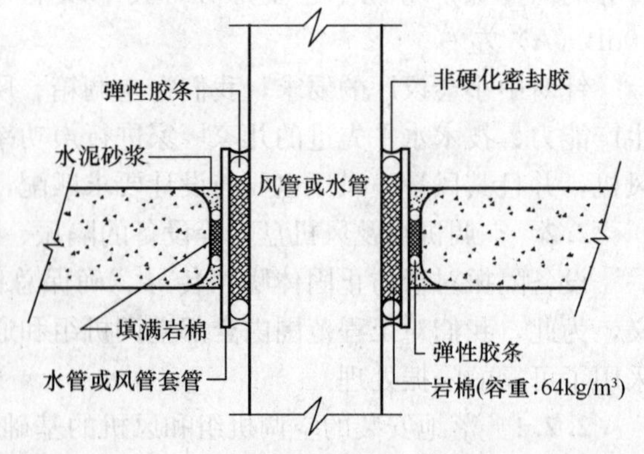

图4-2-3 风管穿墙做法

表 4-2-2 进行，这样可有效地控制并避免气流再生噪声的影响。表 4-2-1 为消声器内流速控制值，表 4-2-2 为空调风管流速控制值。

消声器内流速控制值　　表 4-2-1

条　件	降噪要求 [dB (A)]	流速范围 (m/s)
特殊安静要求空调消声	≤30	3～4
较高安静要求空调消声	≤40	5～6
一般安静要求空调消声	≤50	8～9

空调风管流速控制值　　表 4-2-2

允许噪声 [dB (A)]	风管流速控制值 (m/s)		
	主风管	支风管	风口
20	4.0	2.5	1.5
25	4.5	3.5	2.0
30	5.0	4.5	2.5
35	6.5	5.5	3.5
40	7.5	6.0	4.0
45	9.0	7.0	5.0

如图 4-2-1 所示空调系统 AHU/F6/11 中，设计空调送风量为 20500m^3/h，针对中小会议厅的噪声要求，相应主风管流速应控制在 6.5m/s 以内，原设计送风管管径为 1400mm×500mm，主风管风速为 8.13m/s，消声器内风速为 7.62m/s。我们在征询设计同意后，把送风管管径放大为 1500mm×600mm，调整后风管流速为 6.33m/s，消声器内的流速为 5.85m/s，符合了表 4-2-1 和表 4-2-2 的要求。

2.5 消声器的常规选择与安装要求

2.5.1 消声器选择

世博中心我们选用的是国内常用的消声器有 ZP 型阻性片式消声器系列，在设计及生产厂家配合之下，我们对每台消声器均根据各自系统的管道截面大小、许用空间尺寸以及消声特性要求进行了专门设计，形成新型的 ZP 系列阻性片式消声器。该系列阻性片式消声器由容重为 32～48kg/m^3 的离心玻璃棉板作为消声片基材，外包美国杜邦公司生产的 PVF 耐候塑料薄膜袋（用以改善阻性消声器最令人担心的防潮、防尘、防霉性能）；消声片外部采用厚度 0.8～1mm、孔径 3mm、穿孔率 20%～25%的镀锌穿孔钢板，构成消声片主体；采用厚度 1.2～1.5mm 镀锌钢板作为消声器外壳以提高其外壁的隔声、减振性能。从现场的使用效果来看，该消声器可达到 ZP100 的消声效果。

2.5.2 消声器安装、布置

由于暖通机房离中小会议室较近，空调箱声压级噪声一般在 70～85dB（A），而相应的管道噪声自然衰减量我们通过查询《噪声与振动控制手册》计算得出只有 4～8dB（A），而单台消声器的消声量只有 10～16dB（A），这对于中小会议室要求噪声值≤35dB（A），走廊控制在 40dB（A）以内，显然是不能满足要求的。在征询设计同意的情况下，我们对每个机房及机房外的风管进行了深化设计，采用了多台消声器分段设置的办法，根据现场空间条件，在机房内及离机房最近的管段上分段设置多台消声器（见图 4-2-4），消声器的支吊架或托架采用相应（承重）规格的弹性隔振器进行隔振处理，要求在荷载范围内其静态压缩量为 6～9mm，相应固有频率在 7～10Hz。此外，为防止其他噪声和管道辐射的噪声传入消声器后端，致使消声效果下降，我们在安装消声器时，在其法兰和风管法兰连接处加弹性垫片并注意密闭，以免漏声、漏气或刚性连接引起固体传声。采用了上述方法后，可有效地降低设备噪声 30～40dB（A），使走廊的噪声控制在 40dB（A）以内，相应的中小会议室等功能房间的噪声也在 35dB（A）内，符合了设计要求，达到了预期的效果。

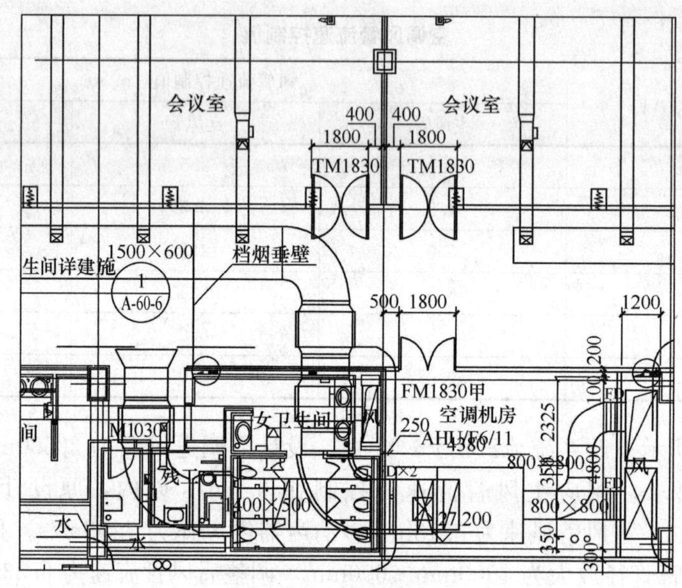

图 4-2-4　深化后的图纸

2.6　世博中心采用的其他隔振、隔声处理措施

2.6.1　在世博中心工程中，由于贵宾接待室离设备机房距离较近，在采用了常规的机房吸声、隔声处理后，我们测试其噪声值为 38dB（A），仍没有达到预期的要求。我们通过设计、生产厂家的配合计算，针对机房内的空调及送排风管道以及贵宾接待室附近的排风机又增加了隔振、隔声、消声等措施。例如：在空调机房内的空调箱送、回风管上增设了消声器、消声弯头等；在接待室附近的吊装风机增设了进风及出风消声器，并安装弹性隔振器，加装隔音罩，吊顶内加装吸声材料的方法等。通过我们的努力，贵宾接待室的噪声实测值为 34dB（A），达到了设计预期的要求，并顺利通过了上海市环保部门的第三方检测，得到了业主的一致认可。具体做法如图 4-2-5 所示。

2.6.2　在世博中心工程中，还有部分重要区域的风管需要进行一些特殊的隔振、隔音处理。例如：众所周知的可容纳 2600 人大会堂，净高 22m，平均宽度 45m，长达 60m，是目前上海最高、最宽敞的拱顶构造会议场所。上海世博会期间，有多场高级别会议和国家馆活动在此举行。世博会后，这里将成为上海举行“两会”的理想场所，堪称上海的“人民大会堂”。大会堂的噪声指标要求达到≤35dB（A），对如此大的空间，其噪声控制更需要建筑、结构、装饰、暖通等专业的通力配合。在大会堂的墙面、顶面处理上，装饰大量采用了穿孔的 GRG 板、内敷 64K 岩棉等措施；在送风静压室、座席上部的吊平顶

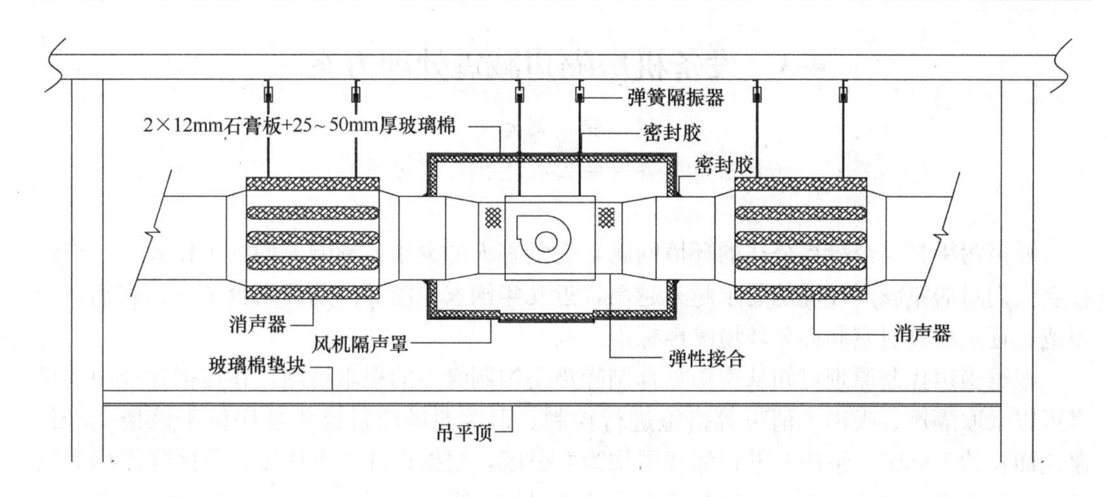

图 4-2-5 空调箱吊装消声处理

内，采用了大量的吸声喷涂等措施。

在座椅下送风静压室内风管的隔振、隔声处理中，除常规的风管支吊架或托架采用相应（承重）规格的弹性隔振器外，我们还采用了以下措施：

（1）在原有风管和保温层外侧另加 1.5mm 厚镀锌钢板进行严密包敷，板缝及其与吊杆接近的部位要用密封胶或橡胶套做好隔振隔声处理，必要时可在钢板内部（或外表面）应粘贴 5～6mm 工业橡胶板进行阻尼处理，振动大的关键部位还应用双层钢板内夹 3～5mm 橡胶板构成约束阻尼隔声层。

（2）对于角钢法兰风管，我们在角钢与风管结合面加设一层厚度为 1.5～2mm 的橡胶条，所有风管底部托架置于保温层外侧，或者在与风管结合面加设一层布氏硬度 40、厚度 2mm 的橡胶条。

3. 结语

世博中心的噪声控制涉及暖通、声学、建筑、结构等专业，融合了各个专业人员的知识和心血，从建筑设计的开始阶段大家就充分考虑了如何进行噪声控制，综合考虑声学环境与室内环境、室内空气品质等因素进行整体设计。而在世博中心的通风空调工程的施工方面，为了确保其噪声控制达到预期的设计效果，我们除了要求施工人员严格执行上述的一些消声、吸声、隔振、隔音等措施，还要严格控制设备材料的生产质量、施工安装的工序质量，要求各个环节的作业人员都对噪声控制技术给予充分的关注。在大家的共同努力下，世博中心的通风空调工程顺利通过了市质监站、市环保部门的相关检测（见表 4-2-3），得到了业主及社会各界人士的一致认可。

世博中心主要场所噪声测试结果 **表 4-2-3**

序号	房间名称	温 度（℃）		相对湿度（%）		新风量	设计噪声值	实测噪声值	备注
		夏	冬	夏	冬	(m^3/h·P)	dB（A）	dB（A）	
1	大会堂	25	20	60	40	25	35	32	
2	中、小会议厅	25	20	55	40	30	35	33	
3	贵宾室	25	20	55	40	30	35	34	
4	政务厅	25	20	60	40	25	40	37	

4-3 设备机房隔声减震处理方案

胡 骏 刘元光

(北京市设备安装工程集团有限公司)

噪声污染是当今世界公认的环境问题，它危害人的健康，影响人们的工作效率。当代社会人们对居室噪声环境的要求越来越高，近几年国家职能部门陆续出台了一系列措施和规范，逐步提高居室和办公环境噪声标准。

根据噪声控制原理可知从声源处抑制噪声是控制噪声的根本措施，在传播途径中的噪声可以采取隔声、吸声、消声等措施进行控制。财源西塔项目换热泵房位于该楼 16 层，建筑面积约 300m^2，泵房上下相邻楼层均为办公区，根据设计要求该楼办公区噪声标准须满足 NR40 噪声评价曲线。通过分析系统特点可知，噪声主要来源于运行后的水泵和系统管道。

由于水泵转数均为 1450r/min，按照设计规范我们初步选用弹簧隔振器作为设备隔振部件；受设备震动影响的管道采用弹性吊架；管道穿过机房维护结构四周的缝隙采用弹性隔声材料填充。

1. 设备的隔振处理

根据《水泵隔振技术规程》CECS59：94 的有关规定，为进一步降低水泵运行后的固体传声和辐射噪声，需要从以下几个方面进行技术处理：

1.1 水泵机组设置隔振原件

在水泵底部设置惰性基础，其重量为水泵机组总重量的 1～2 倍（如图 4-3-1 和图 4-3-2 所示）。

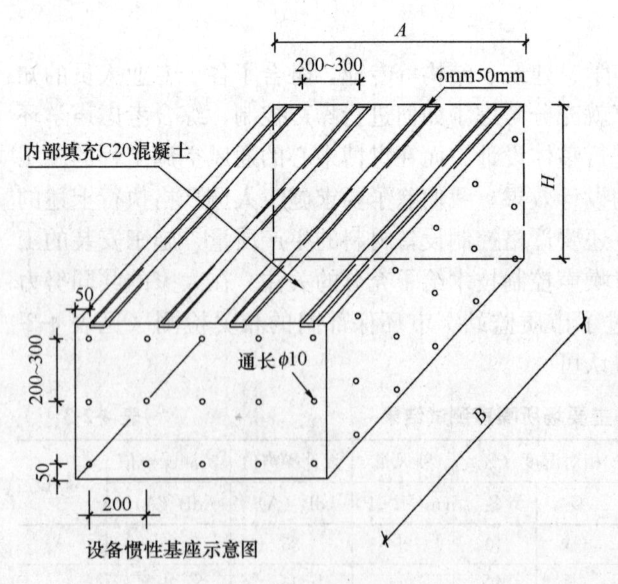

设备惯性基座做法

1.设备惯性基座重量根据业主要求增加为泵组重量的2倍。

2.设备惯性基座采用C20混凝土浇筑。

3.当仅采用混凝土浇筑发现惯性基座重量不满足2倍泵组重量时，惯性基座内添加铁砂。

4.惯性基座内部绑扎φ10的钢筋，间距如左图所示，(除上表面外其他各立面均按图示距离焊接钢筋)

5.惯性基座外表面采用5mm厚钢板包覆(不包含上表面)

6.惯性基座上表面采用5mm厚、宽度50mm的钢板拉接。

图 4-3-1 水泵基础示意图

以16层换热站高区热水循环泵为例进行隔振器的设计选型。

水泵隔振选型计算书

一	设备信息						
	设备名称	高区热水循环泵		设备型号	NL125/315-22/4		
	设备转速 n	1450	r/min	安装方式	座式		
	设备重量 Q_1	1050	kg	设备减振台座重量 Q_2	1400	kg	
二	数据计算						
	减震体系静重量：$Q=Q_1+Q_2=$			2450	kg		
	减震体系动重量：$W=Q\cdot P=$			3675	kg	动载荷系数P	1.5
	设备干扰频率：$f=n/60=$			24.2	Hz		
三	减震器选型						
	每台选用	6	个	单只载荷	613	kg	
	减震器名称：	弹簧减震器					
	减震器规格：	ZT－600		刚度	205	N/mm	样本参数
	减震器固有频率：$f_0=$	$\frac{1}{2\pi}\sqrt{\frac{k\cdot 9800}{9.8P}}$		=	2.89		
四	减震效率计算						
	振动传递率 T	1/［1－（f/f_0）2］		0.014	Hz	忽略系统阻尼作用	
	频率比：	f/f_0	=	8.31			
	噪声降低量 NR	12.5lg（1/T）		23.17	dB		
五	结论						
	频率比			8.31	>	2.5	规范
	减震效率				>	97.5%	规范查表
	振动传递率 T			0.014	<	0.05～0.2	规范
	隔振降噪效果甚佳，不产生共振。						

对于那些没有振动的设备部件，诸如：板式换热器、集水罐等装置在其底部设置10mm厚的橡胶板进一步降低系统振动（如图4-3-3所示）。

图4-3-2　水泵惯性基础做法实际做法

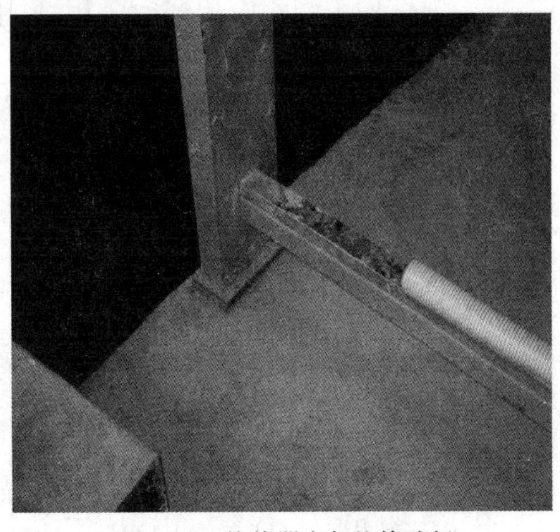

图4-3-3　换热器底部垫橡胶板

1.2 水泵进出口管路设置隔振降噪装置

财源西塔项目中由于设备承压较大，后经技术经济比较选择泵用金属软管作为隔振元件，该部件不但具有良好的隔振降噪作用还进一步延长了系统使用寿命（如图 4-3-4）。

2. 管道支架采取防固体传声措施

为降低管路运行噪声和振动，管道支架应采用弹性支架。

参考《建筑设备施工安装通用图集》（91SB9-1 热力站工程）有关说明并结合 16 层换热站房的施工图纸，财源西塔项目管道采用如下弹性吊架型式（如图 4-3-5 和图 4-3-6 所示）。

图 4-3-4 水泵进出口采用金属软管

图 4-3-5 管道吊装采用弹性支吊架

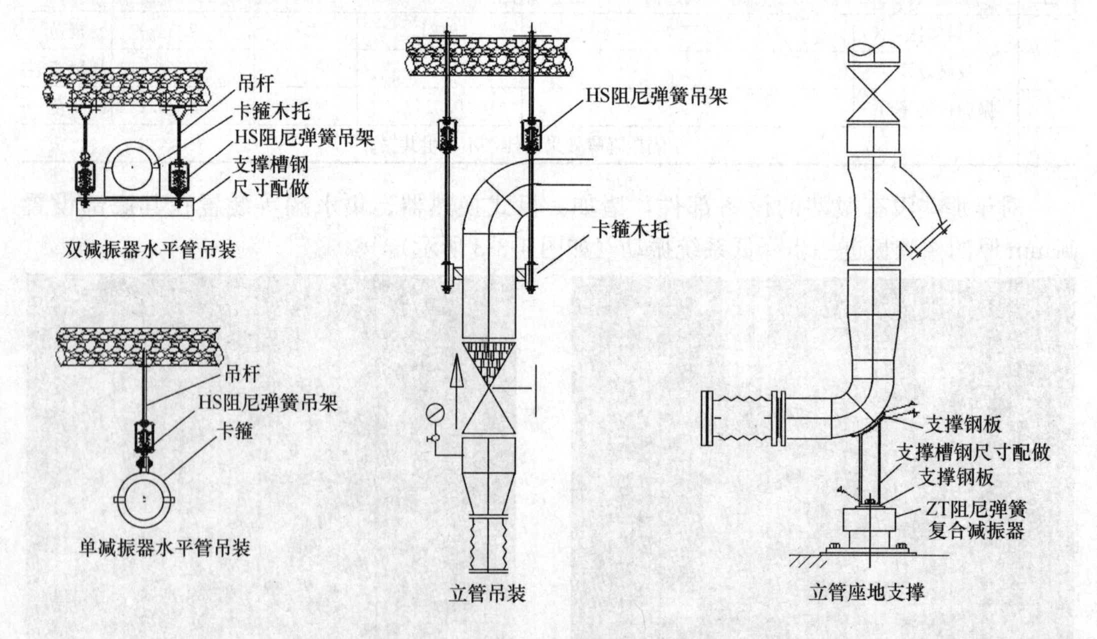

图 4-3-6 16 层管道减震做法示意图

现结合有关设计规范和厂家样本产品技术参数进行弹簧减震器的选型计算。

主要计算依据：（见表 4-3-1）

16 层换热站部分管道减震计算书示例　　**表 4-3-1**

序号	相关设备	管径（mm）	管外径（mm）	管段长度（mm）	根数（个）	减震方式	管段综合单位重量（kg/m）	管段综合重量（kg）	吊点数量（个）	减震器数量（个）	减震器型号	备注
1	41：高区 24h 冷却水回水 *DN*300	300	325	5500	1	吊装	250	1375	3	6	Hs-10	配重：230
2	41：高区 24h 冷却水回水 *DN*250 进泵处	250	273	750＋2500	2	落地	180	585	1	1	Zte-600	配重：585
3	41：高区 24h 冷却水回水 *DN*300 出泵处（包含水泵出口 2 根立管）	300	325	4300＋2400×2	1	吊装	250	2275	2	4	Hs-12	配重：570
4	41＋40：高区 24h 冷却水回水 *DN*300 进板换水平管	300	325	4000	1	吊装	250	1000	2	4	Hs-10	配重：250
5	40：高区 24h 冷却水回水 *DN*250 进板换立管	250	273	500＋1500	2	吊装	180	360	1	2	Hs-9	配重：180
6	40：高区 24h 冷却水供水 *DN*250 出板换立管	250	273	1250＋2700	2	落地	180	710	1	1	Zte-800	配重：710

①根据管道制造技术标准计算管道自重。②附加管道保温、阀门、支架重量。③计算该管路容水后的整体重量。④附加管道动压。⑤附加管路运行后安全技术参数。⑥根据管路安装情况设计管道吊架型式。⑦依据上述技术条件结合减震器样本进行减震器选型计算。

3. 管道穿过机房维护结构四周的缝隙采用弹性隔声材料填充

本项工作较为简单，就是保证管道无论是否需要保温，穿越墙体时均需加装防护套管，套管与管道之间填充玻璃棉材料，避免空气传播噪声。

通过上述施工方法我们保证了在站房系统运行时，系统带来的噪声被有效地控制在站房内部，且固体传声被有效衰减，办公区噪声被很好地控制在 NR40 噪声评价曲线范围，满足人们对办公环境噪声控制的需要。在今后的施工中，我们会进一步将财源西塔优异的施工经验逐步推广到每一个项目，给人们带来更多的舒适。

4-4 室外风冷机组降噪技术浅谈

黄都育 陈昭平 连 淳

（北京市设备安装工程集团有限公司）

1. 项目简介

2011年我公司承接某外资医院风冷机组噪声处理工程。该医院主楼前门临街，旁边是一高级公寓，主楼后侧为一学校和操场。该医院为旧公建改造，因此无条件设置制冷机房和冷却塔，制冷系统采用了风冷热泵机组。风冷机组和泵房设置在主楼后侧地面上（见图4-4-1和图4-4-2）。

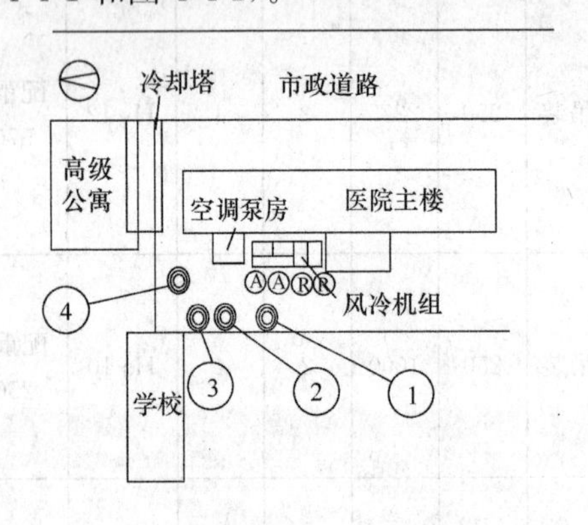

图4-4-1 平面图

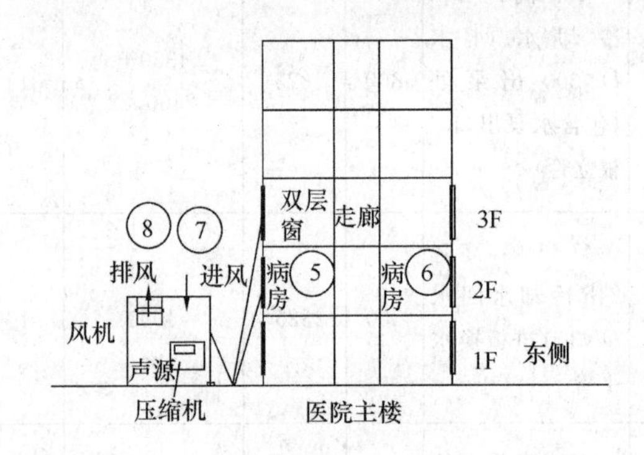

图4-4-2 立面图

注：①②③④⑤⑥⑦⑧为噪声测试点。四台风冷机组为开利风冷螺杆热泵机组（30XA1002G）。

现状：医院病房噪声超出国家噪声标准。距医院15m处的学校教学楼投诉环境噪声超标影响教学。

降噪处理难点：风冷机组中低频噪声难处理（风机和压缩机）；风冷机组位置距主楼1～2m，产生噪声反射区较多，声源复杂；要确保风冷机组的换热条件。

在接到项目后，我们通过测试确定了本底噪声值，制定了降噪处理方案。

2. 原始测试数据，本底噪声及规范要求

2.1 原始测试数据见表4-4-1

原始测试数据表 单位：dB（A） **表4-4-1**

测 点	A声级	63	125	250	500	1000	2000	4000	8000	备注
①	69	43	52	52	57	68	65	56	53	室外
②	61	39	49	53	54	55	51	45	35	室外
③	61	39	49	53	54	55	51	45	35	室外
④	61	40	47	53	56	56	52	48	42	室外

续表

测　点	A声级	63	125	250	500	1000	2000	4000	8000	备注
⑤	46	53	51	46	47	44	30	25	25	关窗
	68	64	66	63	64	63	53	44	32	开窗
⑥	38	42	41	39	37	34	28	25	25	关窗
⑦	79	46	57	68	74	76	75	61	49	风机进风口 1m
⑧	83	63	66	73	78	79	75	68	56	风机排风口 1m

2.2　相关规范要求

参见《声环境质量标准》GB 3096—2008 和《民用建筑隔声设计规范》GB 50118—2010 中的规定。

2.3　对比分析

从测试数据（A 声级）看①③④⑤⑥无论是室外环境噪声还是室内噪声都超出了国家现行标准。

2 台 A 风冷机组同时运转时，距离排风口 1m 处噪声值。与进风侧相比，排风口 63～1000Hz 各频段噪声远远超出。噪声特性主要以中低频为主的连续谱。该类噪声源主要来自于风口风扇噪声。

2 台 A 风冷机组同时运转时，距离进风侧 1m 处噪声值。从曲线图分析进风面噪声主要体现在 500～2000Hz 之间，噪声特性主要以中高频为主的连续谱。该类噪声源主要来自于风机内置压缩机噪声。

3. 处理方法和过程

在考虑了风冷机组的换热条件和工程造价，我们初步确定了以下方案：在机组周围设立钢平台，根据每台风冷机组的噪声（风机和压缩机噪声），同时考虑机组排风和进风，避免回流现象发生造成风冷机组换热效果降低的需求设计了进风消声器和排风消声器以及吸声围挡、进风百叶。消声器采用阻抗复合型，内材质为镀锌板超细玻璃棉（消声器有效长度 2400mm），外板为镀镁铝合金薄板（防腐）（见图 4-4-3）。

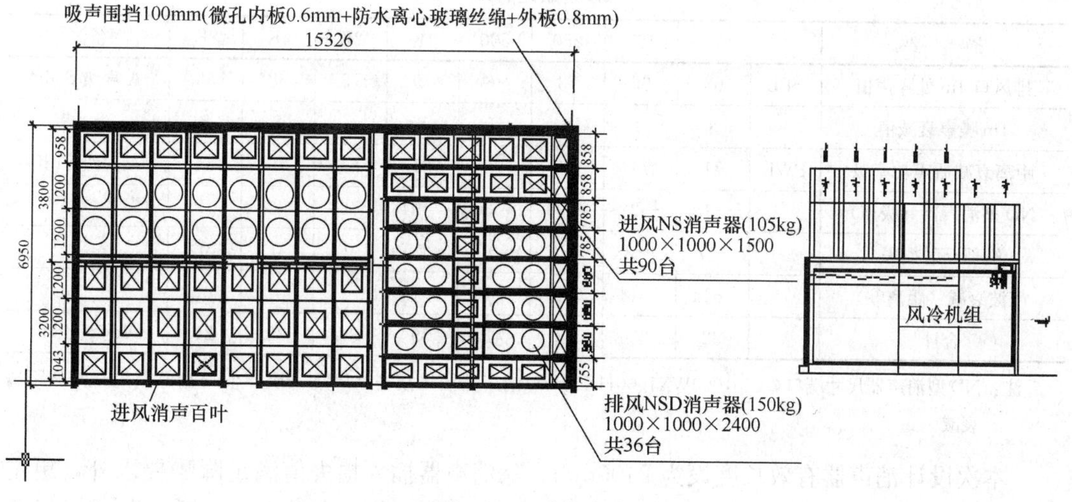

图 4-4-3　消声方案

3.1 影响因素：①设备选型（压缩机低频）风冷机组的噪声特点——压缩机低频噪声（125Hz）比较明显，声级虽低，却给人不舒适感较强；并且部分荷载运转时比满载时要大。风机也在中低频区域对人的干扰较大。②安装位置，由于设备设置在离主楼（6层）2m附近的区域内。声源通过建筑、地面的折射、反射产生的复合噪声是处理的关键。③风冷机组换热条件。④整个风冷机组占地区域紧，整体占地面积约为140m^2，地质承重条件差（风冷机组基础下为消防水箱）。

3.2 方案确定

首先考虑消声器降噪。但风冷机组压头普遍较低，因此选择消声器形式尤为重要。本次项目所选择排风口消声器形式为（圆筒式多段膨胀吸收形消声器），选择原因是圆筒式压损低的物理特性决定。消声器吸声层厚度200mm（经测试表明该厚度吸声层对中低频段噪声的衰减效果最为明显）其外形尺寸大于排风口尺寸，声波进入消声器后将立即进入到吸声层并将其最大化扩散。在此形成了第一层噪声衰减效果。声波经过扩散后会继续前行，当遇到第一层龙骨时会被阻拦而无法前行。这时声波会通过龙骨与开口之间的间距向下一层传播，由于传播面积的缩小，传播过程中声波的功率会被有效衰减。在此形成第二层噪声衰减效果。根据声波的噪声特性决定消声器内部龙骨的形式、龙骨之间跨度、龙骨数量及摆放位置。声波在消声器内会不间断的向前传播，但每一次传播的过程中其功率都会被衰减，因此消声器的有效长度是决定消声量的关键。

综合影响因素初步确定按风冷排风机口设置排风消声器，图中圆形孔NS型，每台风冷机上设置了4台排风消声器，其他区域为进风消声器图中为方形孔ND型；消声器安装在钢平台上，钢平台基础埋深1m，钢平台四周为消声百叶，保证进风条件。

多段膨胀吸收形消声器最大的特征为消声器内部龙骨的摆放位置及形式。龙骨的摆放位置及形式不同不会对气流组织造成任何不利影响。结合声波在传递过程中会发生扩大、缩小的不规则特性，利用该特性调节消声器内部龙骨形式及摆放位置，主要是有效控制中低频段噪声值。该类型的消声器压损小、再生噪声小。

3.3 消声器的计算和选择见表4-4-2

消声器选择表 **表4-4-2**

摘 要		63	125	250	500	1K	2K	4K	8K	备注
排风口1m处噪声值	SPL	63	66	73	78	79	75	68	56	A声级83dB
1m噪声衰减值		8	8	8	8	8	8	8	8	
距离衰减后声功率级	PWL	71	74	81	86	87	83	76	64	A声级91dB
ND型消声器（吸声）		−18	−22	−29	−30	−34	−33	−30	−29	
端部反射损失		−7	−3	−1	0	0	0	0	0	
声波衰减（距离⑤）		−14	−14	−14	−14	−14	−14	−14	−14	
合计		32	35	37	42	39	36	32	21	A声级46dB

注：ND型消声器尺寸端口₵6001000WX1000HX2400L消声器插入损失＝PWL－吸声值－端部损失－声波距离衰减

本次设计消声器有效长度设为2400mm。除消声器插入损失值满足降噪要求外，更主要是排风用消声器与新风用消声器之间形成1000mm段差，从而避免了风口距离过近所产生的气流组织回流现象。

3.4　围挡百叶等消声隔声的计算和选择

本次项目风冷机组所安装位置距离医院主楼体极为接近，声源与楼体之间形成 90°噪声反射关系。其指向系数约为 Q=4，反射声源较大。为避免噪声源反射过程中对楼体产生影响，深化设计方案为将风冷机组整体钢结构包围，外设隔声板进行屏蔽隔声降噪处理。［反射公式为 10lg（$Q/4\pi r^2 \cdot x \cdot n$）］

钢板隔声量系数见表 4-4-3：

钢板隔声量系数表　单位：dB（A）　　**表 4-4-3**

摘　要	63	125	250	500	1000	2000	4000	8000
1.2mm 钢板隔声量	−18.5	−21.5	−24.5	−27.5	−32	−38	−44	−45

隔声屏障内填充 40kg 超细防水离心玻璃丝棉，屏障内侧使用 0.8mm 高耐腐蚀性镀铝锌多孔板。整体隔声屏蔽室外形尺寸为 16m×7m×3m，除去地表面积整体吸声面积为 362m^2。

屏蔽室内吸声系数见表 4-4-4。

屏蔽室内吸声系数表　　**表 4-4-4**

No.	屏蔽室内条件	63	125	250	500	1K	2K	4K	8K	面积（m^2）	材质
1	壁面顶	0.1	0.22	0.65	0.95	0.9	0.86	0.86	0.86	112	GW50tx40k
2	壁面 1	0.1	0.22	0.65	0.95	0.9	0.86	0.86	0.86	48	GW50tx40k
3	壁面 2	0.1	0.22	0.65	0.95	0.9	0.86	0.86	0.86	48	GW50tx40k
4	壁面 3	0.1	0.22	0.65	0.95	0.9	0.86	0.86	0.86	21	GW50tx40k
5	壁面 4	0.1	0.22	0.65	0.95	0.9	0.86	0.86	0.86	21	GW50tx40k
6	壁面底	0.01	0.01	0.02	0.02	0.02	0.03	−0.03	0.03	112	混凝土
7	平均吸声系数（α）	0.07	0.16	0.46	0.66	0.60	0.60	0.60	0.60	362	

注：GW50tx40k 吸声参数为国标参数。

屏蔽室内吸声量见表 4-4-5。

屏蔽室内吸声量数据表　单位：dB（A）　　**表 4-4-5**

摘　要	63	125	250	500	1000	2000	4000	8000
屏蔽室内面积×平均吸声系数	25.3	56.3	164.3	239.3	227.2	218.4	218.4	218.4
屏蔽室内吸声量	−8.0	−11.5	−16.3	−17.8	−17.5	−17.4	−17.4	−17.4

注：屏蔽室内吸声量=（屏蔽室内面积×平均吸声系数）×10lg［4/A］。

屏蔽室隔声计算过程如表 4-4-6。

屏蔽室隔声计算过程　　表 4-4-6

摘　要		63	125	250	500	1K	2K	4K	8K	备注
进风口 1m 处噪声值	SPL	46	57	68	74	76	75	61	49	80dB（A）
1m 噪声衰减值		8	8	8	8	8	8	8	8	
距离衰减后声功率级	PWL	54	65	76	82	84	83	69	57	88dB（A）
屏蔽室内吸声量		−8.0	−11.5	−16.3	−17.8	−17.5	−17.4	−17.4	−17.4	
1.2mm 钢板隔声量		−18.5	−21.5	−24.5	−27.5	−32	−38	−44	−45	
隔声屏蔽外 0m		27.5	32	35.4	36.7	34.5	27.6	7.6	−5.4	41dB（A）

注：屏蔽室整体噪声反射隔声量＝声功率级（PWL）－（屏蔽室内吸声量＋1.2mm 钢板隔声量）

4. 测试

4.1 第一阶段测试

第一次施工完毕测试数据见表 4-4-7，未达到规范验收标准，在合同约定测试点 3（教学楼外 1m）的室外噪声值为 56dB（A），室内噪声测试点 5，为关窗 42dB（A），开窗 56dB（A）。

第一阶段测试数据　单位：dB（A）　　表 4-4-7

测点	A 声级	63	125	250	500	1000	2000	4000	8000	备注
1	69	43	52	52	57	68	65	56	53	
3	56	39	44	48	51	49	47	39	28	
5	42	51	55	45	31	36	25	25	25	关窗
	56	36	47	45	52	52	40	39	27	开窗

主要是表现在低频段过高，反映在关窗时的反射噪声较高。消声百叶的消声效果有限。压缩机噪声通过钢平台与地面的缝隙（150mm）传递。图 4-4-4 中围挡下方的空隙投射噪声（约 150mm）及声源折射对二层病房的噪声数据是有较大影响的。处理后噪声值超出院方提出噪声要求 5dB（A）。经过现场实际勘测分析得出，消声百叶消声量低于我们深化设计预期值。实际情况见图 4-4-4。

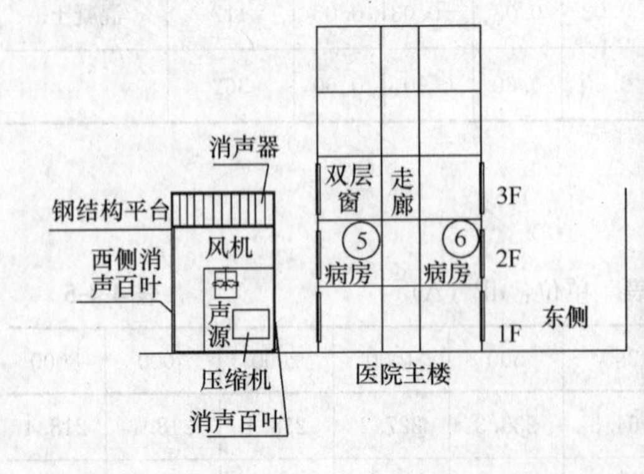

图 4-4-4　第一次方案及测试点

但由于消声百叶透射面积较大，所产生的噪声反射效应远超出原深化设计预期。因此在初次噪声测试后决定减少消声百叶的有效透射面积，在隔声屏障内部加设圆管式消声器。圆管式消声器物理特性压力损失小，其压力损失远小于矩形消声器。加设圆管式消声器后有效透射面积为降至 14.9m^2。

4.2 第二阶段测试结论

我们结合实际条件对消声百叶内部进行了二次降噪处理。

通过分析在考虑风冷机组的制冷效果，排风效果的前提下，处理方法是在两侧消声百叶内部安装 ND 阻抗复合式消声器（0.5m）（见图 4-4-5、图 4-4-6 和图 4-4-7）。加设消声器后机组运行正常，环境噪声值达到标准，见表 4-4-8。

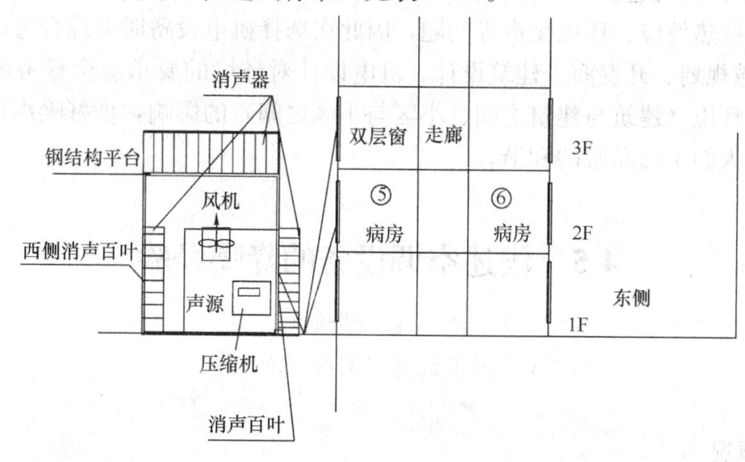

图 4-4-5 第二次降噪处理

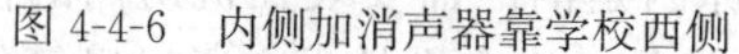

图 4-4-6 内侧加消声器靠学校西侧　　图 4-4-7 外侧加消声器靠主楼东侧

第二次降噪处理后的测试结果 单位：dB（A）　　**表 4-4-8**

测点	A 声级	63	125	250	500	1000	2000	4000	8000	备注
1	56	37	45	47	48	51	46	43	34	
3	55	37	43	48	49	45	42	38	37	
5	40	47	46	37	37	37	26	25	25	关窗
	52	55	56	50	50	49	40	33	26	开窗

5. 结论

环境噪声的治理是需要综合考虑：

5.1 机电设备安装位置对环境噪声有很大影响，风冷机组等机电设备安装位置应远离建筑，应注意噪声反射、低频传递等造成的综合噪声源。

5.2 技术数据是关键，由于噪声源处理复杂，受环境因素影响大，方案的确定直接影响降噪结果。因此可通过阶段性数据测试完善方案，已达到设计效果。

5.3 随着社会的进步，各种功能设备在给人们带来一些舒适度的同时，另一方面也随之而产生一些热效应、环境噪声等问题，因此在选择机电设备时要综合考虑（节能、二次污染），区域规划、开发商、建筑设计、机电设计对环境的要求应全盘考虑，应了解设备噪声对区域环境（建筑与建筑之间、小区与小区之间）的影响，做好噪声预测，才能达到区域环境、人们生活品质的和谐。

4-5 浅述空调设备的降噪经验

李洁萍 邓俭文

（广州市机电安装有限公司）

1. 工程概况

广州市某大厦总建筑面积123834m²，其中：地下3层为车库和设备用房，1～4层为商业裙楼，5～34层为甲级写字楼，每层设有空调机房，设柜式空气处理机共67台，采用橡胶减震器减震。

2. 现场状况

根据设计要求，写字楼办公区的空调噪声值要小于50dB（A）。我们对5～34层的186个办公室的噪声进行测试，有152个办公室的噪声符合设计要求，合格率为81.7%，有18.3%噪声超标。针对造成办公室噪声超标的主要问题（空调设备噪声过大），我们从人、机、料、法、环五个方面进行因果分析，查找造成噪声超标的原因：

2.1 消声器安装位置不合适

设计要求消声器的实际消声量要大于15dB（A）。在对67台消声器进行消声量测量中，有32台小于15dB（A），合格率只有52%，原因是消声器安装在机房内的位置不合适（如图4-5-2），虽然阻止了风管内噪声的传递，但是，机房内的噪声通过风管传递到机房外，引起办公室噪声增大。

2.2 空调风系统总风量的调整有偏差

总风量与设计风量偏差要求不超过5%，经测量发现，有60%风口的总风量比设计风量大6.3%～12.5%，空调末端设备的调试没有达到要求，没有处于额定工况下工作，造成办公室噪声超标。

2.3 减震器选型不当

减震器安装后，要求降低震动噪声量应大于8.75dB（A），但现场测量结果有37台空调机减震器的噪声降低量小于8.75dB（A），设备的震动噪声通过楼板传递到房间，造成办公室噪声超标。

3. 降低噪声的对策

3.1　消声器安装位置的选择

3.1.1　选择消声器安装的最佳位置。我们对现场消声器安装位置进行统计，发现消声器的安装位置大致可以分成四类：A、紧贴机房内墙安装（图 4-5-1）；B、在机房内离墙安装（图 4-5-2）；C、在机房外离墙安装（图 4-5-3）；D、紧贴机房外墙安装（图 4-5-4）。

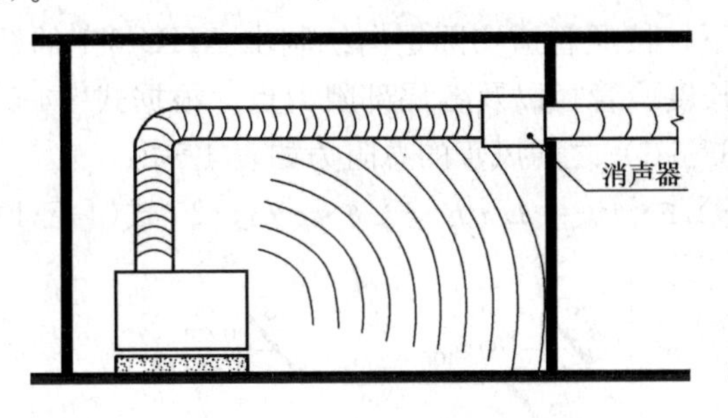

图 4-5-1　消声器紧贴机房内墙安装

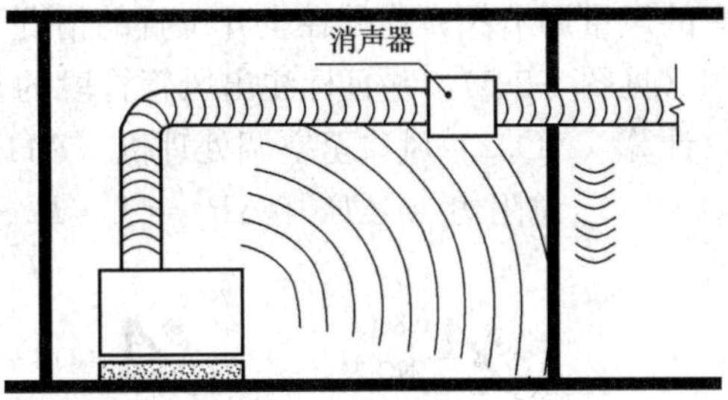

图 4-5-2　消声器在机房内离墙安装

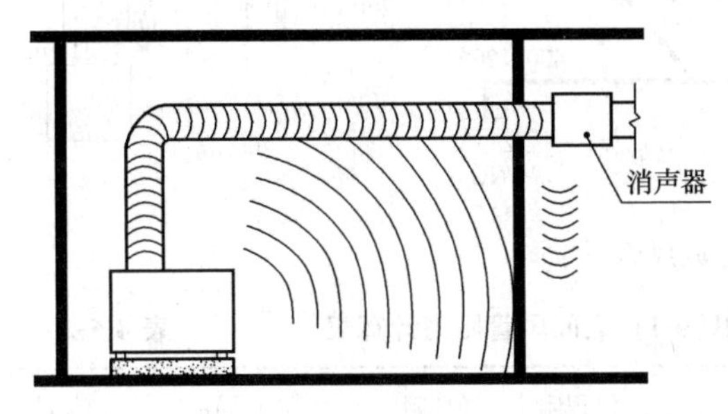

图 4-5-3　消声器在机房外离墙安装

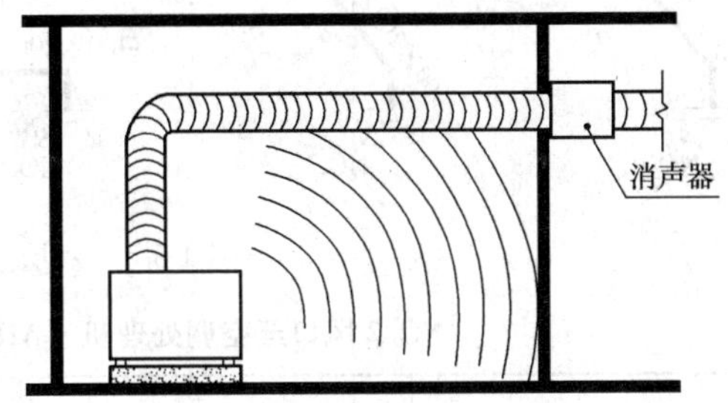

图 4-5-4　消声器紧贴机房外墙安装

上述 4 种消声器安装位置的消声效果测量数据如表 4-5-1：

消声器安装位置不同的实际消声量统计表　　**表 4-5-1**

消声器安装位置	A	B	C	D
数量（台）	22	17	20	8
实际消声量［dB（A）］	＞15	＜15	＜15	＞15

从表 4-5-1 的测量数据知道，消声器紧贴机房内墙（见图 4-5-1）或外墙安装（见图 4-5-4），有效地阻止了机房的噪声以及风管内的噪声传出机房外，可以充分发挥消声的效果，最理想的做法是消声器紧贴机房内墙安装为佳；消声器在机房内离墙安装（见图 4-5-2），虽然阻止了风管内的噪声传出机房外，但是并不能有效地阻止机房内的噪声通过风管传到机房外；消声器在机房外离墙安装（见图 4-5-3），无论是风管内的噪声以及机房的噪声均通过风管传到机房外，因此，消声器紧贴机房内墙或外墙安装，是最佳方案。

3.1.2　制定消声器位置修改的技术内容包括：工艺流程、施工方法、使用材料、验收标准、安全要求、环境要求。

3.1.3　在对机房内、外的消声器安装时，要求施工人员根据现场的施工空间，将消声器紧贴机房内墙或外墙安装，从而降低噪声向机房外的传递。

消声器的安装位置修改后，对所有消声器的噪声进行了复核，结果消声量全部达到15dB（A）以上。

3.2 控制空调风系统总风量

以六层空调处理机（AHU-6-1）为例进行校核：

3.2.1 计算各风口至空调处理机之间风管的总阻力。根据空调处理机（AHU-6-1）所有的风量调节阀，均处在全开位置的情况下，按照管道实际走向绘制出AHU-6-1的系统图（见图4-5-5），并且标注出风管管段的长度、管径以及各局部阻力点，根据式（4-5-1），计算（NO.2）风口至空调处理机（AHU-6-1）之间风管的总阻力如表4-5-2：

$$总阻力=\Delta P_y+\Delta P_j=L\cdot R+\Sigma\xi\cdot P_d=L\cdot R+\Sigma\xi\cdot\rho\cdot\nu^2/2 \quad 式(4\text{-}5\text{-}1)$$

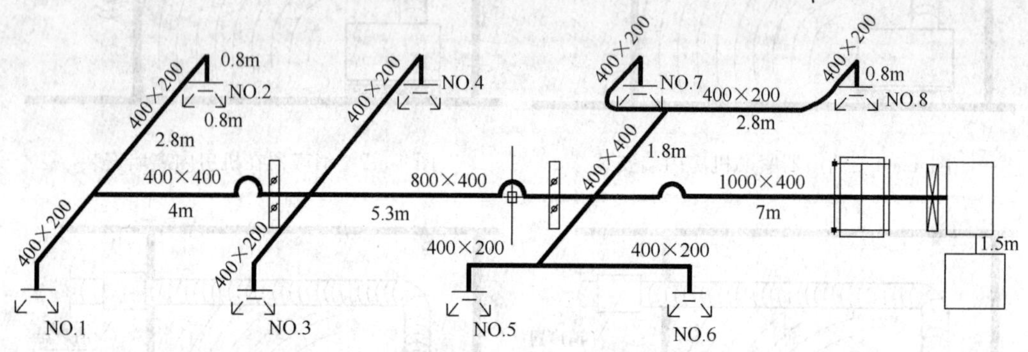

图4-5-5 六层空调风管系统图

NO.2风口至空调处理机（AHU-6-1）之间风管阻力计算表 表4-5-2

序号	风量 Q (m^3/h)	管宽 A (mm)	管高 B (mm)	管长 L (m)	风速 ν (m/s)	摩阻 R (Pa/m)	沿程阻力 ΔP_y (Pa)	局部阻力系数 $\sum\xi$	动压 P_d (Pa)	局部阻力 ΔP_j (Pa)	总阻力 $\Delta P_y+\Delta P_j$ (Pa)
1	10000	450	450	1	13.72	3.49	3.49	0.00	112.69	0.00	3.49
2	10000	1000	400	7	6.94	0.76	5.30	2.79	28.88	80.58	85.89
3	5000	800	400	5.3	4.34	0.35	1.86	1.10	11.28	12.41	14.27
4	2500	400	400	4	4.34	0.50	1.99	0.80	11.28	9.03	11.01
5	1250	400	200	2.8	4.34	0.81	2.27	0.99	11.28	11.17	13.44
6	1250	500	300	0.8	2.32	0.17	0.14	3.99	3.21	12.80	12.94
小计				20.9			15.05	9.67		125.99	141.04

从表4-5-2看出，风管系统的总阻力为141.04Pa，查空气处理机的铭牌，参数为：风量=10000m^3/h，静压=200Pa，由此可见，系统的总阻力小于空气处理机在额定工况下的静压，说明空气处理机没有在额定工况下运行，因此运行噪声相应增大。

3.2.2 确定风量调整的管段顺序。我们利用流量等比分配法调整系统内各风口的风量，从系统最不利管段开始即风口NO.2所在管段开始调整，调整各支、干管风量的比值，等同于此管段设计风量的比值，一直平衡至总管，调整完毕后，对各个风口的风量进行了测量结果如表4-5-3：

风口风量统计表　　表 4-5-3

编　号	NO. 1	NO. 2	NO. 3	NO. 4	NO. 5	NO. 6	NO. 7	NO. 8	总风量
设计风量（m^3/h）	1250	1250	1250	1250	1250	1250	1250	1250	10000
实测风量（m^3/h）	1300	1290	1300	1310	1300	1310	1290	1300	10400

3.2.3　调整总风阀的开度，使空气处理机在额定工作点下工作。从表 4-5-3 看出，各风口风量仍比设计值稍大一些，系统的总风量仍大于 10000m^3/h，即空气处理机仍没能在额定工作点下工作，因此，我们调小总风阀的开度，以增加系统的阻力，最终使空气处理机在额定工作点下运行。

3.2.4　测量系统总风量。按照上述的调试方法，我们对其他楼层的空调系统总风量都进行调试，并进行了测量统计，结果如表 4-5-4：

空调处理机总风量测量表　　表 4-5-4

楼　层	1～8 层	9～16 层	17～24 层	25～34 层
空调处理机数量	25	14	14	14
总风量偏差小于 5%的空调器数量	25	14	14	14
总风量偏差大于于 5%的空调器数量	0	0	0	0
达标率	100%	100%	100%	100%

3.3　改变减震器的类型

根据减震器降噪 $NR=12.5\lg(1/T)$ 可知，要使 $NR>8.75$dB（A），则标准震动传递率 $T<0.2$，震动传递率 T 取决于减震器的固有频率 f_0 以及空调末端设备的扰动频率 f：

$$T=\left|\frac{1}{1-\left(\frac{f}{f_0}\right)^2}\right|=\left|\frac{1}{1-\left(\frac{n}{60\cdot f_0}\right)^2}\right| \qquad \text{式(4-5-2)}$$

因此，我们决定从减震器和空气处理机两方面进行分析，以找出问题所在。

3.3.1　统计减震器降噪不达标的空气处理机的转速，计算扰动频率 f，结果如表 4-5-5：

空调处理机转速调查表　　表 4-5-5

转速 n（r/min）	500	600	900
数量（台）	17	15	5
扰动频率 f（Hz）$=n/60$	8.33	10	15

3.3.2　查阅减震器的固有频率 f_0；橡胶减震器的固有频率 $f_{01}=8$Hz，弹簧减震器的固有频率 $f_{02}=3$Hz。

3.3.3　计算减震器的震动传递率 T。根据式（4-5-2）计算使用橡胶减震器时的震动传递率 T_1，和弹簧减震器的震动传递率 T_2，结果如表 4-5-6：

减震器震动传递率统计表　　表 4-5-6

转速 n（r/min）	500	600	900
设备数量	17	15	5
扰动频率 f（Hz）$=n/60$	8.33	10	15
标准震动传递率	0.20		
橡胶减震器固有频率 f_{01}（Hz）	8		
橡胶减震器震动传递率 T_1	11.76	1.78	0.40
弹簧减震器固有频率 f_{02}（Hz）	3		
弹簧减震器震动传递率 T_2	0.15	0.10	0.04

从上表中可以看出，橡胶减震器振动传递率 $T_1>T$，弹簧减震器震动传递率 $T_2<T$，说明只要将 37 台固有频率为 8Hz 的橡胶减震器，改为采用固有频率为 3Hz 的弹簧减震器，就能符合要求。

3.3.4 根据计算结果，有力地说明了部分减震器的类型选择不当，办理了设计变更签证手续。

3.3.5 按要求购买施工材料，并按施工流程施工：机房楼板找平→空调处理机混凝土基础施工→弹簧减震器安装→空调处理机安装。

通过实施，我们对更改减震器前后的噪声降低量进行测量，结果如表 4-5-7：

减震器消声量统计表　　表 4-5-7

楼　层	5～8层	9～16层	17～24层	25～31层
空调处理机数量	25	14	14	14
噪声降低量大于 8.75dB（A）	25	14	14	14
噪声降低量小于 8.75dB（A）	0	0	0	0
达标率	100%	100%	100%	100%

从表 4-5-7 看出，将橡胶减震器改为弹簧减震器后，噪声的降低量都能达到 8.75dB（A）以上，符合设计要求。

4. 效果检查

各房间的空调噪声值都在 46dB（A）以内，达到或超过了设计要求，保证了噪声项目在空调检测中顺利通过验收。

第5章 节 能 减 排

5-1 空调风系统节能运行、调试施工技术

姚颂华

（上海市安装工程集团有限公司）

随着人们环保节能意识的不断提高，近年来建筑物要求进行LEED认证的项目也日益增多。LEED（Leadership in Energy and Environmental Design）是一个评价绿色建筑的工具。宗旨是：在设计中有效地减少环境和住户的负面影响。目的是规范一个完整、准确的绿色建筑概念，防止建筑的滥绿色化。LEED由美国绿色建筑协会建立并于2003年开始推行，在美国部分州和一些国家已被列为法定强制标准。

本文以张江集电港项目为例，业主要求达到"LEED"标准对空调系统采用了多项节能措施，以下是笔者在工程实施中的认识与体会。

1. 项目概况

上海张江集电港四期东块（建设研发及产业配套用房）位于浦东新区张江集电港首期1—5地块，北至龙东大道、南至丹桂路、东至张东路、西至集电港四期西块。项目总用地面积4.684公顷，总建筑面积约为107714m^2，其中地上部分约为82687m^2，地下部分约为25027m^2，1号楼11层，2号楼9层，3号楼9层，展厅4层。地下室一层与地面建筑全部连通，冷冻机房设在地下室，本项目按"LEED"金级标准设计。本工程空调最大冷负荷：9300kW；采暖最大热负荷：5800kW；生活热水最大负荷：860kW；该建筑物的全年计算热负荷指标为55.2W/m^2；全年计算冷负荷指标为88.6W/m^2。

2. 变风量空调系统的节能

该项目在办公楼空调系统中采用变风量空调系统，其节能效果也为实践所证明。变风量空调系统相对定风量空调系统主要体现在两个主要方面。其一是空调输送能量的节省；其二是区域空气温度可控。空调系统的冷热负荷是变化的，但是定风量系统一直是用较大定风量来实现，不随着负荷减少而减少空气输送量。变风量系统在部分空调负荷时，通过调节送风量来应对冷热负荷的变化，减少送风量得到明显的节能效果。

2.1 本工程办公区域采用单风道的变定静压式变风量系统，它是变风量空调系统的一种控制策略。为了要使送风管的静压满足要求，又要使静压值尽量的低，达到最大的节能效果，则要求静压值随负荷的变化而变化。在此模式中，系统只要在风道的任意位置设置一个静压检测点，即在运行过程中不断地去巡检VAVBOX的阀位，看当前的风道静压是否满足需求。如果系统中最大阀位开度在90%以上表示在当前系统静压下，具有最大阀位开度的末端装置的送风量刚能满足空调区域的负荷需求，此时风机转速不是最大，系统应提高静压设定值，改变变频速率，提高风量以满足现场要求。如果所有阀位开度在

70%以下，表示在当前系统静压下，最大阀位开度太小，其他末端装置调节风阀的阀位则更小，可以判断系统静压值偏大，此时就需降低静压设定值，改变变频速率，减小送风量以满足要求。由于这种控制在客观上就要求总管至每个末端的阻力应基本一致，风管制作安装应严格按图纸要求来施工。但有时由于其他的原因改动，系统部分末端至总管之间的阻力增大，整个系统因几个末端装置阻力过大造成系统风管末端阀门开启度差别过大，增加风机转速，增大电机能耗。为确保本工程 VAV 空调系统达到最稳定高效的运行状态，我在风管施工过程中严格按图纸施工，同时，加强 VAV 空调系统的深化设计工作，除进行管线综合布置外，特别加强了系统的功能性复核计算，如对系统的阻力计算、进风支管的选型计算等。并将深化的情况及采取的措施及时与设计沟通。做到系统的静态平衡，保证风管系统的节能运行。

2.2 变风量空调系统的另一节能措施是严格划分内外区的布置及合理设定室温传感器位置。由于变风量空调系统随建筑特性划分内、外区，内区是全年均有热负荷，需全年供冷，而外区接近幕墙区受室外天气的影响，夏季供冷、冬季供热。一般末端装置需严格按图划分，内外区不能弄错，但在末端装置下游，尤其在办公室装饰分隔后，常会造成四种错误：

（1）将外区 BOX 下游的风口装到内区；

（2）将内区 BOX 下游的风口装到外区；

（3）将外区温度感应器装到内区；

（4）将内区温度感应器装到外区。

若由于施工不慎造成上述错误，会造成在冬季外区需要供热时无法正常工作达不到空调的效果。同样若温度感应器装错了位置，等于给自控系统提供了错误的信息，系统在错误运行下不仅不能达到需要的空调效果且浪费了能量。所以，我们在风口的安装时特别注意出风口安装位置是否与其所相连的 BOX 同在内区或外区，尤其在二次装修房间分隔后要更加小心。同时将室温传感器位置标在施工图上，以免被室内装修单位或分包商随意设置。在选择设置位置时遵循以下原则：①必须设置在温度控制区的通风、背阳处，避免设置在不通风的角落或受到附近发热体的影响；②防止内区室温传感器设置在外区热风侵入处，外区室温传感器设置在内区冷风侵入区。

3. 空调机组的节能设计

本工程为了降低空调系统冷水的输送能耗，采用 5～12℃供回水，比一般 7～12℃提高了 2℃温差，由于冷量是温差与水量的乘积。在冷量一定的前提下，温差由 5℃提高到 7℃，冷水量也应相应减少，从而可以降低了供回水管的管径及水泵等冷冻水系统的工程造价，同时也降低了冷冻水泵的电动功率。作为空调工程施工员，在与空调箱供应商洽谈时讲清楚 5～12℃的供回水温度，表冷器应严格按 7℃温差设计与生产，保证了工程顺利进行。

4. 新风系统的节能

4.1 过渡季节全新风运行实现系统的节能

本工程在餐饮、办公区、多功能厅等区域采用的是全空气系统，在过渡季节采用全新风运行，通过调节风系统相关阀门，使系统成为部分新风切换至全部新风运行，不启动冷源的前提下起到节能目的。

以三号楼办公区域为例，该区域的空调风系统由带变频控制的独立新风系统与变风量空调系统组成，新风不受变风量空调系统影响，舒适性高，节能效果好。图 5-1-1 为 FAHU-3-RF-1 的系统图，该系统的新风机组为转轮式热回收新风机，设备总风量为 30000m³/h，设计总管尺寸为 1400mm × 800mm。该新风系统进入各楼层时均设置定风量装置（CAVBOX），确保各区域的新风供给，将新风供给与区域送风量分开，在保证新风量的同时，可以有效地调小送风量。当变风量末端装置处于最小风量时，可关闭末端装置调节风阀，达到节能目的。系统在进入楼面时，配置了定风量装置，使新风分配更均匀稳定，不使用的楼层可灵活关闭而不影响其余楼层的风量稳定，同时也起到了节能效果。此外，系统的定风量装置可保持区域有 3～4 次换气。图 5-1-2 是三号楼 6～9 层空调通风平面图，从中可以看到，每层楼面的新风供给通过 12 个带阀的百叶风口实现，因此，在施工中，我特别重视风系统的调试，通过精确调节平衡各新风口的风量，从而保证设计图纸要求的新风供给。

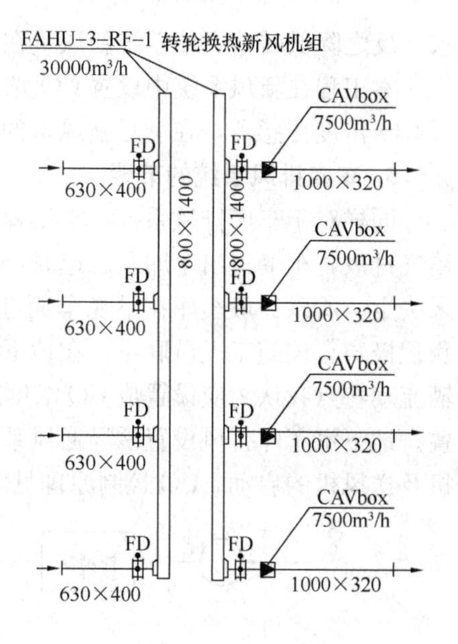

图 5-1-1 FAHU-3-RF-1 系统图

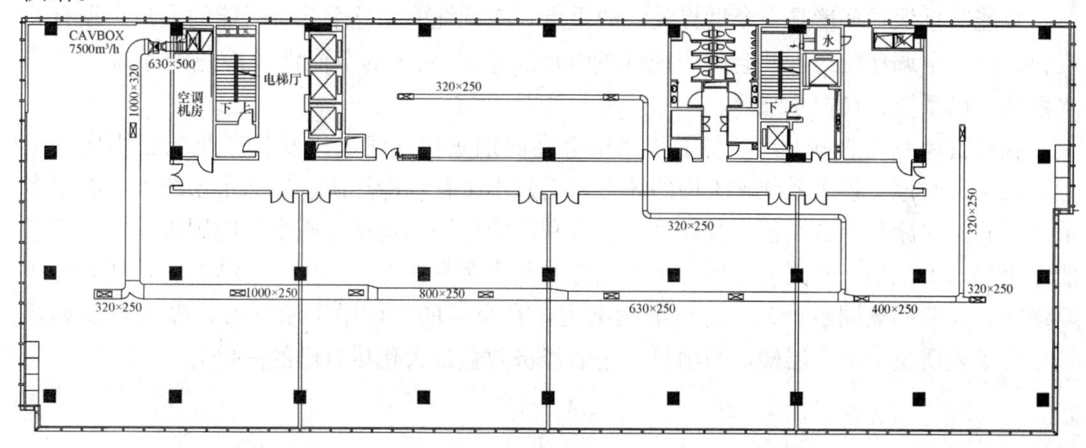

图 5-1-2 6～9 层空调通风平面图

4.2 CO_2浓度传感器的设置实现系统的节能

空调系统负荷主要有两块组成：其一是建筑负荷；其二是新风负荷。新风负荷其形式是将室外新风处理到相当于室内送风状态。新风送入室内冲淡人员在呼吸进行中产生的 CO_2，新风量过小则能耗降低，但室内 CO_2浓度过高，达不到卫生标准。为了克服上述问题，将 CO_2浓度传感器安装在相应的回风总管处，CO_2浓度设定值 1000PPM，当空调间人员增加，造成 CO_2浓度升高，经 CO_2浓度传感器测定达到设定值，要提高新风机转速加大新风量，排风量相应加大。在自控调试过程中，通常的经验是：加大新排风机转速所需的工频值的得出，需满足在 25～30min 内能将 CO_2浓度由 1000ppm 降低至 700ppm 的要求。反之降低转速，使系统新风量在卫生经济节能的状态下运行。

本工程在新风系统中设置CO_2浓度传感器，我积极与自控施工方协调，在回风总管设置CO_2浓度传感器，在满足新风量的情况下，实现新风系统的节能。

5. 车库排风系统的节能

同样对于车库排风系统，本工程设置了CO浓度传感器，车库CO的污染源是车辆的尾气排放，车辆进出车库及怠速时产生，也就是讲车库的排风量大小应根据CO浓度多少来决定。所以一般车库在早晚车辆进出时CO浓度高，平时浓度低。理解设计的意图后，我积极与自控施工人员联系，在地下室共同商定CO传感器控制设置方法。根据本工程车辆流动特点我认为应设置成CO浓度控制，CO传感器应设置在车位上部及车辆进出口位置。地下室车库排风设置诱导通风系统，可根据CO浓度自动开启诱导风机，并控制排风机及送风机的启动。CO控制原理见图5-1-3。

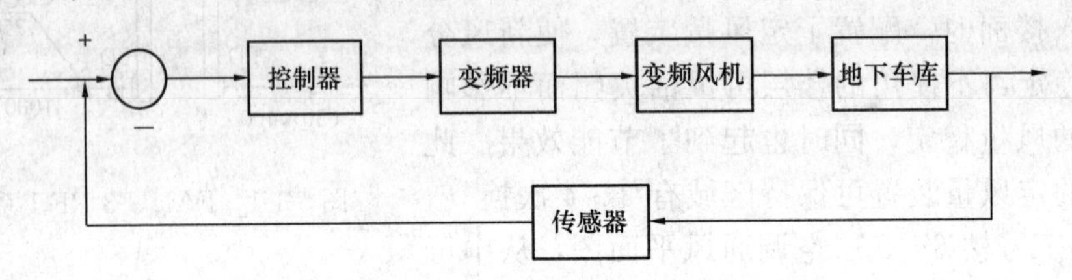

图5-1-3 CO控制原理图

6. 结束语

节能减排保护环境是当今世界关注的重点，空调耗能是整个社会耗能的大户，据有关资料介绍，空调耗能约占社会整个能耗的30%，空调系统的节能涉及冷热源系统、冷冻水系统、风系统、自控系统等。

我负责风系统的施工，参与了张江集电港四期东块（建设研发及产业配套用房）工程，以上是对该工程风系统施工中的体会，当然本工程在冷热源，冷冻水系统上也有很多节能措施，在冰蓄冷、水蓄冷及在过度季节利用冷却塔、免费冷冻水的应用等，在空调节能上也提高了认识，开阔了眼界，深深地感受到要多掌握专业知识，总结经验，遇到问题要多向有经验的老同事请教。将会继续努力，在今后的工作中不断学习，吸取经验和教训，使工程质量更上一层楼，为项目、企业经济效益最大化尽自己的一份力。

5-2 酒店排风热回收解决方案

杨立民　黄新棠　何以宝

（广东省工业设备安装公司）

1. 工程实况

1.1 工程概况

该工程位于广东省中山市，是一个五星级酒店项目，地下2层，其中地下1层为员工餐厅及服务人员使用区域；地上18层，其中1～3层为商业、餐饮及办公区域，4层为管道设备层，5～18为酒店客房，裙楼大空间场所采用全空调系统，塔楼客房等小空间场所采用新风加风机盘管送风形式，客房内另设置机械排风。

1.2 工程实况分析

在原设计中，送排风系统均未作节能设计。室外新风直接通过新风设备处理后，由送风管道通过新风立管井送至塔楼各个客房；客房处理后的排风由排风管道通过排风立管井回至四层排风设备后，未进行任何处理，直接排出室外。这在很大程度上，造成了能源的浪费，无形中增加了空调的能耗，降低了使用效率。为了达到节能要求，为业主实现最大利益，在综合管线施工图绘制的过程中，提出节能减耗方面设计方案，采用排风热回收方式达到节能的目的。

1.3 节能方案选择

原设计采用这种传统的送排风形式，新风系统是对新风的直接处理，排风系统也是将排风直接排放，浪费了大量能量。如果可以回收排风中的能量，新风机组效率将高于传统的普通空调机组，由于提供了额外的能量，因此降低了空调设备的负荷，减少空调设备的初始配置。基于以上理论及原设计的系统形式，初步认定该工程比较适合采用热回收方式来实现节能。排风热回收即是将新风与排风进行能量的热交换，将排风排掉的能量由新风带回，并且利用排风的剩余能量通过热交换系统对新风进行冷却或加热处理，提高了压缩机系统的能效比，排风的能量通过回收达到最大化的节能效益。

通过以上对工程实际情况的分析，结合系统特点考虑了几种目前常用的热回收形式：转轮换热器、板式换热器、热管换热器及乙二醇排管式等，并对几种热回收方式特点进行了分析比较，具体情况见表 5-2-1：

热回收方式分析比较表 **表 5-2-1**

项目	转轮式	板　式	低温热管	乙二醇排管
回收效率	70%～80%	70%	60%～70%	30%～40%
回收热形式	显热与潜热	显热	显热	显热
主要优点	能回收全热，回收效率高，能适应不同的室内外空气参数	构造简单，运行安全，设备费低，污染较少	单位体积的传热面积大，用寿命长，无污染	送排风系统可完全分开，无交叉污染，安装方便投资收益较为明显
主要缺点	设备较大，占用建筑面积和空间多，有渗漏，无法完全避免交叉污染	设备体积较大，需占用较大空间，易脏堵，不易清洗，阻力大	接管位置固定，接配管的灵活性差，只能回收显热，不能回收潜热	回收效率较低，载冷剂乙二醇具有一定的挥发性、有毒性，存在泄漏隐患

采用哪种回收方式往往需要根据不同的建筑物类型和送排风形式来选用相应的热回收方式。本酒店工程塔楼部分新风及排风设备均统一设置在四层设备层，新风、排风都在四层集中处理，并且新、排风系统相对独立，这种送、排风系统形式的设置为乙二醇排管式热回收提供了有利条件。另外设备层其他管线比较密集，空间比较小，转轮式和板式因占空间较大均不适宜安装。

通过对几种回收形式的综合分析，结合本工程的特殊性，最终确定选用“乙二醇排管”方案。将排管接入排风侧，回收室内排风能量，经过排管内的冷媒带入新风侧的排管内来实现新风预处理，从而实现节能的目的。

2. 方案

2.1 最优管路连接方案

根据乙二醇排管式热回收工作原理，结合现场实际情况，在施工的深化设计中作出一套可行性方案：在四层设备层增加热回收式新风、排风机组，并增加乙二醇溶液泵，乙二醇溶液水管线连接至热回收式新风、排风机组，其机组水管路连接简图如图 5-2-1 所示：

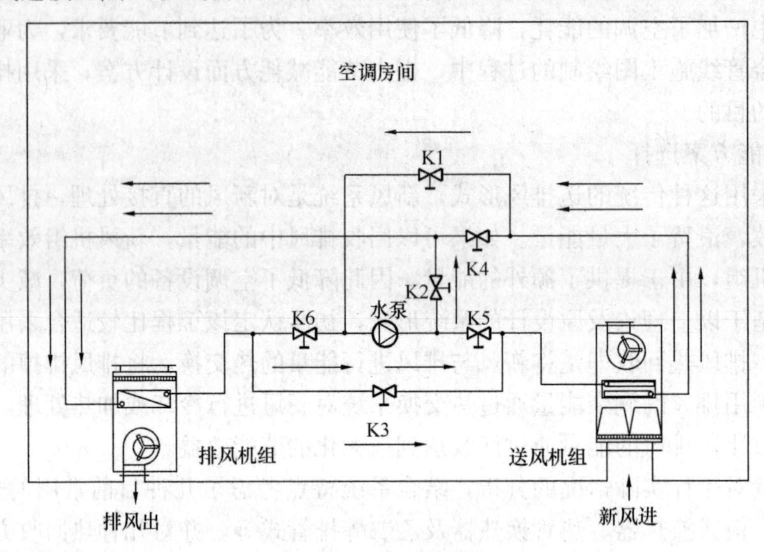

图 5-2-1 水管路连接简图

如图 5-2-1 所示，乙二醇热回收机组包括排风侧热回收机组、送风侧热回收机组和水管路系统。机组冬季回收热量的过程中，K1、K2、K3 阀门关闭；K4、K5、K6 开启。机组夏季回收冷量的过程中，K1、K2、K3 阀门开启；K4、K5、K6 关闭。经过这样的流程调整，可以最大程度减小水泵在系统循环中对回收效率造成的影响，达到最佳的热回收效果。

2.2 安装施工方案

2.2.1 设备选型

（1）机组选择

根据热回收系统原理，热回收机组工作动力是由风柜提供的，所以热回收机组的风量应与原设计风量相同，根据原设计风量和惠林空调提供的乙二醇热回收机组参数确定热交换器型号及规格参数。

主要设备规格参数详见表 5-2-2：

主要设备规格参数表 **表 5-2-2**

序号	设备名称	型号	主要技术参数	单位	数量	备注
1	乙二醇热回收盘管箱（新风）	YR-10-S-100	风量 L=10000CMH	台	1	与原风机风量相对应
2	乙二醇热回收盘管箱（新风）	YR-10-S-63	风量 L=6300CMH	台	6	
3	乙二醇热回收盘管箱（排风）	YR-10-S-37	风量 L=3700CMH	台	1	
4	乙二醇热回收盘管箱（排风）	YR-10-P-60	风量 L=6000CMH	台	5	
5	乙二醇热回收盘管箱（排风）	YR-10-P-100	风量 L=10000CMH	台	1	

（2）溶液管道泵的选择

1）排风回收量 $Q_{排}$

根据热量计算公式 $Q = C \cdot L \cdot P \cdot \Delta t/3600$ 式(5-2-1)

其中：Q 为热量回收量，kW；

C 为空气比热容，1.0kJ/（kg℃）；

L 夏季为排风机组的风量，冬季为新风机组的风量，m^3/h；

P 为空气的密度，可近似取值 $1.2kg/m^3$；

Δt 夏季为排风温度差（Δt=29-23.5=6.5℃）；

冬季为新风温度差（Δt=17－6=11℃）。

已知 YR-10-S-100 的风机风量为 $10000m^3/h$，考虑系统损耗，实际风量按额定风量的75％计算，则实际风量为 $7500m^3/h$，所以夏季回收冷量为：

$$Q_{排} = C \cdot L \cdot P \cdot \Delta t/3600$$
$$= 1 \times 7500 \times 1.2 \times 6.5/3600 = 16kW$$

2）计算乙二醇溶液热量吸收量 $Q_{吸}$

根据能量守恒定理，$Q_{吸} = Q_{排} = 16kW$

3）计算乙二醇溶液流量

根据公式 $Q = C_m \Delta t = C \cdot L \cdot P \cdot \Delta t/3600$ 推算流量 $L = 3600Q/(C \cdot P \cdot \Delta t)$

其中 Q——乙二醇溶液热量吸收量，kW；

C_m——乙二醇溶液比热容，2.35kJ/（kg℃）；

P——乙二醇溶液的密度，已知4.6％浓度下密度为 $1005kg/m^3$；

Δt——乙二醇溶液进出温差，（Δt=29－24=5℃）。

可以算出：$L = 16 \times 3600/(2.35 \times 1005 \times 5) = 4.8m^3/h$

按照以上计算方法可知各台机组所需乙二醇溶液的流量如表5-2-3：

机组所需乙二醇溶液的流量表 **表5-2-3**

序号	设备名称	型号	主要技术参数（风量 L）	单位	数量	热交换机组所需乙二醇溶液流量（m^3/h）
1	乙二醇热回收盘管箱（新风）	YR-10-S-100	10000CMH	台	1	4.8
2	乙二醇热回收盘管箱（新风）	YR-10-S-63	6300CMH	台	6	3.02
3	乙二醇热回收盘管箱（排风）	YR-10-S-37	3700CMH	台	1	1.78
4	乙二醇热回收盘管箱（排风）	YR-10-P-60	6000CMH	台	5	2.88
5	乙二醇热回收盘管箱（排风）	YR-10-P-100	10000CMH	台	1	4.8
	系统流量总计					43.9

4）计算水泵的流量

水泵流量为系统所需乙二醇溶液的总流量 $43.9m^3/h$。

5）计算水泵的扬程

根据乙二醇热回收机组和水泵的安装高度差为4m，另考虑液体压力损失，可知所需扬程为4×1.2（压力损失系数）=4.8m

6）确定水泵型号

根据计算出的系统总流量 43.9m^3/h，扬程 m，参考申宝水泵厂资料，可以确定选用型号 SB65-100（I）A（流量 44.7m^3/h，扬程 10m，2900r/min，2.2kW）为本系统管道泵。

2.2.2 施工工艺及要求

（1）风系统施工工艺与要求

1）风系统采用集中供回风，室外新风进入新风机组之前，先经过热交换机组，由在排风处回收的冷量进行预冷，使新风温度降低，从而来降低新风机组的能耗。

2）与机组连接的风管和水管的重量不得由机组承受，应设支架支承。

3）热交换机组与原有风机、风柜连接时，接口应与原机组进回风口一致，安装前应在现场制作接口，并用防火软连接进行连接。

4）热回收风机新风引入口的过滤网宜采用法兰连接，便于拆卸清洗。

（2）水系统施工工艺与要求

1）热回收工程选用的载冷剂为乙二醇溶液是具有一定挥发性、有毒性的溶液，针对这种情况，管道材质需选用耐腐蚀性较强的 ABS 管，整个系统定压和补液必须选择闭式膨胀水箱，以避免乙二醇的挥发和空气污染管路系统。在安装过程中一定要保证管路的严密性，管道安装完成后要进行多次管道试压，试验压力为 0.8MPa。

2）乙二醇溶液管的连接方式采用冷熔连接。连接用的胶水应符合厂家安装要求。安装时，先用钢锯进行下料，整平，去除毛边，按连接管件长度涂抹一层均匀的胶水，约15min 后，把管道套入管件至中间部位，静置 1～2h 胶水凝固后，安装下一段管道。注意涂抹的胶水要均匀，安装后应静置。

3）排风侧的热回收盘管必须设有冷凝水盘和冷凝水排水系统，凝结水管应有足够的坡度接至下水道排走。

4）通过综合管线布置后，安装乙二醇溶液管道。为保证溶液对管路的补充，采用气压罐定压及补充溶液。

5）由于乙二醇是有毒流体，因此乙二醇管道必须进行泄漏性试验。泄漏性试验应在压力试验合格后进行，介质采用空气，试验压力为 0.8MPa。泄漏性试验应重点检验阀门填料含法兰处放空阀、排气阀、排水阀等，以发泡剂检验不泄漏为合格。

（3）系统调试

1）在管道泄露性试验合格后，方可进行系统调试，调试过程中注意管道压力状况，如有任何突发状况，应立刻做好防范措施。

2）为保证系统流量平衡，机组与管路连接时采用二通阀与闸阀控制，通过闸阀调节系统流量。运行过程中，可通过设置温度控制来启闭二通阀，以利节能。

3. 经济分析

3.1 热回收量计算方法

$$Q = C \cdot L \cdot P_{空} \cdot \Delta t / 3600 \qquad 式(5\text{-}2\text{-}2)$$

其中 Q——热量回收量，kW；

C——空气的比热容，可近似取值 1.0kJ/(kg℃)；

L——夏季排风机组的风量，冬季为新风机组的风量，m^3/h；

$P_{空}$——空气的密度，可近似取值 1.2kg/m^3；

Δt——夏季排风温度差，或冬季新风温度差。

3.2 乙二醇热回收排管能量计算

	设备型号	设备类型	风量(m^3/h)	进风温度(℃)	出风温度(℃)	热回收量(kW)	运行水量(kg/h)
夏季	PF-01-4F	排风	3700	23	29.5	8.2	22608
	PF－02zz～06-4F	排风	30000	23		65	
	PF-07-4F	排风	10000	23		21.7	
冬季	PAU-01-4F	新风	10000	6	17	36.7	22320
	PAU-02～07-4F	新风	37800	6		138.6	

由上表可知，夏季回收冷量 94.9kW，冬季回收热量 175.3kW，平均用水量 22464kg/h。

3.3 初投资分析

根据乙二醇热回收系统水管路图，及以上计算结果可知：

3.3.1 采用乙二醇热回收系统需增加热回收新风、排风机组；

3.3.2 需增加系统辅助设备，包括水泵，阀门，管线，保温材料等；

3.3.3 根据夏季及冬季热回收量情况，可相应减小制冷主机容量；

3.3.4 可节省冷却水用水量，冷却塔容量也可相应减小。

3.4 运行费用分析

3.4.1 夏季：能效比按 3.5，运行时间按 3 个月的空调使用，预计每天工作 16h 计算，即 16×30×3＝1440h，电价 1.1 元/(kW·h)

$$(94.9\div3.5)\times1440\times1.1=42949\text{元}$$

则 3 个月可节约电费 42949 元。

3.4.2 冬季：能效比按 3.4，运行时间按 3 个月的空调使用，预计每天工作 16h 计算，即 16×30×3＝1440h，电价 1.1 元/(kW·h)

$$(175.3\div3.4)\times1440\times1.1=81669.2(\text{元})$$

则 3 个月可节约电费 81669.2 元。

3.4.3 水泵运行费用：水泵功率 2.2kW，全年运行 6 个月，按每天 16h 计算，即 16×30×6＝2880h，电价 1.1 元/（kW·h）

$$2.2\times2880\times1.1=6969.6\text{元}$$

则水泵运行费用消耗电费 6969.6 元

综合机组和水泵运行费用，安装热回收系统后，每年系统运行，将减少电费支出为 42949＋81669.2－6969.6＝117648.6 元。

3.5 汇总计算

根据以上计算及分析，采用乙二醇排管方式热回收系统，不仅可以减少初投资，也可节省运行过程中的用电费用，汇总计算如表 5-2-4。

汇总计算表 表5-2-4

	空调系统	
基本参数	排风量（m^3/h）	43700
	新风量（m^3/h）	47800
	夏季回收冷量（kW）	94.9
	冬季回收热量（kW）	175.3
投资增加部分	乙二醇热回收盘管箱（元）	125500
	系统辅助设备、管线安装费用	60000
投资减少部分	冷冻机组容量减少（元）	主机、冷却塔等设备属原投资部分
	空调系统造价减少（元）	
总投资	增加（元）	185500
运行费	夏季节省空调机电费（元）(1)	42949
	冬季节省空调机电费（元）(2)	81669.2
年运行费	减少（元）	117648.6
回收期	按静态回收（年）	1.6

安装热回收设备后可每年减少电费支出117648.6元。

增加设备投资185500元。

投资的回收期约为1.6年。

4. 应用分析

依据原设计送排风统一设置又相对独立的特点而选用乙二醇排管方式进行热回收，通过实际运行，这种热回收方式凭其独有特点，获得了良好收益。乙二醇排管式安装较为简单，且占建筑空间较小，只需对应原有设计风量配备热回收机组，乙二醇排管也可统一安装于各机组侧，管路缩短既节约了材料，又提高热回收的效率；由于送排风系统均相对独立，不存在交叉污染，乙二醇排管式只是通过乙二醇这个载冷剂作为中间媒介，连接新风与排风完成换热，换热过程不是新风与排风直接的混合，因此不存在对新风的污染；投资收益较为明显，乙二醇排管式设备较为简单，只需增加相应风量的热回收机组、乙二醇排管及水泵，投资额度相比于其他方式较低。如通过完善设计，更可以将制冷主机减少相应回收量的冷量，冷却塔用水量也相应减少，通过节省电能的损耗，投资收益比相对较快。虽然乙二醇排管式回收效率相对较低，但综合其经济及实用状况，达到了废热再利用的目的，提高了机组的使用效率，其良好的运行效果受到业主的好评，值得大力推广使用。

5. 结束语

为了减少空调能耗，在优化设计中根据具体的条件，选用了乙二醇排管式热回收方法对排风进行热回收，实现了“废热”的二次利用，提高了机组的使用效率，减少了能源浪费。通过这种热回收技术的应用，一方面减少了整个空调系统的投资，另一方面，又减少了能源（电能）的浪费。既满足了客户的使用需求，又降低了运营成本，减少了业主的投资额度，同时也达到了具有重大现实意义和社会效益的“节能”目的，在一定程度上可以缓解能源的状况。

5-3 地源热泵空调系统的工程应用分析

李中领
(上海市安装工程集团有限公司)

1. 前言

地源热泵是一种利用地下浅层地热资源的既可供热又可制冷的高效节能空调系统。

地源热泵系统工作原理如图 5-3-1 所示，工作过程具体为：夏季热泵制冷时，把土壤作为排热场所，把室内热量及压缩机耗能通过埋地盘管系统以热交换的形式传给土壤，再通过土壤的导热和土壤中水分的迁移把热量扩散出去。冬季热泵制热时，把大地作为热泵机组的低温热源，通过埋地盘管系统获取土壤中热量为室内供热。两个换热器都即可作冷凝器又可作蒸发器，只因季节不同而功能不同。

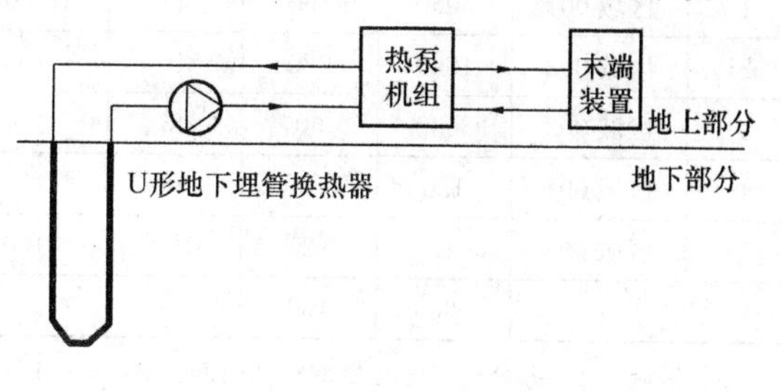

图 5-3-1 地源热泵工作原理

地热作为一种非常重要的可再生能源，具有节能和环保的双重效益，国际上已经将地下蓄热技术和高效热泵同时列入 21 世纪最有发展前途的新技术。

为了深入研究这种热泵技术与常规的风冷热泵技术的不同，本文结合工程实例，进行了分析。该实例为项目投标的前期方案，有比较实际的参考价值。

2. 工程简介

2.1 项目概况

本项目位于上海郊区高科技园区，为某外资企业投资建设的上海研发中心。

该项目建筑的功能区划分为办公楼、咖啡厅及会议室、生产试验室、辅助办公楼、公用机房、门卫等。

2.2 业主设计要求

由于投资方为欧洲企业，环保节能意识比较先进，他们希望能设计出既节能又环保的空调系统，能够在所属园区起到典范作用，也用于提高企业的知名度。

以上是他们要求的设计基本原则，但同时也要求为他们提供常规的备选方案以供参考，之后他们会对此进行评估确认。

为了合理选择空调方式，我们先进行了空调负荷的计算。

3. 空调负荷计算及设备初步选型

3.1 设计参数的选择

(1) 室内设计参数

夏季：温度 25℃、相对湿度 55%、焓值 i=52.92kJ/kg、新风焓差 Δi=37.7kJ/kg。

冬季：温度 18℃、相对湿度 60%、焓值 i=37.64kJ/kg、新风焓差 Δi=−37kJ/kg。

(2) 室外设计参数

夏季：温度 34℃、湿球温度 28.2℃、焓值 i=90.62kJ/kg。

冬季：温度−475℃、焓值 i=0.98kJ/kg。

3.2 空调负荷估算

为了进行空调设备的选择，我们进行了初步的空调负荷估算，如表 5-3-1 所示。

空调负荷估算表 **表 5-3-1**

项次	建筑区域	面积	人员数量	夏季建筑负荷	冬季建筑负荷	人体负荷	照明负荷	新风负荷	夏季冷负荷	冬季热负荷
		m^2	个	w/m^2	w/m^2	w/m^2	w/m^2	w/m^2	kW	kW
1	区域 001	5060	160	45	−100	28	40	43	789.4	−566.8
2	区域 002	1800	220	45	−100	28	40	80	349.1	−180
3	区域 003	3030	60	45	−100	28	40	43	472.7	−73
4	区域 004	120	4	100	−100	28	40	0	20.2	−12
5	区域 005	40	2	100	−100	28	40	0	6.7	−4
总计		5668	160						1372.4	−746.8

注：区域 001—办公楼，冬、夏季空调时间为 8：30～17：30；

区域 002—咖啡厅和会议室，空调时间不定；

区域 003—生产实验室及辅助办公楼，冬、夏季空调时间为 8：30～17：30；

区域 004—信息室、变电室及应急供电室，夏季 24h 使用空调；

区域 005—门卫，冬、夏季 24h 使用空调。

3.3 设备选型

根据上述的空调负荷计算以及对空调使用的不同要求，我们初步的空调选型及系统主机配置如表 5-3-2。

建筑冷负荷及设备选型表 **表 5-3-2**

建筑用途	计算冷量（kW）	设备选型冷量（kW）	空调形式
办公楼、生产实验室 & 辅助办公楼	1262	1388～1514	中央空调
咖啡厅和会议室	349	384～419	中央空调
信息室、变电室及应急供电室	20	22～24	分体空调
门卫室	7	7.7～8.4	分体空调

信息室、变电室、应急供电室及门卫都采用独立分体空调形式，所以我们只能对采用中央空调的办公楼、辅助办公楼、咖啡厅和会议室进行方案的对比分析。

4. 空调系统的方案选择

为了保证满足空调的使用效果，并且向业主提供专业的服务，我方在满足空调负荷的基础上，提出两个空调系统方案，以供业主选择。

4.1 地源热泵空调系统

出于环保节能的考虑，我们选择了地源热泵空调方式，末端采用风机盘管＋新风系统，新风系统采用全热交换器，排风与新风进行换热，能够进行能量回收，满足了投资方对环保节能的要求。

由上述的空调负荷计算可知，全年冷负荷大于热负荷，如果按照冷负荷来确定地下埋管的长度，就会造成冬季埋管容量过大。地下埋管换热器夏季排向埋管附近土壤的热量远大于冬季从土壤吸取的热量，经过系统的长期运行，埋管周围土壤温度升高，夏季埋管内流动介质与周围土壤的温差降低，换热器能力减弱，影响系统性能和运行特性，为了满足建筑物冷负荷就需要加大埋管长度，同样会增加系统的初投资。

为了解决这个问题，我们采用冷却塔＋地源热泵的方法，夏季地埋管承担的排热量能力的不足由冷却塔来承担。这种系统形式的初投资主要是增加了冷却塔的费用，在夏季，热泵运行费用中增加了辅助系统水泵和风机的能耗费用。

由于辅助系统有助于地源热泵机组效率的提高，所以热泵压缩机的能耗降低。在冬季，由于埋管的减少，系统的效率降低，热泵压缩机的能耗会有所增加。

本工程采用垂直U形埋管系统，由专业厂家对工程地域进行现场勘查，并进行了土壤的热物性测试，根据地质结构情况、测井资料以及区域地质和水文等因素，并考虑一定余量，共设置了3600套，U形换热管埋深80m。

地源热泵空调系统流程图如图5-3-2所示。

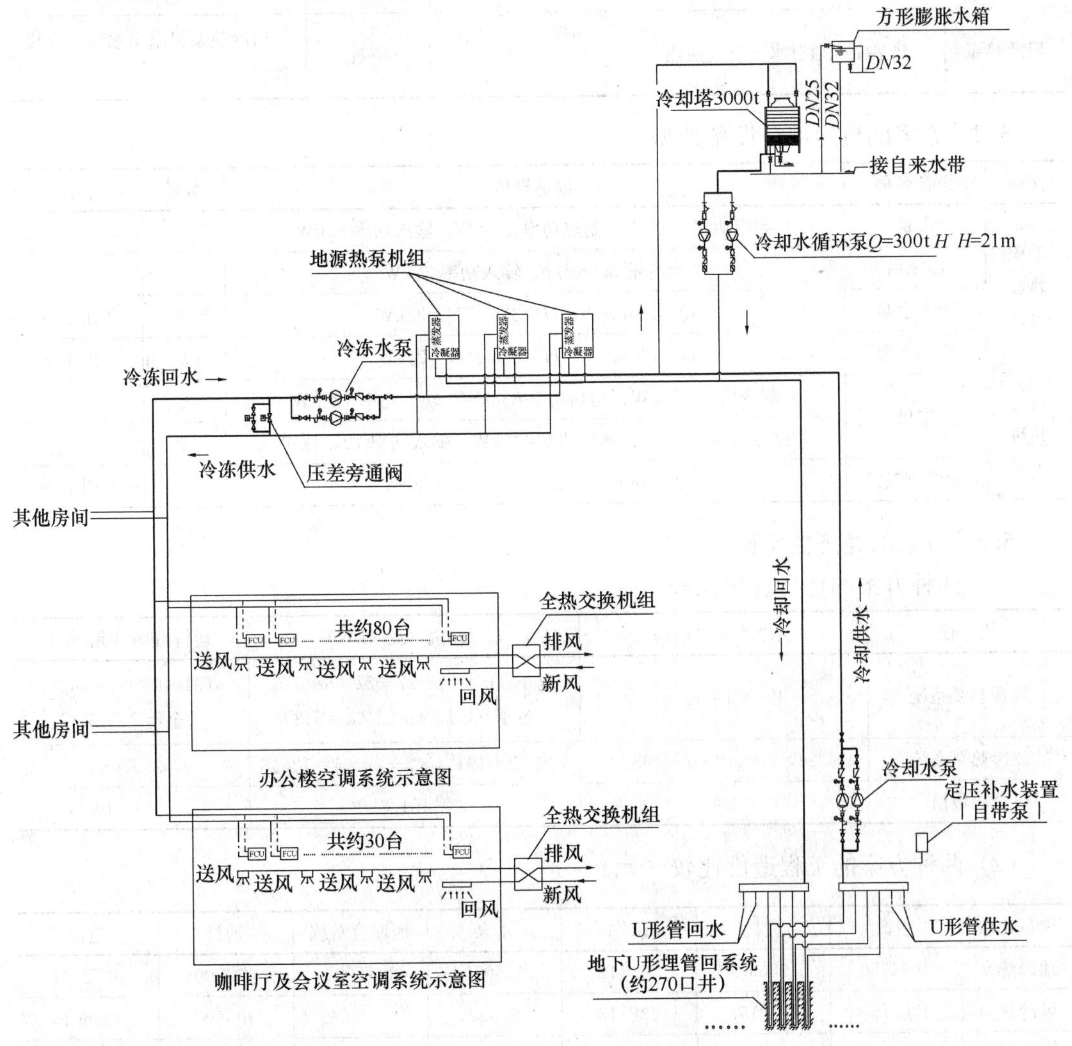

图5-3-2　地源热泵空调系统流程（夏季工况）示意图

4.2 风冷热泵空调系统

风冷热泵空调系统是最常规的空调方式，末端同样采用风机盘管+新风系统，新风系统同样采用全热交换器，风冷热泵空调系统流程与常规相同。

5. 技术经济分析

5.1 方案的技术性比较

为了更好地分析两个方案的异同，我们进行了如下比较：

比较项目	空调原理	空调冷热源	系统组成
地源热泵	夏季热泵通过地下埋管系统把室内热量排出送入地下（冷却塔辅助排热）。 冬季热泵主机通过地下埋管系统把地下热量提取送到室内	土壤	地埋管系统+水泵+（冷却塔）地源热泵机组+水泵+风机盘管
风冷热泵	热泵主机通过水—空气换热	空气	风冷热泵机组+水泵+风机盘管

5.2 方案的机房部分设备选型

比较	设备名称	设备规格	数量	备注
地源热泵系统	主机	制冷功率490kW、制热功率498kW、输入功率93kW	4	
	冷却塔	水流量300m³/h，输入功率27kW	1	
	冷冻水泵	Q=100m³/h、H=33m、N=22kW	5	4用1备
	冷却水泵	Q=100m³/h、H=33m、N=22kW	5	4用1备
风冷热泵系统	主机	制冷功率572kW、制热功率638kW、输入功率128kW	2	
		制冷功率394kW、制热功率442kW、输入功率191.4kW	2	
	冷冻水泵	Q=80m³/h、H=33m、N=22kW	5	4用1备

5.3 方案的经济性比较

（1）两种方案的运行费用比较

比较	制冷功率（kW）	输入功率 Q_{in}（kW）	运行费用（元/年）
地源热泵系统	490×4=1960	夏季93.0×4+27+22×8=575 冬季93.0×4+22×8=548	（310500+394560） 全年705060
风冷热泵系统	394×2+572×2=1932	128×2+191.4×2+22×4=726.8	915768
比较数值	28	−151.8	−210708

（2）两种方案的工程造价比较（元）

项目比较	主机	主材	末端	水泵	地埋管系统	辅材	造价
地源热泵	1074150	1986504	638118	155059	1415000	103500	5372331
风冷热泵	1767150	1940154	638118	87692	0	103500	4536614
造价增加	−693000	46350	0	67367	1415000	0	835717

注：表中选型设备为某著名品牌，由于主机规格跨度问题，使系统的主机制冷量有所偏差。

运行费用计算：假设夏天运行3个月、冬季运行4个月，每个月使用20天，每天9

个小时（上班前提前开启 1h），电力价格 1.00 元/（kW·h），则每年运行费用 $M=(3+4)\times20\times9\times Qin$ 元。

表中工程估价为本工程空调系统的初步估算价格。

5.4　两种方案的优缺点

5.4.1　地源热泵空调系统

（1）优点

1）绿色环保

地源热泵的冷冻循环与冷却循环系统都是闭式循环系统，不与外界接触，因此不存在对空气的热污染问题。土壤温度的恒定，源于对太阳辐射热的吸收，而太阳热能是可再生能源，因此采用地源热泵属绿色能源。

2）主机的效率高

由于在地下一定深度的土壤温度是保持在 18℃左右，在夏季，低于室外空气 34℃的温度，冬季又高于室外空气 0℃以下的温度，并且水—水换热效率远高于水—空气形式的换热效率，从而地源热泵机组的运行效率高于常规热泵主机。

3）运行费用低

由于上述原因，地源热泵主机的输入功率低于常规空调主机，降低了电能消耗。根据经济性比较表格可知，采用地源热泵空调系统，每年比风冷热泵空调系统节省运行费用 210718 元，增加的初投资将会在 3 年多的时间内收回，运行费用节省比较明显。

（2）缺点

1）系统构成环节多，维护工作复杂

与风冷热泵空调系统相比，地源热泵空调系统增加了冷却水系统、地下埋管系统、循环泵及定压装置。地源热泵空调系统组成环节多，且地下埋管系统布置于地下，不宜于发现隐患，对于业主方非专业培训的运营人员来说存在挑战。

2）初投资高

在地源热泵空调系统的造价构成中，地下埋管系统由于涉及地质勘测、打井、埋管及回填等工作环节，造成初投资增加。

3）地埋管系统占地面积大

为了使地下埋管系统更好的工作，地下井之间的水平距离保持在 4m 左右，这样势必造成大量的占地面积，本工程估计埋管占地 6000～6500m^2，这片区域上除用作草坪绿化带外，不能用作其他承重的用途。

4）工程相对复杂，不利于工期进度控制

由于地源热泵的地埋管系统，增加了地面的土方挖掘、地井的钻探及井土的回填工程，不利于工程进展，增加了工期控制的难度。

5.4.2　风冷热泵空调系统

（1）优点

1）减少了机房的占地面积

采用风冷热泵空调系统，机组可任意放置屋顶或地面，没有机房设施和冷却水塔系统，同时安装施工工作大为简便。

2）减少日常运行维护的工作量，且便于维护保养风冷热泵空调技术成熟可靠，没有工程技术上的风险。

3）降低了空调工程成本，节省了建设性投资

与地源热泵空调相比，风冷热泵空调系统减少了地埋管部分，减少了工程的初投资，业主可将节省的资金用于生产性投资。

（2）缺点

1）属常规形式，主机效率低，耗电量较高

风冷热泵属水—空气换热形式，换热效率低，从而导致电能消耗较高。在夏季与冬季时，机组容易出现“剪刀差”，即夏季气温越高，制冷效率越低，冬季气温越低至热效率越低。

2）对周围环境存在热污染

在夏季，风冷热泵通过冷凝器向周围空气释放热量，造成周围空气温度升高，冬季通过蒸发器从周围空气吸取热量，使周围空气温度降低，造成热污染。

6. 结论

经过上述两种方案的比较，业主方也经过深思熟虑，最终选择了地源热泵空调系统。

在新的社会发展形势下，节能环保是必然趋势，并且随着地源热泵技术在中国的进一步发展，这种空调技术必将会越来越成熟可靠。

相信随着具有环保节能意识的企业家及业内人士的不断努力，中国的能源市场将迎来更广阔的市场。

5-4 地源热泵系统埋地管换热器施工技术

柴长富 王 龙

（陕西建工设备安装集团有限公司）

1. 概述

土壤源热泵空调系统是一种使用可再生能源的高效节能、环保型的空调技术，主要是通过埋地管换热器从土壤中获取能量。地源热泵空调系统通常由地源热泵机组、地热能换热系统、建筑物内系统组成，其热泵机组与常用的水冷式冷水机组的工作原理基本相同，仅水源部分的温度有所差别。此外，地源热泵冷、热工况的转换，一般是通过机组以外管道阀门的切换来实现的。

地埋管换热器是地源热泵的重要组成部分。垂直地埋管方式，是在垂直钻孔内埋置U形换热管道，然后由水平管将U形管并联成系统，水从管道内流过并与土壤进行冷热换热。垂直地埋管方式的主要特点是运行比较稳定和可靠。

2. 工程应用实例

陕西法门寺作为一处佛教圣地，珍藏有目前世界唯一的释迦牟尼佛祖真身舍利指，而供奉并保存舍利指的合十舍利塔是整个景区的标志性建筑，主体为型钢混凝土筒体结构。主塔建在地理位置空旷的渭河北塬高台丘陵地带，总高148m，长、宽各48m，总建筑面积为76690m^2，并设有可容纳10万人朝拜的广场。整个建筑物由双手合十主塔和四周作为塔楼台基的裙楼所组成。塔楼地上11层、地下1层；裙楼地下1层，地上1层，局部

地上2层和3层，属于大型超高层公共建筑。见图5-4-1。

图5-4-1 合十舍利塔实景图

该工程空调面积35000m²，设计采用地源热泵技术，即利用水与土壤源的冷热交换为该建筑提供空调冷热源；安排在广场的东西两侧共打直径180mm、深度100m的地埋管井1100个，在裙房24m双层板处环通后分别进入南北两侧机房分、集水器，为冬、夏季提供热源和冷源，通过地源热泵机组供给塔内空调及地暖系统。埋地管换热器管材采用U形PE管，其型号为：D32×3.0+0.5/PE801.25MPa。

3. 埋地管换热器技术

闭式地源热泵系统将换热器管束埋置于地下，埋管形式有水平埋管和竖直埋管两种，本工程采用的是竖直埋管方式。

水平埋管通常为浅层埋设，开挖技术要求不高，初投资低于竖直埋管，但受到环境温度变化影响大，并且占地面积多，开挖工程量大，这种形式在地源热泵技术的早期应用较多。竖直埋管地源热泵系统占地面积小，受外界温度变化的影响极小，恒温效果好；施工完毕后，需要的维护费用极少，用电量也低，运行成本得到了大幅度降低，但是由于需要钻许多深孔，所以初次投资也比较大。具体竖直埋管如图5-4-2所示。

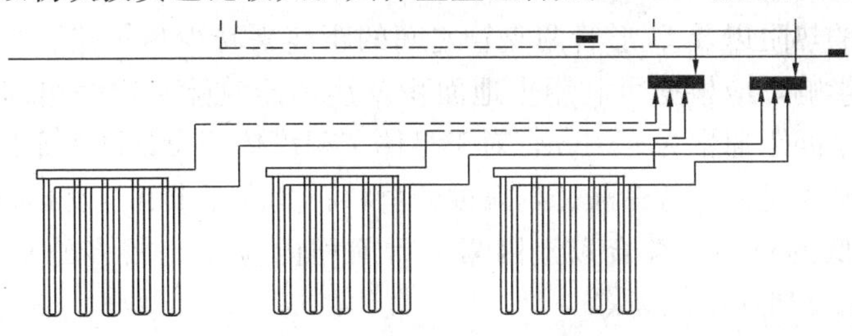

图5-4-2 竖直埋管示意图

3.1 竖直埋管换热器形式

竖直埋管换热器根据埋设的方式不同大体可分为U形管束形式、套管形式、单管形式。

3.1.1 U形管束形式换热器：目前应用比较多，U形管管径一般在50mm以下，流量不宜太大。U形管束换热器的埋深取决于可提供的场地面积以及施工技术，一般深度在50～160m。目前工程中最深的U形管束埋深已超过180m。U形埋地管如图5-4-3所示。

3.1.2 套管式换热器：外管的直径可达200mm，由于增大了换热面积，可减少钻孔数和埋深。但内管中的水与外腔中的液体发生热交换会造成一定的热损失，而且下管的难度和施工费用也会增加。

3.1.3 单管式换热器：埋设方式简单，可以降低安装费和运行费。在地下水位以上

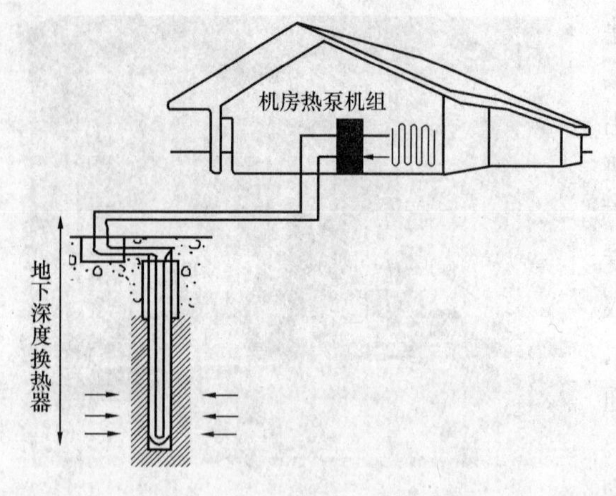

图 5-4-3 U 形埋地管示意图

用钢管作为护套，地下水位以下为自然孔洞，不加任何设施。这种方式受水文地质条件限制，使用有限，而且需要进行回灌。

3.2 埋地管换热器的回路形式及其优缺点

埋地管换热器的回路有串联和并联两种布置形式。两种形式各有优缺点：

3.2.1 串联系统

优点是：①单一的流程和管径；②管道的线性长度有较高的换热性能；③系统的空气和废渣易排除。

缺点表现在：①需要较大的流体体积和较多的抗冻剂；②管道费用和安装费用较高；③单位长度压力降特性限制系统能力。

3.2.2 并联系统

优点是：①管径较小，管道费用较低；②抗冻剂用量较少；③安装费用较低。

缺点表现在：①一定要保证系统空气和废渣的排除：②在保证等长度环路下，每个并联管路之间流量要保持平衡。

3.3 埋地管换热器管路间距及选材

U 形或套管式换热器的进出水管之间存在热交换的短路现象，通常可通过增大套管换热器的内管壁的热阻以及 U 形管两支管之间的距离来减少热短路。为了尽量减小钻孔与钻孔之间的热影响，应根据可利用土地面积及换热器效能确定两组埋管的间距。U 形竖埋管钻孔的水平间距通常为 4～6m，对于具体工程可依据设计图纸来确定。

埋地管首先必须是使用寿命长、耐腐蚀的材料；其次要求其热交换效率要高；最后选择易加工、造价低的材料。综合以上因素，目前国内应用比较多的是高密度聚乙烯管（PE）和聚丁烯管（PB）。

4. 埋地管换热器施工方法

地下埋管换热器施工前应对埋管场地的工程地质状况和地质剖面图进行研究，特别应注意是否有地下管线，以确定钻机型式和调整埋管布局，根据管道平面布置图确定钻孔的具体位置和系统各管道的标高。在主管沟末端要挖一个泥浆池，钻孔过程中产生的泥浆可顺管沟流入泥浆池中沉积，可收集作为回填物之用。

4.1 钻孔

钻孔是竖埋管换热器施工中最重要的工序。为保证钻孔施工完成后孔壁保持完整，如果施工区地层土质比较好，可以采用裸孔钻进；如果是砂层，孔壁容易坍塌，则必须下套管。

孔径的大小略大于 U 形管与灌浆管组件的尺寸为宜，一般要求钻机钻头的直径在 100～150mm 之间，钻进深度可达到 150～200m，钻孔总长度由建筑的供热面积大小、负荷的性质以及地层及回填材料的导热性能决定，对于大、中型的工程应通过设计计算确定，地层的导热性能最好通过当地的实测得到。如果钻孔深度较浅，一般采用常规的正循环钻进方法，在我国可以选用普通的工程勘察钻机、岩心钻机施工。

4.2 下管

下管是工程的关键之一，因为下管的深度决定采集冷、热量总量的多少，所以必须保证下管的深度。下管方法有人工下管和机械下管两种，下管前应将U形管与灌浆管捆绑在一起，在钻孔完毕后，立即进行下管施工。

钻孔完毕后孔洞内有大量积水，由于水的浮力影响，将对放管造成一定的困难；而且由于水中含有大量的泥沙，泥沙沉积会减少于钻洞的有效深度。为此，每钻完一孔，应及时把U形管放入，并采取防止上浮的固定措施。在安装过程中，应注意保持套管的内外管同轴度或U形管进出水管的距离。对于U形管换热器，可采用专用的弹簧把U形管的两个支管撑开，以减小两支管间的冷、热量回流。下管完毕后要保证U形管露出地面的长度，以便于后续施工。

4.3 灌浆封井

灌浆封井也称为回填工序。在回填之前应对埋管进行试压，确认无泄漏时方可进行回填。正确的回填要达到两个目的：一是要强化埋管与钻孔壁之间的传热；二是要实现密封的作用，避免地下含水层受到地表水等可能的污染。为了使热交换器具有更好的传热性能，国外常选用特殊材料制成的专用灌注材料进行回填，钻孔过程中产生的泥浆沉淀物也是一种可选择的回填材料。

回填物中不得有大颗粒物料，回填时必须根据灌浆速度的快慢将灌浆管逐步抽出，使混合浆自下而上回灌封井，确保回灌密实，无空腔，减少传热热阻。当上返泥浆密度与灌注材料的密度相等时，回填过程结束。系统安装完毕，应进行清洗、排污，确认管内无杂质后，方可灌水。

4.4 换热器安装及管道联接

U形管换热器应尽量采用成卷供应的管材，以利用单根管制作成一个埋管单元，避免地下设有连接管件。

管道连接有焊接、承插和活接头三种方法。对于高密度聚乙烯（PE）管段和管件之间的连接都采用专用设备进行热熔焊接。对于埋深不大或场地允许时，应在地面把套管连接好，然后利用钻塔进行放管。对于承插式连接，一定注意在活性胶干了之后才能使用。活接头连接，优点是比较灵活方便，但造价较高。一般的管道和套管中的内管，特别是壁厚小于3.5mm的塑料管，宜采用活接头连接以利于今后的检修。

5. 埋地管换热器施工设备

推广地源热泵技术，就必须开发与之相配套的系列管材、管路配件以及熔接设备和技术，特别需要有专门的钻井、下管及封井的技术规范及相应的施工设备等。当前，最主要的问题是如何解决钻孔效率低的问题。因为钻孔所用时间过长，费用就大（钻井费用可能占到整个系统初投资的50%以上）。下面就从地热换热器施工的角度对钻孔方法与相应的施工机械进行简述。

5.1 钻孔方法

钻孔主要有螺旋钻孔法、全套管法、回转斗钻孔法、冲击法等。这些方法将结合具体施工机械作简要介绍。

5.1.1 排屑

对钻孔效率影响最大的是切屑的排除速度。排渣（屑）的方法主要有正循环法和反循环法。

（1）正循环法为泥浆、水或空气从钻杆中心压入孔底，携带切屑从钻杆与孔壁之间溢出到沉淀池。正循环法排渣速度较慢，易造成泥沙包住钻头，增大进钻阻力。

（2）反循环法为泥浆、水或空气沿孔壁压入孔底，从钻杆中心孔中吸出到沉淀池。由于流体沿孔壁的流速相对较慢，不易因冲刷孔壁造成塌孔，此法因排渣效率高而应用较多。

（3）还有一种双管反循环法。循环物质流经独立的进管和出管，这有助于减少塌孔和裂缝，但目前较少采用。

5.1.2　循环注入物质

循环物质的选择对钻孔质量与效率也有很大影响，常采用的有水、空气或者泥浆、黏土等。它们的作用一是冷却钻头；二是带走切屑。

对于黏土、亚黏土层一般选择水作为注入物，由本土自行制浆护壁；对于沙土、沙层一般选择注入黏土或泥浆进行护壁。清孔时一般选择清水或清浆。在地下水位较低，较硬的土层和岩层中，经常使用压缩空气或水作为循环物质。

5.2　钻孔机械

根据上述不同的钻孔方法形成了不同种类的钻孔机械。主要有以下几大类：

5.2.1　转盘式钻孔机

转盘式钻机是通过转盘旋转或悬挂动力头旋转带动钻杆，并传递动力到钻头上，并可通过钻杆对钻头施加一定的压力钻孔，增加钻进能力，变更钻头型号可满足各种不同土质条件的要求。其主要特点及适用范围是：

（1）钻孔直径：几毫米至几米，钻孔深度大于100m。

（2）对地层的适应性强，从软土到极硬的岩层（变更钻头和调整钻杆压力），不适合在松散卵石层施工，宜在平原和山区作业。

5.2.2　冲击式钻孔机

冲击式钻孔机用于钻孔灌注施工，尤其在卵石、漂石地层条件下具有明显的优势。其优点是造价低、结构简便，综合施工费用低；适用于从土壤到岩层的多种地质条件作业，其缺点是施工速度较慢。

5.2.3　潜水式钻孔机

潜水式钻孔机的动力装置与工作装置连成一体，潜入泥水中工作，多采用反循环排渣。这类钻机通过潜水电机旋转带动钻具切土，电机跟随钻具工作，潜入孔底，整个钻具悬挂方式工作，故成孔垂度好，无须撤装钻杆，能连续工作。其特点及适用范围是：

（1）设备简单、体积小，移动方便。

（2）能连续工作，成孔速度快。

（3）塌孔不易处理。

5.2.4　螺旋式钻孔机

螺旋式钻机工作原理是利用钻头旋转切削泥土，根据钻头形式又分为长螺旋式和短螺旋式。长螺旋式切下的土沿钻杆上的螺旋叶片上升，排到地面，成孔速度很快，适用于直径小的钻孔作业。短螺旋式则将钻具提到地面反转排土，适用于大直径孔，最大钻孔深度为 70～80m；当土壤地质条件不好时，可采用空心钻杆。

5.2.5 回转斗式钻机

回转斗式钻孔机主要用于钻孔桩施工，使用传动杆带动的钻斗挖土成孔，钻斗上有切土的刀片和装土的空腔，钻削过程中切土进入钻斗中，装满后停止旋转，提升钻头排土，如此重复。传动杆是伸缩式或多节连接式以适应孔深要求。

上述钻机各有其适用面和优势，如何结合地源热泵的施工特点，开发出一种新型的适于不同地质条件与施工要求的高效钻机是急需解决的问题。若能将钻孔过程与下管、封井工艺相结合甚至是同时进行，将极大地推进地源热泵技术的工程化应用。这就需要对钻孔机理与施工工艺、设备进行更深入的研究。

6. 结束语

地源热泵充分利用地能资源，具有显著的新能源和节能优势，必将成为今后我国重点推广应用的节能技术之一，我们在陕西法门寺合十舍利塔工程中得到很好的应用，既保证了合适的室内温度与游客的舒适度，又节约了大量的能量，降低了运行费用，为该技术在西部地区的推广起到了示范作用。然而我国现在对于地热换热器的施工技术及其配套设备的系统研究相对还比较少，本文仅就地热换热器的施工、包括施工工艺、钻孔方法与设备选用提出自己的一些见解，对解决复杂地层中钻孔和安管时可能遇到的困难，提高施工效率，降低施工成本做了初步的探索，仅供与同行交流或参考。

5-5 浅谈地源热泵工程桩内埋管施工工艺

罗振东

（际高建业有限公司）

引言

地源热泵是一种利用地下浅层地热资源（也称地能，包括地下水、土壤或地表水等）的既可供热又可制冷的高效节能空调系统。地源热泵通过输入少量的高品位能源（如电能），实现低温位热能向高温位转移。地能分别在冬季作为热泵供暖的热源和夏季空调的冷源，即在冬季，把地能中的热量“取”出来，提高温度后，供给室内采暖；夏季，把室内的热量取出来，释放到地下去。通常地源热泵消耗 1kW 的能量，用户可以得到 4kW 以上的热量或冷量。与锅炉（电、燃料）供热系统相比，锅炉供热只能将 90％以上的电能或 70％～90％的燃料内能为热量，供用户使用，因此地源热泵要比电锅炉加热节省三分之二以上的电能，比燃料锅炉节省约二分之一的能量；由于地源热泵的热源温度全年较为稳定，一般为 10～25℃，其制冷、制热系数可达 3.5～4.4，与传统的空气源热泵相比，要高出 40％左右，其运行费用为普通中央空调的 50％～60％。

土壤源热泵利用土壤一年四季温度稳定的特点，冬季把土壤能作为热泵供暖的热源，即把高于环境温度的地能中的热能取出来供给室内采暖，夏季把土壤能作为空调的冷源，即把室内的热能取出来释放到低于环境温度的土壤中。土壤源热泵只取热不取水，没有地下水位下降和地面沉降问题，不存在腐蚀和开凿回灌井的问题，也不存在对大气排热排冷排烟的热污染等。目前，土壤源热泵作为一种绿色、环保、高效节能的技术在空调领域里得到了广泛的应用。

本文就实际的施工工程，浅谈一下土壤源热泵工程桩内埋管施工及施工工艺的几点体会：

1. 工程简介

此工程桩为泥浆护壁钻孔灌注桩，桩径为800mm，换热器有效桩长约为19m。在可利用承台的桩内（桩顶标高为－5.4m）分设W形埋管，两个相邻的W形桩埋管串联形成一个双W形环路，共在208根桩内埋管形成104个环路。

2. 施工工艺流程

工程桩内埋管工作垂直管施工的工作流程如下：

施工准备→钢筋笼制作→PE管放直、压力试验保压、运输→PE管在中笼内敷设→底笼在桩基内固定→用吊车吊起PE管及中笼，管道在底笼内固定→底笼与中笼钢筋搭接焊接→中笼与底笼焊接后整体下桩施工→管道在天笼内穿接→用吊车吊起PE管及天笼→天笼与中笼之间钢筋搭接焊接、PE管在天笼内固定→天笼与PE管下桩施工→桩基上端处PE管套管安装及固定→混凝土回填管桩基内安装，桩基灌浆→管道压力观察。

3. 施工准备

熟悉现场及施工图纸，进行施工准备，包括人员、机具及现场临设，对施工人员进行有针对性的交底工作。

3.1 人、材、机进场准备

3.1.1 设备材料进场：主要指地埋管施工用热熔、水压试验等设备，应确保进场设备的性能良好。数量及各种参数均满足施工需求。

3.1.2 人员进场：主要指施工人员及管理人员。各种人员的配备应能满足施工需求。

3.1.3 材料、设备进场：本工程中的主要材料是指PE管材、管件等材料。施工用材料及设备要及时提供并到场，确保施工的顺利开展。

(1) PE管材材质及长度尺寸

PE管采用高密度聚乙烯管（HDPE100），厂家生产的PE管材质必须符合国家现行标准中的各项规定及设计和合同要求，管材的公称压力及使用温度必须满足设计要求，公称压力不得小于1.6MPa。

根据设计图纸及设计人员现场交底，每套W形PE管材组成如下：

1) PE管材：W形PE管材两侧两根管单根长度为26.5m，中间两根管单根长度为18.5m（包含两侧弯头长度），每套PE管总长度为90m。

每根管的长度误差必须为负值，且必须控制在100mm以内。

2) 单U形弯头：一次成形 $De32$ 单U形弯头，数量为3个。

W形埋管具体尺寸如图5-5-1所示。

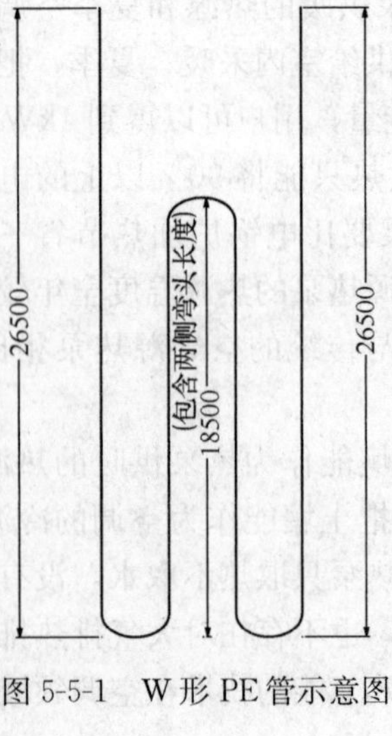

26500
18500(包含两侧弯头长度)
26500

图5-5-1 W形PE管示意图

(2) 工程桩内埋管工作管材进场验收

桩埋PE管需在工厂内将管材与单U弯头连接成成套进

场，水平管为卷材。所有 PE 管材生产完毕后厂家必须在出厂前按规范要求进行压力试验，以保证进场的 PE 管材满足质量要求。每批 PE 管材进场时生产厂家必须按照合同要求提供报验用的各种资料。

PE 管材进场后监理、施工单位、材料供应单位三方进行验收，验证管材外径、壁厚、长度等符合设计及规范要求。

4. 钢筋笼制作、安装及 PE 管敷设

4.1 钢筋笼制作

钢筋笼环状加强筋均布置在长钢筋外侧，将加强筋焊接到钢筋笼外部，以便保证 PE 管在钢筋笼内敷设顺直以及桩顶部位 PE 管钢制套管的固定牢固可靠。

4.2 PE 管放直、压力试验、保压、运输

PE 管提前进行放直，消除应力。放直后进行外观检查，确保外观完好，无损伤。

PE 管道在钢筋笼内敷设前按设计要求进行水压试验，试验压力为 0.9MPa。在试验压力下，稳压至少 15min，稳压后压力降不应大于 3%，且无泄漏现象。本工程采用手动打压泵进行管道打压。试验完毕后将压力降至 0.7MPa，保压。

4.3 PE 管在中笼内敷设

钢筋笼的安装程序如下：中笼放置在桩基附近，在地面水平将 PE 管道穿插在中笼内部，在中笼底部事先预留出 W 形 PE 管底端长度，长度＝底笼长度－1000mm（为防止 PE 管底端接触桩基底部，管与桩基底部预留 1000mm 空间）。用塑料扎带把 PE 管与钢筋笼之间进行绑扎固定。PE 管在桩截面 180°（半圆）范围内布设，PE 管采用塑料扎带在钢筋笼箍筋上进行有效捆绑，保证管间距不小于 20cm，绑扎间距不超过 40cm，防止出现脱落现象。

4.4 底笼在桩基内固定

用吊车将底笼吊起，在桩基内安装，底笼顶端在桩基顶部用钢管固定，避免底笼进入桩基底部，利于下步施工。

4.5 PE 管在中笼内固定完毕后，用吊车吊起 PE 管及中笼，并在底笼内固定

底笼在桩基内临时固定后，用吊车将中笼及 PE 管吊起，将 PE 管底端自底笼顶端穿插进入底笼内，将底笼与中笼进行焊接。焊接之前对焊接部位的 PE 管用保温材料进行捆绑，防止焊接造成 PE 管损坏。中笼与底笼之间搭接焊接完毕后，用吊车将中笼与底笼整体吊起，施工人员进行底笼内 PE 管与底笼之间固定。固定完毕后用吊车将底笼、中笼及 PE 管下桩。

4.6 PE 管在随钢筋笼下桩及在天笼内的敷设

钢筋笼下桩施工时，防止在下桩过程中造成 PE 管的损坏，须观测压力表的变化，验证 PE 管有无损坏。

PE 管在天笼内的敷设方案如下：

在底笼和中笼下放完毕后，将天笼运到桩位附近，天笼水平放置，天笼下端尽量靠近桩位，这时将 PE 管穿入天笼并捋直。采用绳索将中间 18.5m 长的 PE 管和两侧两根 26.5m 长的 PE 管捆绑。

在天笼吊起过程中，地面施工人员牵引绳索控制 PE 管不脱落至笼内，并根据吊装高度控制绳索长度。在天笼下笼过程中，还须注意对 PE 管的绑扎是否固定。

在进行天笼和中笼的焊接时采用$\phi34\times30$难燃B1级保温管套在PE管上对其进行保护。待钢筋笼焊接部位冷却到常温后，才能进行焊接部位PE管的敷设工作。

为防止在截桩时对PE管造成破坏，在桩头位置对伸出地面的两根PE管进行套管保护。采用长度为2000mm的*DN*50钢套管，套管下部伸入桩头设计标高600mm，上部为1400mm。为防止钢套管对PE管造成磨损，采用半圆锉等工具将套管两端端面打磨光滑。用铁丝将*DN*50钢套管固定在设定位置上。

施工过程中注意控制下笼速度，保证施工质量和注意施工人员安全。

钢筋笼下笼过程中要全程对PE管的压力进行观测。如果发生压力泄露现象，需要将钢筋笼提起对PE管进行检查。如有损坏，则需要对PE管进行更换并重新绑扎下管，同时要确保下完后的桩笼标高符合设计要求。

4.7 桩基下导管及浇注混凝土

桩基内钢筋笼施工完毕后，进行混凝土灌注，在灌注过程中观测PE管压力表，验证PE管有无损坏。

桩基混凝土灌注工作应注意：

4.7.1 下混凝土灌浆导管时应贴近无PE管一侧，并缓慢下放，防止损坏PE管。

4.7.2 回填过程中提拉、下落注浆管要缓慢，避免因速度过快损坏钢筋笼内PE管。

5. 工程桩内埋管水平管连接方案

5.1 承台内水平管施工方案

首先，需要人工进行破桩，防止对PE管造成破坏。

其次，在制作承台的钢筋笼时，需要在上侧预留500×500人孔，以便进入钢筋笼进行施工。

承台钢筋笼内PE水平管连接时需要对PE管进行固定，并根据现场情况必要时制作支架对PE管进行支撑。

承台钢筋笼内PE管伸出承台后，在承台浇注混凝土之前对此部分PE管进行水压试验，试验压力为0.7MPa，在试验压力下，稳压至少15min，压力降不应大于3%，且无泄漏现象。试压完毕后对两侧管头进行临时封堵。

配合承台内钢筋绑扎及浇注混凝土过程，并进行PE管监护。

5.2 管沟内水平管施工方案

管沟内水平管连接完毕后进行水压试验，试验压力为0.7MPa，在试验压力下，稳压至少15min，压力降不应大于3%，且无泄漏现象。

管沟内填充至少200mm厚度的细沙，且确保周围200mm范围内无石头及金属等硬物。

6. 成品、半成品保护施工措施

在施工过程中加强对成品和半成品的保护工作，具体措施如下：

6.1 现场PE管材在堆放和试压时采取遮盖措施防止暴晒。

6.2 为尽量减少下混凝土灌浆导管过程中对PE管造成损伤，PE管在桩截面180°（半圆）范围内敷设，且敷设时PE管不得进入桩笼底部桩尖部位（桩笼底部至少预留1m）。

6.3 在天笼与中笼连接时要注意桩笼的垂直度，以免下道工序下混凝土灌浆导管时因桩笼垂直度不够造成PE管损坏。

6.4　在进行天笼和中笼的焊接时采用 $\phi 34\times 30$ 难燃 B1 级保温管套在 PE 管上对其进行保护。待钢筋笼焊接部位冷却到常温后，才能进行焊接部位 PE 管的敷设工作。

6.5　为防止在截桩时对 PE 管造成破坏，在桩头位置对伸出地面的两根 PE 管进行套管保护。采用长度为 2000mm 的 *DN*50 钢套管，套管下部伸入桩头设计标高 600mm，上部为 1400mm。

6.6　下混凝土灌浆导管时应尽量贴近钢筋笼内无 PE 管的一侧并缓慢下放，防止破坏 PE 管。

6.7　灌注桩提拉导管时要缓慢进行，避免损坏钢筋笼内 PE 管。

6.8　工程桩内埋管工作下管完成后将露出地面两根 PE 管采用专用端帽热熔焊接密封，防止杂物进入管内。

6.9　土方开挖时注意对伸出桩头的 PE 管的保护，防止破坏 PE 管。

6.10　截桩施工时遇到 PE 管套管时要放缓速度，防止 PE 管破坏。

结语

在国家节能政策的推动下，地源热泵系统在国内得到了迅速发展。但是我国的地源热泵系统的实际经验还不成熟以及我国土地资源的有效性，同时在实际工程中施工单位和设计单位可能还遇到一些技术以外的问题，以及运行管理水平的有限，这些因素均会对地源热泵系统的运行造成阻碍。要使地源热泵走上有序的轨道，必须从工程的设计、施工、运行管理等方面加以注意，尤其是施工工艺的掌握及施工的有序管理。

5-6　温湿度独立控制空调系统应用案例探讨

刘林忠　杜海滨　陈凤君
（际高建业有限公司）

目前，常见的空调系统都是通过向室内送入经过处理的空气，依靠与室内的空气交换完成温湿度控制任务。然而单一参数的送风很难实现温湿度双参数的控制目标，这就往往导致温度、湿度不能同时满足要求，另外，由于温湿度调节处理的特点不同，同时对这二者进行处理，也往往造成一些不必要的能量消耗。温湿度独立控制系统可以很好地解决上述问题，是目前中央空调系统发展的一个新的突破点，因其可以利用低品位能源，实现温度、湿度的独立控制，满足不同热湿比条件，并且由于其节能，高舒适性和低噪声的技术特点，越来越成为高档中央空调系统的备选方案。

温湿度独立控制系统通常采用三种末端方式解决显热负荷：毛细管辐射板、干式风机盘管、冷梁（吊顶诱导器），本文就北京西门子中国总部大楼项目初步介绍一下采用冷梁的温湿度独立空调系统在实际项目中的应用情况。

1. 项目的基本情况

北京西门子总部大楼建筑面积约 59072m^2，其中地上面积约 52637m^2，地下面积约为 6435m^2。其中主楼地下 2 层，地上 30 层，高 123m，主要功能为办公用房。各主要部分建筑面积大致如下：

大堂　约 $1266m^2$
办公　约 $49199m^2$
地下汽车库　约 $3054m^2$
设备用房　约 $3068m^2$

首层大堂和报告厅采用全空气空调系统。地下二层、地下一层管理用房采用新风加风机盘管系统。地下二层制冷机房、地下一层变配电房采用无回风直流式全新风系统。办公室采用独立新风，末端装置内区为冷梁（吊顶诱导器），外区为周边落地式布置风机盘管。每机房层设新风机房。新风分别经设在裙房屋顶和15层的新风机组（带全热交换转轮）夏季降温除湿，冬季加湿处理后送至各层新风机房，再由各层新风机组送至办公区。

本工程夏季空调冷负荷为5000kW，冬季空调热负荷为3980kW，工程内区冬季供冷设有一套自然冷水系统，供冷能力为1200kW。

夏季集中冷源由两台制冷量为2150kW和一台制冷量为1052kW的电制冷机提供，总装机容量5262kW，提供5℃/12℃冷水。

冬季供热源的一次热水来自服务中心现有燃油锅炉房。经室外管线引入设在主楼地下二层的换热间。

本工程空调水系统共分为低温冷水、中温冷水和冷热水三个系统。一般夏季供冷，冬季外区供热，内区供冷。

低温冷水系统供空调机组和1—30层新风机组，以15层为界，B2层至15层为低区，16层至30层为高区。低温冷水低区由制冷机直接提供，设计供回水温度为5℃/12℃，高区由热交换器提供，设计供回水温度为6.5℃/13.5℃。

中温冷水系统为供冷梁（吊顶诱导器）用。以15层为界，B2层至15层为低区，16层至30层为高区。中温冷水高低区分别由板式换热器提供，设计供回水温度均为16℃/19℃。

2. 西门子总部大楼采用的冷梁（吊顶诱导器）的基本原理

冷梁因利用空气循环理论，整个产品中没有机械转动部件，所以在运行时同冷吊顶一样不会产生任何的噪声；而且室内无吹风感，同样可以实现制冷空调于无形。在制冷量方面，冷梁又具有冷吊顶无法比拟的优势。单位面积下的冷梁系统可以提供数倍于冷吊顶的能量。

冷梁的工作原理：通过管道通入室内的新风进入冷梁后高速喷出，在冷梁内产生负压，从而诱导室内空气与冷梁内的热交换器充分换热后再送回室内，达到降低室内温度满足空调负荷要求。主动式冷梁的基本结构如图5-6-1所示：

采用著名的气流组织模拟软件Flowvent对冷梁气流进行模拟，其气流场图5-6-2所示，其气流速度较低，房间内舒适度比较高。

冷梁（吊顶诱导器）比较容易与装修相结合，镀锌钢板制成的箱体外壳和钢制多孔面板，冷梁表面可以根据客户需要喷涂成各种颜色。图5-6-3为冷梁（吊顶诱导器）装修后效果。

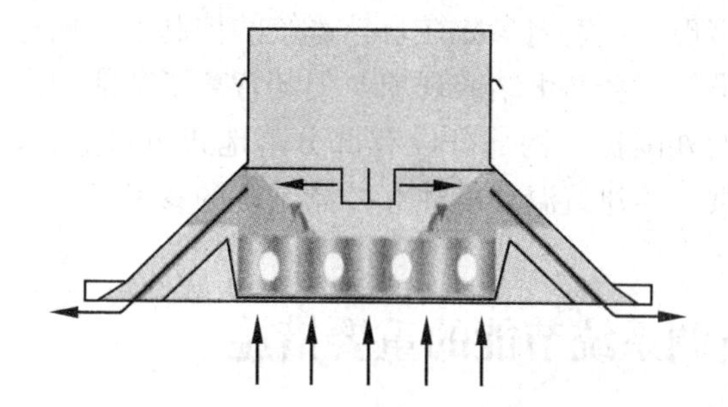

图 5-6-1 主动式冷梁的基本结构图

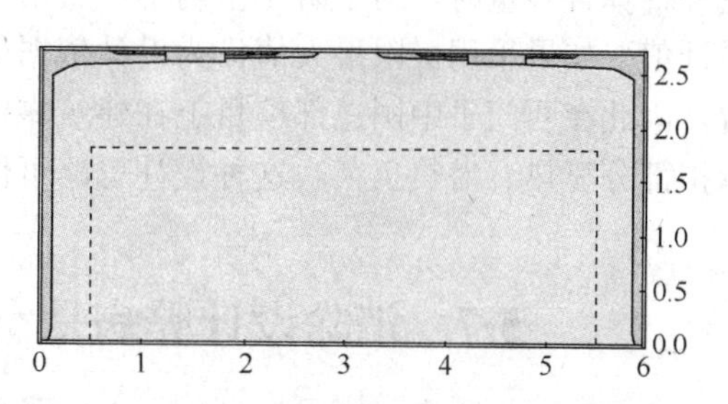

图 5-6-2 冷梁（吊顶诱导器）风速的分布特征

图 5-6-3 冷梁装修后效果图

3. 三种解决显热负荷末端方式差异比较

毛细管辐射板、干式风机盘管、冷梁（吊顶诱导器）为温湿度独立控制系统主要采用的解决显热负荷末端设备，其主要差别如下：

项　　目	毛细管辐射板	冷梁（吊顶诱导器）	干式风机盘管
主要供冷方式	辐射＋对流	对流＋辐射	对流
舒适度	高	高	低
吹风感	无	小	大
造价	中	高	低
与装修的结合	精装为主	较自由	较自由
是否需要二次配电	否	否	是

4. 西门子中国总部大楼项目实际运行中控制策略及设计注意问题

冷梁（吊顶诱导器）在夏季和冬季使用时的控制策略非常不受局限，风系统常年定风量运行。既可以使用最简单的电动两通水阀辅以开关信号控制，又可以通过房间温控器连接 DDC 连续量水阀装置与楼宇系统（BMS）进行连接。

与所有温湿度独立控制的空调系统一样，冷梁（吊顶诱导器）系统也有防止结露的问题。如果系统按照室外计算参数和室内设计参数来运行，不会产生结露问题；但是我国暖通设计所依据的室外设计参数并不是极限最大值，因此实际运行中当室外绝对含湿量高于室外计算含湿量时，为了防止室内不产生结露现象，室内参数在自控系统的控制下会偏离设计值。如果采用极限最大值作为设计依据虽然不会产生结露现象，但却背离了节能的宗旨，因此在西门子中国总部项目上在建筑靠近外围护结构部分设有部分落地式风机盘管，承担部分显热、潜热负荷，这种设计思路可供公共建筑温湿度独立控制系统的参考。

5-7 消除设计弊病是空调系统节能的重要措施

张学助

空调工程的质量取决于设计、设备和施工的质量。空调设备和施工质量如能达到标准和施工验收规范要求，有时空调系统的效果不一定能达到设计或使用的要求。往往在系统联合试运转和系统调整中，发现由于设计中在某一环节出现失误，而不得不进行修改，这将给工程造成很大的损失，浪费了很多资源。

施工单位不仅仅是按图施工达到验收现范的要求，更重要的是在施工前提出设计中存在的问题，使设计的弊病消灭在施工之前，减少不必要的损失，使空调工程的使用效果达到设计要求。

因此，施工单位在施工前，必须组织有丰富经验的工程技术人员对施工图进行自审，提出图纸中存在的弊病，为图纸会审提出可靠的依据，供设计单位及时修改。作者多年的经验，在自审图纸中应重点对下列进行认真审核：

1. 空调设备的选用

1.1 冷水机组的容量和空气处理设备及末端装置的容量不匹配

冷水机组的容量和空气处理设备及末端装置的容量不匹配的现象。在施工图中时有发生，如不及时发现和处理，将给工程造成极大的损失。

冷水机组的容量和空气处理设备及末端装置的容量不匹配，是指冷水机组的制冷量大于空调处理设备的冷却能力。在某工程中所有的空气处理设备的总冷却能力，比冷水机组的制冷量还小30%。如果冷水机组根据冷负荷计算无误的话，空气处理设备满足不了空气处理的需要，在夏季最大负荷时，空调效果达不到要求。

一般空气处理设备总的冷却能力应大于冷水机组的制冷量，其值不小于15%，这是考虑空气处理设备的传热盘管结垢后，降低了传热效率。

1.2 喷淋室的喷水泵选用不当

喷淋室水泵如果选用不当，将导致喷淋室喷淋水量降低，冷却能力减少。在空调负荷计算准确的情况下，使系统达不到设计效果。喷淋室水泵的选用，是按照空调冷负荷与水气比系数计算出最大喷水水量，再用允许的喷水压力（一般为0.1～0.25MPa）和计算的管路压力损失，确定水泵的扬程。如果根据选用水泵的$Q-H$、$Q-n$特性曲线，选用在最高效率下的扬程和水量时，当喷淋压力确定为0.1～0.25MPa，其喷水室水泵的喷水量一般小于设计最大喷淋水量，产生的原因如下：

1.2.1 在选用水泵时，对水泵特性与管路特性的概念混淆。

在对空调系统进行调试时，如发现喷淋水量达不到设计值时，不能用水泵特性来解释喷淋水压与喷淋水量的关系，不是喷淋压力降低而使喷淋水量增加。应该用管路特性来解释，水泵的实际工况则相反，喷淋压力降低，喷淋水量随之减少。

1.2.2 在选用水泵时，对喷淋管路压力损失缺乏准确的计算。

水泵扬程包括喷淋压力和喷淋管路压力损失两部分。当喷淋压力确定以后，喷淋管路的阻力计算就显得更为重要。调试空调系统的经验表明，喷淋管路的阻力比设计值小得多，使水泵的出口压力未能得到管路阻力的抵消，致使水泵的喷淋压力超过允许的压力值。为了使喷淋压力达到设计确定值，水泵出口的多余压力必须通过增加喷淋管路的调节阀阻力来抵消。将调节阀的开度关小，喷淋压力虽然达到了确定值，而水量减少。水泵工作点如图5-7-1所示。

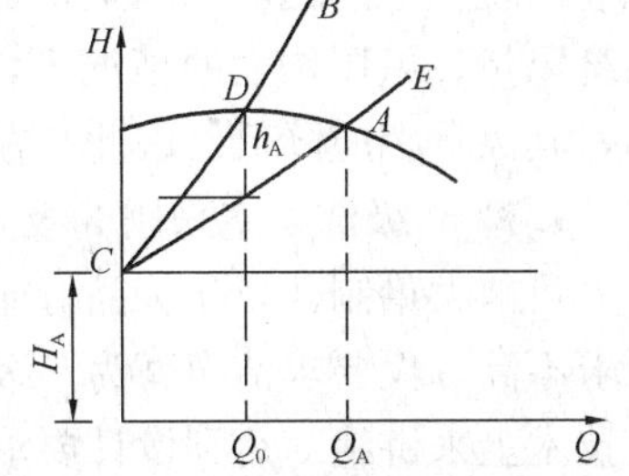

图5-7-1 水泵特性和管路特性

由图中明显看出，选用的水泵扬程越大，调节阀的附加阻力也越大，使管路特性曲线CD变得更陡，喷淋水量将减少得更多。

1.3 空调冷（热）水系统或冷却水的水泵扬程选用过高

空调冷（热）水系统或冷却水系统的水泵扬程过高，在系统运行过程中，不但增加能耗，而却在运转中容易将水泵的电动机烧毁。

选用的扬程过高在工程中经常发生，由于施工单位施工经验不足，常在试运转时发现这种情况。水泵的扬程过高是由两个方面造成的：其一是在计算时忽略了膨胀水箱或冷却塔至水泵高差而产生的静压，从而水泵扬程过高；其二是任意加大安全系数，使水泵扬程过高，反而达不到安全目的。

1.4 通风、空调系统风机全压选用得过大

通风空调系统的风机电动机容量小于55kW时候，管网不设起动阀可直接启动。有些设计为了安全，即使管网的阻力不大，而选用的风机全压偏大，将造成风机电动机负荷增加，如风量调节阀处于全开状态，连续运转有烧毁电动机的危险。在某工程的排风系统设计中，管网中既无起动阀，又无调节阀，由于管网阻力小，而风机的全压选用过大，使电动机运转电流大大超出了额定电流，如继续运转，电动机会烧毁，只能采取加装插板阀等措施。因此，在选用管网风机时，管网的阻力与风机的全压应匹配，风机全压不能过大。

通风空调系统的风机全压选用过大的现象较为普遍，设计者本是为了安全反而不安全。产生的主要原因：一是系统的管道阻力计算不准或仅仅是估算；二是安全系数选用过大。

1.5 空气洁净系统的风机全压选用得太低

在洁净系统中，由于风机全压选用的偏低，系统的风量只能在运转的初期达到设计要求，一旦运转其各级空气过滤器阻力增加后，系统的风量逐渐减少，洁净室内的洁净度下降，造成系统不能使用。风机的全压除应满足组合式空调器各功能段及管路的压力损失外，还应满足三级过滤器按《洁净厂房设计规范》中规定的压力损失值。《洁净厂房设计规范》中规定：送风机可按净化空气调节系统的总送风量和阻力值进行选择。中效、高效空气过滤器的阻力宜按其初阻力的两倍计算。

1.6 空气洁净系统的空调设备选用不当

在洁净系统中，对于洁净度要求较高的5级洁净室，其冷热负荷不大，有的设计只从负荷角度考虑选用定型的空调机组，风量和风压得不到满足，而另设加压风机。系统安装

结束后在试运转时则发现系统的送风量远远低于设计值。在试运转调试过程中发现存在以下问题：①风机电动机的运转电流达不到额定电流，只有额定电流的60%～70%；②系统的动压过小而静压过大（即局部阻力过大）；③系统总风量过低。

出现上述问题的原因主要是空调器的截面和表冷器的截面只能满足原设备的负荷，在系统风量、风压增大的情况下，由于局部阻力所消耗的动能增加，使静压增加而动压减小，其风量相应降低。因此，在洁净系统中，对于空调器应全面考虑。

1.7 9级洁净室采用3级（初、中、高效过滤器）过滤系统

目前大量制药，化妆品行业的洁净室，根据生产工艺上的要求，一部分洁净室的洁净要求不高，仅要求洁净度为9级，即30万～100万级，有的设计单位采用3级过滤系统，从技术上来讲绝对达到设计要求，但增加了不必要的投资，并增大了运行费用。

施工图中出现了这种原则上的错误，一是设计人员不了解非单向流（乱流）洁净室的静态特性的基本原理；二是未遵守《医药工业洁净厂房设计规范》明确规定大于10万级（8级）的空气净化系统，应采用粗、中效两级过滤器即可的规定。

中效过滤器的过滤效率的范围较广，对1.0μm的微粒粒经大气尘计数效率为20%～70%。为保证二级过滤净化系统的洁净效果，中效过滤器多采用高中效过滤器，其微粒粒径为1.0μm大气尘计数效率为70%～99%。高中效过滤器的滤料多采用无纺布或玻璃纤维毡等材质制作。

9级洁净室采用两级（粗、中效）过滤系统后，从建设投资上不但风机的全压降低了200～500Pa，而且取消了高效扩散孔板送风口，而采用一般空调系统的送风口，降低了工程造价。由于取消了一级过滤，从而不需要高效过滤器或亚高效过滤器的更换，并降低了运行费用。

1.8 空气洁净系统的组合式空调机组的中效过滤段设在负压区

洁净系统的组合式空调机组的中效过滤段设在负压区，将降低中效过滤器的效率，而使未经粗、中效过滤的空气短路吸入系统中，增加高效过滤器的负担，降低高效过滤器的使用寿命。对于二级过滤的洁净系统，将降低洁净室的洁净度（9级洁净室）。

在洁净工程施工前，特别是在设备订货前应认真熟悉施工图，如发现中效过滤段设在组合式空调机组的负压区，应及时和设计单位取得联系，便于施工图的修正，避免造成不应有的损失。

1.9 空气洁净系统的消声器选用不当

一般消声器由于容易积尘、产尘，在洁净系统中起到类似电路中的电容作用，即积尘和释放灰尘。因此，在洁净系统中尽量不用消声器，而采用其他控制噪声的办法，如仍达不到消声的指标，系统中可采用产尘少的微穿孔消声器。如采用消声材料制作的消声器，对于三级过滤的洁净系统，将增加高效过滤器的负担，降低高效过滤器的使用寿命；对于二级过滤的洁净系统，将降低洁净室的洁净度。

如采用控制风管内风速的办法，应符合《洁净厂房设计规范》的要求，即：①总风管风速为6～10m/s；②无送、回风口的支风管风速为6～8m/s；③有送、回风口的支管风速为3～6m/s。

1.10 组合式空调器、风机盘管等设备的左、右式选用不当

空调设备的冷（热）水接口方向由于左式或右式选用不当，误将左右颠倒，与空调水

管系统设计的方向不符，造成配管的返工或管路绕行，甚至由于空调设备与墙的距离较小无法操作。

在空调工程施工准备阶段，特别是在设备订货前应认真核对空调设备的左右式，再根据选用的产品样本资料进一步核对，做到提前发现问题，及时处理问题，以便施工的顺利进行，避免造成不必要的损失。

空调设备冷（热）水管接口方向，一般按下列方法确定：

1.10.1 对于组合式空调器进出水接管的方位，是以人朝向顺主气流方向站立来区别左右的，即可确定左式或右式。

1.10.2 对于风机盘管机组进出水接管的方位，是以人朝向正面出风口来区别左右的，即可确定左式或右式。

1.10.3 对于新风机组进出水接管的方位，是以人朝向进风口来区别左右的，即可确定左式或右式。

1.10.4 对于变风量空气处理机组进出水接管的方位，是以人朝向回风口来区别左右的，即可确定左式或右式。

1.11 立式或卧式空气处理机组的风机叶轮转向与出风口的弯管朝向不符

立式或卧式空气处理机组的风机叶轮转向与出风口的弯管朝向不符，在工程中时有发生。在系统试验调整中出现系统总送风量偏低，满足不了设计要求，达不到预计的效果。

在选用空气处理机组的风机叶轮转向时，必须确定出风口朝向与连接的弯头等气流方向一致，以减小阻力，不降低风机的送风量。

空气处理机组的风管连接形式确定后，应根据设备样本等技术资料，正确地选用风机的形式。

1.12 接风管的风机盘管机组选用无静压机组

在空调房间较大的情况下，为保证房间的气流分布均匀，采用由风机盘管直接接出的送风口已不能满足气流组织的需要，往往从风机盘管出风口端接出一段风管，再从风管连接送风口。

风机盘管机组分为无静压和有静压两种。无静压机组的其出风口静压为零，仅能保证直接连接送风口的送风量，如果连接一段风管后再接送风口，其送风量达不到设计的要求。产生的原因是由于连接的风管增加了阻力，无静压机组无法克服所致。有静压机组其出口静压为20～50Pa，常用于风机盘管连接风管的系统。

2. 空调管网的布置

2.1 空调器出风口或回风口至总送风或总回风管之间的弯头过多

空调系统管网风管的弯头过多，常出现在空调器的机房与空调系统不在同一个建筑物的场合，经空调器处理后的空气送至系统时，常采用地下风道或架空风道，在短距离的管网内出现过多的弯头，使局部阻力增大，系统的静压增加而动压减少，风量达不到设计要求。

在系统的试验调整中可能出现以下的情况：在管网各风量调节阀全开状态下，风机的转数符合设计要求，而电动机的运转电流会出现偏低的异常现象，只达到额定电流的60%～70%；采用毕托管和倾斜微压计所测定的动压偏低，而静压偏高。

在空调工程安装前，应认真对风管系统图和空调机房剖面图进行核对，在短距离中如有连续3个以上的弯头出现，应与设计单位联系，及时采取措施，避免在调试过程中发现总风量不够时，再采取措施而造成不必要的损失。

2.2 风机出口气流方向不合理

由于空调器风机出口气流方向设计得不合理，造成系统动压损失过大，而系统风量大幅度减少的工程实例常有发生。例如某纺织厂的4个空调系统，其空气经两个10万m^3/h风量的空调器处理后送至静压箱内，然后再分别由各支、干管送至厂房内。利用空调机房和生活办公区与厂房中间的空间作为静压箱，其宽度有2m。风机出口气流方向按静压箱宽度方向直吹。

系统经试验调整出现的情况与总风管弯头过多基本相同。为了进一步找出问题，首先对风机出口气流方向在静压箱内的气流分布进行系统的测定，其结果：气流直吹到静压箱内，由于静压箱宽度较小，气流直接吹到静压箱壁，动能大大地损耗，气流流动的速度在静压箱内处于等幅振荡的衰减状态，气流的动能大部分消耗在静压箱内，总风量和各支管风量减少。

2.3 管网未考虑风管截面减小而使送风量减小

某体育馆采用双排口送风方式，其目的在于进行大球比赛时，用单排喷口送风提高其出口风速，使送风气流至比赛场中；而进行小球（乒乓球、羽毛球等）比赛时，避免比赛场风速过大影响比赛成绩，而采用双排喷口送风，使喷口出口风速减少一半，气流射至观众看台边缘，不会射入比赛场地。

单排和双排送风调节，是依靠单双喷口静压箱进入风量的电动调节风门进行的，使之处于电动调节风门全开或一开一关的状态。如设计考虑不周，会造成单排喷口出口风速低于双排喷口出口风速的现象，使系统达不到设计的效果。出现这种现象的原因是设计未考虑到两个静压箱进风电动调节风门，不管是处于全开或一开一关状态，其两静压箱进风截面不能改变，才能达到设计风量。

当采用双排喷口送风时，两静压箱的进风电动调节风门全开；而采用单排喷口送风时，如果两个静压箱的电动调节风门一个全开一个全关，而全开的电动调节风门，其进风截面积只有双排喷口送风的50%，因而造成单排喷口风速达不到设计的现象。因此，在考虑电动调节风门开关和截面积时，应该使其中一个静压箱的入口有50%截面积处于直通状态，另外50%截面积的电动调节风门与另一个静压箱电动调节风门做反方向的动作。达到单排喷口送风使其中一个静压箱100%截面积，另一个静压箱电动调节风门全关，而保留50%截面积的直通状态。

2.4 多台空调器并联的出风管与静压箱连接未设导流装置

多台空调器并联的出风管与静压箱连接未设导流装置，在空调工程中时有发生，造成并联后的总风量远远小于多台空调器的风量之和，降低空调系统的使用效果。

静压箱是多台空调器并联的过度部件，如各空调器出风口直接吹至静压箱的壁板，动能大大地损耗，气流流动的速度在静压箱内处于等幅振荡状态，气流的动能大部分消耗在静压箱内，致使总风量减少。

2.5 新风风管截面选用较小，满足不了过度工况下充分利用新风的需要

新风风管截面选用较小，在春秋过度季节不能充分利用新风，过早地开启冷水机组，造成能源浪费。

《采暖通风与空调设计规范》已明确规定，舒适性空气调节和条件允许的工艺性空气调节可用新风做冷源时，全空调系统应最大限度地使用新风。新风风管的截面积应满足最大新风量的需要。因此，新风风管的截面在风管制作前应进行核对，并及时与设计单位取得联系，使新风风管的截面达到使用要求。

2.6　空气洁净系统的风机出风口气流直吹中效过滤器

洁净系统的风机出风口气流直吹中效过滤器，由于未经衰减的气流，使距离中效过滤器较小距离前的气流呈旋转状态，造成使用强度很低的纤维毡的高中效过滤器吹毁。

在由国外设计的某彩色显像管厂工程试运转时发现中效过滤器纤维毡滤料已吹毁，经测试发现过滤器前的气流分布极不均匀，有的部位的风速高达 10m/s 以上，纤维滤料经受不住高风速的冲击，而导致将滤料吹掉，从过滤器性能来讲，虽然平均面风速经计算达到要求，但由于气流在过滤器前是未经衰减的旋流，即使采用高强度的无纺布过滤器未被吹毁，但由于风速过高而降低过滤器的过滤效果。因此，在洁净系统设计中应谨慎考虑风机出风口的方向，避免气流直吹到中效过滤器。一般采用方法为：

2.6.1　风机出风口与中效过滤器箱一定从过滤器箱侧面连接，使气流衰减后再通过中效过滤器。

2.6.2　风机出风口与中效过滤器箱也可以从过滤器箱的顶部连接，使气流衰减后再通过中效过滤器。

2.7　空气洁净系统的主风管未设置清扫检查孔

洁净系统的管网安装结束后，风管在制作和安装过程中虽然已经采取了洁净措施，但风管内不可避免地集落灰尘。因此，在系统试运转前应对风管进行最后一次清洗工作，以保证风管内干净，提高洁净室的洁净度和增加高效过滤器的使用寿命。

洁净系统在试运转前，对于主风管，施工人员由设计设置的清扫检查孔进入，进行彻底地擦拭，以保证主风管达到清洁条件；对于小风管，施工人员无法进入，管段内的灰尘是靠风机试运转将灰尘吹出。如主风管未设置清扫检查孔，风管内的灰尘无法清除，会增加高效过滤器的负担，也会降低高效过滤器的使用寿命。

洁净系统的主风管未设置清扫检查孔，在施工过程中时有发生，应在风管制作前和建设单位提出增加清扫检查孔，防止在试运转前修改而增加不必要的麻烦。

2.8　空调系统或洁净系统的分支风管或送风口无风量调节装置

空调系统管网分支管或送风口无风量调节装置，造成施工后给系统试验调整工作带来很大的困难。由于各房间的风量达不到设计要求，致使各房间冷热不均，即便是一个大房间的空调系统，也会增大空调房间的区域温差，降低空调系统的使用效果。

在空气洁净系统中，如管网分支管或风口未设风量调节装置，不但影响各洁净房间的洁净度，而且各高效过滤器的风量不均匀，还影响各高效过滤器的过滤效率和使用寿命。

3. 空调水系统

3.1　冷却水泵和冷（热）水泵的出水管阀门选用蝶阀或闸阀

冷却水泵和冷（热）水泵的出水管普通选用蝶阀，虽然所占空间较小，但使用效果极差，不但难于调节至要求的水量，往往由于水泵扬程偏高，可能将水泵的电动机烧坏。

水泵出水管的阀门用以调节水泵扬程达到与实际管路阻力相匹配的水量，阀门应采用具有良好调节性能的调节阀，而蝶阀或闸板阀的调节性能极差，只能用在全开或全关的部位。水泵出水管的阀门应采用截止阀，它具有调节性。水泵吸水管的阀门可采用蝶阀，它用来对水路进行启闭控制，阀门处于全开或全关的状态。

在选用阀门时应注意阀门的流量与开度关系特性曲线，使阀门达到工艺要求。从阀门的特性曲线可明显看出蝶阀的调节性能很差，而截止阀则具有良好的调节性能。

3.2 冷却水泵，冷（热）水泵及喷淋水泵的出水压力表设计在出水管调节阀的前端

水泵出水压力表是用来观察空调水系统所具有的工作压力，以便进行调节。对于喷淋水泵的出水压力表，是用来观察和控制喷淋压力，防止过水量增大而影响空调房间的相对湿度。因此，水泵出水压力表设计的位置至为重要。

在工程安装中，水泵出水压力表有的设计不明确，有的设计明确在水泵出水管调节阀的前端。压力表安装在水泵出水阀门前后不同的部位，其意义完全不同。压力表安装在阀门前，阀门开度越大，其压力越低，而流量越大。压力表安装在阀门后，则阀门开度越大，其压力越高，而流量也同步增。由于调节阀的开度调节后，其压力和流量同步增大或减小，对空调水管的供水压力和流量更为直观。因此，对于空调水系统的水泵出水口的压力表，必须安装在调节阀后。空调水系统其他部位所设置的压力表，可按设计的位置安装。

3.3 空调器的冷凝水排水管无水封装置

空调器的表面冷却器通过处理的空气后，在积水盘中积留了冷凝水，应及时排至排水管中，由于表面冷却器在空调器内处于负压部位，集水盘中冷凝水无法流至排水管，致使集水盘中的冷凝水溢流到空调器内，空调系统不能正常运转。在空气洁净系统中，还会将室外含尘的空气，通过冷凝水管吸入到空调器中，而增加中效过滤器和高效过滤器的负担，降低过滤器的使用寿命。

为防止冷凝水从集水盘中外溢，使空调系统处于正常运转状态，空调器的冷凝水排水管必须设水封后与排水管连接。

5-8 诺基亚办公及研发中心工程节能技术应用

许 诚 李红霞

（北京市设备安装工程集团有限公司）

1. “会呼吸的幕墙”

诺基亚工程外墙采用的是一种双层玻璃结构，或者称它为呼气幕墙，它由内外两道幕墙组成。其通风原理是在两层玻璃幕墙之间留一个空腔，空腔的两端有可以控制的进风口和出风口。在冬季，关闭进出风口，双层玻璃之间形成一个“阳光温室”，提高围护结构表面的温度；夏季，打开进出风口，利用“烟囱效应”在空腔内部实现自然通风，使玻璃之间的热空气不断地被排走，达到降温的目的。为了更好地实现隔热，通道内设置有可调节的深色百叶。双层玻璃幕墙在保持外形轻盈的同时，能够很好地解决高层建筑中过高的风压和热压带来的风速过大造成的紊流不易控制的问题，能解决夜间开窗通风而无需担心安全问题，可加强围护结构的保温隔热性能，并能降低室内的噪声。在节能上，双层通风幕墙由于换气层的作用，比单层幕墙在采暖时节约能源42%～52%，在制冷时节约能源

38%～60%。2008年初在本工程进行通风系统调试的过程中，深刻体验到这种维护结构的节能的特性，当时室外温度为－7～－10℃，进入建筑后一层大厅温度为15℃，这主要因为位于一层西侧大门的东侧的通道口未进行封堵，形成了对流，造成温度无法提升所致。当到了二层时室内温度已升至24℃，此后随着楼层的增高温度也逐步提升，到达顶层时测量温度已达到了32℃，此时锅炉房只有2台锅炉在低温运行（供回水温度55/50℃），供回水温差只有5℃。白天时只启动一台锅炉低温运行基本能满足建筑的热负荷需要。这充分证明了这种围护结构是非常节能的。

2. 热回收装置

本工程排风系统和空调新风系统在屋顶设置有4台空气全热回收装置，主要是通过排风与新风交替逆向流过转轮，利用回收排风系统外排所夹带的冷（热）量，对空调新风进行预冷（热）处理。热回收装置采用的是转轮式，热效率最高可达80%，这套装置只在冬季和夏季使用，冬季使用时可将从室外采集的零度以下的新风预加热至10℃以上；夏季可将室外采集的新风预冷至30℃以下，进而降低了处理新风所消耗的冷热负荷，新风热回收节能效果也是非常显著的。

3. 变风量空调送风

本工程办公区及研发区办公采用带变风量调节的新风机组，新风送风量可根据负荷大小进行动态调节，同时在各层会议室（人员动态密集区）设有变风量末端箱，末端箱内风阀的开度由室内二氧化碳浓度决定，当室内CO_2浓度上升时，表示人员增多，热湿负荷增加，新风送入量增加；当CO_2浓度下降时，表示人员减少，热湿负荷减少，新风送入量减少。

4. 自然冷源

本系统设计了自然冷源系统，即采用冷却塔冬季供冷，当室外气象条件适宜，能够提供较低的冷却水时，冷冻水通过板式换热器由冷却水降温，不运行冷水机组，以降低运行能耗，冷水机组供冷与经济冷源系统供冷的转换，分别由设置在冷水机组和热交换器冷冻水侧的电动蝶阀切换完成。为实现此功能，保证系统在外界温度低于零度时不致损坏，系统冷却水管道内加入了乙二醇溶液，防止管内结冰；同时为保证系统使用还在室外设置了电伴热保温。此系统主要在过度季室外温度连续小于等于7℃时开启，当室外温度降至4℃以下时，电加热系统开始工作，避免管道内的水因温度过低结冰影响使用。此项技术的利用在本工程显得尤为重要，由于本工程空调水系统采用四管制，空调房间温度可以根据需要决定供暖还是供冷，因此在冬春及秋冬交接期间（近1至2个月时间）在室外温度适宜时采用自然冷却系统供冷，而不用启动冷水机组提供冷源，显得尤为经济，可节省不少电能。

5. 自然光源

本工程一层大厅，抬头仰望时顶部并没有灯光照明。这座大楼的一大特色就是77%的区域采光都是利用自然光。阳光从通透的玻璃顶棚直射下来，大楼内所有的办公室和会议室都呈环状围绕在采光天井周边，最大程度减少了电灯的使用。同时，屋顶采用高阳光反射指数材料，可以减少光热吸收。

6. 智能光照调节

本工程各会议室内的照明采用I－bus智能控制系统，照明强度会通过探测器判断会议室内是否有人员活动，进行照度的调节，避免当室内无人时，灯光依旧，造成电能的浪费。

7. 水资源的二次利用

本工程给水系统设置有两套给水系统，即生活用水给水系统和中水给水系统，中水给水系统主要用于卫生间的冲厕用水、地下停车库的洗车用水及园林绿化的浇灌用水，中水水源由市政中水管网提供。中水的使用在很大程度上节省了市政自来水的用量，很好地利用了城市再生用水。

8. 楼宇自动控制

本工程空调系统在设备及管路上设置了大量的自控设备，在系统调试完成后，通过信号采集，回馈系统运行的各种技术参数，通过分析这些参数，进行自动控制的编程，从而实现根据负荷变化使整个系统工作在最佳及最经济的运行工况下，真正实现智能运行，大大降低物业管理的人工成本及系统运行成本，物业人员只要坐在房间利用电脑就可监控所有设备的运行状态。

总结

结合上述技术可以看出一个建筑是否为节能建筑，除了大量采用建筑节能材料外，更重要的是利用何种技术手段使建筑达到节能的要求，找到能源的合理利用与营造舒适环境这个契机点，节能建筑并不能和高额投资划等号，目前越来越多的节能技术及节能材料出现在我们日常生活当中，相信随着人们对节能建筑的不断认识以及低碳生活观念的转变，节能建筑会离我们的生活越来越近。该工程获得了2008年度美国绿色建筑认证金奖(LEED认证金奖)。

LEED认证体系表现出极大的兴趣，以下国家和地区都有项目注册进行认证：澳大利亚、加拿大、中国、法国、香港、印度、日本、西班牙。越来越多的项目通过LEED认证而获得国际公认的品质而得到全世界的认可，LEED评分标准有两个主要的特征：环境、建筑各个指标的量化：LEED认证体系对于建筑的评价并不简单地停留于定性分析，而是根据如ASHRAE（美国采暖空调工程师学会）标准的深入定量分析。如：

能源使用须达到美国ASHRAE/IESNA90.1－2004所规定的建筑节能和性能标准或本地节能标准；并在此基础上进一步节省能耗20％～60％；

用水成本减低20％～30％；

室内空气质量达到美国ASHRAE62－2004的最低要求或更高；

减少固体废物排量35％～40％。

LEED体系使过程和最终目的更好的结合：正是由于LEED认证体系的这种量化过程，使得建筑的设计和建造过程更趋于可控化，可实践性。譬如说，通过计算机能源模拟分析建筑物现行设计的能源消耗成本，对比LEED要求的目标成本，为设计团队提供量化依据及整体优化手段对建筑系统进行调整，从而保证建筑后期运营的低成本。

正是由于LEED认证体系的以上两个特点，迅速得到了建筑业界和各国政府的支持。目前在LEED的发源国——美国，2003年等待LEED认证的已有七百多个项目。目前在我国，也正在引入LEED认证系统，我国目前正在执行的《绿色奥运建筑评估体系》，《中国生态住宅技术评估手册》和上海的《绿色生态小区导则》也在一定程度上借鉴了LEED认证系统。

LEED关注点并不完全在于分数，而是如何证明在实践中确实采取了相应的措施。所以，LEED体系最终的认证，特别看重这些证明文件，比如施工现场的照片、体现整合设计的设计研讨会现场照片，对于屋顶花园，不仅需要设计图纸，详细的面积计算比例，还需要实物照片；对于能源消耗，需要能源模拟的计算报告书，生命周期的价值评估报告，以体现节能技术的效果，只有这些材料齐备，才能获得节能相应得分点的分值。当然，USGBC（LEED认证实际的执行机构）不会一个一个得分点全部看过，他采取的方式是抽查部分容易出问题的得分点进行非常详细的检查。

诺基亚机电工程涉及的绿色节能环保要求：

建筑是否为绿色节能环保建筑，主要由设计的理念来体现，更多要求体现在设计方面，施工单位只要按照设计要求的相应环保节能设备、材料进行施工即可，同时提供认证所需的资料，如照片资料、材料资料等。

绿色节能建筑认证（LEED）由施工单位提供的资料有：

（1）材料质量证明（需达到国际上相应的绿色环保节能的标准）。

（2）施工过程管理：制定相应的绿色节能环保措施，如采用无污染的建筑材料，（保温、油漆、涂料等应达到绿色环保节能的质量认证或标准）。选用节能设备，水泵、空调机组、冷冻机、发电机等大型设备应采用运行能效比高的。

（3）提供相应的设备运行参数，初始运行设定、过程中调整、调整后的运行参数，最终参数应为达到与初始测量参数的一个减量，减量值较为明显显示出节能的效果。这些参数主要依靠楼宇自控进行采集，诺基亚工程的各系统（给水排水、电气、通风与空调）参数采集由江森公司最终提供。

设计图纸体现出的节能环保设计理念，是否采用能量回收（如通风空调的热回收系统、变风量调节系统、自然冷却系统等）；给水排水是否采用环保节能设计（如废水处理、中水系统）。电气照明系统的设计是否实现照度调节，根据不同环境对灯光的需求进行照度设计，根据人员变化调节照明强度，达到节能目的。

5-9　水源热泵热水系统方案

刘华恩　王丙信　张强

（中国电子系统工程第二建设有限公司）

1. 前言

节能减排是地球气候变暖后世界各国政府强力推行的政策，也是当代人造福社会和子孙后代的光荣使命！

空气源、水源热泵系统是当今世界备受关注的新节能技术，也是目前世界上继燃煤、燃油锅炉、电热水器、燃气热水器、太阳能热水器之后的新一代节能环保装置。该系统是利用热泵的逆卡诺循环原理，通过制冷剂与外界空气的温差吸热，压缩机的压缩制热以及制冷剂与水的持续换热等过程，将大量低品位的热源（空气、水中的热量）通过压缩机和制冷剂，转变为高品位的可利用的热能，将水加热制取热水。

20世纪80年代，该系统已经在欧美国家普遍使用，20世纪90年代初，中国政府也将该系统纳入新能源开发战略，取得了很好的成效；在国家节能减排政策的大力推动下，热泵已在全国范围内被推广使用，并广泛应用于工矿企业、宾馆、学校、医院、家庭、洗浴中心、美容美发连锁店等大量使用热水的场所，给人类带来一种环保、安全、节能、温暖、舒适的享受。

2. 项目概况

本文将以信利半导体工厂DI水加热的改造方案为例，介绍水源热泵系统。此项目地点在广东汕尾，信利二厂超纯水由于工艺生产需要，由22℃加热到55℃以上，考虑到用电加热耗能大，不经济。故选择使用热泵方式生产热水，使热水与纯水通过热交换器进行热交换，从而降低运行成本。

3. 系统负荷参数

项　目	加热量（kW）
二厂纯水加热	283

4. 方案设计及设备选型

根据要求，需要将纯水由22℃加热到52℃，由水源热泵机组提供60℃热水与纯水进行热交换。热泵冷凝器端热水进出水温差为5℃。热泵蒸发器端产出的冷水作为空调的冷冻水或者空调的冷却水。业主全年提供9～14℃进出冷冻水或者25～37℃冷却水作为热泵机组水源。该系统在解决换热器所需热量的同时，又能提供冷冻水给普通空调用，或者冷却空调系统的冷凝器，使冷、热达到双重利用的效果。

结合热泵机组相关性能，根据计算所得负荷参数和需求，选择采用1台清华同方SGHP450MH环保超高能效水源热泵机组，参数见表5-9-1，使用R134a制冷剂。

热泵机组技术参数表　　**表5-9-1**

<table>
<tr><td colspan="3">型号
项目</td><td>SGHP450MH</td></tr>
<tr><td rowspan="9">制热工况</td><td colspan="2">名义制热量（kW）</td><td>346</td></tr>
<tr><td colspan="2">输入功率（kW）</td><td>110</td></tr>
<tr><td rowspan="4">蒸发器</td><td>冷水进/出水温度（℃）</td><td>14/6</td></tr>
<tr><td>制冷功率（kW）</td><td>298</td></tr>
<tr><td>冷水流量（m^3/h）</td><td>32</td></tr>
<tr><td>冷水阻力（kPa）</td><td>≤40</td></tr>
<tr><td rowspan="3">冷凝器</td><td>热水进/出水温度（℃）</td><td>55/60</td></tr>
<tr><td>热水流量（m^3/h）</td><td>60</td></tr>
<tr><td>热水阻力（kPa）</td><td>≤50</td></tr>
<tr><td rowspan="2" colspan="2">压缩机</td><td>型号</td><td>半封闭螺杆压缩机</td></tr>
<tr><td>数量</td><td>1</td></tr>
<tr><td colspan="3">能量调节方式</td><td>自动</td></tr>
</table>

续表

项目 \ 型号		SGHP450MH
能量调节范围（%）		50，75，100
制冷剂	名称	R134a
	充注量（kg）	120
电气性能	电源	三相五线制 380-3-50Hz
	安全保护	高低压\断水\防冻\压机过载\油加热器\安全阀
冷冻水进出水管（mm）		DN125
冷却水进出水管（mm）		DN125
冷却水/冷水污垢系数（$m^2 \cdot k/kW$）		0.086
机组外形尺寸：长×宽×高（mm）		3540×1680×1600
机组重量（kg）		约5500

制热同时制冷COP（能效比）：3.15+2.71=5.86；单纯制热COP：3.5。

验证加热系统：计算纯水需要总热量283kW，考虑到管路的热量损失（长度200m的*DN*125水管，洁净厂房墙壁采用岩棉保温50mm厚度，损失的热量理论为2%，考虑实际运行选取5%）、冷冻水的进水14℃，温度较低；热水的出水温度60℃，温度较高。影响了COP，导致制冷量减小。所以选择一台标况下额定制热量450kW的环保型超高效水源热泵符合要求。

5. 热泵机组加热、供热水和补冷水系统工作原理

系统说明：

5.1 系统运行前，需将整个管网及水箱充水至设计要求，并达到设计压力要求；

5.2 系统运行时，按照以下流程：运行冷却循环水泵——热泵水源侧循环水泵，热水给水水泵——启动热泵机组——水箱——纯水热交换器热水水管接口；

5.3 当热水温度还未达设定时，则冷却循环水泵，热泵水源侧循环水泵，热泵机组继续运行，当循环加热到最终设定温度时，热泵机组先停止运行，后冷却循环水泵、热泵水源侧循环水泵停止工作；

5.4 当水温度低于设定温度时，可形成“5.3”的过程；

5.5 当水系统水压力不足时，补水系统补水泵开启，保证整个水系统压力恒定；

5.6 在每个纯水热交换器的热水端有手动阀门，用以控制热水流量；

5.7 当提供的水源不能满足需求或现场热需求量大于提供的热负荷数据时，用户纯水水端启用电加热，加热纯水至生产温度；

5.8 为了使末端换热设备长期工作，输送热水给末端之前在管道系统内安装一5nm纳米烧结膜过滤器，热水管道采用304不锈钢材料。换热出来的DI热水随时观测水质情况，为了不影响生产，现场安装一个在线电导仪，观测加热后DI水水质情况。也可以定期使用手持式电导仪抽测水质情况，做到一发现问题立即进行处理，不影响生产。

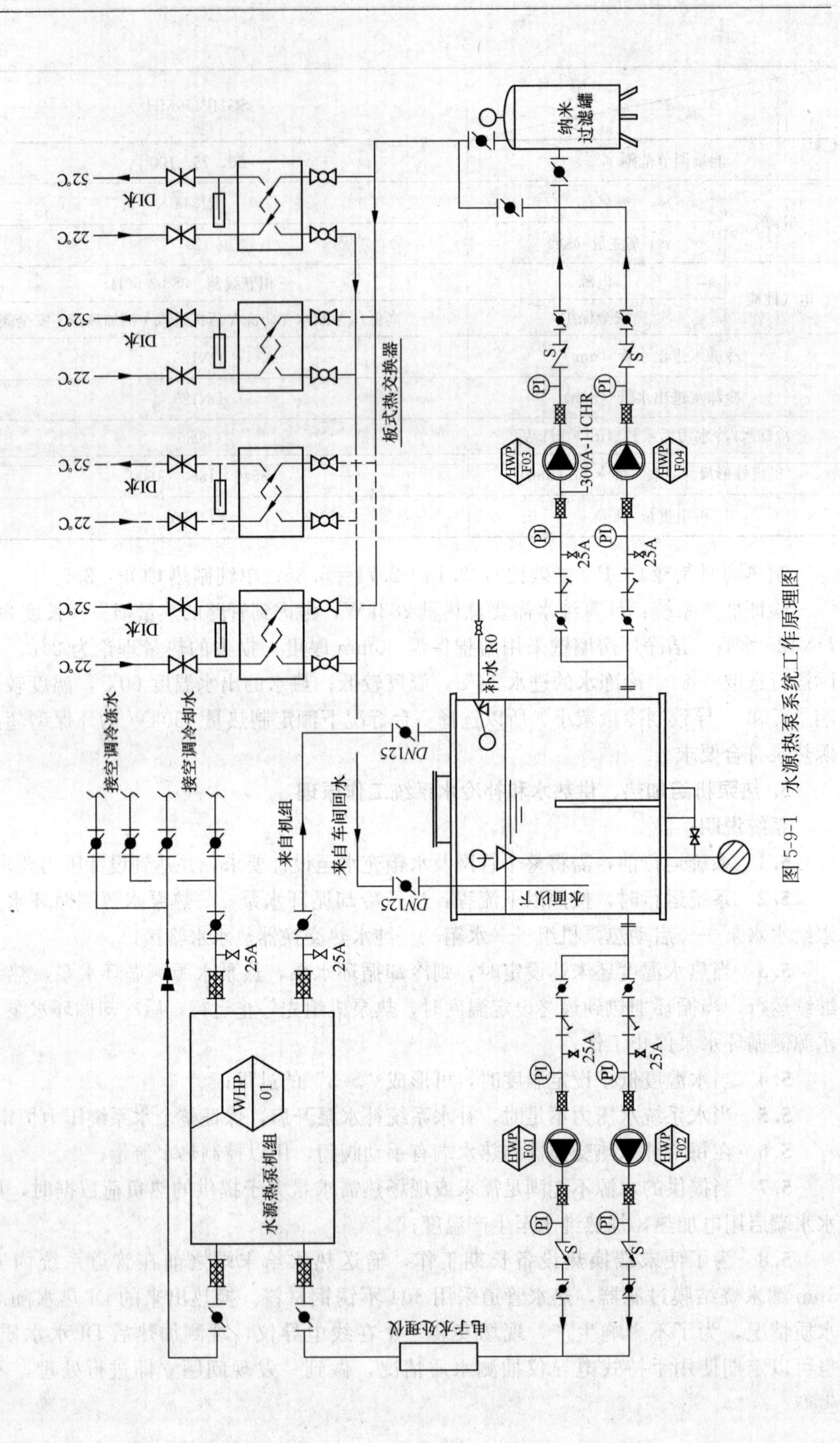

图5-9-1 水源热泵系统工作原理图

6. 水源热泵产品及本系统优势

6.1 超高的能效比

机组型号	制热量（kW）	输入功率（kW）	能效比
SGHP450MH	346	110	3.15

6.1.1 在标况下，制热能效比还可达3.5；

6.1.2 单机头设置可实现能量自动调节，保证机组自动根据负荷变化调整热量输出，使机组能耗大大降低。

6.2 领先的技术

6.2.1 本次所选设备是使用绿色环保制冷剂的超高能效水源热泵机组，环保型超高能效系列机组除具有普通水源热泵机组的特点外，还具有一些独特的优点：机组采用内外强化传热换热管型满液式蒸发器，具有极佳的传热效率，增加了系统低压侧压力，使吸入端的蒸气以接近饱和的状态进入压缩机，提高了压缩机的制冷量；

6.2.2 采用先进可靠的电子膨胀阀，自动计算控制最佳目标值，精确、迅速调节制冷剂流量，使干式蒸发器换热效率始终保持最高。

针对此项目，机组在制热的同时，所回收的冷量可接入原有中央空调系统中，减少空调主机运行费用，大大地优化了系统的节能性。

6.3 节能的系统

水源热泵是较传统方式更为节能的中央空调设备，在同等运行条件下，与传统空调相比可节约运行费用15%～30%，甚至更多。初始成本较传统空调增加10%～25%。

6.4 可靠的系统配置

6.4.1 采用进口名牌半封压缩机、噪声低、寿命长；

6.4.2 选用高效的均流变温差壳管式换热器，体积小且换热效率高；

6.4.3 高级喷塑钣金箱体结构，外形美观且有效隔绝噪声；

6.4.4 优质进口控制器结合自行开发的水源热泵专用控制程序，使主机在智能化和网络化方面明显优于同类产品。

6.5 简单的维护

由于此项目的机房简单，选用环保型超高能效水源热泵机组，产品拥有领先的技术，采用全电脑控制，自动化程度高。结垢系数非常低，由于系统简单、机组部件少，优化系统后简单易维护，只需定期清洗机组的壳管，便可保证系统运行的稳定性和延长机组的使用寿命。另外，机房及泵房设备数量少，可靠性强。

6.6 完善的电脑控制和多重保护

序号	安全保护项	保护设施
1	压缩机油压控制	“Sentronic”油压保护器
2	压缩机过载、过热、缺相	压缩机自带电控器
3	压缩机油温过低	油加热器
4	压缩机启动控制	分压缩机、分绕阻、自动减载启动

续表

序号	安全保护项	保护设施
5	系统高低压保护	高低压保护器
6	系统防污防湿	干燥过滤器
7	水系统温度过低	防冻开关
8	水系统缺水断水	水流开关
9	冷凝器压力过高	安全阀

6.7 先进的控制技术与网络功能

6.7.1 大屏幕液晶显示屏显示机组工作状态；

6.7.2 自动故障报警；

6.7.3 提示设备维护信息；

6.7.4 显示控制器输入、输出端口状态；

6.7.5 八十多个可变内置参数设定可随时调整机组工作状态；

6.7.6 三级口令操作确保机组不会因误操作而损坏；

6.7.7 断电记忆保护可保证运行状态的连续性；

6.7.8 可方便地接入楼宇控制系统，实现远程集中控制；

6.7.9 连接网络打印机可随时记录各种所需信息；

6.7.10 预留扩充升级的输入输出接口，方便升级。

7. 运行费用比较

以下为设备年热负荷需求估算表（按每年333天、每天24h、共8000h计算）

运行模式	制热量（kW）	制冷量（kW）	设备电功率（kW）	水泵功率	热损失	年运行电度（kW·h）
电加热模式	283	0	298		5%	2384000
热泵模式	300	258	110−80	15	5%	360000

此表可以看出：

7.1 以电加热器的效率为95%，则全年的满载负荷电度约为238万度；热泵和水泵运行全年的满载负荷电度减去产生冷冻水（COP按照3.2计算）耗电约为36万度；这样可以使全年节省电度202万度，考虑机组运行条件以及散热等实际问题，按照80%计算，全年可节约电161万度。如果全年不是满载，则可以按百分比折算；

7.2 按照目前信利电费标准0.6141元/（kW·h），计算年节省费用：161×0.6141=98.87万元；

7.3 初投资成本按照一次性投资90万元，银行年利率7.5%，按5年返还计算：投资成本：90×（1+7.5%）^{5}=129.2万元；

7.4 按照5年总节约成本，我公司占66.5%，计算得出：我公司每年收益为：98.87×66.5%=65.75万元，业主每年收益为：98.87×（1−66.5%）=33.12万元；

7.5 理论计算我公司每月收入：65.75÷12=5.48万元；

7.6 按照业主给定功率计算，纯水每小时流量为8.5t，每月使用量：8.5×30

=255t；

7.7 我公司按照5年平均每2个月回收一次费用，业主每两个月应按照实际用水量Q情况付给我公司费用：$[Q\div(255\times2)]\times5.48\times2=Q\div46.53$万元。

注：业主用DI水量不能低于计算量的40%，即每月至少255×40%=102t，否则业主仍应按照每两个月付给我公司如下费用：102×2÷46.53=4.384万元。

以上为我公司根据业主方的需求对信利半导体工厂DI水加热的改造方案，该系统带来了节能减排和更加经济性的双重效果，相信将来会有更多更好的节能技术得到应用。

第6章　检　测　调　试

6-1　微缝板消声器的研制与检测

林来豫　康建国　　（解放军96531部队）
孙　凯　　　　　　（解放军96550部队）

引言

微穿孔板消声器是全金属消声器，没有填充纤维材料，具有耐高温和耐强气流冲击、不怕潮湿、无污染、不产尘、易清理、阻力小等优点，多年来一直广泛应用于空调洁净系统和有特殊要求的通风系统中。但是它在性能和结构上也有无法回避的明显缺点。笔者通过实测曾指出，双层微穿孔板消声器的消声量小于各种手册给出的数值，为了满足消声量要求，工程设计中应该适当增加消声器的设计长度；双层微孔板消声器共振腔比较厚，外形尺寸大，设计时应充分考虑安装空间。简言之，就是微穿孔板消声器的缺点一是消声量较小，二是截面尺寸太大。在实际工程中，消声量小的问题可以用增加消声器数量的办法来解决，这只是提高了工程造价，尚可容忍。而截面尺寸太大给安装造成的困难往往令人无法容忍。在施工图中消声器只是一个符号，而实际上D630双层微穿孔板消声器的截面尺寸达到了1030mm，D1000双层微穿孔板消声器的截面尺寸更是达到了1400mm。在并行管道密集的机房安装这些体型臃肿的消声器很困难，经常因为实在找不到安装空间而不得不花费代价修改设计。由此而引发的设计单位与安装单位之间相互指责推诿扯皮屡见不鲜。

尽管双层微穿孔板消声器存在诸多明显缺点，但是因为没有好的替代产品，所以仍在大量应用。为了满足工程急需，研发新型全金属消声器是当务之急。如何既保留微穿孔板消声器的优点，又克服其缺点呢？笔者认为微缝板吸声体最值得一试。

1. 微缝板吸声体的吸声机理及特性

微缝板吸声体的吸声机理与微穿孔板吸声体类同，都是建立在共振吸声原理基础上，在声波的作用下，靠空气在开口壁面的振动摩擦，由于粘滞阻尼和导热作用，使声能损耗。

继微穿孔板吸声体（MPA）理论的广泛应用之后，马大猷院士又提出了微缝吸声体（MSA）理论，指出了微缝声阻抗严格公式的存在及基本特性，并据此求得了适用于全频率范围准确度较高的近似式，通过末端改正及设计措施，求出了微缝吸声体吸声系数公式。

毛东兴等人把微穿孔板的结构参数直接等效应用到微缝板中，按照 $d_f=\frac{2}{\pi}d_k$ 和 $b_f=\frac{b_k^2}{d_k}$（d_f和b_f分别为微缝板的缝宽和缝距；d_k和b_k分别为微穿孔板的孔径和孔距）进行类比设计，设计出了微缝板吸声结构，通过驻波管法实验研究，证明按照类比关系所设计的微缝板的吸声性能和理论计算具有良好的一致性，其误差在10%以内。

随着科学技术的发展和机械加工水平的提高，目前0.1mm以下缝宽的微缝板已能批量加工生产，其吸声性能更加优良，吸声频带更宽。随着缝宽的减小或共振腔深度的增加，微缝板吸声系数有明显提高，且其峰值频率向中、低频移动，这对于工程具有特殊的实用价值，此吸声特性弥补了纤维类吸声材料低频吸声性能较差的不足。程明昆等人通过驻波管实测数据（见图6-1-1）证明了马大猷院士提出的“采取较小的缝宽和较厚的板厚可获得与微穿孔板吸声体（MPA）同样的吸声特性”的结论，且随着缝宽进一步减小到“丝米”级（1“丝米”等于0.1mm），微缝板吸声体（MSA）比微穿孔板吸声体（MPA）吸声特性更好。

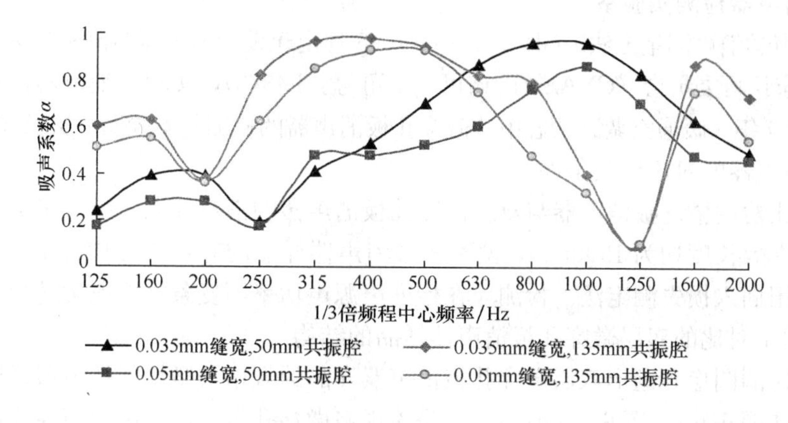

图6-1-1 微缝板吸声体吸声系数

2. 微缝板消声器的类比设计

微缝板作为一种建筑内表面吸声装饰材料已有成功用于工程的先例，但能否用于通风空调系统的消声器尚没有人进行尝试，笔者以微缝板吸声体为创新突破口，依托笔者所在单位的消声器检测实验室，对微缝板消声器进行了大量实验研究。

研究目的有两个：缩小消声器的体积；大幅度提高消声量。

要想缩小消声器的体积就只能选用腔深不超过100mm的单层共振腔结构，即便更深的共振腔可能更有利也不能再采用。在通过驻波管实验对微缝板吸声体的缝形做了筛选，并对微缝的成形工艺细节做了优化改进后，笔者根据单层微穿孔板消声器的结构，类比设计了圆形和矩形单层微缝板消声器样品。样品采用0.6mm厚的铝合金微缝板与镀锌板外壳组成单层共振腔，共振腔深度为100mm；根据消声器通道截面的当量直径尺寸设置适当数量的消声内片，消声内片由两层微缝板与隔板组成双面单层共振腔，共振腔深度50mm，内片总厚100mm。这样，单层微缝板消声器的外形尺寸大大缩小，与一般阻性消声器的外形尺寸完全相同，再也不会出现像双层微穿孔板消声器一样因外形尺寸太大造成的安装困难。

图6-1-2是D630圆形单层微缝板消声器样品，该规格是最具代表性的常用规格。图6-1-3是630×500的矩形单层微缝板消声器样品，该规格是各实验室之间用于比对检测准确度的标准试件规格。

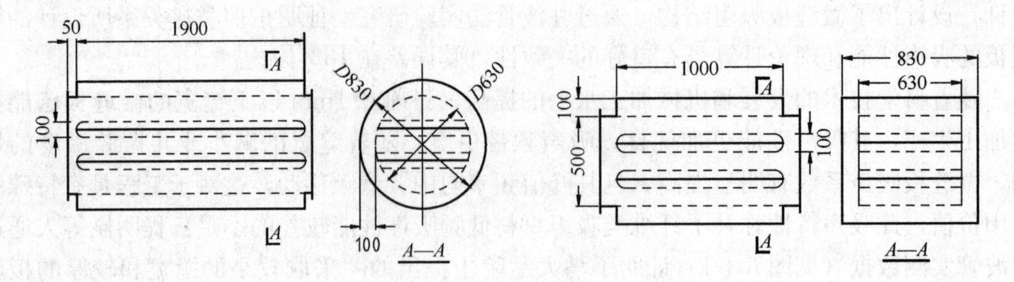

图 6-1-2 圆形微缝板消声器样品结构　　图 6-1-3 矩形微缝板消声器样品结构

3. 微缝板消声器和微穿孔板消声器的对比检测

3.1 消声器检测实验室

按照《声学消声测量方法》GB/T 4760—1995 规定建设的消声器检测实验室通过了中国合格评定国家认可委员会（CNAS）的认可（认可号：L4373），实验室消声器检测台架的组成我们在 2009 年《暖通空调》杂志中“微穿孔板消声器的检测与实验”一文已详述。

3.2 消声器的对比检测条件

为了对比检测微缝板消声器与双层微穿孔板消声器的消声性能，统一规定两种圆形消声器样品的有效长度均为 1900mm，两种矩形消声器样品的有效长度均为 1000mm。消声量的测量采用插入损失测定法。检测应在标准声源声功率不变条件下连续进行。

3.3 用于对比的双层微穿孔板消声器样品的结构

用于对比的圆形和矩形双层微穿孔板消声器样品的规格与微缝板消声器样品相同，其结构及尺寸如图 6-1-4、图 6-1-5 所示。这是该规格微穿孔板消声器中消声性能最好的结构形式。样品采用双共振腔结构，微穿孔板板厚 0.8mm，孔径 0.8mm。内层采用穿孔率为 1.3％的微穿孔板，外层采用穿孔率为 2.3％的微穿孔板。内外腔间隔比为 4∶6。内片的两面也均为双层结构。

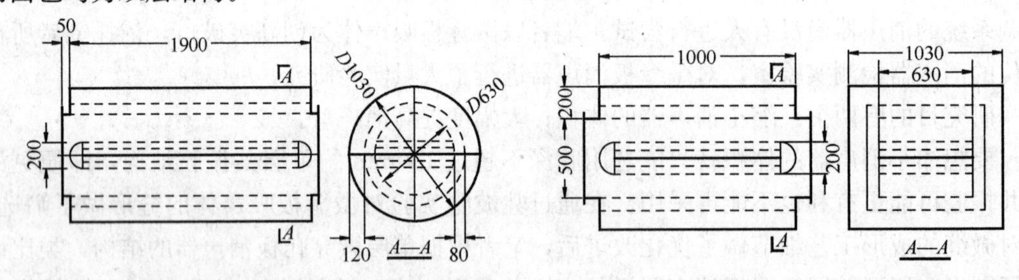

图 6-1-4 圆形双层微穿孔板消声器样品结构　　图 6-1-5 矩形双层微穿孔板消声器样品结构

3.4 双层微穿孔板消声器样品的检测结果

圆形和矩形双层微穿孔板消声器样品的检测结果见表 6-1-1 和表 6-1-2。

D630 圆形双层微穿孔板消声器样品声压级插入损失（有效长度 1900mm）dB　表 6-1-1

风速 (m/s)	阻力损失 (Pa)	A 声级	倍频程中心频率（Hz）							
			63	125	250	500	1k	2k	4k	8k
0	0	12.8	4.0	3.8	4.4	16.2	17.6	15.1	11.9	10.1
4	13	13.2	4.5	4.8	5.4	16.3	18.0	15.5	11.7	10.1
8	50	13.4	4.3	5.9	6.5	17.5	18.5	15.5	11.6	10.2

630×500 矩形双层微穿孔板消声器样品声压级插入损失（有效长度 1000mm）（dB） **表 6-1-2**

风速 (m/s)	阻力损失 (Pa)	A 声级	倍频程中心频率（Hz）							
			63	125	250	500	1k	2k	4k	8k
0	0	6.8	5.2	3.7	3.2	8.3	13.3	10.0	8.7	7.5
4	10	7.3	5.7	4.5	3.8	8.9	11.8	10.4	8.7	7.6
8	41	8.5	6.2	5.4	5.0	10.2	13.3	11.1	8.8	7.5

3.5 微缝板消声器样品的检测结果

圆形和矩形微缝板消声器样品的检测结果见表 6-1-3 和表 6-1-4。

D630 圆形微缝板消声器样品声压级插入损失（有效长度 1900mm）（dB） **表 6-1-3**

风速 (m/s)	阻力损失 (Pa)	A 声级	倍频程中心频率（Hz）							
			63	125	250	500	1k	2k	4k	8k
0	0	16.5	0.2	2.8	9.1	14.8	19.7	17.3	16.6	15.4
4	10	16.8	0.2	3.4	9.5	15.0	19.4	17.7	17.1	15.7
8	40	17.5	0.2	5.5	10.5	16.0	20.1	18.7	17.7	16.1

630×500 矩形微缝板消声器样品声压级插入损失（有效长度 1000mm）（dB） **表 6-1-4**

风速 (m/s)	阻力损失 (Pa)	A 声级	倍频程中心频率（Hz）							
			63	125	250	500	1k	2k	4k	8k
0	0	10.9	3.7	3.0	5.2	11.1	11.3	10.5	11.0	9.2
4	9	11.3	4.2	4.7	6.2	11.6	11.6	10.9	11.1	9.3
8	35	12.0	3.7	5.8	7.4	12.9	12.5	11.7	11.3	9.6

3.6 微缝板和微穿孔板消声器样品的倍频程消声特性对比

图 6-1-6，图 6-1-7 分别是两种 D630 圆形消声器和两种 630×500 矩形消声器的倍频程消声特性对比图。

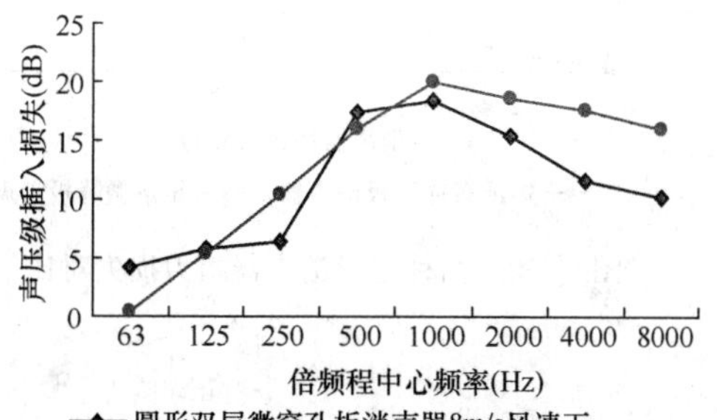

图 6-1-6 两种圆形消声器样品倍频程消声特性对比

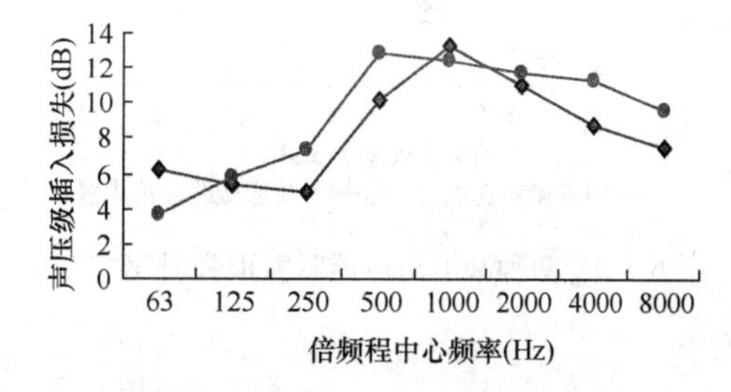

图 6-1-7 两种矩形消声器样品倍频程消声特性对比

3.7 微缝板和微穿孔板消声器样品消声性能的对比评价

从以上检测结果可以看出，无论圆形样品还是矩形样品，微缝板消声器的 A 声级消声量都远比双层微穿孔板消声器大，圆形样品 A 声级消声量提升了 30.5%，矩形样品 A 声级消声量提升了 41.1%，完全达到了大幅度提高消声量的预期目的。在大部分频段范围内，微缝板消声器的消声量均优于双层微穿孔板消声器。至于个别频率点消声性能不如双层微穿孔板消声器，是因为微缝板在这些频率点存在吸声谷值（见图 6-1-1），这一检测结果与程明昆、徐欣的“环境噪声控制的发展动向”一文介绍的实测数据是大致相似的，只不过因为吸声结构形式的不同使得吸声谷值频率有偏移而已。唯一不够理想的是微缝板消声器在 125Hz 以下的最低频段消声量较小，这是共振腔深度尚不足够的原因，为了坚持既定的外形尺寸指标，不许突破共振腔深度 100mm 的底线，只好做出这点牺牲。好在微缝板消声器在 125～250Hz 这个有工程应用价值的低频段有较好的表现，足以获得好评，而低于这个频段对实际工程应用的影响不大，基本上可以忽略不计。

为了验证微缝板消声器在限定的 100mm 共振腔内是否还有潜力可挖，是否像微穿孔板消声器一样采用双层共振腔结构还能提升吸声性能，又制作了双层微缝板消声器样品，把 100mm 共振腔分为两层，在中间又增加了一层微缝板，其余结构仍如图 6-1-3 所示。实测结果并未见到有新的改观，消声量不仅没有提升，还略有下降。这证明微缝板的吸声特性与微穿孔板是有区别的，在 100mm 的共振腔内采用双层结构对于提升消声量没有意义。

3.8 两种消声器的阻力损失对比

两种 D630 圆形消声器和两种 630×500 矩形消声器的阻力损失对比检测结果如图 6-1-8 和图 6-1-9 所示。在消声器规格相同时，微缝板消声器的阻力损失略小于双层微穿孔板消声器。这说明微缝板消声器在空气动力性能方面也是令人满意的，既提升了消声量又减少了阻力损失。

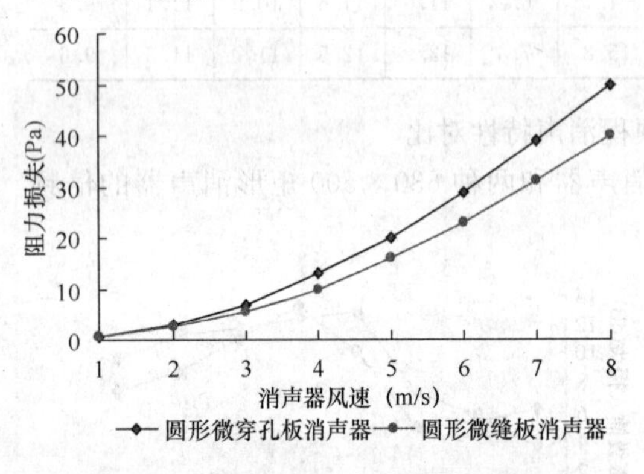

图 6-1-8 两种圆形消声器阻力损失对比

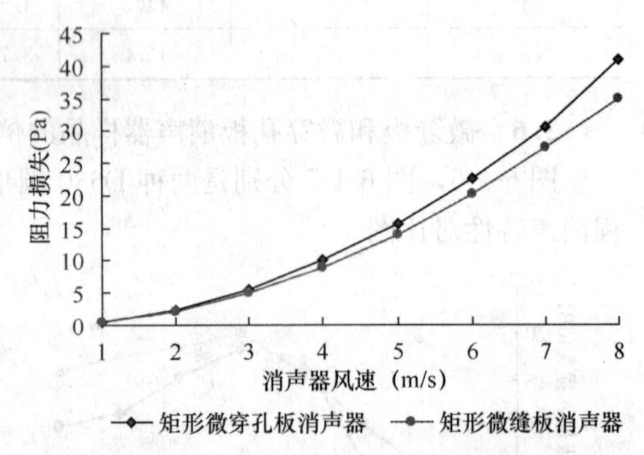

图 6-1-9 两种矩形消声器阻力损失对比

3.9 两种消声器的外形尺寸对比

从图 6-1-10 和图 6-1-11 中可很直观地看到，相同规格的消声器，微缝板消声器（左）

图 6-1-10 两种 D630 圆形消声器外形尺寸对比

图 6-1-11 两种 630×500 矩形消声器外形尺寸对比

的外形尺寸比双层微穿孔板消声器（右）小了很多，达到了缩小外形尺寸的预期目的。

4. 结论

4.1 当微缝板的缝宽减小到丝米级时，其吸声性能优于微穿孔板，但当缝宽不能达到规定标准时，其吸声性能不如微穿孔板。

4.2 对比检测结果表明：消声器规格相同时，微缝板消声器的A声级消声量比双层微穿孔板消声器提高30%以上，阻力损失略有降低。

4.3 微缝板消声器比双层微穿孔板消声器结构简单，质量小，外形尺寸小，便于安装。多批量试用已证实，完全可以作为双层微穿孔板消声器的更新换代产品在实际工程中推广应用。

6-2　变风量空调及其自控系统的调试

淡建宇

皇家空调设备工程（广东）有限公司

1. 前言

变风量空调系统是一个暖通空调系统及其自控系统结合非常紧密的综合性空调系统。变风量空调系统的运行效果和节能性能的保证，要靠变风量空调通风系统各个子系统以及其自控系统的良好配合来实现。而这些良好的配合则需要通过专业的调试才能有效地发挥出来。实践证明，对于变风量空调及其自控系统，系统调试对系统运行效果的影响是至关重要的，可以说它部分意义上决定了整个项目的成败与否，以及系统整体性能能否达到设计要求。

变风量空调及其自控系统的调试，并不能像常规空调系统那样，系统调试、试运行验收后，就结束了。而必须贯穿系统的整个调试过程及系统正式运行后相当长一段时期。

本文由于篇幅所限，重点介绍变风量空调系统中风系统及其自控系统的调试。

2. 调试阶段划分

从调试的过程来分，变风量空调及其自控系统的调试，一般分为以下几个阶段：

（1）准备阶段；

（2）测试、调试及调整阶段；

（3）联合调试阶段；

（4）季节调试阶段（带载调试阶段）；

（5）运行调试阶段（运行过程中根据实际情况进行的个性化调整、修正）。

3. 调试准备阶段工作内容

3.1 调试的组织与协调

调试单位必须具有丰富的变风量空调系统调试经验，精通变风量空调技术知识，掌握自动控制技术知识，而且还要懂得变风量空调自控系统的程序编写及操作。

另外，在调试过程中，须得到业主、设计单位、总包单位、机电/空调系统承包单位、弱电/自控系统承包单位的完全支持和积极配合，这是变风量空调及其自控系统调试成功至关重要的条件之一。

3.2 资料及调试工具的准备

3.2.1 编制调试方案，包括合理配置的调试人员，制定详细的调试计划。制定明确、科学的调试方案以及合理的调试计划，安排适当的调试人员是调试工作成功的保障。

人员配置方面，应安排有丰富变风量空调系统调试经验的暖通工程师、自控工程师以及若干名有经验的调试技术人员参与调试工作。

3.2.2 技术资料的准备。包括与调试项目有关的设计及设备技术资料、技术要求、使用说明书、相关规范及技术标准等资料。

3.2.3 调试测试用仪器、设备的准备。

3.2.4 调试测试用数据记录表格、调试日志的准备。变风量空调及其自控系统的调试是一个时间跨度较长、牵扯单位/专业多、需要反复调整的调试工作。过程记录的越详细，数据记录的越全面、越仔细，对后面的进一步调试及以后的运行调整，都会有更大帮助，也就更能保障系统运行的效果。

3.3 调试前的技术准备

3.3.1 研读变风量空调系统中的各个设备的操作手册；

3.3.2 研读变风量空调系统中的各个设备的设计参数及要求；

3.3.3 研读变风量空调系统的设计图纸及设计要求以及风量、阻力、压力分布图和表；

3.3.4 列出所有要测量及调试的参数及数据以及它们的要求；

3.3.5 研读变风量空调自控系统的设计图（拓扑图、控制原理图、控制系统图平面图等等）；

3.3.6 研读变风量空调自控系统的控制要求及各个设备及运行模式的控制逻辑；

3.3.7 研读变风量空调自控系统控制程序，并熟悉其操作及运行调试；

3.3.8 维护、检查和校准所有的调试仪器、仪表、工具、设备；

3.3.9 研读所有必需的调试文件资料及各类测试表格。

只有充分了解了所要调试项目的暖通空调系统及其自控系统的设计及技术要求，才能有针对性地制定合理的调试方案和计划，选定调试方法，设定各个调试/运行参数，制定系统控制/运行策略等。

例如，只有详细了解了系统各个时刻风量的分布情况，才能在调试过程中模拟各种负荷情况及其变化对系统运行的影响，使调试结果更接近实际运行情况，更能保障系统的运行效果；再例如，只有充分了解了各个时刻系统的阻力分布情况，才能更准确的确定系统压力控制点的位置选取及压力控制值的选取，才能更能保障系统运行的稳定性和节能效果；再例如，只有充分了解了该项目暖通空调系统的各个子系统的实际配置情况和设计情况，才能在各种运行模式程序编程、运行参数设定以及控制逻辑选择等方面更有针对性，运行起来才能更切合项目实际情况。

变风量空调及其自控系统的调试效果是建立在调试过程中各种测量数据的准确性基础之上的。各种调试仪器仪表、工具、设备的测试精度、适用范围、可靠性等是否满足调试要求，对调试的最终效果影响巨大。因此，应根据调试过程中的各个数据测量的方式及精度要求，选择适当的测量仪器、仪表及工具，并对所有调试仪器仪表、工具、设备进行维护、保养、检查、校准、调整，以保证在调试过程中所用到的调试仪器、仪表、工具、设备都能满足要求。

3.4 系统检查

完成各项技术准备后，就进入系统检查阶段，以确保系统在进入调试运行之前一切符合设计基本要求：

3.4.1 设计检查：检查变风量空调及其自控系统是否完全严格按照设计图纸及其要求配置、实施。

3.4.2 施工检查：检查变风量空调及其自控系统、电力系统及其各个设备、各种传感器/控制器/执行器等是否完全严格按照设计图纸及其技术要求以及国家相关标准、规范安装并且均安装正确，无异常。

3.5 变风量末端装置的出厂标定

变风量末端的出厂标定内容，并不仅仅局限于风量传感器的标定，还应同时根据变风量空调及其自控系统的设计，进行制冷/制热/再热等运行模式下的工作风量（最小风量/最大风量/设计风量等），以及其工作模式、各种工作模式下的运行策略、所控制设备的控制策略、温控器的类型等与变风量空调及其自控系统运行有关参数设定的工作。

4. 测试、调试及调整阶段工作内容

4.1 单机调试

单机调试前，首先需进行风管系统检测：漏风率检测；管道及其配件以及调节阀安装及运转情况检查；水管、冷冻水/热水盘管试压；局部阻力情况核查等等。其次，必须做电力安装检查。检查各个设备的强电及弱电接线，电力供应连接可靠、正确并确实联通。并通过“点动”启动控制，检查相关设备的接线是否安全、正确以及设备运转无异常、转向正确。

上述检测检查工作完成就可以对系统中各个设备、配件逐一进行单机调试：

4.1.1 变频器：确认其在整个工作范围内都需调节稳定。

4.1.2 冷热水盘管：检测其冷/热量、风阻、水阻、水流量、水温差、进风干/湿球温度、送风干/湿球温度、进/出风干球温差等等技术参数是否满足设计要求。

4.1.3 空气处理机组（以下简称 AHU）及其风机：检测其风量调节范围，送风温度调节范围，冷/热量，压头（机外余压）调节范围，全压、入口静压、出口静压，噪声，功率等等技术参数是否满足设计要求；并检查其在整个设计的工作范围内是否工作稳定；有的项目中，可能还要测试风机风量/风压运行曲线等等；检测所配置的回风阀（混合风阀）、新风风阀、排风风阀等的风量调节及控制能力是否满足设计要求。

4.1.4 测试、校准并修正各个控制元件（各种水阀/风阀、控制器、执行器、压差开关、流量开关等）以及各种传感器（风量、温度、湿度、二氧化碳、空气质量、压差等传感器），使其都满足设计要求。

4.1.5 变风量末端装置：检测其最小、最大风量设定，并做风量校核；检查、检测风阀阀位情况，开启/关闭的运行时间，风机风量/噪声/压头，再热量，控制器中各种工作模式设定及转换，控制逻辑，温控器配置及其对变风量末端的控制情况等等；并根据设计要求将变风量末端风量调试至设计风量及压头。

4.1.6 新风机组、排风机、回风机等设备：检测其风量、出风温度、压头、噪声、功率、控制逻辑等是否满足设计要求。

4.1.7 检查、检测系统中的其他设备（例如：AHU 启动柜、DDC 控制箱）以及其他配件的运行性能以确保其符合设计要求。

4.2 变风量末端装置下游风平衡调试

根据设计要求，对变风量末端下游各个风口的风量进行平衡调试（利用多出口分风箱上的手动风阀，或送风口静压箱上的手动风阀，或者利用送风软管的长度/弯曲程度等等手段），使同一变风量末端装置的各个风口达到设计风量分配要求。

在调试过程中同时校核和各个变风量末端的风量。如果变风量末端的测量风量同实际风量有偏差，须加以修正。

5. 联合调试阶段工作内容

5.1 系统联调

5.1.1 送风系统的联合调试

从变风量空调系统的负荷计算及系统设计资料中，选取空调运行的几个典型时刻，利用自控系统，将系统中的各个区域的变风量末端的风量设定为相应时刻所对应的风量，并将AHU风量调至该时刻的系统风量，而此时AHU的新风阀、回风阀（混合风阀）、排风阀等都调至最大或设计状态下，并进行下列调试：

（1）送风管路中的风量、风压、阻力分布的测量。逐一对各个区域及送风管道系统，测量实际的风量、静压及阻力分布情况，和设计情况相比较，并做相应的调节。

（2）确定系统最大，最小送风量及相对应的回风量，并确定最大、最小风量时变频器所对应的频率；并建立风量及风机频率的特性曲线。

（3）对照厂家提供的送、回风机的特性曲线。建立系统在最大，最小送风量下的系统阻力曲线。

（4）绘制风管压力分布曲线，选择静压控制点位置。调整送风机的转速，得到相应的风量与控制点处的静压值。

（5）分别将系统以最大，最小风量运行，检查在各个时刻运转情况下，最不利环路变风量末端的风量。同时，检查每个变风量末端的风阀开度，调整风机频率，使每种情况下，最大开度的变风量末端风阀开度都在90%以内，并记录此时的频率及控制静压值，以便之后协助确定系统控制静压及运行频率设定。

5.1.2 控制模式调试

控制模式一般有定静压控制、总风量控制、变定静压控制（压力重设的变静压控制，定静压＋阀位修正控制）、变静压控制（阀位控制模式）、组合控制模式（将上面的两种或两种以上的控制模式组合起来使用，以扬长避短，发挥相应控制模式的优点，而克服其缺点）。控制模式调试是变风量空调及其自控系统联调中最重要的工作之一，将直接影响变风量空调系统运行情况及节能效果。

（1）定静压控制模式的调试

调试工作重点是静压控制点位置（静压传感器位置）及静压控制值的确定。静压控制点位置确定的原则是：静压测定点应设置在气流稳定的直管段上，避免设置在容易产生湍流的风管变径、三通、弯头、调节风阀、支管等位置附近，也不能设置在气流方向不确定的位置。

静压控制点位置及静压控制值可以根据送风系统各个时刻水力计算结果，分析系统在各个时刻设计工况下的静压分布情况大致确定，然后，再通过调试来确定。具体做法就是：

1）通过自控系统，调整风机频率和风量，使变风量空调系统运行在不同时刻设计工况下，并绘制送风管路阻力特性曲线、压力分布图等，对比各个典型负荷情况下的送风管路水利计算结果。

2）与设计一起，根据各曲线或图，以及最不利支路（风阀开度最大的变风量末端所在支路）前端的变风量末端进/出静压、风量及风阀开度等情况，结合各个典型负荷情况下的送风管路水利计算结果，确定变风量空调送风系统静压控制点的数量以及各个静压控制点位置的空间位置、静压控制值。

3）静压控制点位置处的静压值变化幅度应相对较小，静压值的绝对值也应相对较低。其最后的确定，应该在实际调试过程中，通过调整风机频率，使每种情况下，最大开度的变风量末端风阀开度都在90%以内，同时，测量初步确定的静压控制点位置附近几点的送风静压值，并观察静压的变化情况及其稳定性，最后选取静压最稳定的位置为静压控制点位置，并选取最大风量对应的最大静压值为压力控制值。

（2）总风量控制模式的调试

调试工作重点是送风风量与AHU风机频率对应关系的确定。通过变风量空调自控系统模拟各个时刻逐时负荷情况，设置相应区域的变风量末端装置风量，并相应调节AHU频率，使系统运行在不同频率及风量情况下，并尽量涵盖最大系统运行风量至最小运行风量以及最大运行频率至最小运行频率整个运行范围，记录相应的系统送风风量及所对应的AHU风机频率，以此建立风量及风机频率的特性曲线。

（3）变静压控制模式的调试

变静压控制模式中的调试，主要是控制逻辑的设定及调试，也就是控制参数的设定、变化区间的选择以及对应的PID各控制变量的选取。这需要利用变风量空调自控系统模拟各个时刻逐时负荷情况及负荷变化情况，通过不断调整这些控制变量，使变风量空调系统的控制能尽快稳定下来，同时，AHU风机运行频率应尽量比较低。

（4）变定静压（压力重设）控制模式的调试

变定静压（压力重设）控制模式，实际上是变静压控制模式和定静压控制模式结合的一种控制模式，是系统自动优化形式的定静压控制模式。在这种控制模式下，需要确定静压控制点位置及初设静压控制值，但却没有定静压控制模式中要求那么高。

这种模式的调试重点是，对系统运行过程中，根据变风量末端风阀开度来对静压控制值的修正幅度和频率的选择，并依此对AHU风机频率及风量的控制以及这些过程的控制逻辑的建立及调试。调试方法和变静压控制模式类似。

5.1.3　新风系统的联合调试

保证室内良好的空气质量，足够的新风量和室内适当的正压维持都是必须达到的基本要求，这就要求变风量空调系统的新风、回风、排风系统的调试也必须得到很好的完成。

新风系统的联合调试，应先将新风机组开启至最大频率运行，以满足所要调试楼层系统新风运行的基本运行条件。调节AHU风机频率，使AHU风量分别处于最大风量及最小风量，测试此时的新风风阀（可能是定风量阀，也可能是变风量阀）的入口/出口静压以及其新风风量，对比设计要求，看是否满足。若有偏差，应做出调整。若新风系统采用的是变风量控制形式，还应通过自控系统模拟各种新风控制工况，同时，和上面一样做相应的测试及调整。

如果新风阀在调试运行过程中的阀位过大或过小，就应通过调整回风风阀（混合风阀）阀位开度及其控制逻辑甚至回风风机控制逻辑，来调整新风阀出口静压，以调整新风阀的阀位始终在合适的开度范围内。

5.1.4 排风系统的联合调试

各个楼层中往往有一些卫生间、茶水间、吸烟室等独立排风系统，这些排风系统往往都是一些排气扇/机或排气阀，都是定风量运行的。在调试变风量空调系统中的排风系统前，应先调试好这些独立的排气系统。

变风量空调系统中的排风，一般都是用来控制室内静压，维持室内适当的静压梯度。调试的关键是排风系统静压控制压差传感器的安装位置以及压差值的选取。排风系统静压控制压差传感器高压取样点，一般都安置在回风系统总管上气流稳定、风速较低的位置。而静压控制压差传感器的低压取样点的位置一般都取在人员走动和气流流动较少、静压比较稳定的防火通道电梯井中。

室内静压控制值的选取应该根据设计资料中所给出的室内静压控制要求以及室内压力梯度曲线，并结合在项目实际调试过程中测试得出的室内静压值而得。

若每个楼层排风系统是独立式可调节控制的排风机，则调试就比较简单。只要设定排风机的控制逻辑。在调试过程中，通过自控系统不断设定不同运行情况，以检查排风机对室内静压的控制情况是否满足设计要求。否则，就应调整控制逻辑甚至改变静压控制点位置及静压控制参数。

若系统排风是通过 AHU 或机房内的排风阀来实现调节的，则其调试方法和上面讲到的新风阀的调试方式类似，不再累述。

5.1.5 回风系统的联合调试

若 AHU 未设回风风机，其回风系统靠送风机负压来驱动，而回风调节靠回风风阀（混合风阀）时，回风系统联合调试，主要就是配合新风、排风系统对回风风阀（混合风阀）阀位开度及其控制逻辑的调节。

若 AHU 设有回风风机。这种情况下，回风风机的控制往往有几种形式：和送风风机同频运行；和送风风机以某种对应关系差频运行；由室内静压控制运行等。根据不同控制方式，通过自控系统，将 AHU 的风量设定为最大风量、最小风量以及模拟出不同的运行工况，测试系统送风量、回风量、室内静压。并同时监控新风量及新风阀开度以及排风量及排风阀开度，通过调整回风风机的控制逻辑及回风风阀（混合风阀）的控制逻辑，使室内回风、室内静压、新风风阀及排风风阀始终都在设计技术要求范围内。

分别调试好变风量空调系统的送/回/新/排风系统后，还应将它们联动运行调试。通过自控系统，模拟各种负荷情况、各种运行模式，测试和对比各子系统在联动运行时的运行效果是否和独立调试时一致并满足设计要求，否则，应进行调整，直至满足设计要求。

5.1.6 运行模式的调试

变风量空调系统是个整体运行的空调系统，在实际运行过程中，要保证其运行效果，各种运行模式的配合使用是必不可少的。如早晨预冷模式、夏季制冷运行模式、过渡季节节能运行模式、冬季运行模式、节能运行模式、值班运行模式、部分区域运行模式、低温送风空调系统软启动运行模式等，都是各个变风量空调系统必不可少的运行模式。所以，在系统联合调试过程中，也应调试好这些运行模式。

运行模式的联合调试需要将项目新风、排风等等相关支持系统调整到相应运行模式需要的工作状态下，通过变风量空调的自控系统，逐一、分别模拟运行设计好的相关运行模式的控制流程、各种负荷状况、各个末端设备的各种控制模式等等，测试、记录和观察系统相关运行数据，验证系统在该运行模式下的实际运行效果，并做相应调试、调整，以使系统达到设计要求。

5.1.7 和其他系统的联合调试

变风量空调自控系统，只是楼宇自控化控制系统中的一个组成部分。楼宇自控化控制系统还有其他的自控系统，例如：BAS 系统、安防控制系统、照明系统、电梯控制系统等。而这些自控系统往往又和变风量空调自控系统是互联互通的，有的甚至需要配合控制。所以，系统联合调试也应包含和这些系统的联合调试内容，测试和调节变风量空调自控系统与这些系统间的互联互通情况及相应的配合监控情况，以达到设计要求。

5.2 空调风系统（送风/回风/排风/新风等各系统）的平衡调试

5.2.1 送风系统的再平衡调试

变风量空调送风系统的平衡是动态平衡，应尽量在设计阶段通过风管管路设计来实现。但实际工程项目中，由于设计、施工等各种原因，系统调试最后还是发现各个支路的阻力不平衡性远远超过设计要求，致使部分变风量末端装置风量始终无法满足要求或风阀开度过小而产生噪声。此时，应采取一些降低阻力较大支路回路的沿程或局部阻力方式，或采用动态变化性能较好的阻力调整措施，或增大下游部分支路下游阻力的方式等方法，适当地对送风系统中各个支路的在不同情况下的阻力情况进行相应的再平衡调试，使系统在各种运行情况下都能保持各个支路相对的静压平衡。应尽量避免采用通过调节送风主管、支管上的手动风阀来调节风管管路平衡的办法。

5.2.2 回风系统的平衡调试

变风量空调系统各个区域的送风是变风量的，回风自然相应地也是变风量的，而且还应该和该区域的送风风量相匹配，否则，就会造成局部区域回风不均匀，还会影响室内静压梯度的建立，甚至会影响室内空调效果。

回风系统再平衡调试时，通过自控系统，将 AHU 的风量设定为最大风量，并分别使各个区域的风量为最大风量，检测各个区域的送风量，并测试该区域各个位置的回风量，通过调节回风口大小/数量、回风口位置、回风静压箱上的调节阀等方式，使各个区域之间及各个区域内各个位置的回风量都满足设计要求。然后，再将 AHU 的风量最小风量以及模拟出不同的运行工况，来测试并评判各个区域、各个位置风量在不同情况下的回风平衡性是否还能保持在设计要求范围内，否则，就应适当调整。

5.2.3 新风/排风系统的平衡调试

变风量空调项目中的新风/排风往往都是通过送风/排风管道，采用的集中送新风或排风来实现，这样就存在楼层之间新风/排风的分配平衡问题，有必要对新风/排风系统进行平衡调试。由于，变风量空调系统往往新风/排风运行模式在空调季和过渡季节相差较大，所以，其调试也应分开两种情况来进行。

（1）空调季新风/排风系统平衡调试

一般变风量空调系统中，空调季各楼层新风都采用定新风量控制或变风量控制方式

(根据室内二氧化碳浓度或空气质量情况，对定风量重置的变风量控制方式)。

首先，通过自控系统，调节系统中的新风机组的风机频率，使其提供新风的所有楼层AHU的新风定风量阀的阀位开度都在90%以内。如果有的楼层的定风量风阀阀位过小，就应该对该楼层新风系统做适当调整。此时的新风井中的管道静压，就是新风机组的控制静压值。

然后，通过自控系统，模拟部分楼层出现室内二氧化碳浓度或空气质量超标情况而对新风做变风量控制，直至该楼层最大新风量为止。监测调试过程中其他楼层新风阀开度变化情况。如果没有出现新风风阀阀位接近100%的情况，就表明新风系统空调季的平衡调试完成；如果出现有新风风阀阀位接近100%的情况，就应该提高新风机组风机频率，直至所有新风定风量阀的阀位开度都在90%以内，并设定此时的新风井中的管道静压为新风机组新的控制静压值。

空调季排风系统的平衡调试和上面所讲到的新风系统调试相同，不再累述。

(2) 过度季新风/排风系统平衡调试

过渡季新风系统平衡调试时，先通过自控系统，调节系统中的新风机组的风机频率为最高频率，并将其提供新风的所有楼层AHU的新风阀的阀位开度都设为100%开度，测量各个楼层新风风量及总的新风风量，检查其是否满足设计要求。如果有部分楼层风量和设计新风量相差较大，应通过将部分新风量过大的楼层的新风阀开度进行限制设定或调节该楼层AHU关新风控制的风阀、风机来调整，使所有楼层的新风量都在设计要求范围内。

过渡季排风系统的平衡调试和上面所讲到的新风系统调试相同，不再累述。

5.3 综合效能测定

在各分项调试完成后，就可以进行空调系统的综合效能测试，测定系统联动运行的综合指标是否满足国家相关标准、规范及设计要求。如果达不到相关要求，就应在测定中做进一步调整。

空调系统带负荷的综合效能试验的测定与调整，应由业主负责，施工和设计单位配合进行。

在调试条件允许的情况下，或根据设计要求或客户提出的调试要求所做的模拟环境条件下，让系统自动、连续运行。连续运转时间，一般舒适性空调系统不得少于8h；恒温精度在±1℃时，应在8～12h；恒温精度在±0.5℃时，应在12～24h。

测试空调及自控系统运行的过程及最终性能下列参数：

(1) 测量室内温度、湿度、噪声，并监测其稳定性及控制的准确性是否符合要求；

(2) 测量并监测温度设定及实际温度对应关系是否满足设计要求；

(3) 测量室内温度分布情况，判定其是否满足设计要求；

(4) 测量室内气流风速及气流分布情况，判定其是否满足设计要求；

(5) 测量自控系统控制反应时间及完成控制时间，调整控制变量，以便使自控系统能满足稳定性要求；

(6) 测量自控系统在稳定运行情况下，改变控制指令或状态变化的系统稳定时间；

(7) 测量所有控制参数（系统送风静压、各种风阀阀位、风机运行频率、各种风量参数、水/风温度、室内静压、新风量、排风量、室内二氧化碳或空气质量参数等），并监测其稳定性及控制的准确性是否合乎要求；

（8）监测变风量空调及其自控系统各种模式运行、状态变化及模式转换情况；

（9）监测变风量空调自控系统对各个设备控制的准确性是否满足技术要求；

（10）评估工作站自控系统（控制性能的优劣；控制功能是否齐全满足使用要求；界面的友好性如何；反应时间是否满足要求；可操作性是否方便简易等等）；

（11）根据系统实际运行的相关数据，评估变风量空调系统能耗及节能性能优劣，是否满足国家空调系统节能规范及该项目设计要求。

6. 季节调试阶段（带载调试阶段）工作内容

变风量空调系统是一个各个子系统、各个设备、各区域相互影响的综合性系统，各种因素都会影响系统的运行效果。虽然我们按上述对各个设备及子系统都做了分别调试，也做了联动调试，但并不表示经过调试以后的系统中各个设备及系统的控制逻辑及控制参数设定就不再改变了。还应在以后系统实际使用运行过程中，根据实际运行情况，不断地调整、修正和再设定，以使系统运行更趋完善。这种调整及再设定，至少应该进行过整个调试期间以及两个完整的空调季（夏季供冷季＋过渡季节能运行季＋冬季模式运行季），等系统完全运行稳定后才算完成。

在系统正式投入使用情况下，根据不同季节室内负荷及外界负荷的影响，对变风量空调及其自控系统的各个设备、各个子系统以及各种运行模式中的控制参数、控制逻辑以及控制程序不断进行调试、调整、修正、再设定，将系统调整到一个相对均衡、能完全满足系统设计技术要求的状态，使每一个区域和系统都能达到理想的工作状态。

至此，从整体系统上来说，变风量空调及其自控系统的调试可以算基本完成了。但要想使系统运行效果更加完美，就还应该进行下面的调试。

7. 运行调试阶段（运行过程中根据实际情况进行的个性化调整、修正）工作内容

变风量空调系统是一种个性化特点非常强的空调系统，几乎就没有标准模式。要达到理想的运行状态，要真正实现节能、舒适、卫生、环保、智能化，良好的运行管理更是必不可少。

变风量空调及其自控系统的要达到良好的运行管理，应在自控系统建立时，编制好良好的运行时间表及其完善的数据记录，持续记录和分析系统运行的主要参数及其变化曲线：室/内外温度、压力、风量、二氧化碳浓度、能耗、运行时间、运行状态、各个变风量末端运行参数及工作情况、AHU 各项运行参数等等。并且，坚持每天打印各项运行数据、图表，进行分析、判断。在长期的运行管理过程中，根据空调系统的运行数据及图表反映出的问题，来不断调整、修正变风量空调及其自控系统运行时间表、控制参数等等，使系统逐渐达到最佳状态。

变风量系统的运行模式及控制方式的确定，尤其是各个控制参数的确定，也都不是一下就能完成的，都必须经过一段时间的试运行，从运行趋势曲线显示出的各个参数的状态，来不断调整控制参数及各个设备的控制方式以及系统的运行模式，只有这样才能最大程度发挥变风量空调系统节能、环保、舒适的特点。

另外，既然变风量空调系统是一种个性化特点非常强的空调系统，就会有很多个性化的情况出现。处理和应对这些个性化的情况，正是变风量空调系统运行阶段调试、调整工作的真正意义所在，也是保证变风量空调及其自控系统运行效果的最终也是最直接的手段。

（1）变风量空调系统设计时，都是按照设计规范及客户要求，在假设环境及室内负荷情况下完成的。而实际使用时的负荷情况绝大多数都和设计状态不同。这样，难免就会有一些区域的变风量末端设置或选型不够合适，偏离实际需求过大，出现过热或过冷情况。这就需要根据实际负荷情况以及结合其实际运行所表现出来的运行状态，对这些区域的变风量末端进行调整。一般就是调整其最大风量或最小风量，如果这样还不能解决问题，就得更换变风量末端的型号。

（2）室内温度控制效果不佳，很多情况下都是由于温控器的安装位置不能代表所要控制区域室内温度所致。发现这种情况时，如果可以通过温度设定修正来弥补的，就通过温度修正解决这种由于位置偏差所带来的影响；否则，就必须及时调整温控器的安装位置，以消除影响。

目前，很多变风量空调系统中的大空间区域，都将温控安装在天花板上的回风口中。由于，天花板上距离室内有一段距离，加上室内空间上部灯光、设备等负荷影响，所以，温控器在该处感测的空气温度比室内空气实际温度会高一些，必须通过一定的温度修正，来弥补因此而带来的影响。另外，由于温控器安装位置不恰当，或所处的回风口处的回风并没有完全代表所控制区域的室内空气，也或由于附近的送风口设置及调节不恰当，造成送风短路等等原因，使温控器感知的空气温度偏离所控制区域的室内空气温度，就必须调整温控器安装位置，并通过调整送/回风口的布置或配置，调整室内气流组织，使温控器真正感受所控制区域的室内控制温度。

（3）将多个温控器集中安装在一个较为偏僻的位置这种错误的安装方式，在目前国内的变风量空调系统中非常常见，但它对系统运行所带来的影响却是非常大，是很多项目中室内环境温度分布不均匀、室内温度控制不准确的主要原因，必须予以纠正。必须将这些温控器分别安装到能够准确感知其所对应的变风量末端所要控制/调节区域空气温度的位置。

（4）精装修后，往往由于装修情况的影响，尤其是采用了不同类型的送/回风口或改变了原来的送/回风管路，造成部分区域的送/回风出现局部失衡。这时，就应该根据变风量空调系统实际运行情况，适当调整变风量末端上下游阻力配置，或对送风、回风系统做适当调整改进，改善该局部区域送风、回风系统平衡性。

（5）室内温度控制不够满意，室内空气温度分布不够均匀，有明显的冷热差别，这些问题很多时候都是由于室内送/回风形式、布置及配置不够合理有关。通过，采用贴附性更好的送风口，可以减小冷风下垂情况的出现，大大改善室内空气温度的均匀性。调整送/回风的布置及配置，将送/回风口安装在合理的位置，调整室内的气流组织，以保证室内空气混合均匀，减少温差情况出现。调整送风口的送风方向，控制室内气流组织，使人员所在位置始终处于室内空气温度最舒适的区域。这些改善室内温度均匀性的措施，同时能保证室内温度测量和控制更加准确，室内环境更加舒适。

（6）当某一区域的使用功能发生变化，或其负荷情况及负荷变化规律发生重大变化时，该区域配置的变风量末端的设定、设置及运行模式都有可能发生较大变化。这时，就应该按照实际变化情况，结合实际运行所表现的问题，及时调整变风量空调末端的设定及运行控制逻辑，必要时，还得更改变风量末端的选型、配置甚至类型。比如：原设计作为办公室用途的内区区域被改成了人员众多且变化极大的会议室，原来配置的单风道型变风量末端就可能得更换成带再热的并联式风机动力型变风量末端，而且，其运行参数设定也都得做出相应的改变，连控制器的类型及控制逻辑也得做出相应的改变。

（7）如果系统中有一整层或一层中的大部分区域的实际使用功能都和原设计、调试时发生重大变化，例如：原来办公用途的楼层，整层都被改成了会议室、娱乐室、餐厅或会所，此时，不但变风量末端的参数设定、配置、型号甚至类型都要改变，连该层变风量空调及其控制系统的运行控制程序、控制逻辑、运行模式以及系统运行控制参数等等很多方面都需要重新做出改变、调整、修正，并需进行重新调试。

（8）如果由于变风量末端运行参数的改变或变风量末端数量的增减，引起变风量空调系统局部区域的送/回风变化过大，对整个系统运行带来影响时，就需对整个系统做相应的调试、调整和修正，以满足系统新的工作需求。

（9）原设计中只有一个变风量末端的区域被划分成了几个独立的空调区域，这时就需要采用增加变风量末端或将原风口改为变风量风口等方式来实现每个区域都能独立控制其室内温度。这时，就需要对该区域甚至系统中的被较大影响的部分进行送/回风系统调试。

上面这些还仅仅是列举了一些项目中常见的需要在项目实际运行阶段不断调整、修正、调试的例子，现实项目中有更多类似的情况。可见，变风量空调系统是一个需要不断调整和完善的空调系统。

8. 结束语

从上面的描述可以看出，变风量空调及其自控系统是系统工程，其调试须得到业主、设计单位、总包单位、机电/空调系统承包单位、弱电/自控系统承包单位的完全支持和积极配合；变风量空调及其自控系统的调试，必须由具备专门专业技术能力的单位来实施；变风量空调及其自控系统的调试，必须贯穿系统的整个调试过程及系统正式运行后的相当长一段时间，而不能仅仅只是各个设备及子系统简单的调节及验收。

6-3　VAV系统施工与调试经验

朱　红　周　杰　郑伟伟

（北京市设备安装工程集团有限公司）

1. 引言

随着我国经济的发展，国外许多先进和成熟的空调技术在各地得到高度重视和应用。变风量空调系统因其节能显著、易于多区控制及舒适，在欧美、日本等国已广泛使用，在我国许多高级办公楼也已设计施工并相继完工。京澳中心工程是2009年4月竣工的工程，其中楼上办公区均采用变风量空调系统，工程正式投入使用以来，VAV变风量空调系统使用正常，达到了设计要求。

2. 工程概况

京澳项目总建筑面积25万m^2，地上24层、地下3层。其呈双塔结构，3层以下为裙楼，3层以上为塔楼。其中VAV分布的层面为塔楼标准层3～22层，共40个层面，为单风道无动力型末端。其中3～9层单塔每层106台，10～16层单塔每层107台，17～22层单塔每层108台，共4438台。控制模式为单冷模式，风管口径为7吋、9吋，控制器为

VMA1415，温控器为 TE-700-29C-0。VAV 设备及控制器等品牌为江森，VAV BOX 的订货由我方负责。

3. VAV 系统控制原理

VAV 系统控制原理如图 6-3-1 和图 6-3-2 所示。

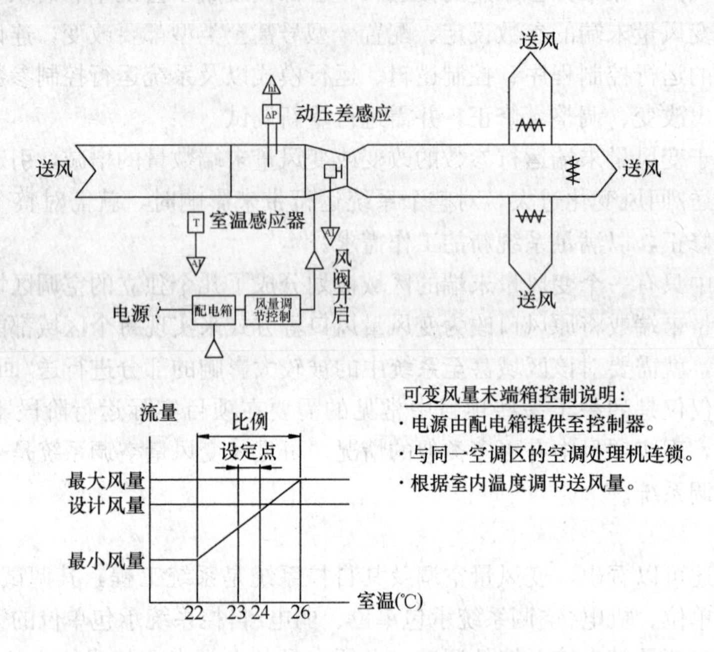

图 6-3-1 变风量末端箱控制原理图（一）

4. 系统安装、调试应注意哪些问题

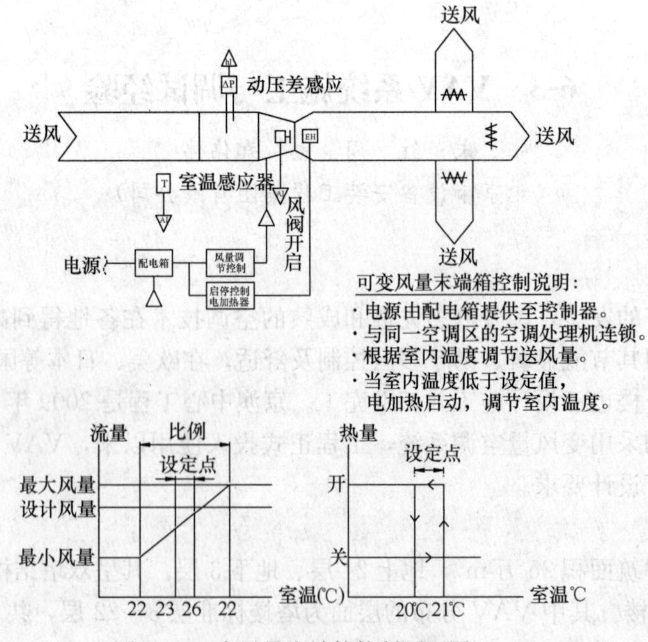

图 6-3-2 变风量末端箱控制原理图（二）

（配电加热器）

4.1 施工注意事项

4.1.1 施工前的技术准备：风管施工前，应与各方进行充分沟通，确保在施工前，将最终的吊顶排布图经各方确认，然后依据排布图确定各专业主管道位置，并将所有支风管一次到位，避免装修后期支风管来、回返弯，确保系统严密、避免系统阻力过大。

4.1.2 风管下料工序控制：风管下料时进行精心安排，尽量减少拼接缝。

4.1.3 密封胶的选择：考虑风管内输送空调风温差大（8～30℃），且变化迅速（可能上午供热，下午即供冷），故对密封胶的弹性及粘结性提出较高的要求，必须采用质量好的密封胶。

4.1.4 末端风口的选择：根据有关的气流组织试验结果表明，在变风量送风的情况下，条缝型散流器和灯具散流器在较大的风量变化范围内，空气分布特性指标 ADPI 均保持在 80％以上，所以变风量系统中一般采用条缝型散流器和灯具散流器，但在选择条缝型风口时，必须依据风口风速、静压、扩散区域、到底距离、噪声情况，参照厂家样本进行仔细选择，绝不盲目订货，否则极易对空调效果产生影响。

4.1.5 VAV 系统采用条缝型送风口，吊顶回风，办公室与走道的隔墙在吊顶上空留足气流通道。VAV 末端下游采用消声软管接带静压箱的条缝型送风口，软管施工要求气流通畅，管道交叉处禁止被挤压。以往工程中，由于吊顶里软管被装饰公司在交叉作业中压扁，在调试过程中出现风口的风出不来。

4.1.6 在工程未交付使用前，不应采用正式风机对施工现场进行通风或除尘等工作。

4.1.7 安装完毕要对风管进行漏光试验和漏风量试验，保证风管的漏风量达到规范要求。对于严密性试验不合格的风管，要采取再次堵漏，直到系统漏风量满足规范要求。

4.1.8 VAV 系统中对整个系统的严密性要求比较高，不但要求风管的严密性，对系统中消声器和风阀的严密性也有要求，所以在设备材料订货过程中，一定要对消声器和阀门厂家提出相应要求，必须达到规范规定，保证整个系统的严密性，保证 VAV 系统能调到最佳状态。在消声器的订货过程中，消声器的严密性对厂家提出了要求，比如采用实芯铆钉，所有拼缝处都要打胶等。

4.1.9 系统调试。变风量空调系统的工程调试非常重要，其工作质量直接影响系统的运行结果，必须进行如下试验：主风管的严密性试验，整个系统的严密性试验，系统的最大送风量，每个 VAV BOX 的最大送风量、最小送风量，每个末端风口的最大送风量、最小送风量，变频风机的性能曲线校核，最大送风量与最小送风量时各房间及吊顶内的静压，排风量与送风量关系图等。

4.2 VAV BOX 的安装

在设备运输到场时建议项目负责人安排专人负责接货，接货后及时清点数量并确定是否有在运输过程及搬运过程中的损坏。如损坏严重还涉及赔偿问题，现场有专人负责则可现场区分责任，避免互相推诿加大索赔难度。如发现设备变形希望查看是否可以简单修理而不影响正常使用，则应先打开控制器盒盖，看控制器是否完好，压差传感器之皮托管是否有损坏，再按住风阀强制按钮移动风阀，看风阀是否可以正常转动，如风阀无法正常转动被卡住、控制器有明显损坏则需返厂修理或全额索赔。如可以正常转动则需通电测试进一步查看命令发出后控制器是否可以正常工作。

4.2.1 VAV BOX 的安装比较简单，只需将 VAV BOX 的标准圆风口与进风口风管连接，变风量箱的出风口与出风管连接，箱体本身加装吊装装置，其安装方式见图 6-3-3。

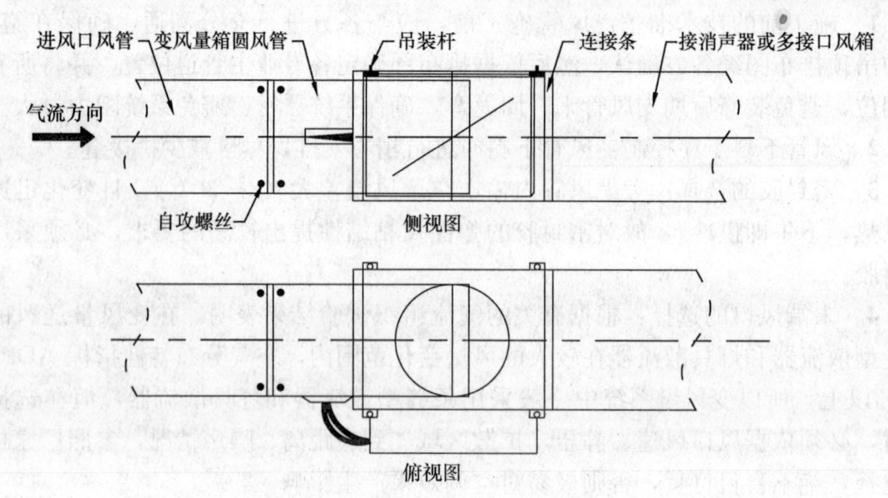

图 6-3-3　VAV BOX 安装示意图

4.2.2　VAV BOX 安装前应进行水压试验，试验压力为工作压力的 1.5 倍，不漏为合格。

4.2.3　VAV BOX 进出水管处采用铜截止阀，并设长 250mm 不锈钢波纹软接头，回水处设放气阀。

4.2.4　供回水阀及过滤器应靠近 VAV BOX 安装。

4.2.5　风管与 VAV BOX 的连接处应严密、牢固。

(1) VAV BOX 的标准圆风口与进风口连接方式参见图 6-3-4。

(2) VAV BOX 的标准圆风口与进风口风管通过连接套筒连接，安装到位后，保证电控箱位置在水平侧，在图示位置用自攻螺丝固定，数量以 4～6 个为宜，连接缝处涂一些玻璃胶密封。

(3) VAV BOX 的出风口与风管连接方式参见图 6-3-5。

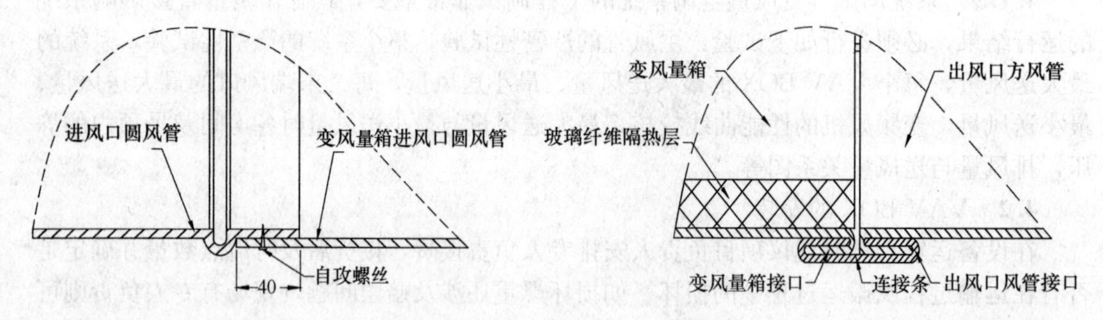

图 6-3-4　VAV BOX 风管连接示意图　　　图 6-3-5　VAV BOX 出风口与风管连接方式

(4) 两端对正后，用连接条固定，连接条突出部位向风管方向敲平，两段之间连接不应有松动。

4.2.6　VAV BOX 应用支、吊架固定，便于拆卸和维修。

4.2.7　VAV BOX 是一个转动的设备，为了不使震动向外传递，四根吊杆与 VAV

BOX固定的部位，一定要上下各设一个螺母，并拧紧。

4.2.8 VAV BOX调试前必须以弱电自控专业为主就设计给定VAV BOX最大风量及最小风量之间进行非线性变化的校正，使用VAV BOX控制器校正风阀开启角度，并与控制DDC的参数一致。

4.2.9 本工程部分末端采用的是并联式风机动力型VAV BOX，由于有风机这个震动源，安装末端时一定要按照设计要求采用相应的减震措施。

4.2.10 VAV BOX前一定要保证进风口处的风道满足箱体对应尺寸的直管段，保证气流在入风口处的测量值的准确性。

4.2.11 VAV BOX在安装前，应严格检查以下几点：

（1）清除VAV变风量箱内外的尘土；

（2）检查箱体外壳是否完好，有无变形等缺陷；

（3）检查箱体是否出现部件松动现象；

（4）检查箱体表面有无划伤、划花现象；

（5）检查玻璃纤维隔热层有无脱粘现象；

（6）检查风阀叶片及轴联结是否可靠、转动是否灵活；

（7）检查箱体是否可靠接地；

（8）检查风量及平衡用支管的连接是否可靠，有无脱落。

4.2.12 设备安装时应注意：

（1）VAV BOX吊装分为吊耳安装和吊筋托底安装，吊耳安装只要将吊筋固定完好即可，吊筋托底安装应注意最好使用三道吊筋托底安装，第一道托住VAV BOX机头及控制器，第二道托住机头及静压箱之间的连接处，第三道托在静压箱的中部，这样可以确保安装质量。

（2）安装前应注意机头处有一竖向箭头，此箭头标定了VAV BOX安装的方向，应确保箭头保持向下，这样便于后续的接线、拨码及调试。

（3）安装时应注意确保VAV BOX控制器箱体距离墙面或梁至少50cm以便于后续的接线及调试工作的进行。

（4）VAV BOX进风口同风道连接建议采用硬连接方式，及在风道上做金属变径后用拉铆钉连接到VAV BOX进风口上，这样可以最大限度地保证VAV BOX进风口不被异物堵塞，如一定用软风管连接则要按软风管连接的工艺要求先连接软风管内侧铝箔再套上岩棉及外侧铝箔，否则很可能造成岩棉堵塞进风口。另外风系统中一些异物（如纸片、泡沫）也可随风吹到风管中，由于VAV BOX进风口处有静压传感器，这些异物也会在VAV BOX进风口处形成堵塞。

4.2.13 设备接线时应注意：

（1）VAV BOX控制器接线包括：通信线、电源线、温控器连接线三种。通信线可采用AWG18或RVVP2×1.0线缆。电源线应根据VAV BOX的负载，计算出能满足电流要求的BV线缆。温控器连接线为两端以RJ45A型接线方式为接头的网线。其中通信线的屏蔽层应接在端接模块的指定位置以保证通信线不被干扰。电源线在进入控制器的变压器以前应设有保险，以保证设备不被大电流损伤并且方便后续调试。温控器连接线应尽量短，如果显示某台VAV BOX附近温度为100℃时则应查温控器连接线是否有需要更换。

(2) VAV BOX控制器通信线连接前应逐段检测通断和接地，90%的设备不上线问题均来源于通信线没有接好。

(3) VAV BOX电源是否接通只要看通信指示灯即可。通信指示灯闪烁频率不知道代表什么，但如果通信灯不闪烁则说明通信出现故障。

4.3 调试注意事项

4.3.1 设备调试前应通知风设备专业进行VAV BOX进风口前方的风量调整，以确定设备专业进行出风口风量平衡调节，以满足同一VAV BOX各出风口风量基本一致，从而保持一个舒适的送风方式和良好的送风效果。

4.3.2 设备调试时应先看设备上线情况，如设备未上线则可以按之前所提到的注意事项对通信线、电源线进行检测。上线的VAV BOX应首先对其温控器、阀门控制器进行检测。原因在于如果一台AHU所带的VAV BOX中有很多控制器的风阀无法正常控制，则可能会使这台AHU憋风，导致损坏风管的后果。先读取温控器中受控区的区域温度，然后用温度传感器检测该区域温度，两者对比看温控器是否正常。在做阀门检测时先将阀门强制全部打开，并查看阀位反馈；然后把阀门关至50%，查看阀位反馈；最后把阀门全关，查看阀位反馈。如均无问题则可以开启AHU进行风量检测了。开启AHU后先采用工频使AHU风量最大，然后把VAV BOX调整至最大风量后，观察每一台VAV BOX的风量。然后把变频器开启到最小风量所对应的频率，检测所有VAV BOX的最小风量是否能达到要求。

4.3.3 设备安装完毕、线缆全部连接后，调试检测设备的一般步骤如下：

(1) 查看VAV BOX是否上线，如设备不上线则首先查看通信线、电源线是否完好。

(2) 如果通信线、电源线无误则取下该控制器的通信线端子，查看是否有原本不上线的控制器上线，如有则说明该控制器的拨码地址同上线控制器重合，则应修改为正确的地址码。

(3) 如无其他控制器上线则应观察其通信指示灯是否闪烁，如只是亮而不闪烁则可能是通信卡故障，用IU连接该控制器，然后用HAVCPRO软件连接设备看是否可以同设备一对一通信，这样免除了其他复杂的影响因素，如还是无法通信则说明网卡损坏。

(4) 当一台AHU上的所有VAV BOX上线后则可以做风量检测，主要检测最大风量。当风量设定值为最大风量时很多问题才能暴露出来，也可以说如果最大风量都已经可以满足，那么控制其他风量则均无问题。把所有控制器设定风量为风量最大值之后，首先看是否大部分风量满足要求或接近要求，如果不是则需检查AHU进风阀、回风阀、防火阀是否打开，如均已打开则打开空调机组风机查看是否反转（注：一般风机上都有正向标志，是一个箭头）。将这两个问题排除则不大可能再出现大面积风量过低现象，然后对少数风量不够的控制器进行逐个检查，先查看风量不够的VAV BOX所在风管平面图中的位置、周围几台VAV BOX风量大小、属于那条风管、其附近是否有其他控制器的风量也不够。如果只是个别现象则说明VAV BOX进风口堵塞或出风口堵塞或出风口面积过小。进风口堵塞只要拆开进风口查看即可，出风口堵塞有可能是出风口手动阀未开启或内有异物，出风口面积过小主要是设计时未能考虑到出风口风阻对进风口风量的影响问题，这样的情况不多。如果是附近几台则看附近是否有三通拉杆阀，调节三通拉杆阀查看风量变化，看是否可以调节到满意程度。如果是整条风道都不满足，则这条风道设计时有缺陷，或是该风道有风阀未开。另有一种特殊情况，VAV BOX风量始终徘徊在一个很低的数值或为零，则需检查该VAV BOX的压差传感器是否有问题。首先检测机头处两根压差传感器的胶管，看胶管是否有损坏，然后向着风流方向看去，确定是否是红胶管在前绿胶管在后，如均无问题则拔出红胶管对其用力吹，查看该控制器风量是否有变化，如果有变化则说明传感器无问题，可能是程序问题，重启一下就可以了，如果没有变化则说明是压差传感器损坏，需返厂修理。

以上步骤均检测完成还有无法解决问题的VAV BOX，应建议返厂修理。

（5）当完成以上单机调试步骤后，系统可以进行联合调试，分为定静压、变静压、总风量三种。根据设计要求，京澳采用的是定静压方式，初步确定风道静压的方法是将AHU开到设计频率百分比情况下主风道末端三分之二处的压力即为设定压力。（注：主风道末端三分之二处为理论上静压最不利处，如其他工程选择别处应按业主及顾问公司要求去做）例如：工频为50Hz，设计频率百分比为80%，则将AHU开到40Hz时主风道末端三分之二处静压值为设计静压值。

（6）另交代一种在单冷模式下简易开启全部VAV BOX风阀方法，先将VAV BOX全部供电，并不开启AHU，待10分钟以后（主要视带VAV BOX数量决定时间）切掉所有VAV BOX的供电，则全部风阀应开启。因为当VAV BOX供电后机组不开则压差传感器只能检测到很小的风量，风阀将按照程序要求逐渐开启。这个方法主要应用在风专业做其他设备检测需要排除VAV BOX影响的情况下使用。

6-4　变风量空调系统调试问题分析

申友勇
（中铁建设集团公司）

1. 引言

随着生活水平的提高和社会的进步，人们对空调环境的要求也越来越高。近几年，变风量空调系统在高级办公楼中迅速增多，但个别变风量系统因设计、施工等方面的原因造成空调效果不理想。事实上，20世纪80年代后期有的设计院已经独立完成了一些VAV系统的设计，建立了第一批VAV系统，如北京的长城饭店、发展大厦、亚太大厦等，但由于新风量不易保证、自控系统复杂、管理水平要求高等原因，运行状况均不理想，暴露出从设计、施工、安装、调试到运行管理各方面的问题，工程完工后不得不以定风量方式运行，给业主造成了很大的经济损失。下面借助于工程实例谈谈在深化设计及安装调试中需要注意的事项。

2. 变风量空调系统简介

变风量（简称VAV）空调系统是相对于定风量（简称CAV）空调系统而言。其主要特点如下：

2.1 节能性

VAV空调系统于20世纪60年代起源于美国，其广泛使用则主要是由于20世纪70年代世界范围内的能源危机。由于VAV空调系统是通过改变进入房间的送风量来满足室内变化的负荷，加之空调系统在全年运行的大部分时间内都在部分负荷下运行，因此随着房间送风量的减少，相应的变频空调机组的风机耗能降低。特别是当室外新风焓值低于室内值时，空调系统不需大厦本身的系统冷源，就可以在经济循环模式下运行。保守估计一个VAV系统的能耗最多只有定风量系统的70%。另外根据负荷的变化或个人的舒适要求自动调节送风量，满足了个人不同的健康、舒适要求，提升了空调系统的档次及品质。

2.2 卫生性

VAV空调系统属于全空气系统，与常用的风机盘管系统相比，没有风机盘管的凝结水可能污染吊顶的问题，也没有霉菌问题。

2.3 无噪声

VAV空调系统的无动力型变风量末端无噪声，与风机盘管本身的噪声相比，它有效地控制空调系统在室内的噪声。

2.4 有利于房间的灵活分隔。

VAV系统由于末端装置布置灵活，只有软风管与主风管相连并能进行区域温度控制，因此只要重新分隔后各房间的冷（热）量与该房间重新调整的变风量末端（简称：VAV BOX）的风量相匹配，即可以较方便地满足新用户的需求，这一特点是定风量系统和新风加风机盘管系统无法比拟的。

2.5 初投资比较大，但维修方便，运行费用低。

3. 本实例工程简介与分析

3.1 系统组成

VAV空调系统主要由空气处理机组、消声器、通风管道、VAV BOX、DDC数字控制器、余压系统（含电动排风阀、屋顶风机等）等组成，如图6-4-1。

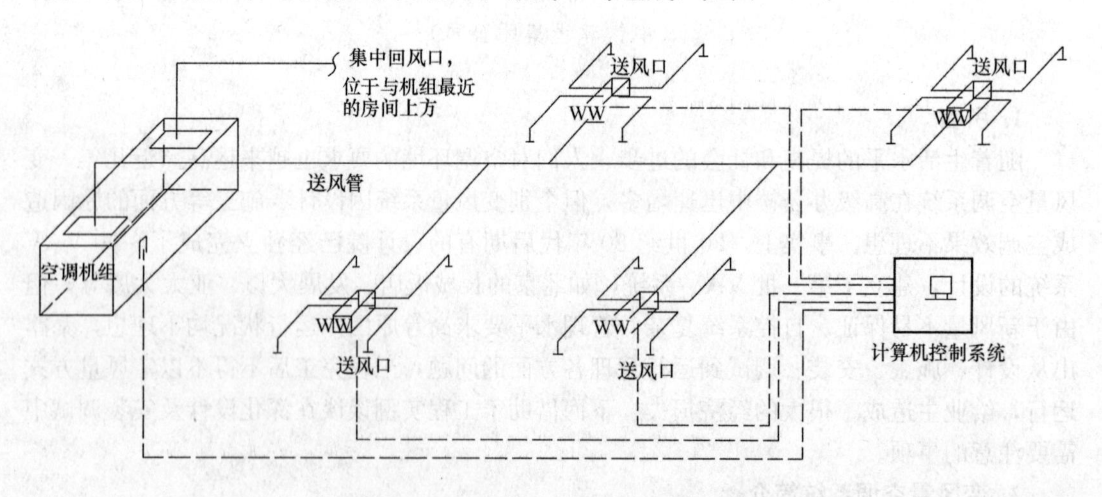

图6-4-1 变风量空调系统原理图

图中控制部分已经发展到可以通过计算机网络对空调系统进行实时采样、监测、分析和调控，实现全天候、全方位、全过程控制智能化，并成为现代化智能化大楼的一部分。

3.2 系统运行模式

VAV空调系统的运行模式包括：正常工作模式、夜间（值班）模式和早晨预热模式，并设置了季节转换功能。

3.3 对VAV系统组合式空气处理机组的设计基本控制要求：

3.3.1 新风管上设置电动阀，与风机连锁，同开同关（延时）。过渡季节采用全新风工况，冬、夏均采用一次回风方式，新风阀设置最小送风量限制，当新风阀阀位降至设定的最小阀位时，送风量如果再减小，则新风阀阀位不变，减少回风阀阀位。

3.3.2 防冻报警，当温度低于4℃时，停送风机、关闭电动新风阀、开启冬季空调水管路上的动态平衡电动调节阀至最小开度。

3.3.3 空气处理机组内过滤器阻力超标报警。

3.3.4 在表冷器的回水管设置电动动态平衡调节阀，由送风温度控制该电动阀的开度。

3.3.5 空气处理机组内的变频风机，由送风管道中的压力（静压）控制送风量，并设置最小送风量限制。压力（静压）控制点设置在送风干管的后1/3～1/4处。

3.3.6 当过渡季节采用全新风工况时，即新风阀大于设定阀位时，电动排风阀（设置在办公层与中庭之间的墙上）开启，并由回风吊顶内的压力（静压）控制排风阀的开度。

3.4 对VAV BOX的控制要求：

3.4.1 内区VAV BOX的控制要求：在夏季工况当室温下降时，VAV BOX的送风量减小，当送风量减小至35%时，送风量不再减小。

3.4.2 外区带再加热盘管的VAV BOX的控制要求，在夏季时与不带再热的VAV BOX一样；冬季工况时，送风量先置于最小风量（35%），当室温下降时，VAV BOX的送风量不变，开启再热盘管的电动动态平衡两通阀，如室温仍然处于下降趋势，则加大送风量。

3.5 本工程冬季供暖运行后存在的问题：

3.5.1 最末端房间温度偏低。

3.5.2 房间温度控制较滞后且控制不好。

3.6 问题分析：

3.6.1 最末端房间温度偏低的分析

经测量，发现其他房间送风量基本满足，最末端房间送风量明显不足。

经检查空气处理机组内部发现过滤器脏。可以断定，过滤器脏引起系统阻力增大，导致系统风量减少。

待机组过滤网清洗后，经测量，机组出口处主风道的风量为31474m^3/h，通过系统本身的每个VAV BOX记录的单个风量，求得系统总风量28000m^3/h，但机组额定风量为32000m^3/h，机组余压为600Pa，比较后发现，两者相差3474m^3/h，比例为11%。可以断定，系统风管存在漏风现象。经检查发现，该系统风管在施工过程中，由于工期紧、管理不到位等原因，支风管与主风管连接处未采取咬口连接，大部分采取翻边拉铆钉连接，且原密封胶存在开裂，导致漏风严重。进入吊顶重新采取拉铆钉加固，并采用优质密封胶处理后，重新测量，风机出口处风量为31360m^3/h，通过VAV BOX求得的总风量为

$30580m^3/h$，两者相差仅为2.5%，少于5%。

经以上处理，最末端房间温度偏低的问题得以解决。

3.6.2 房间温度控制较滞后且控制失调的分析

（1）主要表现

1）控制送风温度延迟时间较长，达到30min。

2）在太阳照射较强的天气，房间温度波动太大，特别是下午2点左右，朝阳的房间温度达到27℃，甚至更高，控制不明显。

3）系统运行后，问题并不是时时刻刻的存在，随着送风量及外界负荷的变化，有些问题可能在某个工况下发生，但在下一个工况时又消失了。

（2）原因分析

1）产品选型问题，导致控制不利

送风温度调整滞后时间太长，原因为空调水管道上的动态流量平衡阀存在5%的最小开度的问题，不能完全关闭，造成送风温度调整滞后，最后缩小房间温差设定，问题得到一定缓解。建议在选择空调水管道上的动态流量平衡阀时，尽量采用能完全关闭的动态流量平衡阀。

2）本系统送、回、排风设置有失考虑，导致气流组织不好

在全球变暖的大环境下，冬天太阳负荷也将非常大，结合本工程，笔者在2007年1月11日对该工程进行测量，有关数据如下：室外天气情况：白天最高气温零上3℃，北风2～3级间中4级，太阳照射强。在下午1∶30左右测量本楼同朝向的14层，该层一直未运行空调机组，且未进行小房间分割，测量数据为27～28℃。本楼除南侧玻璃幕与室外接触外，其他三面基本不与室外直接接触，同时，该楼采用高档保温型玻璃幕，在太阳照射较强时，进入房间的热量远大于房间向外的散热，并结合以上数据分析，该楼层此时刻需供冷风抵消房间热负荷，经30多分钟，多次调整送风温度，最终达到12℃后，靠近外玻璃幕的房间温度仍然相对较高，达到24℃左右。

分析得出：

①送风不畅

为使房间温度降低，送风温度保持在达到12℃后，新风量占整个系统总送风比例的80%，长时间大新风量送风，必将造成房间静压过高，导致送风不能到达空调区域，影响送风效果。

另本工程标准层除单独设计卫生间独立排风外，在通往中庭处仅设计有余压阀排风，且原设计仅为过渡季节启用。无有效排风，也导致送风不畅。

还有，为保证房间美观性及空调效果，送、回风风口均采用了特殊的条缝型风口，与普通的条型风口相比，其出风口截面积小、阻力很大。

②回风系统设计不合理

本工程采用吊顶回风，空调房间的回风经各自的吊顶回风口至吊顶内，从吊顶内集中回到空调机房，造成远处房间的风回不去，大部分从近处房间回去，使各房间室温不均匀。同时经二次装修后，本系统空调面积为$1200m^2$，被分割为17个独立的空调房间（卫生间除外），且层高较高，层高为6m，吊顶标高为4.5m，气流组织非常不顺畅，因吊顶上除回风口外，灯具、喷头、烟感、检修口等处均存在缝隙，且房间较高，单个空调房间

的回风量难以具体测量，所以送风在半空中就已反向形成气流短路，未与室内空气进行有效交换。气流组织模拟图如图6-4-2。

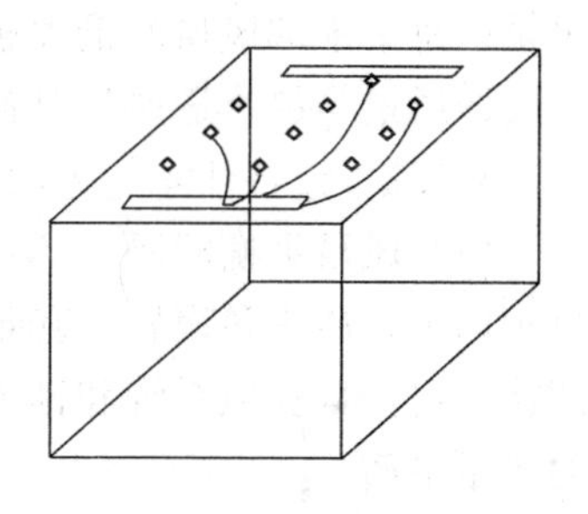

图 6-4-2　气流组织模拟图

建议：独立小房间较多、吊顶高度大于 3m 的 VAV 系统尽量不采用无回风管的吊顶回风，因为吊顶回风方式往往造成靠近机房的回风口回风量大，而远处的吊顶回风口几乎不起作用。故独立小房间较多的 VAV 系统尽量采用有回风管道的可调节的回风系统。

(3) 改进措施

将回风吊顶内的电动排风阀与空气处理机组新风阀连锁，改变原设计回风吊顶内电动排风阀仅在过渡季节开启，而是不论何种季节只要空气处理机组运行后，即将电动排风阀打开，且电动排风阀开度与空气处理机组新风阀开度同步，尽量维持本层的新风量与排风量相等，以保证房间静压平衡。最终房间温度基本维持在设定范围之内。

3.7　结论

3.7.1　施工注意的方面

(1) 施工前的技术准备：风管施工前，应与装修单位、设计院、建设单位、其他施工单位等方面进行充分沟通，确保各专业在施工前，将最终的吊顶天花排布图经各方确认，然后依据吊顶天花排布图确定各专业主管道位置，并将所有支风管一次到位，确保以后支风管不来、回返弯，才不会造成连接不紧密，否则可能造成系统漏风严重、系统阻力过大等情况。该施工顺序应为：精装修专业提供天花排布图—机电各专业吊顶布置（风口、灯具、喷头、烟感等）—各方审核（建设单位、设计单位等）—精装修单位在现场分割定位基准—机电各专业定位安装主管道及支管道（主要是空调风管及喷淋管）—吊顶主、次龙骨—吊顶封板及安装风口、灯具、喷头、烟感等。

(2) 风管下料工序控制：风管下料时尽量减少拼接缝。

(3) 密封胶的选择：考虑风管内输送空调风温差大（8～30℃），且变化迅速（可能上午供热，下午即供冷），故对密封胶的弹性及粘结性提出较高的要求，必须采用质量好的密封胶。

(4) 末端风口的选择：根据有关的气流组织试验结果表明，在变风量送风的情况下，条缝型散流器和灯具散流器在较大的风量变化范围内，空气分布特性指标 ADPI 均保持在80%以上，所以 VAV 系统中一般采用条缝型散流器和灯具散流器，很少采用普通散流器风口，但在选择条缝型风口时，必须依据系统的风口风速、静压、扩散区域、至地板距离、噪声情况，参照厂家样本进行仔细选择，否则极易对空调效果产生影响。

(5) 在工程未正式交付使用前，尽量不采用正式的空调系统对施工现场进行通风等工作，否则对以后的正式运行可能产生影响，建议尽量采用临时风机对施工现场进行通风或除尘等工作。

(6) 系统调试：VAV 空调系统的调试非常重要，其调试质量直接影响系统的运行，某些原本正确的设计由于没有进行合理的调试而不能正常工作。即使勉强能工作，但也使变风量空调系统的优势不明显。调试是一项严谨的工作，必须进行主风管的严密性试验，整个系统的严密性试验，系统的最大送风量，每个 VAV BOX 箱的最大送风量、最小送风量，每个末端风口的最大送风量、最小送风量，变频空气处理机的性能曲线校核，确定最大送风量与最小送风量对各房间及吊顶内的静压，排风量与送风量的关系等。

3.7.2 设计注意的方面

(1) 风量平衡问题：VAV空调系统承担多个独立空调房间的负荷时，尽可能不采用吊顶回风，通常各设置一套新风系统和一套排风系统，相应的新风机和排风机均采用变频调速风机，且新风系统和排风系统各设一个风量控制器，保证空调房间的送风量与排风量的风量平衡。

(2) 针对VAV系统供热、供冷变化频繁，甚至上午供热，下午有时又需供冷，所以在设计空调弱电控制时，必须针对不同供热、供冷工况模式进行编程，并在房间达到一定温度时，自动进行模式转换。

(3) 对于吊顶超过3.5m或大空间的房间，空调系统的气流组织应引起足够的重视，必要时应提前采用计算机软件进行气流组织的模拟，以确保房间的空调使用效果。

6-5 银行通风空调工程系统调试技术

姚建伟 王洪仁

（青岛安装建设股份有限公司）

在通风空调工程中，工程施工完成后必须进行系统调试。但实际上，有很大一部分工程不重视系统调试，甚至有的工程没有经过系统调试就进行验收和使用，导致了风管冷量分配不均，影响了使用效果。笔者结合中央空调工程的基本理论和具体的工程实践总结出了简单而行之有效的调试方法。

1. 工程概况

临沂市某银行工程，建筑面积11000m^2，主体结构为框架结构，主楼12层，其中地下1层，地上11层（包括机房层），裙楼2层，主要用于办公、休息、活动，另外还配有餐厅、客房等，是一座综合办公楼。中央空调系统是末端采用风机盘管机组的全水系统，主管道采用下供下回式异程系统，水平支管道采用同程系统。风系统则采用对新风和回风集中处理，然后通过风管配送到各个房间的形式。

2. 系统调试的准备工作

2.1 编制系统调试方案并报审，经批准后，通知各设备厂家派专业技术人员到现场配合调试，同时组建调试小组。

2.1.1 编制的系统调试方案经企业技术负责人批准后报监理审核；

2.1.2 组建工程调试小组：通风空调专业技术项目负责人1人；电气专业技术负责人1人；施工工长1人；调试技术人员，其中，电气2人，设备2人，管道2人，调试2人。通风空调项目负责人任调试小组组长，电气专业负责人任副组长并协助组长研究和制定突发情况的应急方案，施工工长现场指挥。

2.2 熟悉空调系统相关参数和各种仪器仪表。本工程要检测的参数主要是温度和风量，除了系统已装好的压力表和温度计外，还要用到风速仪、便携式温度计（每组1套）、压力测试仪及所需仪器，并确认仪器仪表均在检定周期内，且仪表的精度等级和最小分度值满足测定要求。

2.3 调试前应具备的条件：①单机试运转合格；②系统联合试运转合格；③系统注水符合运转要求。

3. 通风系统调试

3.1 理论分析

通风管网系统的特性曲线，一般用式（6-5-1）、式（6-5-2）来表示：

$$\Delta P = SQ^2 \qquad 式(6\text{-}5\text{-}1)$$

$$S = 8\rho\left(\frac{\lambda l}{\pi d^5} + \frac{\sum \xi}{\pi d^4}\right) \qquad 式(6\text{-}5\text{-}2)$$

式中 ΔP——管路系统的压力，Pa；

S——与管路沿程阻力和几何形状有关的综合参数，kg/m^3；

Q——流体的体积流率，m^3/s；

λ——摩擦阻力系数；

d——管道直径，m；

ξ——局部阻力系数；

ρ——流体的密度，kg/m^3；

l——管道长度，m。

通过分析式（6-5-2）可知，在工程施工完毕后，综合阻力系数 S 是定量。因各支管路与最不利环路并联，越靠近主管的支管路或者风口的压力损失越小，在式（6-5-1）中，流率 Q 越大，ΔP 就越大，同时，系统的总流率是恒定的，这就造成远离主管路的支管或者风口的流率减小，从而造成失调。

由以上分析可知，要使流率减小，就需增大综合阻力系数 S。取支管路的调节阀的横截面为研究对象，式（6-5-2）中，在 λ、ξ、ρ、l 不变的条件下，减小 d（减小阀门的开度），从而使 S 增大。

3.2 风量的测定

3.2.1 风量的计算

开机启动前，把各风管和风口处的调节阀放在全开的位置，而把三通阀放在中间位置，在风机出口直管道上，在如未预留测孔，对用金属开孔器开孔对风速进行测定。风管及风口处风量的计算式为：

$$L = 3600 F v_p \qquad 式(6\text{-}5\text{-}3)$$

式中 L——风管及风口处的风量 m^3/h；

F——测定处风管断面积 m^2；

v_p——测定断面平均风速 m/s。

3.2.2 测定断面的选择

测定断面一般应考虑设在气流均匀、稳定的直管段上，离开弯头、三通等产生涡流的局部构件有一定距离。一般要求按气流方向，在局部构件之后 4～5 倍管径 D（或长边 a）、在局部构件之前 1.5～2 倍管径 D（或长边 a）的直管段上选择测定断面。当受到条件限制时，此距离可适当缩短，但应增加测定位置，或采用多种方法测定进行比较，力求测定结果准确。

3.2.3 测点的布置

在测定断面上各点的风速不相等，因此一般不能只以一个点的数值代表整个断面。测定断面上测点的位置与数目，主要取决于断面的形状和尺寸。显然，测点越多，所测得的平均风速值越接近实际。一般采取等面积布点法。

矩形风管测点布置。一般要求尽量划分为接近正方形的小方格，面积不大于 $0.05m^2$（即边长小于 220mm 的小方格），测点为小方格子的中心。测孔可开设在风管的大边或小边，以现场的具体条件而定。

以三层新风系统为例，如图 6-5-1 所示。

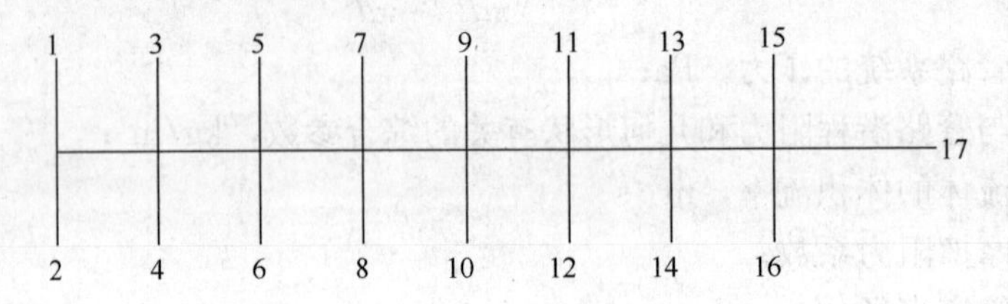

图 6-5-1 三层新风系统示意

风机设计参数为：系统的风量（设计风机的风量）为 $4100m^3/h$，系统的全压（设计风机的全压）为 60Pa；所选风机的对应参数为：风机的额定风量为 $4388\ m^3/h$；风机的额定全压为 70Pa。将测定的数据如表 6-5-1 所示：

三层新风系统工况数据测量表 **表 6-5-1**

名　称	编　号	单　位	数　量
支管 1	SFK 03001	m/s	0.67
支管 2	SFK 03002	m/s	0.66
支管 3	SFK 03003	m/s	0.66
支管 4	SFK 03004	m/s	0.66
支管 5	SFK 03005	m/s	0.67
支管 6	SFK 03006	m/s	0.66
支管 7	SFK 03007	m/s	0.69
支管 8	SFK 03008	m/s	0.70
支管 9	SFK 03009	m/s	0.71
支管 10	SFK 030010	m/s	0.71
支管 11	SFK 030011	m/s	0.76
支管 12	SFK 030012	m/s	0.77
支管 13	SFK 030013	m/s	0.81
支管 14	SFK 030014	m/s	0.78
支管 15	SFK 030015	m/s	0.83
支管 16	SFK 030016	m/s	0.84

将表 6-5-1 中的数据代入式（6-5-3），得到系统工况计算表，如表 6-5-2 所示：

三层新风系统工况计算表 **表 6-5-2**

名 称	编 号	单 位	数 量
新风机	XFJ-001	m^3/h	4589
系统全压		Pa	65
支管 1	SFK 03001	m^3/h	247
支管 2	SFK 03002	m^3/h	243
支管 3	SFK 03003	m^3/h	245
支管 4	SFK 03004	m^3/h	243
支管 5	SFK 03005	m^3/h	248
支管 6	SFK 03006	m^3/h	244
支管 7	SFK 03007	m^3/h	254
支管 8	SFK 03008	m^3/h	258
支管 9	SFK 03009	m^3/h	260
支管 10	SFK 030010	m^3/h	263
支管 11	SFK 030011	m^3/h	279
支管 12	SFK 030012	m^3/h	284
支管 13	SFK 030013	m^3/h	297
支管 14	SFK 030014	m^3/h	289
支管 15	SFK 030015	m^3/h	306
支管 16	SFK 030016	m^3/h	308
系统运行风量合计	/	m^3/h	4268

3.3 风量的平衡

因三层新风系统的风口数量不多，以等比调整法进行调整。风量调整之前，应将系统各三通阀置于中间位置，各调节阀置于全开位置。一般应从最不利支管开始，逐步调向离送风机最近的支管。先测出支管 1 和 2 的风量，并利用调节阀调整支管 1，2 的风量，使这两支管的实测风量比值和设计风量比值近似相等。然后用同样的方法依次测量并调整各并联管段的风量，最后测量并调整风机出口管段 17 即系统的总风量，使它等于设计总风量。根据风量平衡原理，只要总干管 17 中的风量达到设计值，沿风道又没有风量漏损，那么各干管、支管的风量就会按各自与设计风量的比值进行分配，自动达到近似设计风量。

4. 水系统调试

4.1 系统参数粗调

理论分析过程与 3.1 相同，只是介质由空气变成了水。根据理论分析，研究制定具体的调整方案，以本工程三楼为例说明，见表6-5-3。

三楼各房间系统工况测试记录 **表6-5-3**

序 号	房间名称	房间温度（℃）	风机盘管个数
1	主任室东临房间	24	1
2	主任室	23	2
3	东后勤服务中心	23	2
4	后勤服务中心	24	2
5	北向西一房间	22	1
6	西电梯前室	23	1
7	中间会议室	18	2
8	科长室	24	1
9	会计财务室	22	2
10	东会计财务室	21	2
11	会计科资料室	22	2
12	东电梯前室	18	1
13	东电梯前室西侧房间	22	1

说明：室外环境温度为33.5℃；室内设计温度为（26±1）℃。

从测定记录的数据可以看出，所有房间的温度均在设计要求的范围内，是满足使用要求的。但就整个三楼支管系统来说，主任室、东临主任室、东后勤服务中心、后勤服务中心、西电梯前室、科长室等房间的温度较高，原因是这几个房间都是南向，受热量大，因此夏季冷负荷也高；中间会议室和东电梯前室则是因为房间的空间小，又没有热源，故温度低。为了使每个房间的温度相等或者大致相等，把北向房间支管路上的闸阀开度调小，同时把南向房间支管路上的闸阀开度调大，直至每个房间的温度基本相同为止。

其他各层的调整，按照以上程序进行。

4.2 系统参数微调

4.2.1 按照4.1中的方法，把各层的水管当作支管，对整个空调系统进行调整；

4.2.2 当每个房间的温度调整到基本一致时，检测分水器和集水器的温度和压力是否满足系统的要求，否则，调整冷水机组的各输出参数，使分水器和集水器的温度和压力参数满足设计的要求。

5. 结束语

本工程调试技术原理简单，易于操作；测试的设备和仪器构造简单，外形尺寸较小，便于移动和操作；测得的数据可以从直观上反应系统工作状况，易于根据信息调整系统的参数，使系统很快进入正常的工况运行。随着工程技术的不断提高，设备、仪器不断更新，调试方法也在不断改进，在未来的工程系统调试中，只有不断提高技术，更新设备，改进方法，才能使得调试技术有更大的发展，更好地为工程建设服务。

6-6　分级式水力平衡在空调水系统调试中的应用

姜国斌
（广东省工业设备安装公司）

1. 分级式水力平衡理论基础

1.1　并联管路液体介质流量分配遵循一定的客观规律，任一并联关系管路1，2…n的流量分配规律数学公式表达如下（参见《流体力学 泵与风机》周谟仁主编 中国建筑工业出版社）：

$$Q_1 : Q_2 : \cdots : Q_n = \frac{1}{\sqrt{S_1}} : \frac{1}{\sqrt{S_2}} : \cdots : \frac{1}{\sqrt{S_n}} \qquad \text{式(6-6-1)}$$

式中　Q_1——管路1流量；

S_1——管路1阻抗；

Q_2——管路2流量；

S_2——管路2阻抗；

Q_n——管路n流量；

S_n——管路n阻抗。

1.2　式（6-6-1）中S为管路阻抗，其物理意义在于它综合反映了管路上沿程阻力和局部阻力，对于已经确定了管路材质、管径大小、管路走向和局部构件的管路系统，其S为一定值。在空调水系统中，要想改变S值大小，只能通过改变局部构件来实现，而空调水系统用以改变S值的局部构件有各类调节阀和平衡阀。

1.3　调节各管路流量趋于设计流量的过程，就是水力平衡调试过程。由式（6-6-1）得知，要调节各管路流量值，就必须改变各管路的S值。因此，空调水力平衡调试的本质就是通过调节空调管路上各类调节阀和平衡阀的开度，从而改变各管路的S值，使各管路的流量趋向设计流量。

1.4　任一空调水系统，无论其管路的复杂程度，都是经管路串联、并联组合而成。由式（6-6-1）可知，通过调节各管路的S值，使其平方根倒数比值等于设计流量比值，当其中任一管路流量达到设计值时，其他管路流量也同时达到设计值。这一规律说明了水力平衡调节的顺序只能是先调节管路末端，后调节管路支管，再调节管路总干管，这样才能取得事半功倍的效果。如果水力平衡调节顺序不是按先末端，后支管，再干管的顺序，就违反了流体流量分配客观规律，当进行下一级管路调试时，就会改变上一级已经调试好的S值，从而改变流量的比值关系，也就影响到水力平衡的调试效果和调试效率。

1.5　基于上述的理论分析，在结合工程实践的基础上，总结出了空调水系统分级式水力平衡调试方法。

2. 分级式水力平衡调试特点

2.1　按液体介质流量分配客观规律，对任一管网系统无论其复杂程度进行分级，按照末端、支管、支干管、主干管、总管流量的顺序逐级调试，提高工效，缩短调试工期，而且获得较好调试效果。

2.2　利用流量比值与管路阻抗平方根倒数比值相等原理，在分级调试过程中，无需末端设备、分支管、分支干管、主干管一次性达到设计流量，分级调试结束后，当系统总流量调至设计总流量时，各级管路同时达到设计流量。

2.3 末端设备水力平衡调试，可根据系统各自特点和侧重点的不同，选择进出风温差比较法或基准流量比值法进行调试，增强其选择性和灵活性，既可缩短调试工期，又可达到调试效果。

3. 分级式水力平衡调试流程

分级式水力调试流程如图 6-6-1：

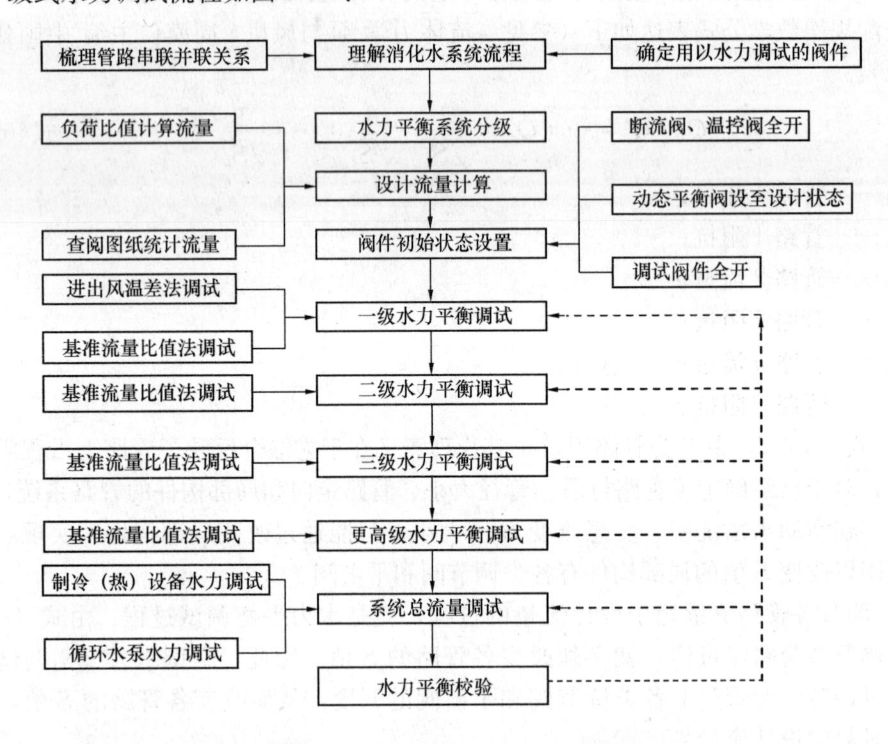

图 6-6-1 分级式水力调试流程图

4. 分级式水力平衡调试步骤

4.1 充分理解和消化水系统流程

4.1.1 任一空调循环水系统，无论其复杂程度，都是由串联、并联组合构成。经过对设计图纸水系统流程充分理解和消化，梳理出管路系统串并联关系，为后继工作开展打下基础。举例如图 6-6-2。

4.1.2 如图 6-6-2 中，各末端设备构成并联关系；V_1、V_2、V_3、…、V_n 相互构成并联关系；V_1～V_n 的组合与 G_1 构成串联关系；G_1、G_2、G_3、…、G_n 相互构成并联关系；G_1～G_n 的组合与 G 构成串联关系；各制冷（热）设备间构成并联关系；循环水泵间构成并联关系；制冷设备、水泵的组合与 G 构成串联关系。

4.1.3 在每一串联或并联的管路中，摸清设计者意图，找准用以进行水力平衡调试的阀件（如空调水系统流程图中 T_1～T_n、V_1～V_n、G_1～G_n、H_1～H_n、I_1～I_n 和 G），不同的设计可能采取不同的调节阀门种类，如手动调节阀、静态平衡阀等。

4.2 根据水系统流程对系统进行分级

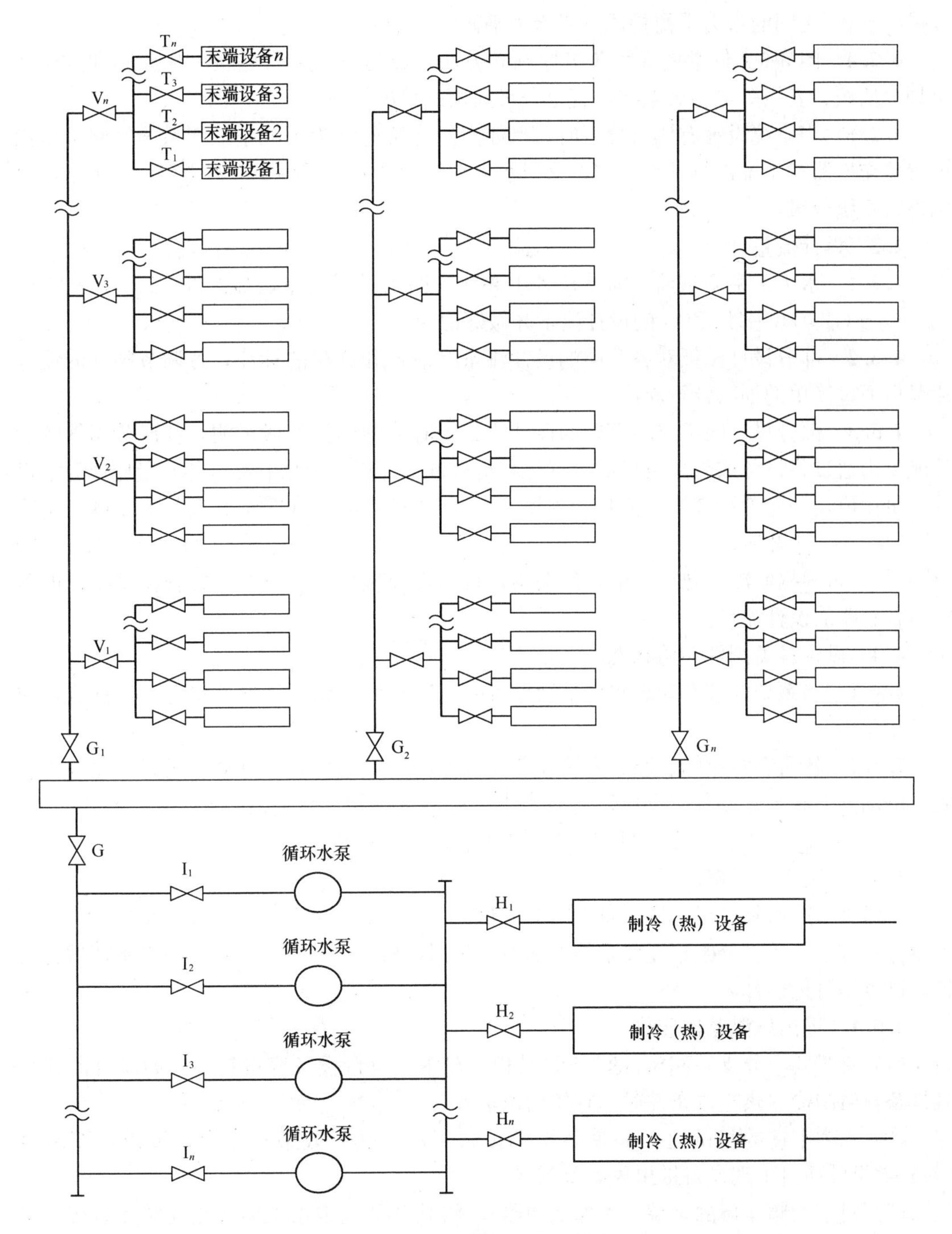

图 6-6-2 空调水系统流程图

4.2.1 平层或平层某区的末端设备构成一级系统，如图 6-6-2 中末端设备 1～末端设备 n。末端 1～末端 n 之间的水力平衡构成一级水力平衡。

4.2.2 分支管路构成二级系统，如图 6-6-2 中 V_1～V_n 分支管路。V_1～V_n 之间的水力平衡构成二级水力平衡。

4.2.3 主干管路构成三级系统，如图 6-6-2 中 G_1～G_n 主干管路。

$G_1 \sim G_n$ 之间的水力平衡构成三级水力平衡。

4.2.4 图 6-6-2 仅举例说明分级原则和方法，较为复杂的管路按上述原则和方法还可划分四级、五级等更多级系统，直至分级到调试总阀结束。

4.2.5 当系统设计有压力分区时，例如高层建筑通常为了减小低区系统管路承压而设置热交换器对系统进行垂直分区，这时水力平衡调试分级以热交换器为界面，上下区分别进行系统分级。

4.3 设计流量计算

4.3.1 水力平衡调试前，需计算各串并联管路的设计流量，如图 6-6-2，计算 $V_1 \sim V_n$、$G_1 \sim G_n$、$H_1 \sim H_n$ 和 G 的设计流量并做好记录。

4.3.2 部分设计图纸对各管路的设计流量有清晰和详尽的标注，各调节阀件的设计流量可通过简单的加减计算获取。

4.3.3 部分设计图纸对各管路的设计流量未有清晰的标注或说明，各调节阀件的设计流量需通过各设备或管路负担的冷（热）负荷进行计算。依据制冷（热）量比值等于设计流量比值这一原理计算设计流量。如图 6-6-2，通过查阅设计图纸获取各末端设备制冷（热）量，分别累加 V_1、V_2、V_3、…、V_n、G_1、G_2、G_3、…、G_n、G 所负担的制冷（热）量。再根据制冷（热）量的比值关系，将总设计流量层层分解至各管路系统，即可求得各管路的设计流量。

4.4 设置各类阀件初始状态

4.4.1 当系统设计有动态水力平衡设备时，将其设定到设计参数状态（设计流量或设计压差）。

4.4.2 将所有断流阀、所有末端设备温度控制阀（温控阀、电动二通阀、比例积分阀、电动调节阀等）以及所有用以进行水力平衡调试的阀件（如图 6-6-2 中 $T_1 \sim T_n$、$V_1 \sim V_n$、$G_1 \sim G_n$、$I_1 \sim I_n$、$H_1 \sim H_n$ 和 G）均设置于全开状态。

4.5 一级水力平衡调试

一级水力平衡是针对末端设备之间的调试，不同的设计图纸在设备布置、设备类型、设备分布数量、流量分配精度要求等方面不尽相同，根据这些不同一级水力平衡调试有两种调试方法可供选择。

4.5.1 进出风温差比较法

（1）对于同一分支管路末端设备数量相对较多，单台设备容量较小（如风机盘管），且具备开启制冷（热）机条件时，宜使用该法。

（2）水力平衡的目的之一是使各末端设备制冷（热）效果趋于设计要求，而制冷（热）效果可通过末端设备进出风温差判定。

（3）对于变频运行的末端（例如空调器），将其全部设定于工频或相同转速运行；对于三速运行的末端（例如风机盘管），全部调至同档风速。

（4）开启制冷（热）设备，测试各末端设备进出风温差（如图 6-6-2 末端设备 1～末端设备 n），如各末端设备进出风温差分别达到各自设计温差，则可判定各末端设备制冷（热）达到设计效果，即水力达到平衡状态；如各末端设备进出风温差未达到各自设计温差，则需反复调节各末端设备阀件（如图 6-6-2 中 $T_1 \sim T_n$），直至各末端设备进出风温差趋于设计值。

4.5.2 基准流量比值法

（1）对于同一分支管路末端设备数量相对较少，单台设备容量较大（如组合空调器等），且不具备开启制冷（热）机条件时，宜使用该法。

（2）测试各末端设备管路实际流量（如图 6-6-2 中 $T_1 \sim T_n$），计算实测流量与设计流量比值，如表 6-6-1：

末端设备实测与设计流量比值表 **表 6-6-1**

末端设备管路编号	T_1	T_2	T_3	……	T_n
实测流量	Q_{T1c}	Q_{T2c}	Q_{T3c}	……	Q_{Tnc}
设计流量	Q_{T1s}	Q_{T2s}	Q_{T3s}	……	Q_{Tns}
实测流量/设计流量	$q_{T1}=Q_{T1c}/Q_{T1s}$	$q_{T2}=Q_{T2c}/Q_{T2s}$	$q_{T3}=Q_{T3c}/Q_{T3s}$	……	$q_{Tn}=Q_{Tnc}/Q_{Tns}$

（3）将流量比值 $q_{T1} \sim q_{Tn}$ 按从小至大依次排序，以最小流量比值作为基准流量比值，按从小至大的顺序，依次调节 $T_1 \sim T_n$ 中的阀门，使各管路流量比值等于基准流量比值，即 $q_{T1}=q_{T2}=q_{T3}=\cdots=q_{Tn}$，实现 $T_1 \sim T_n$ 之间的水力平衡。

（4）V_1、V_2、V_3、$\cdots V_n$ 后的末端设备均按上述办法调节后，即完成了 G_1 主干管末端设备一级水力平衡调试。G_2、G_3、…、G_n 都参照 G_1 的调试方法完成后，也就完成了整个水系统的一级水力平衡调试。

（5）当完成一级水力平衡调试后，即使进行二级或三级水力平衡调试，各末端设备的流量均按设计流量比例分配，当任一末端设备流量达到设计值时，其他各末端设备同时达到设计流量。

4.6 二级水力平衡调试

4.6.1 测试各支管管路实际流量（如图 6-6-2 中 $V_1 \sim V_n$），计算实测流量与设计流量比值，如表 6-6-2：

各支管实测与设计流量比值表 **表 6-6-2**

支管管路编号	V_1	V_2	V_3	……	V_n
实测流量	Q_{V1c}	Q_{V2c}	Q_{V3c}	……	Q_{Vnc}
设计流量	Q_{V1s}	Q_{V2s}	Q_{V3s}	……	Q_{Vns}
实测流量/设计流量	$q_{V1}=\frac{Q_{V1c}}{Q_{V1s}}$	$q_{V2}=\frac{Q_{V2c}}{Q_{V2s}}$	$q_{V3}=\frac{Q_{V3c}}{Q_{V3s}}$	……	$q_{Vn}=\frac{Q_{Vnc}}{Q_{Vns}}$

4.6.2 将流量比值 $q_{V1} \sim q_{Vn}$ 按从小至大依次排序，以最小流量比值作为基准流量比值，按从小至大的顺序，依次调节 $V_1 \sim V_n$ 中的阀门，使各管路流量比值等于基准流量比值，即 $q_{V1}=q_{V2}=q_{V3}=\cdots=q_{Vn}$，实现 $V_1 \sim V_n$ 之间的水力平衡。

4.6.3 G_2、G_3、…、G_n 各支管都参照 G_1 的调试方法完成后，即完成了整个水系统的二级水力平衡调试。

4.6.4 当完成二级水力平衡调试后，即使进行三级或下一级水力平衡调试，各支管流量均按设计流量比例分配，当任一支管流量达到设计值时，其他各支管同时达到设计流量。

4.7 三级水力平衡调试

4.7.1 测试各主干管实际流量（如图 6-6-2 中 $G_1 \sim G_n$），计算实测流量与设计流量比值，如表 6-6-3：

各主干管实测与设计流量比值表 **表 6-6-3**

主干管路编号	G_1	G_2	G_3	……	G_n
实测流量	Q_{G1c}	Q_{G2c}	Q_{G3c}	……	Q_{Gnc}
设计流量	Q_{G1s}	Q_{G2s}	Q_{G3s}	……	Q_{Gns}
实测流量/设计流量	$q_{G1} = Q_{G1c} / Q_{G1s}$	$q_{G2} = Q_{G2c} / Q_{G2s}$	$q_{G3} = Q_{G3c} / Q_{G3s}$	……	$q_{Gn} = Q_{Gnc} / Q_{Gns}$

4.7.2 将流量比值 $q_{G1} \sim q_{Gn}$ 按从小至大依次排序，以最小流量比值作为基准流量比值，按从小至大的顺序，依次调节 $G_1 \sim G_n$ 中的阀门，使各管路流量比值等于基准流量比值，即 $q_{G1} = q_{G2} = q_{G3} = \cdots = q_{Gn}$，实现 $G_1 \sim G_n$ 之间的水力平衡。

4.7.3 当完成 G_2、G_3、…、G_n 各主干管间的水力平衡调试后，即完成了整个水系统的三级水力平衡调试。

4.7.4 当完成三级水力平衡调试后，各主干管流量均按设计流量比例分配，当任一主干管流量达到设计值时，其他各主干管同时达到设计流量。

4.8 三级以后级别的水力平衡调试

4.8.1 图 6-6-2 仅为操作要点的举例说明图，实际工程中管路系统各有不同，根据各系统的复杂程度可能分为二级、三级、四级甚至更多级别的系统。无论系统分级多少，其每级调试原理、方法和步骤皆相同，直至调试至系统总阀。

4.8.2 制冷（热）设备及循环水泵水力平衡调试

如图 6-6-2 中 $H_1 \sim H_n$ 之间构成并联关系，$I_1 \sim I_n$ 之间构成并联关系，其具有与 $G_1 \sim G_n$ 相同的并联特性，因此参照 $G_1 \sim G_n$ 的水力平衡调试方法即可。

4.9 系统总水量调试

当完成各级水力平衡调试后，通过调节系统总阀 G 至设计总流量，此时各主干管、支干管、各末端设备等整个管路系统均同时达到设计流量。

各级水力平衡调试流量测试要点：

(1) 当系统设计采用了静态平衡阀时，可通过静态平衡阀配置的专用流量测量仪表进行流量测试，测试方法和注意事项需严格遵守该平衡阀的设计要求和操作说明。

(2) 当系统设计未采用静态平衡阀时，可采用超声波流量计进行流量测试，测试方法和注意事项需严格遵守其使用说明书。

4.10 水力平衡校验与修正

在每级水力平衡调试时，由于管路阻力特性可能发生变化，导致流量分配发生变化。因此完成各级平衡调试后，需对系统各级管路流量进行校验，如水力平衡度未达到规范和设计要求，需按上述方法和步骤再进行调节，直至符合规范和设计要求。

结语

通过分级式水力平衡调试，使其管路流量趋于设计流量，实现水力平衡。达到系统节能运行的目的。

6-7 真空喷射排气系统在空调水系统中的应用与调试分析

唐一航 李文华
(广东省工业设备安装公司)

1. 概述

1.1 真空喷射排气系统的概念

真空喷射排气系统是利用真空降压的作用从而使液体在较低的环境压力下析出溶解在水中气体的排气系统，其基本组件有水泵、阀门组、真空喷射管及连接管道等。

1.2 空气在空调水系统中的危害

水管系统内空气对整个空调系统会产生相当大的危害，许多运行问题都是由于系统内部空气没排净而产生的。

1.2.1 空气会使水泵产生水锤从而使设备在非正常情况下工作，大大影响其效率及工作寿命。

1.2.2 空气在空调水路中长时间运行，对水路管道有较强的腐蚀作用，管道内壁与水中空气相遇极易产生铁锈，会影响管道寿命及堵塞设备管路。

1.2.3 气体随管路液体的流动到较小管径的水管有局部提高下降时会形成气堵，影响系统循环。

1.2.4 在换热设备处的气体会导致换热设备热阻增大，影响设备工作效率。

1.3 系统内部空气来源

1.3.1 在空调水系统充水前，系统中有空气，在向系统充水时，空气逐渐被挤到系统末端和顶部，打开顶部放气阀排出空气，使水充至顶部。但是系统中空气不可能全部排出，在某些部位仍存有空气。

1.3.2 水温的变化，当水温升高时空气逐渐从水中分离出来。

1.3.3 在维修盘管空调器时空气被带入水系统。

1.3.4 系统中某些阀门或自动排气阀门不严密，当水系统由于某些原因（例如水过滤器堵塞等）产生负压时，外界空气就从这些不严密阀门进入。

在空调系统中，由于这些气体的渗透基本上是不可避免的，因此重点就应放在如何在这些情况发生后对管路进行有效的排气。

2. 真空喷射排气系统的优势

为了排除空调系统中的空气，一般的做法是：在系统干管末端（最高点）及局部抬高后可能积气处设自动或手动排气阀，在盘管及其他空调末端上部设手动阀或自动排气阀来清除管道内的空气。

虽然自动排气阀管理使用方便，可将系统内的集气自动排出，但是，由于质量、安装及现场原因，达不到完全排气的理想效果。此外，有时自动排气阀会产生气孔流水和排气堵塞等问题，给室内环境与设施的保护及系统维修带来相当大压力。手动排气阀则需要人工操作，如果放气不及时会影响系统的正常运行，其使用比较可靠，只要手动阀门不坏，基本不会出现问题，可是工作量大，每次维护都需要用很多时间。真空排气系统利用降低压力的方式排气，可排出整个连通系统内的空气，即使是在一般排气阀无法顾及的地方也可利用系统循环来进行气体的溶解和排除；真空排气设备一般与其他空调设备一起设置在机房内部，管理维护较为方便；对环境及设备无危害性。

3. 真空喷射排气系统的结构及运作分析

3.1 系统功能结构

真空喷射排气系统主要由球阀、溢流阀、限压阀、补水电磁阀、水泵、排放螺丝、排气螺丝、带喷头的耐压连接器、低水位报警开关、自动跑气帽、真空显示表、真空管、补水及排水阀等系统组件组成，各部分结构组件功能如下：

3.1.1 球阀

在冲洗及维修时用于截断真空排气系统与空调系统连接，以便于检修及保护设备。

3.1.2 带内置过滤及压力表的溢流阀/补水管线中带内置过滤和压力显示的限压阀

用于平衡系统进水流量及出水流量，从而保证系统在可控范围内工作。

3.1.3 补水电磁阀

当系统压力低于所设定最小压力时，补水电磁阀开启，从而稳定系统压力。

3.1.4 水泵

真空系统运转的基本动力，通过排出真空管内液体从而降低真空管内压力。

3.1.5 排放螺丝

用于清洗水泵及排放水泵的存水。

3.1.6 排气螺丝

用于排放系统初运行时水泵内的游离空气。

3.1.7 带喷头的耐压连接器

用于雾化液体，强化排气作用。

3.1.8 低水位报警开关

保证真空罐内最低水位。

3.1.9 自动跑气帽

在排气阶段用于排除真空管内液体析出的空气。

3.1.10 真空显示表

显示真空罐内压力。

3.1.11 真空管

实现气水分离的发生器。

3.1.12 补水及排水阀

用于系统补水及排除系统内部存水。

3.2 系统运作原理分析

根据亨利定律，在一定温度和一定体积的液体中，所溶解的气体质量与该气体的分压成正比，其数学表达式为：

$$p_{\beta} = K_{\chi,\beta} \cdot X_{\beta} \qquad \text{式(6-7-1)}$$

式中 p_{β}——气体分压力；

$K_{\chi,\beta}$——亨利系数；

X_{β}——气体溶解度（摩尔分数浓度）。

空气溶解量根据现场情况有所不同。下面列出大致范围，见表 6-7-1 所列：

冷水的空气溶解量 *b*（mg/L）　　**表 6-7-1**

水温（℃）	压力（表压）		
	0	0.5atm	1.0atm
5	34	50.6	67.5
10	30	44.4	59.2
15	26.5	39.4	52.6
20	24.5	36.3	48.5

由表 6-7-1 可见，压力越大，温度越低，空气溶解量则越大，反之，压力越低，温度越高，空气溶解量则越小。在一定温度，或者温度变化很小的情况下，空气在水中的溶解量与压力成正比关系。

根据以上定律，真空排气系统在真空喷射筒处通过水泵将筒内气压降低，从而减少空气的溶解度，达到空气析出的作用。主要通过三个阶段循环组成，如图 6-7-1 所示：

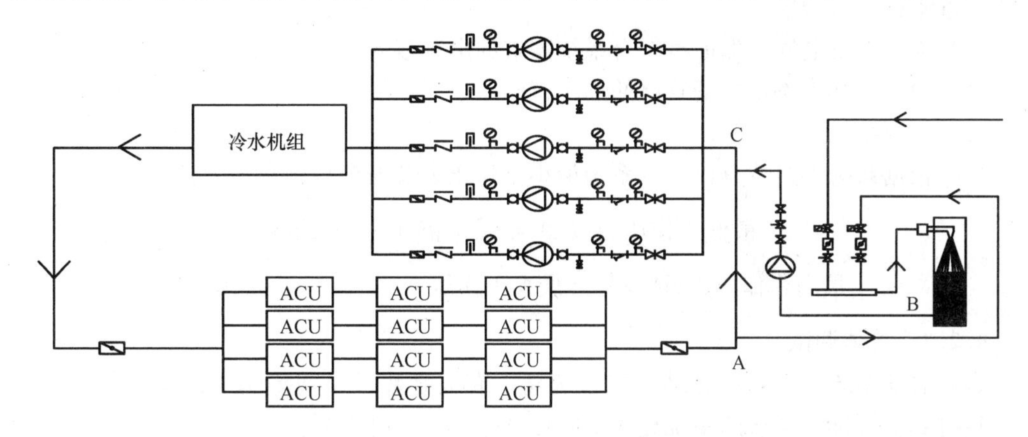

图 6-7-1　三个阶段循环示意图

3.2.1　A-B 段，系统通过水泵的抽吸与阀门喷嘴的联合作用下，将空气由液体中析出。空气经由自动跑气阀排出系统，形成含少量空气液体。如图 6-7-2 所示。

3.2.2　B-C 段，排气系统向管路输送含少量空气的液体。如图 6-7-3 所示。

3.2.3　C-A 段，含少量空气的液体进入系统循环，由于其中溶解的空气远远没有达到饱和状态，因此便会通过系统循环沿途吸收管内游离空气，并最后变成富含空气的液体重新送入真空喷射设备做再次排气处理，从而达到排出系统空气的目的。如图 6-7-4 所示。

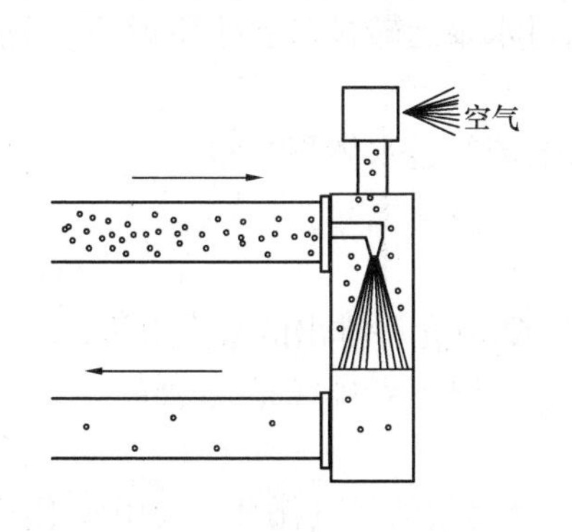

图 6-7-2　A-B 段循环示意图

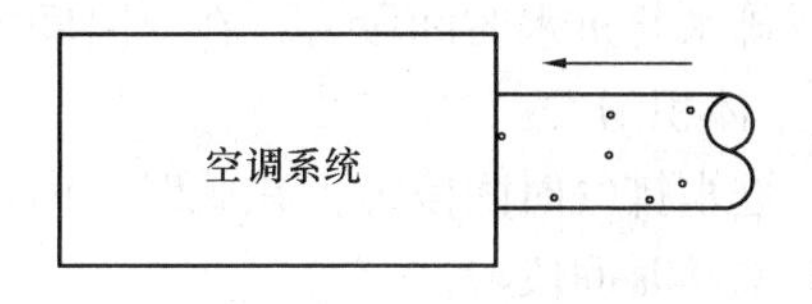

图 6-7-3　B-C 段循环示意图

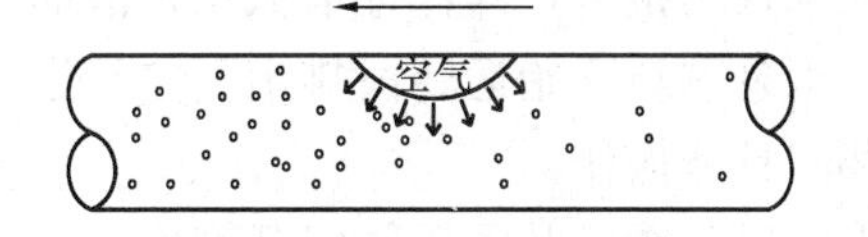

图 6-7-4　C-A 段循环示意图

4. 真空喷射排气系统的安装、调试

4.1 系统安装

真空排气系统需安置在较为平整的地面上，以保证水泵等设备的正常运行；与空调系统连接的管道安装在回水管道上，以减少对空调系统的影响；真空喷射排气装置与系统连接的进出水口之间需保持最小500mm的安装距离，以保证系统的正常循环；在排气系统进出水管与空调系统管路连接时，为保证无污染物进入排气设备管道，一般采用上接或底部浸入式的连接，严禁从底部无边缘连接。

在系统安装完毕后，为保证系统功能正常，在空调管路系统未经完全冲洗完毕的情况下，断开与空调系统的连接。

4.2 系统调试

4.2.1 在空调系统冲洗完毕并正常运行后，应对真空系统进行调试，在调试前应做好以下准备：

（1）检查设备电气，保证有符合系统需求的电源接入。

（2）检查系统管路，保证管路的连接正确。

（3）打开系统连接阀门。

（4）根据系统管路特点，计算系统最小工作压力及安全阀开启压力：

$$\text{最低工作压力}(P_0) = \text{最大静压} + 0.2\text{bar}$$

$$\text{最高工作压力(PSV)} = \text{最大工作压力} - (0.1 \sim 0.2\text{bar})$$

4.2.2 单体调试

（1）启动系统，根据计算结果向系统输入有关参数及时间等基本设定。在输入参数后，通过真空管排水球阀向系统充水，并拧开排气螺丝排出泵内空气。

（2）为了保证系统的严密性，应对系统进行真空测试。具体如下：进入系统手动模式并启动排气系统，在水泵动作10s后关闭，观察真空管读数，压力10s内无变化即为成功，若压力增大则对喷气管，排气螺丝及排气管等部件进行检查，重复进行直到符合要求为止。

（3）完成真空测试后，应对系统进行水力平衡调试，使系统进水与排水处于平衡状态，以保证相应的最低工作液面和排气量。水力平衡调试需通过调整进水管道上的限压阀和出水管道上的溢流阀来完成。真空排气系统动作可分为下列几个时间段：

1）排水与进水时间段 t_1：在此时间内，系统通过水泵运转排除水体积为 Q_1，通过溢流管进水体积为 Q_2。

2）进水排气时间段 t_2：在此时间内，系统通过溢流管进水体积为 Q_3。

3）调整时间段 t_3。

（4）调整目标：

无水缺乏报警，即保证最低工作液面（$Q_1 - Q_2 - Q_3 >$ 允许排出的最大水量）；

在水泵重新开始运转前排出真空管道内所有空气（$t_1 + t_2 <$ 排气完成时间）。

（5）具体操作：

先将溢流阀门及限压阀门开度旋至最大，观察一个完整的排气循环，若中间出现缺水报警，则表示出水流量过大，可将溢流阀门开度关小；若是真空表内无法产生正常负压或者在水泵重新运转前有较长时间没进行排气，则表示进水流量过大，可将限压阀关小；调整后再重新观察一个循环。当水缺乏无报警且在水泵重新启动前5s左右完成排气工作时，调试工作完成。

5. 系统运行中可能出现的故障及解决办法

根据较长时间的使用和维护，发现真空排气系统在一般的运行条件下，由于使用或调试原因，容易发生以下几点故障：

5.1 管路堵塞

由于真空排气系统所用管道口径较小，因此比较其他设备来说更容易有管道堵塞的情况发生。在管道冲洗不够充分的情况下使用或者调试真空排气系统将很容易出现以上状况，导致系统故障。在使用或者调试真空排气系统前，应保证管路冲洗已经完成，水质达到一定洁净程度，介质内无其他杂物；系统下一季复用时，也需要仔细检查后再启动设备。除此之外，还应仔细检查其内部管路上是否在进口位置安装有管道过滤器，若是无则应配置，可考虑另外添加，以保证系统的正常运行。

5.2 系统真空度不够

系统真空度不够主要体现为排气阀上真空表没达到预定数值，在排气阶段基本无空气排出。真空度不够的问题主要与进出水管上的限压阀和溢流阀设置开度有关。当入口限流阀开度与出口溢流阀不匹配时，会导致进入排气系统的水量大于或者相当接近与排气系统排出水量，导致真空管内无法达到必要的真空度，从而水内部空气无法正常析出，系统处于无效运行状态。为了判定真空排气设备是否处于此故障状态，可通过观察的方法来进行验证。首先开启真空排气系统，并使其运行几个排气循环后开始观察是否有以下情况发生：

5.2.1 真空表在系统进行排水阶段时，长时间无法下降到相应数值。

5.2.2 系统在溢流阀关闭进行入水排气阶段时，气体排出量相当小或者基本排气阀很快停止工作无气体排出。（正常情况下排气动作应持续至排气阶段结束前5s左右）

若以上情况出现，则基本可以判定出现相关故障。此时可通过增加溢流阀开度并适当调节限压阀的手段来增加系统出水流量，从而消除故障。

5.3 系统排气强度低

此处系统排气强度低指的是系统在无任何报警情况出现，其他运行循环基本完整的情况下出现的排气强度过低。当经过真空排气设备的循环水量过低时，系统处于低效运行状态，导致排气量低于设计水平，以及能量的无效损失。为了判定真空排气设备是否处于此故障状态，可通过观察的方法来进行验证。首先开启真空排气系统，并使其运行几个排气循环后开始观察是否有以下情况出现：

5.3.1 真空表在系统进行排水阶段时，反应基本正常，在较长时间内可下降到相应数值。

5.3.2 系统在溢流阀关闭进行入水排气阶段时，气体可持续长时间排出但强度相当小。

若以上情况出现，则基本可以判定出现排气强度过低故障。此时应加大溢流阀及限压阀的开度，并根据调试步骤重新进行匹配调整来消除故障。

5.4 系统积累性缺水

积累性缺水经常发生在真空排气系统的早期运行使用阶段。由于真空系统的运作机理是由其阀门组和水泵配合运行实现的，因此当阀门组的调整和水泵不匹配时，便很有可能出现系统积累性缺水，即在一个完整的"运转析气－补水排气"的循环中，补水阶段补充的水量略小于析气阶段系统损失水量。由于其差量比较小，因此在短时间内真空排气系统的运转正常，但经过一定时间的使用后，会经常出现真空管缺水报警，并导致排气系统自动停止使用。由于真空系统是一个比较稳定的自动运作系统，因此对其检修和检查并不是特别的频繁。积累性缺水的出现可能会对系统稳定运行起不利的影响，这是一个使用隐患。为了避免出现这种情况，在开始使用真空排气系统的前期，应经常性的检查系统运行状况，若是在系统运行正常的情况下多次出现缺水报警，则基本可以判断其出现了积累性缺水故障。此时只要在较小范围内增加限压阀开度或者是减小溢流阀开度的手段来进行调整，并通过较长时间观察的方法便可以排除故障。

6. 结论

真空排气系统作为一种新型的排气系统，在通过与定压设备联用的情况下，能排除一般情况下难以处理的空气，比起传统排气设备不管在安装维护或者是排气的彻底性上是具有十分明显的优势。但是，对于整个空调系统来说，由于其工作特性和原理，也有其先天的不足，就是其排气速度较为缓慢，因此要将空气完全排除，需要有较长的时间且单体调试较为复杂，需配合的方面较多。虽然传统排气设备在其有效性和维护的方便性上不如真空喷射设备，但是其具有的反应快，工作直接快速，调试简单快速的特点也是不可忽视的。总之，根据系统特点，将两种排气方式有机地结合在一起，在主干管及局部高处仍按传统做法设置自动/手动排气阀，在机房或者便于管理的地方设置真空喷射排气系统，两者联合运行。先通过自动/手动排气阀排除系统内主要的游离空气，待系统基本处于稳定状态后再通过真空喷射系统进一步强化排气和巩固效果，对于系统日后的运行稳定或是系统的检修都是相当有利的。

6-8 药厂洁净室（区）净化空调系统（中国GMP）综合性能的测定与调整

林 勇

（成都市工业设备安装公司）

1. 系统检测的前提条件及程序

1.1 净化空调的送、回、排风系统全部安装完毕。

1.2 送、回风管系统保温安装完毕。

1.3 净化和附属设备（组合式空调器、恒温恒湿空调器、管道式空调器、冷却塔、冷水机组、除湿机、风机）、风阀（风量调节阀、电动阀、电动防火阀）、高效送风口、回风口、散流器、高效过滤器、中效过滤器安装完毕。

1.4 冷冻水系统、冷却水系统、蒸气管道系统安装完毕。

1.5 净化空调设备（组合式空调器、恒温恒湿空调器、管道式空调器、除湿机）、冷水机组、冷却塔等厂家技术人员进场完成单机试车工作。

1.6 正式电、水、蒸气应接通，电气照明系统、电气动力系统符合供电要求；暖通设备、工艺设备、洁净室（区）应清洁。

1.7 洁净室（区）内各类配电盘、柜和进入洁净室（区）的电气管线管口应可靠密闭。

1.8 地面（自流坪）、彩钢、实验台、台盆的安装工作应完成，场区环境应洁净。

1.9 其检测程序为：空调系统的清洁、检查—检查与空调系统的电动防火阀、电动阀的电气控制—检查净化空调系统设备的电气动力系统—空调设备的试运行（如净化空调设备甲方供货由厂家调试、我方配合）制冷系统的试运行（如水冷机组甲方供货由厂家调试、我方配合）—净化空调系统吹洗 24～48h 后安装高效过滤器—百级层流罩系统吹洗 24～48h—安装高效过滤器—洁净室（区）的检测。

1.10 检测顺序为：由低级别至高级别进行检测、调试（比如 30 万级—10 万级—1 万级—100 级）。

2. 净化空调系统检测交验的程序和重点

2.1 净化空调系统检测交验的程序：调试区域的净化空调系统级别为 10 万级—1 万级—100 级。净化空调系统 GMP 交验程序：自检合格—经省（市）药检所检测合格—经国家医药管理总局 GMP 认证。

2.2 净化空调系统检测的重点：净化空调系统检测为静态调试；全室百级和万级环境下的局部百级；须通过国家医药管理总局 GMP 认证。

3. 净化空调系统检测的顺序、方法及测试仪器

净化空调系统检测的先后顺序：A. 系统风量、各洁净室（区）的风量和换气次数测定（自检、GMP 必测项目）—B. 已安装高效过滤器泄漏测试（自检）—C. 洁净室（区）内静压差的检测（先自检，后由药检所检测；GMP 必测项目）—D. 洁净室（区）内截面气流平均速度及其不均匀度测定：（单向流 100 级自检；GMP 必测项目）—E. 洁净室（区）内空气洁净度等级的检测（先自检，后由药检所检测；GMP 必测项目）—F. 洁净室（区）内空气温度和相对湿度的检测：（先自检，后由药检所检测；GMP 必测项目）—G. 洁净 室（区）内照度的测试（自检；GMP 必测项目）—H. 洁净室（区）内噪声的测定：（自检；GMP 必测项目）—I. 洁净室（区）内气流流型的测试（必要时测）—G. 100 级洁净室（区）内流型平行度的测试（必要时测）—K. 洁净室（区）内浮游菌和沉降菌的检测：（先由施工方灭菌处理，后由药检所检测；GMP 必测项目）—M. 100 级以下洁净室（区）自净时间的测试（必要时测）。

3.1 系统风量、各洁净室（区）的风量测定和换气次数计算：（自检、GMP 必测项目）

3.1.1 测试方法：对于过滤器送风口宜用套管法（又称辅助风管法）；对于回风口、排风口和新风口宜用风口法；对于风管系统宜用风管法。

（1）洁净区（室）送风量的测试（套管法）

1）套管制作和准备：选用合适的轻质材料制作套管，其截面能正好套住风口或风口外的扩散板，其长度等于风口大边边长的两倍，但不宜长于 1.5m；套管制作好后将其擦拭干净并记录需测试的高效送风口下口部净面积；在套管一端口部垂直的两边做标记，分为长 200～250mm 的等分，每一等分中心为测杆位置，测杆长度位置按测点位置变换，

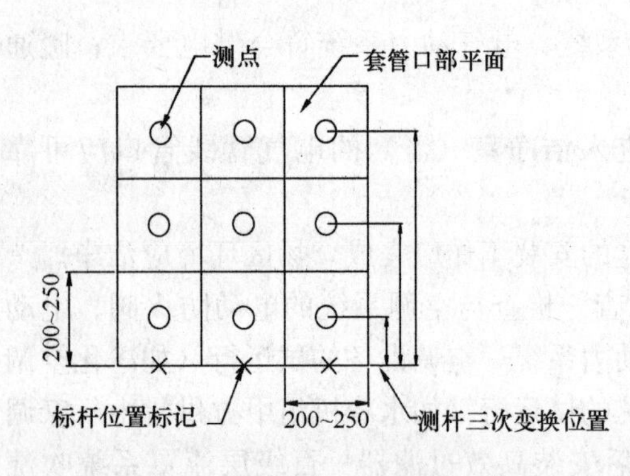

图 6-8-1 套管断部截面测点示意图

测点最少为六点，见图 6-8-1。

2）洁净室（区）风量测试和计算：①将套管抬起使其上口部罩住需测试的高效送风口，将风速仪测杆拉到合适位置在套管边上有＊的标记处，平置测杆紧贴套管边框进行风量测试（见图 6-8-2）；②记录所测风速并计算出其平均风速，即可计算该高效送风口的实际送风量；其计算公式为：a. 非单向流洁净室（区）送风量 L＝被测高效送风口的面积 S×被测高效送风口的平均风速 v；b. 单向流洁净室（区）送风量 L＝3600×工作区截面平均风速 v×工作区截面积 F（若为局部单向流则应考虑送风速度的衰减率）。

3）计算出所测洁净室（区）高效送风口的实际送风量后即可计算出该洁净室（区）的换气次数，其计算公式为：所测洁净室（区）的换气次数 N＝所测洁净室（区）高效送风口的实际送风量 L÷所测洁净室（区）的体积 V。

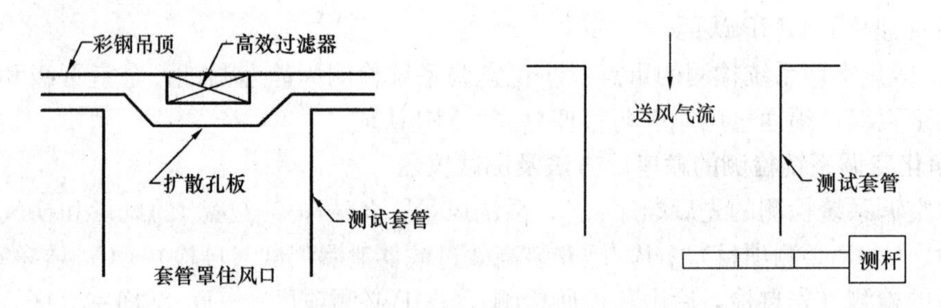

图 6-8-2 测试套管示意图

4）中国（GMP1998）推荐的换气次数

空气洁净度级别	中国 GMP 实施指南（1992）	中国兽药 GMP（2002）
1 万级	≥25	≥20
10 万级	≥15	≥15
30 万级	/	≥10

（2）新风量、回风量、排风量和系统风量的测试

1）新风量、回风量、排风量的测试（风口法）：①对每一对叶片之间的面积或隔几道叶片后每对之间的面积，在其中间位置选择数点作为测点使测杆尽可能紧贴叶片边，并平行于风口平面；若叶片是倾斜的则使测杆头略斜，尽可能使测杆与气流方向垂直，或在离开网面 10mm 处均匀选择测点，每点之间不超过 100mm。②应对新风口、回风口、排风口的净尺寸进行测量，风口有百叶的测出该风口内截面积时必须减出百叶厚度所占面积；风口有滤网的应在所测截面积上乘以 0.9 的系数。③排风口测试风速一般不宜小于 1.5m/s；洁净室（区）内回风口的测试风速应≤2m/s，走廊的测试风速应≤4m/s。

2）系统风量的测试（风管法）：

a. 选择风管：如原设计没有在风管管路上预留符合要求的测量段时，则首先应选择合适的直管段，选择的原则是：在该直管段上确定测定断面，使局部阻力部件在该断面上风向时，二者之间的距离不小于风管大边长度的 5 倍；局部阻力部件在该断面下风向时，二者之间的距离不小于风管大边长度的 3 倍。

b. 风管打孔：在选好的直管段的测量断面处将矩形风管截面分成若干个相等的小截面，每个小截面尽可能接近正方形，边长在 200～250mm 之间最好，在风管壁上此边长中点打孔，直径比风速仪测点略大即可；若所测风管截面过大，可在相对或垂直两边打孔，每个小截面的中心即是测点位置。

c. 标记测定：先测量测杆应伸入风管的长度，并在测杆上做好标记或记下长度数值；将测杆从测孔伸入到每个小截面的中点即可测定。（若测孔较大，可用软质材料捂住测杆与测孔的空隙部分，也可测定）。

3.1.2　测试仪器：热球式微风速仪 QDF-2A。

3.2　洁净室（区）内已安装高效过滤器泄漏测试（自检）

3.2.1　测试仪器预热：正式测试前，对清洁过的粒子计数器进行预热，时间不少于 20min，停用 1h 后再使用还须预热。

3.2.2　测试仪器选档

（1）为了解净化空调系统泄露过程，粒子计数器首先应放在 0.5μm 的档位进行扫描；为了解洁净室（区）内的清洁情况（≥5μm 的微粒不可能来自高效过滤器的穿透，在更大程度上最能反映洁净室（区）内尘源的控制和洁净室（区）内卫生清洁情况），粒子计数器应放在 5μm 的档位进行扫描。

（2）扫描检漏：检漏时将采样管口移至被检高效过滤器表面 2～3cm 处，以 5～20mm/s 的速度移动，对被检高效过滤器整个表面、封头胶和静压箱边框处进行往返扫描，并应注意安装交接处的扫描，见图 6-8-3。

3.2.3　测试仪器：CLJ-E 型 2.83L/min 的光学粒子计数器。

3.3　洁净室（区）内 静压差的检测：（先自检，后由药检所检测；GMP 必测项目）

3.3.1　测试程序：静压差的测定应在洁净室（区）所有的门关闭的条件下，从洁净区域最里面净化级别最高的房间依次向外测定，凡是相通的两邻洁净室（区）都要测试，直至测试到非洁净区域为止。

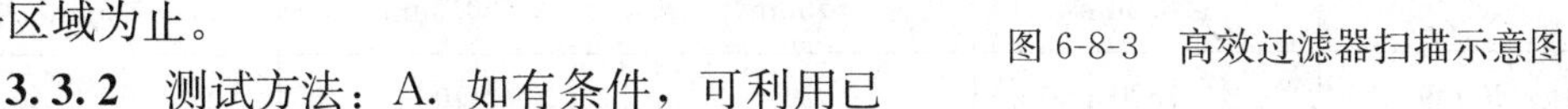

图 6-8-3　高效过滤器扫描示意图

3.3.2　测试方法：A. 如有条件，可利用已安置好的微差压力计进行测试，中国 GMP（1998）规定：不同级别洁净室（区）的静压差要≥5Pa（实际调试以 7Pa 为宜），洁净室（区）与室外的静压差要≥10Pa（实际调试以 12 Pa 为宜）；B. 如没有条件，就要用两人配合进行测试，即一人在待测洁净室（区）手持伸入该洁净室（区）的胶管（该胶管与已校核的微差压力连接），使管口处于离地面 0.8m 的高度，管口端面垂直于地面，并避开气流方向和涡流区，另一人则在待测洁净室（区）外手持微差压力计读数。（对于洁净度高于 100 级的单向流洁净室（区），还应测试在门开启状态下，离门口 0.6m 处的室内侧工作面高度的洁净度。）

3.3.3 检查调节：如果静压太小，不易判断静压的正负，可用线头放在门缝外观察其飘向；如发现测出的静压差未达到要求，可调节回风口（回风口只有微调室内静压的可能，对调节洁净室内静压几乎不起作用）和调节阀的开度进行重测，并对调节的位置予以标记。

3.3.4 测试仪器：2000型微差压力计，其灵敏度不应低于2.0Pa。

3.4 洁净室（区）内截面气流平均速度及其不均匀度测定：（单向流100级自检；GMP必测项目）

3.4.1 测试方法：风速仪直接测量法。

3.4.2 测试仪器：热球式风速仪，最大量程10m/s。

3.4.3 测试人员：一人持杆测量，一人记录，一人复核。

3.4.4 测试步骤

（1）布点：在垂直单向流洁净室（区）的地面或局部垂直单向流送风面在地面上的投影区，等分不少于20个接近正方形的小块，小块每边不应大于0.3m。（洁净面积很小又需要评价均匀度时，可划为不少于10个小块。）

（2）测试：将风速仪测杆尽可能拉至最长，人伸直手臂，持杆将测头置于垂直单向流高效送风口下0.2～0.3m处进行测试，测试结果应为垂直单向流（下限风速为0.3m/s）≥0.3m/s；水平单向流（下限风速为0.35m/s）≥0.35m/s。再持杆将测头置于垂直单向流保护区的工作面（输瓶生产线）处进行测试，应有明显的风速，见图6-8-4。

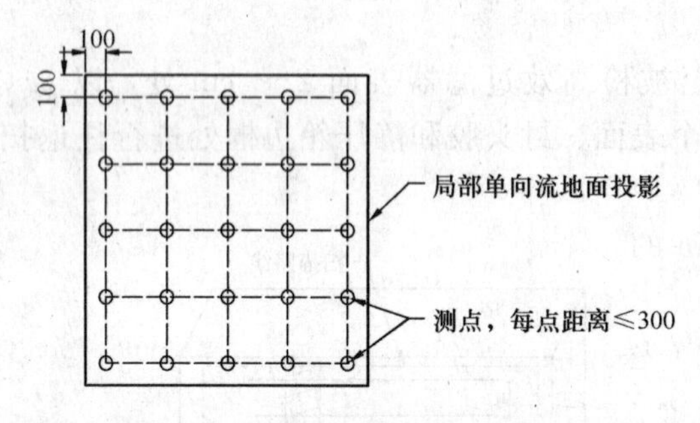

图6-8-4 局部单向流截面风速测点

3.5 洁净室（区）内空气洁净度等级的检测：（先自检，后由药检所检测；GMP必测项目）

3.5.1 检测仪器：CLJ-E型2.83L/min光学粒子计数器。只测试0.5μm、5μm的粒子浓度；因为0.5μm的粒子浓度能反应风系统泄露情况，而5μm的粒子浓度能反应洁净室（区）的清洁情况。洁净室的洁净级别如表6-8-1所列。

洁净室（室）空气洁净度级别表（ISO 14644-1） 表6-8-1

洁净度级别	尘粒最大允许数/m³		尘粒最大允许数/2.83L	
	≥0.5μm	≥5μm	≥0.5μm	≥5μm
5级：100级	3520	29	10	0
6级：1000级	35200	293	100	0
7级：10000级	352000	2930	996	8
8级：100000级	3520000	29300	9962	83
300000级	10560000	87900	29885	249

3.5.2 洁净区（室）最低采样点如表6-8-2所列。

洁净区（室）最低采样点规定　　表 6-8-2

面积（m^2）	洁净度			
	≥100（5级）	1000（6级）	10000（7级）	100000（8级）
＜10	2～3	2	2	2
10	4	3	2	2
20	8	6	2	2
40	16	13	4	2
100	40	32	10	3
200	80	63	20	6

3.5.3 洁净区（室）测点布置：采样点应均匀分布整个待测洁净室（区）面积内，测点高度一般距地坪0.8m的水平面；若有操作台面或设备，其测点应布置在操作台面或设备以上0.25m处；操作台面或设备较高时可分层布置，但每层测点不少于五点。测点在五点或五点以下时可按对角线方向布置（见图 6-8-5），但不应布置在送风口下方；在两个风口之间应布置测点，其他有涡流的地方或工艺有要求的地方应布置测点。

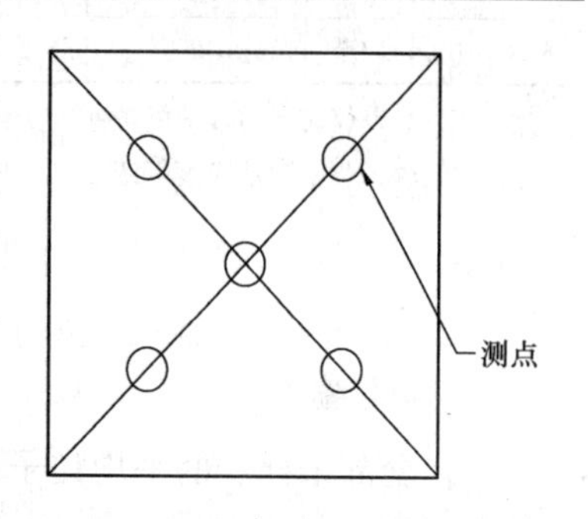

图 6-8-5　五点平面测点布置

3.5.4 洁净区（室）每次采样的最少采样量：V_s（L）

ISO 洁净度等级	粒径（μm）					
	0.1	0.2	0.3	0.5	1.0	5.0
5级；100级	2	2	2	6	24	—
7级；10000级	—	—	—	2	2	7
8级；100000级	—	—	—	2	2	2

3.5.5 洁净室（区）采样现行规定：0.5μm100级，每次5.66L（对于2.83L的仪器每次采样2min）；0.5μm1000～100000级，每次2.83L（对于2.83L的仪器每次采样1min）；对于30万级的每次可低于2.83L，但不能小于2L；每个洁净室（区）最少采样次数为3次。

3.5.6 洁净室（区）采样检测的规定：

（1）宜选择较长的导线，在导线长度可以达到的半径范围大约中心的洁净室（区）首先检测，中途尽可能不换插头位置、不关机；连续测8h以上或仪器外壳明显发热时，应关机1h。正式测点前仪器应先预热20min，停用1h后再使用仍然需要预热。

（2）采样时采样口处的气流速度，应尽可能接近洁净室（区）内的设计气流速度；

对单向流洁净室（区），其光学粒子计数器的采样管口应迎着气流方向；对非单向流洁净室（区），采样管口宜向上；

采样管必须干净，连接处不得有渗漏。采样管的长度应根据允许长度确定，如无确定，不宜大于1.5m；

进入洁净室（区）内的测定人员必须穿洁净工作服，且不宜超过3人，并应远离或位于采样点的下风处侧静止不动或微动，注意不要随意动作、说话。

3.5.7 记录数据评价。在空气洁净度测试中，当全洁净室（区）测点为2～9点时，必须计算每个采样点的平均粒子浓度C_i值、全部采样点的粒子浓度N及其标准差，导出95%置信上限值；采样点超过9点时，可采用计算平均值N作为置信上限值。

（1）每个采样点的平均粒子浓度C_i应小于或等于洁净度等级规定的限值。

ISO洁净度等级	大于或等于表中粒径D的最大浓度C_n（pc/m^3）					
	0.1μm	0.2μm	0.3μm	0.5μm	1.0μm	5.0μm
5级；100级	100000	23700	10200	3520	832	29
7级；10000级	—	—	—	352000	83200	2930
8级；100000级	—	—	—	23520000	832000	29300

注：1. 本表仅表示整数值的洁净度等级（N）悬浮粒子最大浓度的限值。

2. 对于非整数洁净度等级，其对应于粒子粒径D（μm）的最大浓度限值（C_n），应按下列公式计算求取。

$$C_n = 10^N (0.1/D)^{2.08}$$

3. 洁净度等级定级的粒径范围为0.1～5.0μm，用于定级的粒径数不应大于3个，且其粒径的顺序级差不应小于1.5倍。

（2）全部采样点的平均粒子浓度N的95%置信上限值，应小于或等于洁净度等级规定的限值。

$$(N + ts/n) \leqslant \text{级别规定的限值} \qquad \text{式(6-8-1)}$$

式中 N——室内各测点平均含尘浓度，$N=\sum C_i/n$；

n——测点数；

s——室内各测点平均含尘浓度N的标准差：$s=\sqrt{(C_i-N)^2/n}$

t——置信上限值为95%时，单侧t分布的系数，如下：

点数	2	3	4	5	6	7～9
t	6.3	2.9	2.4	2.1	2.0	1.9

3.5.8 每次测试应做记录整理成工程资料，最后提交建设单位。

3.6 洁净室（区）内空气温度和相对湿度的检测:(先自检，后由药检所检测；GMP必测项目)

3.6.1 测试条件：净化空调系统应连续运行24h以上；如有恒温要求的洁净室（区）可根据对温湿度波动范围的要求进行测定，测定宜连续进行。

3.6.2 洁净室（区）内测点布置：

（1）有恒温要求的洁净室（区）内测点布置：

1）测定送回风口处温度；

2）测定有代表性的地点（如工艺设备周围）；

3）测定室内中心的空气温度；

4）测定敏感元件空气温度。

（2）无恒温要求的洁净室（区）内测点布置：只设定中心一个测点。

3.6.3 所有测点除工艺有要求的，一般布置在距外墙表面大于0.5m、小于1m，离地面 0.8m 的同一高度上；也可以根据温区的大小，分别布置在距地不同高度的几个平面上。

3.6.4 中国 GMP（1998）第十七条规定：洁净室（区）的温度和相对湿度应与药品生产工艺要求相适应。无特殊要求时，温度应控制在 18～26℃，相对湿度控制在 45%～65%。其测点数的规定如表 6-8-3。

测点数规定 **表 6-8-3**

波动范围	室面积≤$50m^2$	每增加 $20～50m^2$
ΔT=0.5～2℃	5 个	增加 3～5 个
ΔRH=±5%～±10%		
ΔT≤±0.5℃	点间距不应大于 2m，点数不应少于 5 个	
ΔRH≤±5%		

3.6.5 检测仪器：温/湿度计。

3.7 洁净室（区）内 照度的测试：（自检；GMP 必测项目）

3.7.1 测试条件：照度测试必须在洁净室（区）温已趋稳定、光源输出已趋稳定（新安装的日光灯已使用 100h、白炽灯已使用 10h；旧日光灯已使用 15min、旧白炽灯已使用 5min）后进行。测试应在天黑以后进行，完全无窗的洁净室（区）也可在白天进行。

3.7.2 中国 GMP（1998）第十四条规定：洁净室（区）主要工作室的照度宜为 300lx；对照度有特殊要求的生产部位可设置局部照明。

3.7.3 测试：洁净室（区）测点平均离地面 0.8m，按 1～2m 间接布置，测点离墙面 1m，（$15m^2$以下的房间为 0.5m）严禁在灯下测试，测试时应关闭局部照明。

3.7.4 测试仪器：便携式照度仪。

3.8 洁净室（区）内噪声的测定：（自检；GMP 必测项目）

3.8.1 测试工况：洁净室（区）内噪声的测定须在测试净化空调系统全部运行工况和全部停机的背景工况进行；如设计或工艺有要求，再区分局部净化设备开机与不开机的工况进行测试。背景工况测试应在晚上进行。

3.8.2 测点布置：应按洁净室（区）面积均分，每 $50m^2$设一点。测点位于其中心，距地面 1.1～1.5m 高度处或按工艺要求设定。小于 $15m^2$的洁净室（区），在室（区）中心点测试，高度为 1.1m；大于 $15m^2$的洁净室（区）应测试 5 点，除中心点外四角各一点，测点朝向角落。

3.8.3 《洁净厂房设计规范》GB 50073—2001 规定洁净室（区）内的噪声级（空态）：

（1）非单向流洁净室（区）≤60dB（A）；

（2）单向流、混合流洁净室（区）≤65dB（A）。

3.8.4 中国 GMP 兽药（2002）对静态噪声的规定：

（1）非单向流洁净室（区）≤60dB（A）；

（2）有局部百级的洁净室（区）（百级除外）≤63dB（A）；

（3）局部百级的洁净室（区）≤65dB（A）；

（4）全室百级的洁净室（区）≤65dB（A）。

3.8.5 测试仪器：带倍频程分析的声级计。

3.9 洁净室（区）内气流流型的测试：（必要时测，主要是单向流需与建设方明确是否测试）

3.9.1 测试方法：第一种方法用香或发烟器观察；第二种方法用悬挂单丝线的逐点观察法。

3.9.2 测试点位：A. 垂直单向流洁净室（区）选择纵、横剖面各一个和距地面高度 0.8m、1.5m 的水平面各一个；水平单向流洁净室（区）选择纵剖面和工作区高度水平面各一个，的以及距送、回风墙面 0.5m 和房间中心处三各横剖面；B. 非单向流洁净室（区）选择通过代表性送风口中心的纵、横剖面和工作区高度水平面各一个，两个风口之间的中线上应有剖面或测点。

3.9.3 测试：A. 放烟测定时，发烟点置于每个剖面的最高点，适当距离 1 点；B. 悬丝测定时，所有剖面上测定等距，间距为 0.2～1m；C. 逐点观察和记录气流流向，用量角器测量并在用测点布置的剖面图上标出气流流向。

3.10 洁净室（区）内流型平行度的测试：（必要时测，主要是单项流需与建设方明确是否测试）

3.10.1 测试方法：用单线丝观察送风平面的气流流向，一般每台过滤器要有一个观察点。

3.10.2 测试：用量角器测定气流流向偏离规定的角度，（单向流气流组织要求流线平行，在 0.5m 距离内流线间夹角≤25°；流线尽可能垂直于送风面，《洁净室施工及验收规范》规定：单向流气流组织流线偏离直线的角度应<15°）要避免人为的干扰。

3.11 洁净室（区）内浮游菌和沉降菌的检测：（先由施工方灭菌处理，后由药检所检测；GMP 必测项目）

3.11.1 实验室检测方法：采用沉降法或浮游菌法。

（1）采样后的基片（或平皿）经过恒温箱内（35～37℃）、48h 的培养生成菌落后进行计数。使用的采样器皿和培养液必须进行消毒灭菌处理，采样点可均匀布置或取有代表性地域布置。

（2）沉降微生物法，应采用直径为 90mm 培养皿，在采样点上沉降 30min 后进行采样，培养皿最少采样数如表 6-8-4。

沉降菌最少培养皿数 表 6-8-4

被测室（区）域空气洁净度级别	最少培养皿数（ϕ90，以沉降 0.5h 计）	被测室（区）域空气洁净度级别	最少培养皿数（ϕ90，以沉降 0.5h 计）
100	13	100000	2
10000	3	300000	2

3.11.2 施工现场灭菌方法：甲醛熏蒸法。一般在空调机房都配置有臭氧发生器，在用甲醛熏蒸前可开启臭氧发生器进行预灭菌，但臭氧不能根本消灭沉降菌，必须用甲醛进行熏蒸彻底消灭沉降菌。

（1）灭菌药液配制：灭菌药液为甲醛和高锰酸钾，其配制比例为甲醛 2：高锰酸钾 1；需在施工现场配制，用磁盒或耐酸性量具盛之即可。（如实验室用的敞口量杯或量瓶）

（2）洁净室（区）灭菌：①净化空调系统连续运行 24h 后即可进行灭菌工作。每 $8m^2$ 布置一个灭菌点，灭菌点应远离高效送风口，灭菌人员进入洁净室（区）前必须身穿无菌衣，头戴防毒面具手戴橡胶手套以防洁净室（区）被污染和人员中毒；②先确定灭菌路线，灭菌顺序是由里向外依次灭菌；③将高锰酸钾分别按比例放到量具中，听口令后同时将甲醛按比例倒到量具中，灭菌人员应按照确定的灭菌路线依次向外撤离，并依次将洁净室（区）的门关闭封好门缝以免甲醛外逸影响灭菌效果，应注意顺手将盛甲醛的瓶子带出洁净室（区）；进出洁净室（区）均需清点人数以防发生安全事故。

（3）洁净室（区）换气：①洁净室（区）经密闭熏蒸 8h 以上后即可进行换气工作；②首先灭菌人员身穿无菌衣头戴防毒面具手戴橡胶手套进入洁净室（区），开启净化空调的排风系统进行换气处理，开启洁净室（区）内门，关闭洁净室（区）外门同时将盛甲醛的量具带出洁净室；③在开启洁净室（区）内门关闭洁净室（区）外门和开启净化空调的排风系统的条件下换气 24h 即可。

3.12　洁净室（区）内自净时间的测试：（必要时测，主要是单向流需与建设方明确是否测试）

3.12.1　测试条件：应在所有洁净室（区）测试项目测定完后最后测定。

3.12.2　测试方法：优先采用大气尘法，特殊情况可采用放烟法。

3.12.3　测试仪器：采样量为 1～3L/min 可测 0.5～10μm 的光散射式粒子计数仪。

3.12.4　测试人员：一人检查、记录，一人复核；检测人员必须穿洁净服在室内位于仪器下风向，最后是回风口处，不要随意动作、说话。

3.12.5　测试方法：

（1）大气尘法（优先考虑）

1）停机：大气尘法测定必须在洁净室（区）停止运行相当一段时间，室（区）内含尘浓度已接近大气尘浓度时进行即测定前 12h 开始停止净化空调系统运行，门可以打开；

2）测试：停机 12h 后，在室中心 0.8m 高处采样，测得数据为室内原始浓度 N_1；

3）开机：得到原始浓度后，立即开机，获得开机信息后马上使仪器清零重新计数；

4）自净：从仪器重新计数开始，逐次记录数据，直到数据稳定，测得稳定浓度 N_2；从仪器重新计数开始到浓度稳定时经过的时间既为自净时间。

（2）放烟法

1）停机：特殊情况需很快知道自净时间，可以马上停机；

2）发烟：将发烟器或点燃的巴兰香放在距地 1.8m 以上室中心一点，发烟 1min 即关闭发烟器或熄灭巴兰香，停止发烟；

3）测试：停止发烟 1min 后，在室中心 0.8m 高处采样，测得结果为室（区）内原始浓度 N_1，如果测得的原始浓度 N_1 太大，可再等 1min 测试；

4）开机：得到原始浓度后，立即开机，获得开机信息后马上使仪器清零重新计数；

5）自净：从仪器重新计数开始，逐次记录数据，直到数据稳定，测得稳定浓度 N_2；从仪器重新计数开始到浓度稳定时经过的时间即为自净时间。

3.12.6　净化空调系各净化级别的自净时间：

（1）百级洁净室（区）：①水平单向流≤2min；②垂直单向流≤1min；

（2）万级洁净室（区）：≤30min；

(3) 十万级洁净室(区):≤40min;

(4) 十级房间洁净室(区):≤50min。

结论

经过测定和调整,系统各项指标均能达到设计要求和中国 GMP-1998 认证。

6-9 风管漏风量测试

胡 茄

(成都市工业设备安装公司)

1. 前言

随着通风风管无法兰、共板法兰连接技术在我国的广泛应用,其漏风量大的缺点也逐渐显现。通风、空调系统风管应保持一定气密性,否则易导致能耗浪费,空气净化系统洁净度达标难度大,并有可能出现变风量送风系统自控系统失调、低温送风管外表结露、排烟系统不能正常运行等不良后果。同时,在净化空调系统中,通风和空调系统为达到其自控、净化和节能等方面的效果,必须把系统漏风量控制在一定的范围内。

在传统的风管漏风量测试过程存在:测试装置复杂、操作过程烦琐、漏风量测试结果需要经过复杂的公式计算、计算的漏风量有一定的误差、精度不高等特点。为此我公司针对这一特点,经过精简设备,简化计算公式,总结出了一套简单、快捷的测试工艺,通过工程实践取得了良好的效果。

2. 工艺原理

在理想状态下向一个密闭容器注入空气,保持容器内压力恒定,此时注入空气的流量与密闭容器泄露的空气流量相等。

首先,风机的出口用软管连接到被测试的风管上;其次,从风管上取一测压点,用软管与压力计连接,风管开口部分应封堵严密。当开动漏风仪并逐渐提高风机转速时,通过软管向风管注风,风管内压力逐渐上升,当压力达到所需测试值时,通过变频控制设备调整风机转速,保持被测风管内部压力恒定,此时测得风机出口处风量即为被测风管在该压力值时的漏风量。

3. 测试工艺流程及操作要点(见图 6-9-1)

3.1 施工准备

所有需要进行漏风量测试的系统风管主管及支管已安装完毕,风管按要求已调平整,风管的固定支架已按规范要求进行了设置。

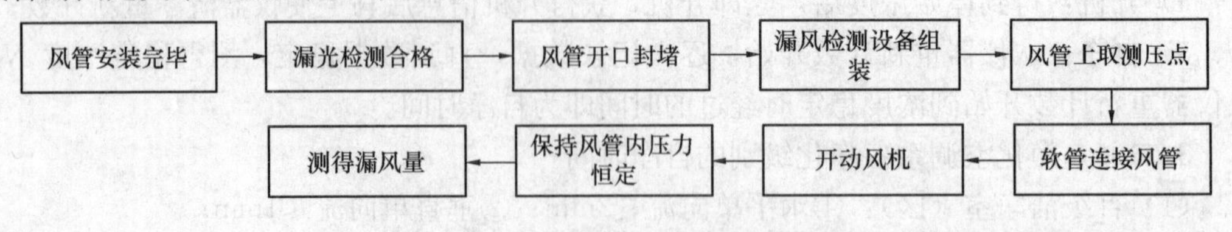

图 6-9-1 测试工艺流程图

所有需要进行漏风量测试的系统风管已通过漏光检测试验，检测结果合格。

3.2　检测设备的选择原则及检测方式

3.2.1　本工艺以中压风管系统测试为例，详细介绍风管漏风量测试工艺，高压系统风管测试方法与中压系统风管相同。

3.2.2　本工艺采用正压条件下的测试环境来进行系统检验。

3.2.3　漏风量测试装置的风机，其风压和风量应选择大于被测定系统或设备的规定试验压力及最大允许漏风量的 1.2 倍。

3.2.4　风速传感器、压力传感器均应采用经检验合格的测量仪器。

3.3　测试系统准备

3.3.1　将被测试系统中所有风管的开口严密封闭（用盲板堵严）；具体做法如图 6-9-2 所示。

3.3.2　选择需要进行测试实验的风管的一端作为进风端，做一个盲板，在盲板上开一个孔，然后接一段长约为 200mm 的镀锌钢板制作的圆形短管 A。用内衬钢丝的铝箔保温软管 B，将短管 A 与漏风测试仪器及风机出口段连接起来。在被测管段上距镀锌钢板短管约 2m 处打一个 $\phi10$ 孔，将压力传感器插入风管内，密封。

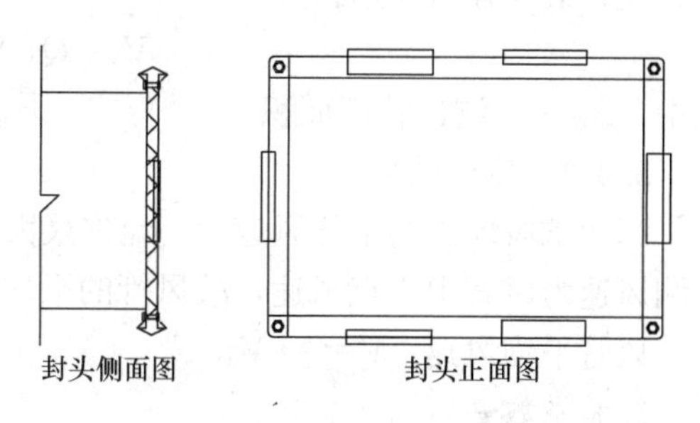

图 6-9-2　风管封头图

3.3.3　将被测风管同风机及静压箱组装的测试成套设备用软风管连接起来，同时注意连接处接口的密封。然后分别将风机动力线及传感器线路同控制柜的相应元件正确连接。具体连接见图 6-9-3 测试系统组装示意图。

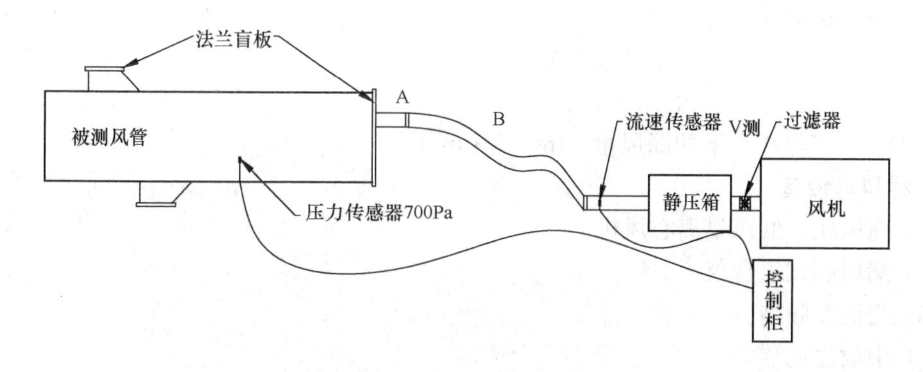

图 6-9-3　测试系统组装示意图

3.4　漏风量测试过程

开启漏风量测试仪及风机，观察压力计指示的压力值。通过调整风机转速调节风量及风压，使压力计的压力值达到所需测试的压力（700Pa）；达到测试压力（700Pa）值时，读取流量计指示刻度值，并作好记录。

如果所测数据超出风管严密性要求时，开启漏风仪及风机，逐一检查风管漏风处（可利用在接缝处刷肥皂水或放烟等方法），在漏风处作上标记。关闭风机及漏风仪后，对漏风处采取重新补胶或刷环氧树脂等措施。待补漏处处理完毕后，再启动漏风仪及风机对该管路进行重新测试，该过程根据测试效果可能需要重复进行，直到风管漏风量达到合格要求为止。

3.4.1 计算公式：

单位面积允许风管最大漏风量：

中压系统风管：$Q_M=0.0352P^{0.65}$ [$m^3/(h\cdot m^2)$] 式(6-9-1)

高压系统风管：$Q_H=0.0117P^{0.65}$ [$m^3/(h\cdot m^2)$] 式(6-9-2)

式中 P——工作压力。

被测风管允许最大漏风量：

$$Q_s=Q\cdot S_0 \quad (m^3/h) \qquad 式(6-9-3)$$

式中 S_0——被测风管表面积。

允许最大漏风风速：

$$V_s=Qs/S_{测} \quad (m/s) \qquad 式(6-9-4)$$

式中 $S_{测}$——测试管截面积

3.4.2 测试结果

当测试段风管的平均风速 $V\leqslant$ 允许最大漏风风速 V_s 时漏风量测试合格。由于传感器所测风速为风管中心点风速，故风管的平均风速为：

风管平均风速：$V=\xi\cdot V_{测}$ 式(6-9-5)

经验系数 $\xi=0.8\sim0.9$。

当漏风仪所提供的压力计达不到所要求的测试压力值，通过公式换算，得出规定测试压力下的漏风量。换算公式如下：

$$Q=Q_0\cdot\left(\frac{P}{P_0}\right)^{0.65} \qquad 式(6-9-6)$$

式中 P_0——试验压力；

Q_0——试验压力下的单位面积漏风量，$m^3/(h\cdot m^2)$；

P——风管工作压力，700Pa；

Q——工作压力下的漏风量，$m^3/(h\cdot m^2)$。

4. 材料与设备

(1) 高风压、低风量离心风机。

(2) 漏风测试组合仪。

(3) 交流变频器。

(4) 中效过滤器。

(5) 静压箱、测速风管。

(6) 连接软风管。

(7) 风速传感器。

(8) 压力传感器。

(9) 法兰盲板。

5. 质量控制

5.1 工程质量控制标准

风管的漏风量测试施工质量执行《通风与空调工程施工质量验收规范》GB 50243—

2002的相关要求。

风管漏风量测试检测标准：低压系统的严密性检验宜采用抽检，抽检率为5%，且不得少于一个系统。在加工工艺及安装质量得到保证的前提下，对系统所有风管采用漏光法检测。中压系统的严密性检验，应在严格的漏光检测试验合格后进行，对系统风管漏风量实行抽检测试，抽检率为20%，且不得少于一个系统。高压系统应全数进行漏风量测试。各系统风管漏风测试时，如果为抽检，被抽检风管应全数合格，如有不合格，则应加倍抽检直至全数合格。

5.2　质量保证措施

5.2.1　建立质量保证体系和岗位责任制，完善质量管理制度，明确分工职责，落实到人，保证体系高效运转。

5.2.2　对工程质量实施全方位、全过程控制；对施工过程的人、机、料、法和环境等五大要素的保证措施进行明确和落实。

5.2.3　严格控制风管开口部分的密封质量，对有可能出现漏风的接口应提前处理。

5.2.4　漏风量测试操作人员必须通过技术交底并能正确的操作，保证测试过程的质量和进度。

6. 结束语

本工艺在我公司的广泛应用，使工程的施工质量及风管严密性得到了很大提高，性能安全可靠。简便、快捷的施工工艺节约了大量施工成本，社会经济效益明显。可作为同类工程施工的参考。

6-10　最优化原理在高精度温控系统调试中的应用

王大卫

（重庆工业设备安装集团有限公司）

2006年9月我们承接了某集团公司新厂区中央空调工程高精度自控系统。该项目的被控区域中，基准室内放置有两台用于量值传递的干涉仪，技术指标要求最高，室内环境温度要求控制在20±0.1℃、相对湿度30%～70%。并且要满足干涉仪内部工作室内，温度范围在19.8～20.2℃之间时，被测量块表面与室内空气中任意一点间温度稳定后之差达到≤0.03℃，即满足内部工作室里两只专用标准温度计的示值之差在0.03℃以内，干涉仪才能正常开展量值传递工作。

在成功实现基准室环境温度达到20±0.1℃的技术要求后，我们面对如何实现误差≤0.03℃这个重要的技术指标。而如此高的技术要求，设计院并未进行设计，业主方的解释是：项目开始时，内部有关人员认为，达到温度稳定误差≤0.03℃的指标，技术上要求太高，在本项目有限的经济条件下，可能没有施工单位敢于承担。对于基准室环境温度20±0.1℃的指标达到后，干涉仪内部工作室能否达到在19.8～20.2℃之间且两点间稳定误差≤0.03℃，谁也没有底，只有到实现20±0.1℃后再说。此时，负责该系统的设计人员也因故离开了单位，联系不上，业主让施工单位自行想办法解决。

经过对温控系统的分析，我们认为，干涉仪内部工作室的温度是环境温度的反应，但是应该有差别，内部工作室换气次数少，受环境气流影响相对较小，在基准室环境温度为20℃时，内部工作室温度应该高于基准室环境温度20℃，要使内部工作室温度范围在19.8～20.2℃之间，两点间稳定误差≤0.03℃，则基准室环境温度应该控制在20℃以下才行。问题的关键是找到这个温度控制点，使基准室环境温度控制在这个温度值时，内部工作室温度范围能够在19.8～20.2℃之间并且达到两点温度稳定之差≤0.03℃。在系统已经成功实现基准室环境温度高精度控制在20±0.1℃的基础上，尽管没有基准室环境温度与干涉仪内部工作室温度之间的函数关系来直接指导系统控制，但是采取间接控制并用试验的方法找控制点应该能够解决问题。

找这个温度控制点，是一个涉及最优化原理的试验问题。分析基准室的情况可知，干涉仪内部工作室的温度主要是受到基准室环境温度的影响，其他因素影响应该不大，为一个单因素影响系统，我们选择用最优化原理中的对分法进行试验，以达到干涉仪内部工作室温度在19.8～20.2℃之间，特定两点间温度稳定误差≤0.03℃作为试验结果的判定依据。

考虑到温控系统一级送风温度控制在18.0℃，基准室环境温度是控制在20℃，试验范围我们初选在19.00～20.00℃，即下限设为19.00℃，上限设为20.00℃。

试验步骤：

(1) 用对分法选第一个试验点为19.50℃。将基准室调节器给定在19.50℃，稳定后测得干涉仪内部工作室温度为19.72℃，显然不符合判定依据。由于该温度小于19.8～20.2℃，初步可判温度控制点在19.50℃以上，初选试验范围中的19.0～19.50℃区间试验可以取消。其试验结果如表6-10-1。

第一个对分法试验结果 表6-10-1

试验范围	0%	25%	50%	75%	100%
	19.00℃	19.25℃	19.50℃	19.75℃	20.00℃
基准室调节器温度给定值（℃）	—	—	19.50	—	—
实测基准室环境温度值（℃）	—	—	19.52	—	—
实测干涉仪内部温度值（℃）	—	—	19.72	—	—

(2) 第二点用对分法选择19.5～20.0℃中的19.75℃。将基准室温度调节器给定在19.75℃，稳定后测得干涉仪内部工作室温度为20.52℃，该温度值大于19.8～20.2℃，也不符合判定依据，但实测值高于20.2℃，可以看出温度控制点在19.50～19.75℃之间。其试验结果如表6-10-2。

第二个对分法试验结果 表6-10-2

试验范围	0%	25%	50%	75%	100%
	19.50℃	19.63℃	19.75℃	19.88℃	20.00℃
基准室调节器温度给定值（℃）	19.50	19.63	19.75	—	—
实测基准室环境温度值（℃）	19.54	19.62	19.76	—	—
实测干涉仪内部温度值（℃）	19.72	19.90	20.52	—	—

(3) 第三试验点选为19.65℃，测得干涉仪内部工作室温度为19.96℃，温度值进入

19.8～20.2℃区间，温度稳定后，室内两点之差为 0.02℃，符合判定依据。在 19.60～19.70℃之间经过反复试验验证，最终理想控制点在 19.65℃这个位置找到（从这个结果可以看到，如用黄金分割法试验会更快）。其试验结果如表 6-10-3。

第三个对分法试验结果　　　　**表 6-10-3**

试验范围	0%	25%	50%	75%	100%
	19.60℃	19.63℃	19.65℃	19.68℃	19.70℃
基准室调节器温度给定值（℃）	19.60	19.63	19.65	19.68	19.70
实测基准室环境温度值（℃）	19.62	19.62	19.66	19.69	19.72
实测干涉仪内部温度值（℃）	19.82	19.90	19.96	20.02	20.16
实测干涉仪内部两点温度差（℃）	0.03	0 02	0.02	0.02	0.03

将基准室的 SMA 调节器给定在 19.65℃，（P=12；I=210；D=9）时，基准室环境温度控制在 19.65±0.1℃时，干涉仪内部工作室温度能够在 19.8～20.2℃之间并达到两点稳定后误差≤0.03℃，系统满足要求，投入使用。

结束语

在项目的安装调试中，施工单位对工程的技术要求和技术资料，必须充分消化，减少盲目性。当施工中出现问题时，要实事求是地用正确的理论进行分析，以找到解决问题的办法，应用正确的理论指导实践，是非常很重要的。本项目在实现温度稳定误差≤0.03℃的过程中，应用最优化原理对试验进行指导，减少了盲目性，既节约时间，节约了成本。

附录　编委会单位简介

广州市机电安装有限公司

简　　介

广州市机电安装有限公司成立于1956年，是一家综合性国有骨干施工企业。一直以来，公司秉承“团结、求实、奋发”的企业精神，励精图治，不断自我完善、自我挑战、自我创新、始终保持高质量、高水平、高素质、好品牌、服务优的企业优势，逐步发展壮大成为今天以现代经营理念、现代技术手段、现代管理模式为导向的，广州地区乃至广东省内一家区域性综合建筑安装龙头企业。

公司拥有机电安装工程施工、机电设备安装工程、电梯安装工程、消防设施工程、建筑智能化工程、建筑装修装饰工程等六个一级总承包/专业承包资质；房屋建筑工程施工总承包二级；电力工程施工、市政公用工程施工等二个三级总承包；还有其他电力设施、防雷工程专业施工、对外承包工程、特种设备安装改造维修（压力管道安装、锅炉、电梯）等资质。公司主要从事工业与民用建筑的机电安装工程，拥有一支人数超过500人的高素质的专业技术和管理团队，以及与所从事的工程业务相适应的机械设备、技术和管理力量在本地区中位居前列。

自成立以来，公司完成了过千宗工业、公用和民用机电安装工程，其中包括了一批本市的标志性工程。大批工程获评为省市优良样板工程、市五羊杯工程、詹天佑奖工程、国家银质奖工程、建筑工程鲁班奖工程，在本地区信誉卓著，名声斐然。公司历年获得过“全国先进施工企业”、“广东省连续十年重合同守信用单位”、“广州市连续十九年重合同守信用单位”等数十项荣誉。公司还通过了质量/职业健康安全/环境管理体系认证，企业的经营管理水平得到了持续的提高。公司坚持以市场为导向，在市场竞争大潮中不断地自我革新、自我完善，建立与市场竞争要求相适应的经营机制和管理体制，努力强化企业的市场竞争力，塑造企业的竞争优势，推动企业实现可持续发展。

面对未来，以科学发展观统领公司全局，在明确机电安装工程主体业务方向的前提下，优先做强稳步做大传统施工主营业务，致力发展成为更具有影响力、竞争力和综合实力的重点骨干安装企业。近几年来，公司为适应市场经济形势的变化，紧跟时代发展趋势的步伐，也逐步对经营架构、管理体制、管理模式等进行调整和改革，不断引进新理念、新技术，进一步强化公司现代化、规范化、专业化管理，坚持“以顾客为关注焦点”的核心服务理念和“质量为先，精益求精”的质量意识，遵循“源于顾客需要、汇聚全员智慧、追求完美境界、奉献安装精品”的质量方针，坚持守法和诚信经营，公司将一如既往地全心全意为客户提供优质服务，努力在人员配置、管理方针、技术手段和基础设施等软、硬件方面加强和完善公司的管理水平，奉献更多优质工程，创造更好的佳绩，继续保持行业领先地位。

地址：广州市广卫路4号15～17楼　　邮编：510030
电话：020-83380674（总机）　　传真：020-83375962
网址：http：//www.gzja.com.cn/

中国江苏国际经济技术合作集团有限公司

简 介

中国江苏国际经济技术合作集团有限公司（简称“中江国际”）是直属江苏省政府的国有独资企业，于1980年12月经国务院批准成立，集国际国内工程承包、工程咨询服务、房地产开发、进出口贸易、对外劳务合作为一体的综合性跨国公司，是江苏省的重点企业。

30年来，中江国际始终坚持“实施”走出去战略，大力开展国际经济技术合作，已在世界上100多个国家和地区开展业务，在30多个国家和地区设立分公司、办事处，成为江苏省对外开展经济技术合作的龙头企业。其中承包工程在全国同类型企业中居前列，对外贸易进入全国出口额最大200家和进出口额最大500家企业行列。

江苏省政府为加快做强做大中江国际，近年来，以中江公司为核心企业将江苏省建材资产管理有限公司、江苏省建设集团公司、江苏省设备成套有限公司、江苏建达建设股份有限公司合并重组，为中江国际实现做大做强提供了崭新的平台。

中江国际先后被评为全国“对外承包工程和劳务合作”双优奖企业、“中国对外劳务合作十大优秀企业”、“中国500家最大服务行业企业”、“江苏省名牌企业”、“全国守合同重信用企业”、“对外承包工程和对外劳务合作行业AAA级信用企业”。凭借在国际承包领域的骄人业绩，连续17年被美国《工程新闻记录》评为“全球最大的225家承包商”之一。建立了让客户信赖、社会放心的ISO 90001质量管理体系、ISO 14001环境管理体系和GB/T 28001职业健康安全三位一体管理体系。

公司地址：江苏省南京市鼓楼区北京西路5号
邮政编码：210008
电　　话：025-83277713
传　　真：025-83409625
网　　址：www. ZJGJ. com

青岛安装建设股份有限公司

简 介

青岛安装建设股份有限公司（原青岛市安装工程公司），始建于一九五八年，一九九五年改制为股份公司。公司以工业与民用安装工程为主，集机电安装、建筑施工、市政工程施工、化工石油工程施工、基础工程施工、国际经济技术合作、援外工程承包于一体的总承包施工企业。并拥有锅炉安装、起重机械、压力管道安装、压力容器制安等许可证，企业通过了质量/环境/职业健康安全整合管理体系认证。

公司资信状况良好，企业总资产6亿元，注册资本金5018.6万元，年完成企业总产值10亿元以上。公司是全国安装行业先进企业、全国守合同重信用企业、山东省安装十强企业、青岛市“AAA”级信誉企业、青岛市银行信用最佳企业、青岛市建筑业先进单位。

公司工程业绩突出，近年来承建了省内外百余项大型工程，包括工业工程（含石油化工、橡胶、冶金、机械、软硬饮料、制药、轻工、家电、通信等），公共设施工程（含机场、公路、码头、煤制气、热力、自来水、污水处理、垃圾处理、宾馆、商厦、大型超市等），房屋建筑工程以及国防军事工程。公司承建工程一次交验合格率100%，并获得“鲁班奖”5项，“国优工程”6项，“泰山杯”16项，“鲁安杯”、“省优工程”以及“青岛杯”等奖项数十项。

公司十分重视人才培养与锻炼，坚持以人为本的原则，引进人才，用好人才，为公司员工认真做好职业生涯规划，实现公司与员工的共同发展。

公司施工、检测设备齐备，创新能力卓越。近几年，公司获国家级工法1项，省级工法18项，获山东省建筑业技术创新奖19项，青岛市科学技术进步二等奖1项，发明专利8项，实用新型专利3项，青岛市科学技术鉴定成果10余项。

公司国际合作业务前景广阔，公司曾在10余个国家从事工程承包和援外工程施工业务，拥有丰富的国外施工经验和完善的后勤保障体系。目前在国外设有3个公司，在外工程技术人员100余名。

展望未来，公司本着“诚信、合力、创新、共赢”的企业精神，打造“青岛安装”品牌，以团结求实、与时俱进、开拓创新的精神，竭诚为海内外用户服务，与国内外朋友共创伟业。

地址：中国·青岛开封路26号
网址：www.qd-install.cn
电话：(0532) 84864957
传真：(0532) 84863075
手机：15589821288
电子邮箱：qdaz@qd-install.cn
邮编：266042

微信：

北京城建安装集团有限公司

简　　介

北京城建安装工程有限公司于 2014 年 2 月正式更名为北京城建安装集团有限公司，公司注册资本金 10600 万元。公司现有员工 900 余人，各类专业技术管理人员近 700 人，其中高、中级专业技术人员 300 余人。

公司是 ISO 管理体系获证组织，公司先后被评为中国二十世纪最具影响的名牌企业、全国建设系统先进集体、全国“安康杯”优胜企业、全国五一劳动奖状、全国优秀施工企业，并荣获全国工程建设质量管理优秀企业、“十一五”全国建筑业科技进步与技术创新先进企业和北京市建设行业诚信企业等荣誉称号。

公司具有机电安装工程施工总承包一级资质，机电设备安装工程施工专业承包、建筑智能化工程施工专业承包、钢结构工程施工专业承包、消防设施工程施工专业承包等专业一级资质和房屋建筑工程施工总承包二级、市政公用工程施工总承包三级等施工资质；具有锅炉安装改造、电力承装等专项施工许可证。

公司坚持立足北京、面向全国、走向国际的经营方针，先后承建国内外各类工业、民用安装项目和国家、北京市重点工程。所参建的国内工程中，以国家体育场为代表的奥运工程及首都机场 3 号航站楼、国家大剧院、国家博物馆改建、广州国际体育演艺中心等工程有 57 项荣获建筑业最高奖鲁班奖和国家、市级优质工程奖。北京地铁亦庄线、环线改造、轨道交通指挥中心、哈尔滨地铁等工程及北京市清洁能源改造项目等体现了公司在轨道交通工程建设和大型供热中心工程建设的丰富经验和雄厚实力。目前在施的有北京 G20 工程、南京禄口国际机场、安徽工业大学、安徽合肥医科大学附属医院等工程项目及伊朗德黑兰地铁、驻伊朗大使馆等国外工程项目。

公司坚持可持续发展战略，弘扬“同心图治、唯实创新、追求卓越”的企业精神；传承“团结拼搏、令行禁止、严谨求是、艰苦奋斗”的企业作风；恪守“重信兴利、服务社会”的企业宗旨；执行“诚信守法、创安装精品工程；持续发展、建安康环保企业”的管理方针，为建设一个国内一流、国际知名的现代安装企业集团而努力奋斗。

公司地址：北京市海淀区双清路 16 号
邮政编码：100085
电话总机：010-82430100
传　　真：010-82430184
网　　址：www. bucic. com

江苏扬安集团有限公司

简　介

江苏扬安集团有限公司1956年建企，于2012年9月1日由原市属集体所有制企业彻底改制为纯民营企业。公司现基本情况如下：

经营规模。集团注册资本3亿元，净资产5亿元，年经营规模50亿元，年创利税1.5亿元，下辖10个安装施工分公司，1个建筑总承包分公司，10个副营业务子公司，产业覆盖机电安装、房屋建筑、房地产开发、银行金融、电梯和制冷设备制造、建材和设备营销等行业，市场遍及长三角、珠三角、黄三角、环渤海、东北和西南等多个经济热点区域以及海外，在全国30多个区域中心城市设有分公司和办事机构。

企业资质。集团是首批就位国家机电工程施工总承包一级资质企业，具有房建总承包一级资质、市政工程总承包二级资质、化工石油管道工程总承包二级资质，以及机电、消防、电梯、锅炉、钢结构、智能化、建筑劳务等专业承包的最高资质，同时拥有净化、高压电气、起重机械、压力容器、压力管道等诸多高等级配套施工资质和境外总承包工程资格。

工程创优。集团累计创23项“鲁班奖”工程，2012年获中国建筑业协会“创鲁班突出贡献”表彰；另取得“国家优质工程银奖”13项、“中国安装优质工程奖”9项、其他省市级“优质工程奖”300多项。

技术进步。集团创国家施工和验评标准成果1项，创行业标准成果1项，创省级工法成果3项；扬安集团旗下电梯子公司是国家智能和节能电梯研发的省级“高新技术企业”，一万制冷设备有限公司是新型环保节能空调的省级重点科研企业，先后取得2项国家“发明专利”成果、35项国家“实用新型专利”成果。

人力资源。集团在册职工1500名，各类专业技术人员900多名，高中级职称人员400多名，一二级建造师200多名，技师以上职称操作层骨干400多名，长年合作的劳务分包单位120多家，长年使用的劳务工7000多名。

企业荣誉。集团2013年位列“中国建筑业成长性百强企业”第72名、江苏省“安装十强企业”第4名，连年保持“中国优秀施工企业”、“中国安装行业先进企业”、“江苏省建筑业竞争力百强企业”、“江苏省安装行业最佳企业”等荣誉称号。

公司地址：江苏省扬州市史可法路19号
邮　　编：225002
电　　话：0514-87331487
传　　真：0514-87343342

南通四建集团有限公司

简 介

南通四建集团有限公司创建于1958年，具有房屋建筑工程施工总承包特级资质；建筑装修装饰工程专业承包壹级资质，消防设施工程专业承包壹级资质，智能设计施工一体化施工壹级资质，机电设备安装工程专业承包壹级资质，建筑工程设计甲级资质，建筑幕墙工程专业承包壹级资质，钢结构工程专业承包壹级资质，电梯安装工程专业承包壹级资质，市政公用工程施工总承包贰级资质和GB1、GB2、GC2压力管道安装，有承包本行业境外工程和境内国际招标工程的对外签约权，能总承包高层与超高层建筑工程、大中型成套设备安装工程、大中型市政工程以及室内外高级装饰、装潢和水暖电卫工程。通过ISO 9001质量管理体系、ISO 14001环境管理体系、OHSAS18001职业安全健康管理体系认证。

目前，公司拥有各类经济技术职称人员1750人，研究员级高级职称5人，高级职称142人，中级职称378人；有国家一级建造师191人，二级建造师290人；拥有各类大中型机械设备3800台套。

公司在建筑业领域技术创新中作用日益明显，不断推动了建筑技术的创新发展，具备了较强的竞争能力：公司获国家实用新型专利24项，发明专利5项；获国家级QC小组50项。

公司先后承接了数百项国家和省、市级重点工程，获国家鲁班奖21项，国优银奖9项、詹天佑奖3项、全国用户满意工程8项、江苏省"扬子杯"奖156项、上海市"白玉兰"奖56项（其中7个参建），以及其他省级以上优质工程奖500多项；多次荣获"全国优秀施工企业"、"全国用户满意施工企业"、"全国建设系统精神文明建设先进单位"、"全国守合同重信用单位"、"江苏省文明单位标兵"等荣誉称号。公司列中国总承包商60强第24位，在江苏省建筑业综合实力30强企业排名中名列前茅。

公司地址：江苏省南通市通州区世纪大道999号
邮政编码：226300
电　　话：0513-86512950
传　　真：0513-86512317
网　　址：www. ironarmy. com